中国轻工业"十三五"规划教材

食品安全学

（第二版）

王际辉　叶淑红　主编

中国轻工业出版社

图书在版编目（CIP）数据

食品安全学/王际辉，叶淑红主编. —2版 . —北京：中国轻工
业出版社，2024.1

中国轻工业"十三五"规划教材

ISBN 978-7-5184-2469-6

Ⅰ.①食…　Ⅱ.①王…②叶…　Ⅲ.①食品安全—高等学校—教材
Ⅳ.①TS201.6

中国版本图书馆 CIP 数据核字（2019）第 081883 号

责任编辑：张　靓　王宝瑶

策划编辑：张　靓　　　　　责任终审：劳国强　　整体设计：锋尚设计
版式设计：锋尚设计　　　　责任校对：方　敏　　责任监印：张京华

出版发行：中国轻工业出版社（北京鲁谷东街 5 号，邮编：100040）

印　　　刷：三河市国英印务有限公司

经　　　销：各地新华书店

版　　　次：2024 年 1 月第 2 版第 5 次印刷

开　　　本：787×1092　1/16　印张：20.5

字　　　数：500 千字

书　　　号：ISBN 978-7-5184-2469-6　定价：48.00 元

邮购电话：010-85119873

发行电话：010-85119832　　010-85119912

网　　　址：http://www.chlip.com.cn

Email：club@chlip.com.cn

如发现图书残缺请与我社邮购联系调换

232350J1C205ZBW

本书编委会

主　　编　王际辉（东莞理工学院）

　　　　　叶淑红（大连工业大学）

副 主 编　王　晗（大连工业大学）

　　　　　肖　珊（东莞理工学院）

参编人员（按姓氏笔画排序）

　　　　　王　波（东莞理工学院）

　　　　　王　亮（大连工业大学）

　　　　　卢士英（吉林大学）

　　　　　刘冰南（大连工业大学）

　　　　　刘玉佳（大连工业大学）

　　　　　任洪林（吉林大学）

　　　　　农绍庄（大连工业大学）

　　　　　李　成（大连工业大学）

　　　　　张　彧（大连工业大学）

　　　　　张　卉（沈阳化工大学）

　　　　　柳增善（吉林大学）

　　　　　侯红漫（大连工业大学）

　　　　　郭雪松（辽宁医学院）

　　　　　钱　方（大连工业大学）

　　　　　彭　敏（东莞理工学院）

　　　　　詹宏磊（大连工业大学）

　　　　　蔡燕雪（东莞理工学院）

前言（第二版） Preface

食品是人类赖以生存和发展的最基本物质，食品工业已成为许多国家的重要支柱产业。目前，我国共有各类食品生产企业超10万家，2022年食品工业总产值超10万亿元，占国民生产总值13%在右。食品安全不但影响政府的形象、经济的发展、企业的生存，而且直接关系到百姓的生命安全和身体健康。2009年我国颁布了《中华人民共和国食品安全法》，2010年我国成立了国务院食品安全委员会，2011年我国建立了国家食品安全风险评估中心，2013年我国成立了国家食品药品监督管理总局。2015年10月1日起新修订的《中华人民共和国食品安全法》开始正式实施，对于进一步加强食品安全的法制建设和强化食品安全具有重要意义和作用。党的十八大以来，党中央、国务院高度重视食品安全工作，积极推进食品安全战略，不断健全食品安全法律治理体系，先后于2015年、2018年和2021年三次修订《食品安全法》。随着社会的发展和人民生活水平的不断提高，人们对食品安全、营养及风味提出了更高要求。为进一步适应食品安全相关专业的教学要求，在参阅总结了国内外相关领域的先进技术和最新研究成果基础上，组织编写了本教材，主要供食品质量与安全、食品科学与工程和其他食品类专业的本科生、研究生以及相关科研工作者学习使用。

本教材从教学、科研和生产实际出发，以概述与食品安全相关的科学问题为重点，集中阐述了环境污染、化学物质、生物性污染、包装材料、食品中的有毒物质、膳食中的不安全因素等对食品安全性的影响，同时包括食品安全标准与质量控制、食品安全性评价及相关实验等内容。

本教材由东莞理工学院王际辉、大连工业大学叶淑红担任主编，大连工业大学王晗、东莞理工学院肖珊担任副主编。本教材共分为十一章，编写分工如下：王际辉编写第一章，叶淑红、王亮、王波编写第二章，张卉、詹宏磊编写第三章，任洪林、卢士英、刘冰南编写第四章，侯红漫、叶淑红编写第五章，郭雪松、刘冰南编写第六章，张彧、李成编写第七章，钱方、肖珊、农绍庄编写第八章，肖珊、蔡燕雪编写第九章，王晗、彭敏编写第十章，柳增善、刘玉佳编写第十一章。

本书第一版于2013年出版，涉及了多领域的内容，借鉴和参考了国内外大量的相关文献。由于本学科领域发展和知识信息更新很快，为满足广大读者的需求，本书经修订后再版。第一版的编者为本书打下了良好的基础，在此一并表示衷心的感谢！

由于编者的水平有限，书中难免存在错误和不足之处，敬请读者批评指正。

编者

目录 | Contents

导论

　　"民以食为天，食以安为先"，食品是人类赖以生存和发展的最基本的物质条件，而安全性则是食品最基本的要求。食品安全问题关系到人民群众的身体健康、生命安全和社会稳定。随着生活水平和质量的提高，人们对食品质量与安全的意识不断增强。让城乡居民长期吃上"放心菜""放心肉""放心食品"，已成为社会广泛关注的话题。下面从食品安全性的历史观、现代内涵及其监控等方面对食品安全性进行初步剖析。

第一节　食品安全性的历史观

一、　古代人类对食品安全性的认识

　　古代人类对食品安全性的认识大多与食品腐坏、疫病传播等问题有关，世界各民族都有许多建立在长期生活经验基础上的饮食禁忌、警语和禁规，有些作为生存守则流传至今。

　　在西方文化中，公元前1世纪的《圣经》中有许多关于饮食安全与禁规的内容，其中著名的摩西饮食就提到凡非来自反刍偶蹄类动物的肉不得食用，据认为是出于对食品安全性的考虑。公元前2000年，在犹太教《旧约全书》中明确提出"不应食用那些倒毙在田野里的兽肉"。公元前400年Hippocrates的《论饮食》、16世纪俄国古典文学著作《治家训》以及中世纪罗马设置的专管食品卫生的"市吏"等，都是有关于食品卫生要求的记述。1202年英国颁布了第一部食品法——《面包法》，该法律主要是禁止厂商在面包里掺入豌豆粉或蚕豆粉造假。

　　在中国，西周时期已有"食医"和"食官"来保障统治阶级的食品营养与安全。据《周礼·天官食医》记载，"食医，掌和王之六食、六饮、六膳、百馐、百酱、八珍之齐"，负责检查宫中的饮食和卫生。早在2500年前"儒家之祖"孔子在《论语·乡党》中提出"食饐而餲，鱼馁而肉败，不食。色恶，不食。臭恶，不食。失饪，不食。不时，不食。割不正，不食。不得其酱，不食。沽酒市脯，不食。不撤姜食，不多食"等原则，强调了饮食的卫生与安全。这是文献中有关饮食质量和安全的最早记述与警语。后来，东汉时期的《金匮要略》、唐代的《唐律》《千金食治》、元代的《饮膳正要》等著作都有关于食品卫生安全方面的论述。

总体来说，古代人类对于食品安全性的认识和理解只停留在感性认识和对个别现象的总结阶段。

二、 近代人类对食品安全性的认识

17、18 世纪，生产规模的不断扩大，促进了商品经济的发展和食品贸易的加大；但由于缺乏有效的食品检验技术，而且食品安全法律法规滞后，近代食品安全问题出现了新的变化。

食品交易中的制伪、掺假、掺毒、欺诈等现象已蔓延为社会公害，制伪掺假食品屡禁不绝，使欧美食品市场长期存在食品安全问题。英国杜松子酒中查出有浓硫酸、杏仁油、松节油、石灰水、玫瑰香水、明矾、酒石酸盐等掺假物；美国市场上出现了掺水牛乳、掺炭咖啡，甚至甲醛牛乳、硼砂黄油、硫酸肉等恶性食品安全与卫生问题。为了保持商品信誉、提高竞争能力、保障消费者健康，西方各国相继开始立法。1851 年，法国颁布了防止伪劣食品的法律——《取缔食品伪造法》；1860 年，英国出台新的《食品法》，再次对食品安全加强控制；1906 年，美国国会通过了第一部对食品安全、诚实经营和食品标签进行管理的国家立法——《纯净食品与药品法》，同年还通过了《肉类检验法》，这些法律全面规定了联邦政府在美国食品药品规制中的责任，加强了美国州与州之间食品贸易的安全管理。以上在资本主义市场经济前期发展中出现的食品安全现象和问题，至今仍在处于不同经济发展阶段的国家和地区存在，威胁着人们的健康和生命安全。

我国在几千年的封建社会中，积累了极其丰富的食品卫生安全知识，但未能构成一门学科，主要用作统治者和剥削阶级的养生之道，并没有真正地为广大人民服务。

三、 现代人类对食品安全性的认识

随着现代工业的蓬勃发展，食品工业应用的各类添加剂日新月异，农药兽药在农牧业生产中的使用量日益上升，工矿、交通、城镇"三废"对环境及食品的污染不断加重，农产品和加工食品中含有害、有毒化学物质的问题也越来越突出；同时，农产品及其加工产品在地区之间流通的规模与日俱增，国际食品贸易数量越来越大。这一切对食品安全提出了新的要求，以适应人民生活水平提高、市场发展和社会进步的新形势。现代食品安全问题逐渐从食品不卫生、传播流行病、掺假制伪等，转向某些化学品对食品的污染及对消费者健康的潜在威胁。

农牧渔业的源头污染与食品安全有着密切的关系。20 世纪对食品安全影响最为突出的事件，当推有机合成农药的发明、大量生产和使用。如早期使用的农药滴滴涕，确实在消灭传播疟疾、斑疹、伤寒等严重传染性疾病的媒介昆虫以及防治多种顽固性农业害虫方面，都显示了极好的效果，成为当时作物防病、治虫的强有力武器。滴滴涕成功刺激了农药研究与生产的加速发展，加之现代农业技术对农药的大量需求，使包括六六六在内的一大批有机氯农药此后陆续推出并在 20 世纪 50、60 年代获得广泛应用。但随后人们发现滴滴涕等农药因难以被生物降解而在食物链和环境中积累，造成农作物和土壤的长期污染，在人类食品和人体中长期残留，危及整个生态系统和人类的健康。进入 20 世纪 70、80 年代后，有机氯农药在世界多数国家先后被停止生产和使用，代之以有机磷类、氨基甲酸酯类、拟除虫菊酯类等残留期较短、用量较小且易于降解的多种新型农药。在农业生产中，滥用农药在破坏环境与生态系统的同时，也导致了害虫抗药性的出现与增强，这又迫使人们提高农药用量，变换使用多种农药来生产农产品，造成了虫、药、食品与人之间的恶性循环。农药及其它农业化学品在农牧渔业发展中，在达到预期经济效益的同时，也给食用这些食物的人类带来了负效应。农产品和加工食品中种类繁多的农药残留，仍然是目前最普遍、最受关注的食品安全问题。

20世纪末，特别是进入90年代以来，世界范围内食品安全事件不断出现，如新的致病微生物导致的食物中毒，畜牧业中人们滥用兽药、抗生素及激素类物质引起的副作用，食品的核素污染等，使得全球食品安全形势不容乐观。

首先，在过去的30年里，食源性疾病的暴发性流行明显上升。最常见的是由细菌与细菌毒素、霉菌与霉菌毒素、寄生虫及虫卵、昆虫、病毒和危险化学品等所造成的危害。在发达国家中，估计每年有1/3以上的人群会感染食源性疾病。据报告，食源性疾病的发病率居各类疾病总发病率的第二位。据世界卫生组织（WHO）和联合国粮农组织（FAO）报告，仅1980年，亚洲、非洲和拉丁美洲中5岁以下的儿童，急性腹泻病例约有10亿人，其中有500万儿童死亡。英国约有1/5的肠道传染病是经食物传播的。美国食源性疾病每年平均暴发300起以上。1996年，日本发现一种因肠道出血性大肠杆菌O157感染而引发的食源性疾病，近年来，不仅在日本，还在欧美、大洋洲、非洲等地也发生过。我国每年向国家卫生部门上报的数千起食物中毒事件中，大部分都是由致病微生物引起的，如20世纪80年代在上海因食用毛蚶引起甲肝的暴发；2001年在江苏等地暴发的肠道出血性大肠杆菌O157食物中毒等。新的食源性疾病的出现与发展，是在食品生产、加工、保存以及品种、消费方式等发生变化的条件下食品安全新态势的反映。其次，在癌症及其它与饮食营养有关的慢性病病例不断增加，化学药物对人类特别是妇幼群体的危害日益明显，以及动物性食品在饮食结构中重要性增大的条件下，兽药使用不当、饲料中过量添加抗生素及生长促进素威胁食用者的健康，对食品安全性的影响逐渐突出。最后需要提及的是，在人类进入核时代以后食品安全性中的核安全问题。放射性物质给人类造成的最惨重事件发生于第二次世界大战末期，美国于1945年先后在日本广岛和长崎投下两颗原子弹。放射性尘埃中137Cs，由食品摄取比呼吸吸收多1000多倍。1986年发生于苏联的切尔诺贝利核事故，是人类历史上破坏性最大的核事故，使几乎整个欧洲都受到核沉降的影响，牛羊等草食动物首当其冲。当时欧洲许多国家生产的牛乳、肉类、肝脏中因发现有超量的放射性核素而被大量弃置。在这种情况下，已经研究多年被认定较为安全的食品辐照技术，受核辐射对人体危害的心理影响，在商业应用上长期受阻，科研和立法方面也都进展缓慢。

中华人民共和国成立以前，由于经济落后、食品匮乏，食品卫生很难得到保证，食品卫生与安全的研究滞后，远远落后于发达国家。从1949年至20世纪70年代末，我国食品安全问题突出表现在保障食品供给数量方面，即提高农业生产效率、增加农产品产量。到20世纪末，我国粮食生产已经实现了供需基本平衡。但是由于长期对农业资源的不合理开发与利用，导致农业环境污染严重，食品的食用安全和卫生隐患也日益突出。随着全球经济一体化、贸易自由化和旅游业的发展，我国食品安全形势同其它国家一样，面临新的挑战。近年来我国发生了如"上海甲肝""瘦肉精""鼠毒强""海城豆奶""阜阳奶粉""龙口粉丝""三鹿奶粉""苏丹红"等多起食品安全事件。相应地，我国的食品安全法规制度也经历了从无到有、不断完善和发展的过程。

食品安全问题发展到今天，已远远超出传统食品卫生或食品污染的范围，而成为人类赖以生存和健康发展的整个食物链的管理与保护问题，需要科学家、企业家、管理者和消费者的共同努力，也需要从行政、法制、教育、传媒等不同角度，提高消费者和生产者的素质，排除自然、社会、技术因素中的负面影响，并着眼于未来世界食品贸易的大环境，整治整个食物链上的各个环节，使提供给社会的食品越来越安全。

第二节　食品安全性的现代内涵

一、　食品安全性的概念

1984 年，世界卫生组织（WHO）在题为《食品安全在卫生和发展中的作用》的文件中，曾把"食品安全"作为是"食品卫生"的同义语，将其定义为，"生产、加工、贮存、分配和制作食品过程中确保食品安全可靠，有益于健康并且适合消费人群的种种必要条件和措施"。1996 年，WHO 在其发表的《加强国家级食品安全性计划指南》中则把食品安全与食品卫生作为两个概念加以区别。其中，食品安全被解释为，"对食品按其原定用途进行制作，和（或）食用时不会使消费者受害的一种担保"；食品卫生则指，"为确保食品安全性和适用性在食物链的所有阶段必须采取的一切条件和措施"。

目前，在《中华人民共和国食品安全法》中，食品安全是指，"食品无毒、无害，符合应有的营养要求，对人体健康不造成任何急性、亚急性或者慢性危害"。其主要内容包括三个方面：①从食品安全性角度看，要求食品应当"无毒、无害"。"无毒、无害"是指正常人在正常食用情况下摄入可食状态的食品，不会造成对人体的危害；但无毒、无害也不是绝对的，允许少量含有，但不能超过国家的限量标准。②符合应有的营养要求。营养要求不但应包括人体代谢所需要的蛋白质、脂肪、碳水化合物、维生素、矿物质等营养素的含量，还应包括食品的消化吸收率和对人体维持正常生理功能应发挥的作用。③对人体健康不造成任何危害。这里的危害包括急性、亚急性或慢性危害。

二、　化学物质的毒性概念与饮食风险概念

某种物质通过物理损伤以外的机制引起细胞或组织损伤时称为有毒（Toxic）。传统上把摄入较小剂量即能损伤身体健康的物质称为有毒物质或毒物（Toxicants）。它具有的对细胞或（和）组织产生损伤的能力称为毒性（Toxicity）。毒性较高的物质，只要相对较小的剂量，即可对机体造成一定的损害；而毒性较低的物质，则需要较大的剂量，才呈现毒性。但是一种物质的"有毒"与"无毒"，毒性的大小也是相对的，关键是此种物质与机体接触的量。在一定意义上，只要达到一定的剂量，任何物质对机体都具有毒性。

风险是一个相对较广的概念，可简单地理解为人所不希望发生的事件的发生概率或机会多少。做任何事情都有风险，饮食当然也不例外。就食品而言，个人风险将视危害成分暴露量、个人敏感性及饮食方式等而定。用风险概念来分析食品安全性问题就不难理解，现实生活中并不存在无风险或零风险的事情，问题在于消费者能接受什么样的风险。对可能的风险和获益做综合的平衡，权衡得失利害，才能做出合理的取舍和符合实际的决策。例如，在外就餐可能有食品污染、餐具不洁、染病机会多等危险，但有省时、便捷、美味的好处，相对而言，其风险在多数情况下是可以接受的。食品生产、加工、贮存、销售过程中使用的农药、兽药、添加剂及其它化学品，可能为消费者带来一定的风险，但不用这些化学品又会增大其它的风险，如使食品中某些致病的微生物、生物毒素、寄生虫增多，食品的质量严重下降，食品的营养和品质

不佳，食品价格上涨等。作为消费者，只能根据条件选择接受哪一种风险。显然，对风险与获益两个方面充分、全面的认识与理解，是确保食品安全性的前提。其中，对食品中可能含有的危害成分的风险评价及其相应的风险控制，则是一项基础性的工作，需要严格的方法、技术、工作程序以及机构上的支持与保证。

食品安全性与毒性及其相应的风险概念也是分不开的。安全性常被解释为无风险性和无损伤性。众所周知，没有一种物质是绝对安全的，因为任何物质的安全性数据都是相对的。即使进行了大量的试验，证明某一种物质是安全的，但从统计学上讲，总有机会碰到下一个试验证明该物质不安全。此外，评价一种食品成分是否安全，并不仅仅取决于其内在的固有毒性，而要看其是否造成实际的伤害。事实上，随着分析技术的进步，已发现越来越多的食品，特别是天然物质中含有多种微量的有毒成分，但这些有毒成分并不一定造成危害。

三、 食品安全性的现代问题

（一）我国食品安全现况

我国食品工业经过几十年的发展，已取得突出的成绩，目前我国共有各类食品工业企业超过50万家，2022年食品工业总产值超10万亿元，占国民生产总值的13%左右。但是食品安全问题时有发生，仅2022年就发生过多起食品安全事件，如土坑酸菜、纯牛乳产品丙二醇含量超标、酸牛乳产品酵母菌含量超标等。接连不断的食品危机，使人们对食品安全忧心忡忡。食品安全问题已经成为老百姓日常议论和关注的话题，如果这个问题得不到很好的解决，将会影响公众的身体健康和生命安全，阻碍食品企业、食品产业和国民经济的发展，影响出口和国际贸易，关系到社会稳定、国家安全以及国家和政府的形象。食品安全问题是关系到人民健康和国计民生的重大问题，我们必须认真对待食品安全给我们带来的挑战，切实研究食品不安全问题，认真分析原因，采取积极和行之有效的对策，逐步消除食品的不安全因素，构筑适合我国国情的食品安全体系。

从社会和经济发展的历史看，目前我国正处在一个特殊的市场发育、转型时期。我们不仅要面对发达国家已经解决的由于微生物污染造成的食源性疾病问题，还要面临由于科技进步，如转基因、食品新技术、新原料和包装材料的应用等，给食品安全带来的新风险。

（二）影响食品安全性的因素

人类社会的发展和科学技术的进步，使人类的食品生产与消费活动经历着巨大的变化。与人类历史上任何时期相比，一方面是现代饮食水平与健康水平普遍提高，反映了食品安全性状况有较大的甚至是质的改善；另一方面则是人类食物链环节增多和食物结构复杂化，这又增添了新的饮食风险和不确定因素。社会的发展提出了在达到温饱以后如何解决吃得好、吃得安全的要求。食品安全性问题正是在这种背景下被提出，而且涉及的内容也越来越广，并因国家、地区和人群的不同而有不同的侧重。

目前，造成食品安全形势严峻的原因主要有以下几个方面：①微生物引起的食源性疾病；②长期使用农药、兽药、化肥及饲料添加剂；③环境污染；④食品添加剂；⑤食品加工、贮藏和包装过程；⑥食品新技术、新资源的应用带来的新的食品安全隐患；⑦市场和政府现有措施不完善，仍存在着假冒伪劣商品、食品标签滥用、违法生产经营等。

总之，食品不安全因素可能产生于人类食物链的不同环节，其中的某些有害成分，特别是人工合成的化学品，可因生物富集作用而使处在食物链顶端的人类受到高浓度毒物的危害。

第三节　食品安全性的监控

一、　食品安全性控制与人类食物链

随着新食品资源的不断开发，食品品种的不断增加，生产规模的扩大，加工、消费方式的日新月异，贮藏、运输等环节的增多，以及食品种类、来源的多样化，原始人类赖以生存的自然食物链变得更为复杂，逐渐演化为今天的自然链和人工链组成的复杂食物链网。这一方面满足了人口增长、消费水平提高的要求，另一方面，也使人类饮食风险增大，确保食品的安全性成为现代人类日益重要的社会问题。

现代人类食物链通常可分为自然链和加工链两部分。从自然链部分来看，种植业生产中有机肥的搜集、堆制、施用等环节如果忽视了严格的卫生管理，可能将多种侵害人类的病原菌、寄生虫引入农田环境、养殖场和养殖水体，进而进入人类食物链。滥用化学合成农药或将其它有害物质通过施肥、灌溉或随意倾倒等途径带入农田，可使许多合成的、难以生物代谢的有毒化学成分在食物链中富集起来，构成人类食物中重要的危害因子。由于忽视动物保健及对有害成分混入饲料的控制和监管不够，可能导致真菌毒素、人畜共患病病原菌、有害化学杂质等大量进入动物产品，为消费者带来致病风险。而滥用兽药、抗生素、生长刺激素等化学制剂或生物制品，使其在畜产品中微量残留，进而在消费者体内长期超量积累，产生副作用，尤其对儿童可能造成严重后果。从加工链部分来看，现代市场经济条件下，蔬菜、水果、肉、蛋、乳、鱼等应时鲜活产品及其它易腐坏食品，在其贮藏、加工、运输、销售的多个环节中如何确保不受危害因子侵袭而影响其安全性，是经营者和管理者始终要认真对待的问题，不能有丝毫疏忽。食品加工、包装中滥用人工添加剂和包装材料等，也是现代食品生产中新的不安全因素。在食品送达消费者餐桌的最后加工制作工序完成之前，清洗不充分、病原菌污染、使用调味品、高温煎炸烤等，仍会使一些新老危害因子一再出现，形成新的饮食风险。

由此可见，食品安全性中的危害因子，可能产生于人类食物链的不同环节，其中某些有害物质或成分特别是人工合成的化学品，可因生物富集作用而使处在食物链顶端的人类受到高浓度毒物之害。认识处在人类食物链不同环节的可能危害因子及其可能引发的饮食风险，应用食品毒理学的理论和方法，掌握其发生发展的规律，是有效控制食品安全性问题的基础。

二、　我国食品安全的监管体系

食品安全监管是政府的重要职责，健全的食品安全监管体系是实施食品安全监管的重要基础设施和能力基础。当前我国已开始对食品药品实行统一监督管理。农业部门负责农产品生产环节，而将原来的国务院食品安全委员会办公室、国家食品药品监督管理总局、国家质量监督检验检疫总局的生产环节食品安全监督管理、国家工商行政管理总局的流通环节食品安全监督管理等职责整合，组建了原国家食品药品监督管理总局，负责对生产、流通和消费环节的食品和药品的安全性、有效性实施统一监管。经过 2013 年的机构调整，食品安全的监管职能高度集中到两个部门，即食品药品监督管理部门和农业部门。2018 年 3 月，根据第十三届全国人民代表大会第一次会议批准的国务院机构改革方案，整合原国家食品药品监督管理总局的职责，组建国家市场监督管理总局；不再保留国家食品药品监督管理总局。同时，我国建立了一套食品安全法律法规体系，采取了一系列有效措施：2009 年颁布了《中华人民共和国食品安全法》，2010 年成立了国务院食品安全委员会，2011 年建立了国家食品安全风险评估中心，2013 年成立了国家食品药品监督管理总局。2014 年，《中华人民共和国食品安全法（修订草案）》在全国人民代表大会的官方网站公布，开始向全社会公开征集意见，2015 年 10 月 1 日起开始正式实施。《中华人民共和国食品安全法》的出台使我国食品安全治理呈现出新面貌，为保障食品安全、提升质量水平、规范进出口食品贸易秩序提供了坚实的基础和良好的环境。党的十八大以来，党中央、国务院高度重视食品安全工作，积极推进食品安全战略，不断健全食品安全法律治理体系，先后于 2015 年、2018 年和 2021 年三次修订《食品安全法》。

我国政府于 2001 年建立了食品质量安全市场准入制度。这项制度主要包括三项内容：一是生产许可制度，即要求食品生产加工企业具备原材料进厂把关、生产设备、工艺流程、产品标准、检验设备与能力、环境条件、质量管理、贮存运输、包装标识、生产人员等保证食品质量安全的必备条件，取得食品生产许可证后，方可生产销售食品；二是强制检验制度，即要求企业履行食品必须经检验合格方能出厂销售的法律义务；三是市场准入标志制度，根据《食品生产许可管理办法》第二十九条规定，从 2015 年 10 月 1 日起，食品生产许可证今后将以 SC 开头，这将标志着既饱含荣誉又备受诟病的 QS 告别了历史舞台。

此外，我国食品安全性监管注重过程管理，建立了包括质量管理体系、食品安全管理体系、风险控制体系、追溯技术体系、全程监管和防范体系等在内的一系列食品安全管理体系。同时政府部门在强化风险预警和应急反应机制建设，建立健全食品召回制度，加强食品安全诚信体系建设等方面做着不懈的努力，以强化食品安全监管、保障人民健康。

三、 我国与发达国家在食品安全监管方面的差距

在美国和欧盟等一些发达国家，食品安全问题主要是针对微生物、病原体，而在我国主要是化学品危害，所以食品安全监管的任务更为艰巨。2013 年，我国正式组建国家食品药品监督管理总局，负责对食品、保健品、化妆品、药品安全管理的综合监督和组织协调，依法组织开展对重大事故的查处。然而我国在相关的监管机构体系设置、协调机制、法律规范、执行力度等多方面还有待规范和完善，与美国、欧盟等较为完善和成熟的食品安全管理体系存在一定差距，主要表现在以下几个方面。

（一）食品安全管理体制

美国和欧盟等一些发达国家的食品安全管理涉及的部门是按精简高效原则设置的，满足了食品安全管理的需要。在该体系中，有一个高度权威管理机构构成体系的核心，组织引导其它机构的监督管理工作。相比之下，我国采用的多部门管理格局存在着诸多弊端，而且不同部门仅负责食品链的不同环节，容易出现职责不清、政出多门、相互矛盾、管理重叠和管理缺位等现象。

（二）食品安全监管方式

HACCP（Hazard Analysis Critical Control Point）体系作为一种控制食品安全危害的预防性体系，得到了各国政府的高度关注。国际食品法典委员会（Codex Alimentarius Commission）也推荐把 HACCP 制度作为有关食品安全的世界性指导纲要。美国和欧盟已强制实行 HACCP，建立以 HACCP 为基础的加工控制系统与微生物检测规范，保障了食品安全。我国由于对 HACCP

的认识不足、技术力量薄弱、食品企业工业化程度不高等原因未能大范围推行 HACCP，导致食品安全问题很多时候只能做到"事后惩罚监控"，很难做到"防患于未然"，即过程监控。

（三）食品安全监管标准

美国等发达国家由于经济技术实力强和食品质量技术检测水平高，对畜产品的环境标准要求、农药残留的标准要求等都远远高于我国。此外，我国食品质量安全控制的标准还不健全，未形成科学、完整的标准体系。许多食品安全标准的制定没有以风险评估为基础，标准的科学性和可操作性都亟待提高。而且，食品安全标准体系、检验检测体系、认证认可体系等方面还存在不适应性。

（四）生产方式和环保意识

食品的安全性与农业生态环境有密切联系。在美国和欧盟的一些国家，种植业、养殖业等均实行家庭农场经营，经营趋于规模化，便于统一监管；而且生产者在种植、养殖过程中注重环境的保护与改善。在我国，农产品、水产品、畜产品多为农户分散生产，实行小规模经营，不便监管；而且生产者缺乏环保意识，这也会影响食品的安全性。

四、 提高食品安全性的策略

（1）强化政府监管，对监管不力、导致食品安全事件发生的有关部门实行问责制。

（2）加大对造成食品安全事件有关当事人、责任人的处罚力度。

（3）研究、开发食品安全快速检测技术，对食品生产流通全过程进行严格监控，保障食品安全，同时发布有关信息，确保人民群众的知情权。

（4）加强环境保护，全面控制水体、空气、土壤的污染，改变当前食品污染状况。

（5）大力发展生态农业和无污染、安全、优质的绿色食品。

（6）切实从源头抓起，防患于未然，消除食品污染于发源端。例如减少农产品的污染情况，可尽量选用高效、低毒、低残留的农药及其它化学品。

（7）建立食品安全突发事件处理机制，确保食品安全突发事件中的受害人员能得到及时有效的救治，市场存在的假冒伪劣食品能得到及时的收缴、查封。

（8）掌握食品安全知识，提高自我防护意识，改进饮食习惯，革除不科学、不文明的饮食方式，少吃或不吃油炸、熏烤及霉变食物等。

[小结]

食品安全性已成为当今影响广泛的社会性问题。加强对食品安全性的管理控制，既是社会进步的需要，也是民族健康的保证。历史的经验和国内外的发展形势都说明，确保食品安全性必须建立起完善的社会管理体系，主要包括以下几个主要方面：针对食品安全性问题建立完善的立法；对食品生产和供应系统所用的各类化学品，建立严格的管理机制；对食源性疾病风险实行环境全过程控制；采用绿色的或可持续的生产技术，生产对人与环境无害的安全食品；建立健全市场食品安全性的检验制度，加强执法，保障人民健康。

我们相信，只要全社会都来重视食品安全，我国食品安全方面的问题一定会稳步改善。

参考文献

［1］许牡丹，毛跟年. 食品安全性与分析检测. 北京：化学工业出版社，2003.

［2］陈宗道，刘金福. 食品质量管理. 北京：中国农业大学出版社，2003.

［3］张乃明. 环境污染与食品安全. 北京：化学工业出版社，2007.

［4］滕月. 中国食品安全规制与改革. 北京：中国物资出版社，2011.

［5］钟耀广. 食品安全学. 北京：化学工业出版社，2011.

［6］张凤楼. 食品安全管理师培训教材. 北京：军事医学科学出版社，2010.

［7］项阳青. 生活中不可不知的食品安全知识. 青岛：青岛出版社，2009.

［8］高翔. 食品安全性问题的研究探讨. 江苏食品与发酵，2003（1）：18-21.

［9］黄霞，姚海生，杨华涛. 浅谈食品安全问题. 商品与质量，2012（1）：217.

［10］王枫，史永亮，叶琳，等. 食品毒理学. 西安：第四军医大学出版社，2003.

［11］康鹏伟. 食品安全监督管理中快速检测技术的应用. 首都食品与医药，2018（1）：99-100.

第二章

环境污染对食品安全性的影响

环境污染和食品安全均已成为当今影响广泛而深远的全球性和社会性问题。食品的不安全因素主要源于外在污染，包括工矿企业排放的"三废"、农产品生产中使用的化肥、农药、生长调节剂、添加剂等。随着人类科学技术和物质文明的进步与发展，今天人们过着比过去任何时代都富有的生活，但也面临着前所未有的环境隐患和危机，如生态退化、资源枯竭、臭氧层破坏、酸雨等全球性的环境问题，越来越引起人们的关注，环境污染已经成为影响食品安全的首要问题之一。

第一节　环境污染与食品安全

一、　环境污染对食品安全构成的危害

对食品安全构成威胁的因素包括物理性因素（如玻璃、头发等）、化学性因素（如重金属、有毒化学物质、生物毒素等）和生物性因素（如病菌、病毒等），其中环境污染是构成食品化学性污染的主要部分，并产生部分生物性的危害。食品的化学物质污染，可导致一系列健康危害，有时甚至是急性中毒和死亡，但往往是长期的、慢性的影响。例如锡和一些微生物毒素可产生急性毒性；黄曲霉毒素可增加肝癌的发病率；一些农药有致癌和致突变性；有些氯化物可在体内长期存在，导致内分泌紊乱和免疫力下降等。化学污染物质产生的健康损害，可给一个家庭甚至社会带来严重的经济负担。

二、　环境污染对食品安全的影响

多年累积的环境污染，已严重威胁食品安全。排放到环境中的污染物通过多种途径和方式进入人体，严重危害人体健康。其中，有许多环境污染物主要是通过食品进入人体，如以半挥发性和挥发性有机物、类激素、多环芳烃等为代表的微量难降解的有毒化学品引起水体和土壤污染，通过污染的土壤生产出的农副产品进入食物链，进而进入人体，如进入人体的二噁英90%以上来源于被污染的食品。

在人类发展的历程中，特别是工业文明以来，人类大量开采热带雨林，不加节制地喷洒农药，随意丢弃、焚烧有毒有害废物，任意排放污水等行为都在一点点地蚕食人类的生存环境，其中许多污染物进入人类的食物链，导致了大量疾病的暴发和蔓延，人类已经或仍将为此付出惨重代价。历史上这样的例子不胜枚举，发生在日本的水俣病就是环境污染危害食品安全的典型例子。日本在水俣湾周边生产氯乙烯和醋酸乙烯，企业在生产的过程中，因使用含汞的催化剂，使排放的废水含有大量的汞。汞在水中被水生生物食用后，会转化成甲基汞。这些被污染的鱼虾通过食物链进入动物和人类的体内。进入脑部的甲基汞会使脑萎缩，侵害神经细胞，破坏掌握身体平衡的小脑和知觉系统。据统计，多达几十万人食用了水俣湾中被甲基汞污染的鱼虾。

具有讽刺意义的是，人类日新月异的科技进步，未能更有力地保障人类免受环境化学污染物的威胁，反而由于大量化学品的应用和工业的飞速发展，导致环境恶化，更加重和强化了该影响。发达国家在经受了环境污染的惨痛教训后，开始从环境污染走向环境治理，使环境保护有了根本改观。但即使在环境保护工作比较完善的发达国家，因为环境污染而造成的食品危害事件仍然层出不穷。1999 年，比利时、荷兰、法国、德国相继发生因二噁英污染导致畜禽类产品及乳制品含高浓度二噁英的事件。该事件使比利时蒙受了巨大的经济损失，直接损失达 3.55 亿欧元，如果加上与此关联的食品工业，损失超过 10 亿欧元。

环境污染对人类健康的危害通过食源性疾病增长反映出来。根据美国疾病预防控制中心预计，全球由食品安全事件导致的食源性疾病将会达到 10 亿例，其中因为食源性疾病死亡的人数将达到 180 万人。如 2000 年因食品和饮用水污染，仅腹泻即造成多达 210 万人死亡，其中绝大部分为儿童。即使在发达国家，多达 30% 的人口每年至少发生 1 例食源性疾病，且百万人中约有 2 人因此而死亡。在美国每年也有高达 7600 万例食源性疾病案例，导致 32.5 万人入院治疗，5000 人死亡，其中由于直接的化学物质污染引起的食物中毒超过食物中毒事件总量的 6%。

三、 我国环境污染危害食品安全的现状

在我国，虽经过多年坚持不懈的努力，全国环境状况由环境质量总体恶化、局部好转向环境污染加剧趋势得到基本控制转变，部分城市和地区环境质量有所改善。但是，我国污染物排放总量仍处于较高水平，环境污染依然严重。全国有 70% 的江河水系受到污染，40% 基本丧失了使用功能，流经城市的河流 95% 以上受到严重污染；3 亿农民喝不到干净水，4 亿城市人呼吸不到新鲜空气；1/3 的国土被酸雨覆盖，世界上污染最严重的 20 个城市中中国占了 16 个，空气质量达到国家二级标准的城市仅占 1/3。在我国，地表水普遍受到污染，特别是流经城市的河段，有机污染比较严重，湖泊富营养化问题突出，地下水受到点源或面源污染。近岸海域水污染加剧、生态破坏、固体废弃物污染、土壤污染加剧的趋势尚未得到有效遏制。

我国也是化学品生产与消费的大国，我国已生产和上市销售的现有化学物质大约有 4.5 万种，其中约有 3700 种属于危险化学品，有 300 多种属于剧毒化学品。我国每年直接向环境排放的危险废物高达 200 万 t，并且多年向环境中排放的污染物尚未得到有效清除，仍在继续危害食品安全。工业废水未经处理直接排放和农民盲目引灌已导致重金属长期积累。据原中华人民共和国农业部普查，因土壤、水污染导致的食品安全问题日益严峻，全国 3 亿亩耕地正在受到重金属污染的威胁，占全国农田总数的 1/6，其中以镉污染问题比较突出。一般来讲，粮食

含镉量超过 0.2mg/kg 就认为已被镉污染，同时规定土壤含镉量 1.5mg/kg 为生产镉米的最高含量。环境污染导致了我国多次重大食品安全事件，1988 年我国上海地区的甲肝流行病暴发事件，感染人数超过 30 万人，波及了上海 12 个市区，这次甲型病毒性肝炎的暴发是因为上海市民有生食毛蚶的传统习惯，而究其主要原因则是由于毛蚶产地的水域受到严重污染，大量毛蚶携带甲肝病毒。目前，我国土壤受到重金属污染较为严重，超过 10% 的耕地受到重金属污染，导致每年粮食减产约 1000 万 t，受重金属污染导致不能食用的粮食也达 1200 万 t，至少造成两百亿元的经济损失。2008 年至今，全国发生的重大污染事故超过百起，其中重金属污染事故就有三十余起，对人们的生命健康造成很大的危害。据调查，目前我国重金属污染的耕地面积已经超过 1.8 亿亩*，主要分布在我国南方的湘、赣、鄂、川等省（区），污染范围较大，也给修复增加了很多困难。

第二节　大气污染对食品安全性的影响

大气污染是指自然过程和人类活动向大气排放的污染物和由它转化生成的二次污染物在大气中的浓度达到有害程度的现象。自然过程，包括火山活动、山林火灾、海啸、土壤和岩石的风化及大气圈中空气运动等。人类活动不仅包括生产活动，也包括生活活动，如做饭、取暖、交通等。一般说来，由于自然环境的自净作用，会使自然过程造成的大气污染经过一定时间后自动消除。所以说，大气污染主要是人类活动造成的，种类很多，理化性质非常复杂，毒性也各不相同，主要来源于矿物燃料（如煤和石油等）燃烧和工业生产。2006 年《中国环境状况公报》指出，中国环境质量状况没有明显改善，近 50% 的城市出现了中度以上的污染，其中18% 的城市出现重度污染。2017 年 5 月世界卫生组织（WHO）发布了《2017 世界卫生统计报告》（*World Health Statistics 2017*），报告称全球约有 30 亿人仍然使用固体燃料（即木材、农作物废料、木炭、煤炭等）进行取暖和烹饪。2018 年 10 月世界卫生组织公布的一份报告显示，全球约有 93% 的 15 岁以下儿童（约 18 亿人）每天都在呼吸污染严重的空气，其健康和发展受到严重威胁。更为可悲的是，他们当中很多人因此而死亡——据该组织估计，仅 2016 年就有 60 万儿童死于空气污染引起的急性下呼吸道感染。据报告提供的数据，全球 15 岁以下儿童中，有 93% 暴露在超过 WHO 规定 PM2.5 浓度的空气中。2016 年，该人群中约有 60 万人的死亡可归因于环境和家庭空气污染的共同影响。

大气污染物种类很多，按照污染物形态分类，可分为分子状态污染物（如 SO_2、NO_2、Cl_2、氯化剂、氟化物等）及粒子状态污染物（如粉尘、降尘、飘尘、总悬浮颗粒物、烟、雾、霾、超细颗粒物等）。空气中颗粒物、二氧化硫、一氧化氮和二氧化碳是中国最主要的大气污染物。长期暴露在污染空气中的动植物由于其体内外污染物增多而造成了生长发育不良或受阻，甚至发病或死亡，从而影响了食品的安全性。受氟污染的农作物除会使污染区域的粮菜的食用安全性受到影响外，氟化物还通过食用牧草进入食物链，对畜产品造成污染。

---

　* 注：1 亩 = 666.7m^2。

一、大气主要污染物及其来源分类

（一）按照污染的范围分

按照污染的范围来分，大气污染大致可分为四类。

（1）局限于人类生活范围的大气污染，如受到某些烟囱排气的直接影响。

（2）涉及一个地区的大气污染，如工业区及其附近地区或整个城市大气受到污染。

（3）涉及比一个城市更广泛地区的广域污染。

（4）必须从世界范围考虑的全球性污染，如大气中的飘尘和二氧化碳气体的不断增加，就成了全球性污染，受到世界各国的关注。

（二）按照污染物质的来源分

按污染物质的来源分为天然污染源和人为污染源。

1. 天然污染源

自然界中某些自然现象向环境排放有害物质或造成有害影响的场所，是大气污染物的一个很重要的来源。尽管与人为污染源相比，由自然现象所产生的大气污染物种类少、浓度低，在局部地区某一段可能形成严重影响，但从全球角度看，天然污染源还是很严重的，尤其在清洁地区。大气的天然污染物源主要有以下几方面。

（1）火山喷发排放出 SO_2、H_2S、CO_2、CO、HF 及火山灰等颗粒物。

（2）森林火灾排放出 CO、CO_2、SO_2、NO_2 等。

（3）自然尘风沙、土壤尘等。

（4）森林植物释放主要为萜烯类碳氢化合物。

（5）海浪飞沫颗粒物主要为硫酸盐与亚硫酸盐。

在某些情况下，导致大气污染的天然污染源比人为污染源更重要，有人曾对全球的硫氧化物和氮氧化物的排放做了估计，认为全球93%氮排放、60%硫氧化物排放都来自天然污染源。

2. 人为污染源

人类的生产和生活活动是大气污染的主要来源。通常所说的大气污染源是指由人类活动向大气输送污染物的发生源。大气的人为污染源可概括为四方面。

（1）燃料燃烧　煤、石油、天然气等燃料的燃烧过程是向大气输送污染物的重要发生源。煤是主要的工业和民用燃料，其主要成分是碳，并含有氢、氧、氮、硫及金属化合物。煤燃烧时除产生大量烟尘外，在燃烧过程中还会形成 CO、CO_2、SO_2、氮氧化物、有机化合物等有害物质。火力发电厂、钢铁厂、焦化厂、石油化工厂和有大型锅炉的工厂、用煤量较大的工矿企业等工业企业，根据性质、规模不同，对大气产生污染的程度也不同。家庭炉灶排气是一种排放量大、分布广、排放高度低、危害性不容忽视的空气污染源。

（2）工业生产过程排放　工业生产过程中排放到大气中的污染物种类多、数量大，是城市或工业区大气的重要污染源。工业生产过程中排放废气的工厂有很多。例如，石油化工企业排放 SO_2、H_2S、CO_2、氮氧化物；有色金属冶炼工业排出的 SO_2、氮氧化物以及含重金属元素的烟尘；磷肥厂排出氟化物；酸碱盐化工工业排出的 SO_2、氮氧化物、HCl 及各种酸性气体；钢铁工业在炼铁、炼钢、炼焦过程中排出粉尘、硫氧化物、氰化物、CO、H_2S、酚、苯类、烃类等。总之，工业生产过程排放的污染物的组成与工业企业的性质密切相关。

（3）交通运输过程中排放　汽车排气已构成大气污染的主要污染源。汽油车排放的主要污染物是 CO、NO_x、HC 和铅（使用含铅汽油）；柴油车排放的污染物主要有 NO_x、PM（细微颗粒物）、HCl、CO 和 SO_2。同发达国家相比，我国机动车污染物排放量相当惊人。

（4）农业活动排放　农药及化肥的使用，对提高农业产量起着重大的作用，但也给环境带来了不利影响，致使施用农药和化肥的农业活动成为大气的重要污染源。田间施用农药时，一部分农药会以粉尘等颗粒物形式散逸到大气中，残留在作物上或黏附在作物表面的仍可挥发到大气中，进入大气的农药可以被悬浮的颗粒物吸收并随气流向各地输送，造成大气农药污染。

化肥在农业生产中的施用给环境带来的不利因素正逐渐引起人们关注。例如，氮肥在土壤中经一系列的变化过程会产生氮氧化物并释放到大气中；氮在反硝化作用下可形成氮和氧化亚氮释放到空气中，氧化亚氮不易溶于水，可传输到平流层，并与臭氧相互作用，使臭氧层遭到破坏。

（三）按照污染源性状特点分

按照污染源性状特点分为固定式污染源和移动式污染源。固定式污染源是指污染物从固定地点排出，如各种工业生产及家庭炉灶排放源排出的污染物，其位置是固定不变的。移动式污染源是指各种交通工具，如汽车、轮船、飞机等是在运动中排放废气，向周围大气环境排放出各种有害污染物质。

此外，还可按照排放污染物的空间分布方式分，分为：点污染源，即集中在一点或一个可当作一点的小范围排放的污染物；面污染源，即在一个大面积范围排放的污染物。

二、　常见大气污染物对食品质量及安全性的影响

大气污染物的种类很多，其理化性质很复杂，毒性也各不相同。大气污染物主要来自煤、石油、天然气等的燃烧和工业生产。动植物生长在被污染的空气中，不但生长发育受到影响，而且其产品作为人类的食物，安全性也没有保障。

（一）氟化物

大气氟化物污染可分为两类：一是生活燃煤污染；二是化工厂硫酸铵等物质的气溶胶随雨而降，即酸雨。

氟能够通过作物叶片上的气孔进入植株体内使叶尖和叶缘坏死，嫩叶、幼芽受害尤其严重，HF 对花粉粒发芽和花粉管伸长有抑制作用。氟具有在植物体内富集的特点，在受氟污染的环境中生产出来的茶叶、蔬菜和粮食，一般含氟量较高。氟化物还可能通过畜禽食用饲草进入食物链，对人类的食品造成污染。氟在人体内积累所引起的最典型的疾病是氟斑牙（褐色斑釉齿）和氟骨症（骨骼变形、骨质疏松、关节肿痛等）。

我国现行饮水、食品中含氟化物卫生标准为：饮水≤1.0mg/L；大米、面粉、豆类、蔬菜、蛋类≤1.0mg/kg；水果≤0.5mg/kg；肉类≤2.0mg/kg。

（二）二氧化硫和氮氧化物

大气中二氧化硫（SO_2）和氮氧化物（NO_x）是酸雨的主要来源。SO_2 在干燥的空气中较稳定，但在湿度大的空气中经催化或光化学反应可转化为 SO_3，进而生成硫酸雾或硫酸盐，形成物中含有 H_2SO_4（硫酸影响茎、叶，进而影响根系）。叶片因酸雨使呼吸、光合作用受到阻碍，根系的生长和吸收作用受影响，豆类作物根瘤固氮作用被抑制。处于花果期的作物受酸雨侵袭后，花粉寿命缩短，结实率下降，果实种子的繁殖能力减弱。不仅如此，当酸雨进入土壤后，

土壤逐渐酸化，使土壤中对作物有益的钙、镁、钾离子流失，而使某些微量重金属如锰、铅、铝离子活化。酸雨的危害是多方面的，对作物、林业、建筑物、渔业以及人体健康都带来了严重危害。

（三）煤烟粉尘和金属飘尘

煤烟粉尘产生于冶炼厂、钢铁厂、焦化厂、供热锅炉以及家庭取暖烧饭的烟囱。因燃烧条件和燃烧程度不同，所产生的烟尘量也各不一样。一般每吨煤产生 $4\sim28kg$ 烟尘，这些烟尘的粒径极小，在 $0.05\sim10\mu m$。以粉尘污染源为中心，周围几十公顷的耕地或下风向几千米区域内的作物都会受到影响。金属飘尘来源于矿区和冶炼厂。飘尘中可能含有粒径小于 $10\mu m$ 的铅、镉、铬、锌、镍、砷、汞等有毒有害微粒。这些微粒可能长时间随风飘浮在空中，也可能随着雨雪下降到地面，然后又在粮、菜中积累，进入食物链，给人畜带来危害。

三、　大气污染对食品危害的防治措施

我国正处于工业现代化阶段，在控制大气污染方面宜采取综合防治措施，这些综合防治措施可归纳为下列几个方面。

（一）改进工艺和设备

首先考虑采用无害工艺和改革设备结构，使之不产生或少产生污染物质。例如，钢铁工业中炼焦生产，以干法熄焦代替湿法熄焦，不仅能从根本上解决烟尘对大气污染的问题，还可以回收余热用于发电。过去氯乙烯生产采用的是乙炔与氯化氢在催化剂氯化汞作用下的加成反应，现在则大力推广应用以乙烯为原料的氧氯化法，以避免汞污染，并减少氯化氢的排放量。氯碱厂液氯工段用冷却法液化时，必须排放一部分惰性气体，其中含有一定量的氯气，造成大气污染，现可采取以吸收和解吸方法代替冷却法来减少污染。

（二）对燃料进行选择和处理以及改善燃烧方法

我国煤炭生产已有一定的洗煤能力。民用炉灶和没有脱硫设备的工厂燃烧低硫、低灰分煤将对环境保护起到很大作用。许多发达国家为了达到燃料低硫化，正在推进煤的气化和液化以及重油脱硫的技术开发。国内针对民用锅炉和中小型采暖锅炉用燃烧型煤做了不少工作，取得了很好的效果。燃烧型煤不仅可以降低 SO_2 和烟尘的排放量，还可以提高燃烧效率，节约大量燃料。

（三）开发废气净化回收新工艺，化害为利，综合利用

化害为利、综合利用是我国治理环境污染的方针。一般说来，排放的有毒气体都是有价值的生产原料。可由于排放的废气量大、浓度低（与原料气相比），净化回收在技术和经济上有一定困难，因此，废气往往被排放掉。生产设备的密闭操作或采用新的废气净化回收工艺流程，可为综合利用创造有利条件。如冶炼厂回收 SO_2 废气制硫酸已取得明显的经济效益；O_2 顶吹转炉炼钢采用炉口微差压控制技术，保证煤气在未燃状态下除尘，以回收煤气作为燃料；对于铝电解槽产生的 HF 烟气，大型中心加料预焙槽密闭操作，可为干法净化回收氟提供良好的条件等。实践证明，有毒废气净化回收能达到减少空气污染和资源再利用的目的。

（四）采用高烟囱排放

同等的有害物排放量，由于向大气中排放的方式不同，大气污染所造成的影响也不相同。虽然高空排放有毒气体可以降低地面上的浓度，但它并不能减少大气中有害物质量。改善烟气扩散的具体措施是建造高烟囱或增大烟气的出口排放速度，从而把有毒气体送至高空进行扩散

稀释。烟气在大气中的扩散与当地的气象条件、逆温情况、地形地物等因素有关，烟囱高度是在保证污染物最大落地浓度不超过允许值的条件下，根据烟气扩散规律确定的。当前，对于某些低浓度废气，从技术和经济角度分析，采用高烟囱排放以减轻大气污染的新方法是实用和经济的。

（五）城市绿化

众所周知，植物在保持大气中 O_2 与 CO_2 的平衡以及吸收有毒气体等方面有着举足轻重的作用。地球上绝大部分生命依赖大气才得以生存。绿色植物是主要的 O_2 制造者和 CO_2 的消耗者。地球上大气总量中 O_2 的 60% 来自陆生植物，特别是森林。1 万 m^2 常绿阔叶每天可释放 700kg O_2，消耗 1000kg CO_2。按成年人每天呼吸需要 0.75kg O_2、排出 0.9kg CO_2 计算，则每人应拥有 $10m^2$ 森林或者 $50m^2$ 生长良好的草坪。植物还有吸收有毒气体的作用，不同的植物可以吸收不同的毒气。植物对大气飘尘和空气中放射性物质也有明显的过滤、吸附和吸收作用。植物吸收大气中有毒气体的作用是明显的，但当污染十分严重、有害物浓度超过植物能承受的限度时，植物本身也将受害，甚至枯死。所以选择某些敏感性植物又可起到对毒气警报的作用。

环境污染会给生态系统造成直接的破坏和影响，也会给生态系统和人类社会造成间接的危害，有时这种间接环境效应的危害比当时造成的直接危害更大，也更难消除。例如，温室效应、酸雨和臭氧层破坏就是由大气污染衍生出的环境效应。这种由环境污染衍生的环境效应具有滞后性，往往在污染发生时不易被察觉或预料到，然而一旦发生就表示环境污染已经发展到相当严重的地步，所以对大气污染应该进行提前防治。

第三节　水体污染对食品安全性的影响

环境学中认为水体是包括水中悬浮物、溶解物质、底泥和水生生物等完整生态系统或自然综合体。水体按类型还可划分为海洋水体和陆地水体，陆地水体又分为地表水体和地下水体，地表水体包括河流、湖泊等。水体污染是指一定量的污水、废水、各种废弃物等污染物质进入水域，超出了水体的自净和纳污能力，从而导致水体及其底泥的物理、化学性质和生物群落组成发生不良变化，破坏了水中固有的生态系统，影响了水体的功能，降低了水体的使用价值。

世界卫生组织报告：全世界 80% 的疾病是由于饮用了被污染的水，50% 儿童的死亡是由于饮用污染水造成的，每年有 2500 万儿童死于饮用水被污染的水引发的疾病，全世界有 12 亿人因饮用污染水而患多种疾病，每天因水而死亡的人就有 5 万之多。我国每年也有 500 万人因饮用不健康水导致疾病而死亡。水污染引起的疾病包括：癌症、氟中毒、腹泻、铅中毒、砷中毒、镉中毒、汞中毒等。

中国人均水资源占有量只有 $2300m^3$，约为世界平均水平的 1/4，排在第 121 位，是世界上13 个最贫水国家之一。因为缺水，每年给中国工业造成的损失达 2000 亿元，给农业造成的损失达 1500 亿元，全国有 2/3 的城市缺水。全国湖泊约有 75% 的水域受到明显污染。据报道，在我国 1200 条河流中，有 850 条江河受到不同程度的污染，130 个湖中有 50 多个处于富营养状态，我国海域的"赤潮"现象不断发生。中国对于海洋产品和服务业的需求迅速增高，全世界 60% 的渔场都位于中国水域。滥用农药化肥的化学农业生产模式、工业化和城镇化导致中国的近海海域富营养化和缺氧现象极其严重。工业污染物中以持久性有机污染物和重金属污染物最为严重，未经处理的工业废水和城市污水用于农田灌溉的现象也时有发生。中国农村有3亿多人喝不上干净的水，其中饮用高氟水的6300多万人中有近3000万人出现病症，因饮用高砷水致地方性砷中毒的病区人口有200多万，有3800多万人饮用苦咸水，1100多万人的饮用水受到血吸虫威胁。造成中国农村3亿多人饮用水不安全的原因中，超过60%是由于人为因素引起的。

造成水体污染的因素是多方面的：①向水体排放未经过妥善处理的城市生活污水和工业废水；②施用的化肥、农药及城市地面的污染物，被雨水冲刷，随地面径流进入水体；③随大气扩散的有毒物质通过重力沉降或降水过程而进入水体等。其中第一项是水体污染的主要因素。20世纪70年代后，随着全球工业生产的发展和社会经济的繁荣，大量的工业废水和城市生活废水排入水体，水体污染日益严重。

水体的污染物，总体上可划分为无机污染物和有机污染物两大类。在水环境化学中较为重要的、研究得较多的污染物是重金属和有机物。我国水污染研究始于20世纪70年代，主要研究重金属、耗氧有机物、滴滴涕、六六六等污染物。目前研究的重点已转向有机污染物，特别是难降解的有机物，因其在环境中的存留期长，容易沿食物链（网）传递积累（富集），威胁生物生长和人体健康，因而日益受到人们重视。

一、 水体主要污染物及来源

（一）病原体污染物

生活污水、畜禽饲养场污水以及制革、屠宰业和医院等排出的废水，常含有各种病原体，如病毒、病菌、寄生虫等。水体受到病原体的污染会传播疾病，如血吸虫病、霍乱、伤寒、痢疾等。历史上流行的瘟疫，有的就是水媒型传染病，如1848年和1854年英国两次霍乱流行，死亡万余人；1892年德国汉堡霍乱流行，死亡750余人；2017年也门爆发霍乱，死亡人数超过850人，均是水污染引起的。霍乱是因摄入的食物或水受到霍乱弧菌污染而引起的一种急性腹泻性传染病，每年估计有300万~500万霍乱病例，另有10万~12万人死亡。

受病原体污染后的水体微生物激增，其中许多是致病菌、病虫卵和病毒，它们往往与其它细菌和大肠杆菌共存，所以通常规定用细菌总数、大肠杆菌数及菌值数作为病原体污染的直接指标。病原体污染的特点是：①数量大；②分布广；③存活时间较长；④繁殖速度快；⑤易产生抗药性，很难绝灭；⑥传统的二级生化污水处理及加氯消毒后，某些病原微生物、病毒仍能大量存活。常见的混凝、沉淀、过滤、消毒处理能够去除水中99%以上病毒，但是如果出水浊度大于0.5FTU时，仍会伴随病毒的穿透。病原体污染物可通过多种途径进入人体，一旦条件适合，就会引起人体疾病。

（二）耗氧污染物

在生活污水、食品和造纸等加工废水中，含有碳水化合物、蛋白质、油脂、木质素等有机物质。这些物质以悬浮或溶解状态存在于污水中，可通过微生物的生物化学作用而分解。在其分解过程中需要消耗O_2，被称为耗氧污染物。这种污染物可造成水中溶解氧减少，影响鱼类和其它水生生物的生长。水中溶解氧耗尽后，有机物进行厌氧分解，产生H_2S、氨和硫醇等难闻气味气体，使水质进一步恶化。水体中有机物成分非常复杂，耗氧有机物浓度常用单位体积水中耗氧物质生化分解过程的耗氧量表示，即以生化需氧量（Biochemical Oxygen Demand,

BOD）表示。一般用 20℃时 5d 生化需氧量（BOD$_5$）表示。

（三）植物营养物

植物营养物主要指氮、磷等能刺激藻类及水草生长、干扰水质净化、使 BOD$_5$ 升高的物质。水体中营养物质过量所造成的"富营养化"对于湖泊及流动缓慢的水体所造成的危害已成为水源保护的严重问题。富营养化是指在人类活动的影响下，生物所需的氮、磷等营养物质大量进入湖泊、河口、海湾等缓流水体，引起藻类及其它浮游生物迅速繁殖，水体溶解氧量下降，水质恶化，鱼类及其它生物大量死亡的现象。在自然条件下，湖泊也会从贫营养状态过渡到富营养状态，沉积物不断增多，先变为沼泽，后变为陆地。这种自然过程非常缓慢，常需几千年甚至上万年。而人为排放含营养物质的工业废水和生活污水所引起的水体富营养化现象，可以在短期内出现。

植物营养物的来源广、数量大，有生活污水（有机质、洗涤剂）、农业（化肥、农家肥）和工业废水、垃圾等。每人每天带进污水中的氮约 50g。生活污水中的磷主要来源于洗涤废水，而施入农田的化肥有 50%~80% 流入江河、湖海和地下水体中。天然水体中磷和氮（特别是磷）的含量在一定程度上是浮游生物生长的控制因素。当大量氮、磷植物营养物排入水体后，促使某些生物（如藻类）急剧繁殖生长，生长周期变短。藻类及其它浮游生物死亡后被需氧生物分解，不断消耗水中的溶解氧，或被厌氧微生物所分解，不断产生 H$_2$S 等气体，使水质恶化，造成鱼类和其它水生生物的大量死亡。

藻类及其它浮游生物残体在腐烂过程中，又把生物所需的氮、磷等营养物质释放到水中，供新的一代藻类等生物利用。因此，水体富营养化后，即使切断外界营养物质的来源，也很难自净和恢复到正常水平。水体富营养化严重时，湖泊可被某些繁生植物及其残骸淤塞，成为沼泽甚至干地，局部海区可变成"死海"，或出现"赤潮"现象。

常用氮、磷含量、生产率（O$_2$）及叶绿素 a 作为水体富营养化程度的指标。防治富营养化，必须控制进入水体的氮、磷含量。

（四）有毒污染物

有毒污染物是指进入生物体后累积到一定数量能使体液和组织发生生化和生理功能的变化，引起暂时或持久的病理状态，甚至危及生命的物质，如重金属和难分解的有机污染物等。污染物的毒性与摄入机体内的数量有密切关系。同一污染物的毒性也与其存在形态有密切关系。价态或形态不同，其毒性有很大的差异。如 Cr^{4+} 的毒性比 Cr^{3+} 大；As^{3+} 的毒性比 As^{5+} 大；甲基汞毒性比无机汞大得多。另外污染物的毒性还与若干综合效应有密切关系。

1. 有毒污染物对生物的综合效应

从传统毒理学来看，有毒污染物对生物的综合效应有三种。

（1）相加作用　即两种以上毒物共存时，其总效果大致是各成分效果之和。

（2）协同作用　即两种以上毒物共存时，一种成分能促进另一种成分毒性急剧增加。如铜、锌共存时，其毒性为它们单独存在时的 8 倍。

（3）拮抗作用　两种以上的毒物共存时，其毒性可以抵消一部分或大部分。如锌可以抑制镉的毒性；又如在一定条件下硒对汞能产生拮抗作用。

总之，除考虑有毒污染物的含量外，还需考虑它的存在形态和综合效应，才能全面深入地了解污染物对水质及人体健康的影响。

2. 有毒污染物的种类

有毒污染物主要有以下几类。

（1）重金属　如汞、镉、铬、铅、钒、钴、钡等，其中汞、镉和铅危害较大；砷、硒和铍的毒性也较大。重金属在自然界中一般不易消失，它们能通过食物链而被富集。这类物质除直接作用于人体引起疾病外，某些金属还可能促进慢性病的发展。

（2）无机阴离子　主要是 NO_2^-、F^-、CN^- 离子。其中 NO_2^- 是致癌物质，CN^- 是剧毒物质，主要来自工业废水排放中的氰化物。

（3）有机农药、多氯联苯　目前世界上有机农药大约 6000 种，常用的大约有 200 多种。农药喷洒在农田中，经淋溶等作用进入水体，造成污染。有机农药可分为有机磷农药和有机氯农药。有机磷农药的毒性虽大，但一般容易降解，积累性不强，因而对生态系统的影响不明显；而绝大多数的有机氯农药毒性大，几乎不降解，积累性甚高，对生态系统有显著影响。多氯联苯（Polychorinated biphenyls，PCB）是联苯分子中一部分氢或全部氢被氯取代后所形成的各种异构体混合物的总称。多氯联苯具有剧毒，脂溶性大，易被生物吸收，化学性质十分稳定，难以和酸、碱、氧化剂等作用等特点，并且具有高度耐热性，在 1000~1400℃ 高温下才能完全分解，因而在水体和生物中很难被降解。

（4）致癌物质　致癌物质大体分三类：多环芳香烃（PAH），如 3,4-苯并（a）芘等；杂环化合物，如黄曲霉素等；芳香胺类，如甲苯胺、乙苯胺、联苯胺等。

（5）一般有机物质　如酚类化合物就有 2000 多种，最简单的是苯酚，均为高毒性物质；腈类化合物也有毒性，其中丙烯腈对环境的影响最为严重。

（五）石油类污染物

石油类污染是水体污染的重要类型之一，特别在河口、近海水域更为突出。排入海洋的石油估计每年高达数百万吨至上千万吨，约占世界石油总产量的 0.5%。石油污染物主要来自工业排放，石油运输船只的船舱和机件的清洗、意外事故的发生、海上采油等。而油船事故属于爆炸性的集中污染源，危害是毁灭性的。

石油是烷烃、烯烃和芳香烃的混合物，进入水体后的危害是多方面的。如在水上形成油膜，能阻碍水体复氧作用；油类黏附在鱼鳃上，可使鱼窒息；黏附在藻类、浮游生物上，可使它们死亡。油类会抑制水鸟产卵和孵化，严重时使鸟类大量死亡。石油污染还能使水产品质量降低。

（六）放射性污染物

放射性污染是放射性物质进入水体后造成的。放射性污染物主要来源于核动力工厂排出的冷却水、向海洋投弃的放射性废物、核爆炸降落到水体的散落物、核动力船舶事故泄漏的核燃料；开采、提炼和使用放射性物质时，如果处理不当，也会造成放射性污染。水体中的放射性污染物可以附着在生物体表面，也可以进入生物体蓄积起来，还可通过食物链对人产生内辐射。

水中主要的天然放射性元素有 ^{40}K、^{238}U、^{286}Ra、^{210}Po、^{14}C、^3H 等。目前，在世界任何海区几乎都能测出 ^{90}Sr、^{137}Cs。日本 2011 年福岛核电站的泄漏，导致大量的放射性污染物进入环境，福岛县周围的蔬菜、农产品、水产品等均受到放射能、放射性碘、放射性铯等的污染。

（七）酸、碱、盐无机污染物

各种酸、碱、盐等无机物进入水体（酸、碱中和生成盐，它们与水体中某些矿物相互作用产生某些盐类），使淡水资源的矿化度提高，影响各种用水的水质。盐污染主要来自生活污水和工矿废水以及某些工业废渣。另外，由于酸雨规模日益扩大，造成土壤酸化、地下水矿化度增高。

水体中无机盐增加能提高水的渗透压，对淡水生物、植物生长产生不良影响。在盐碱化地区，地面水、地下水中的盐将对土壤质量产生更大影响。

（八）热污染

热污染是一种能量污染，是工矿企业向水体排放高温废水造成的。一些热电厂及各种工业过程中的冷却水，若不采取措施就直接排放到水体中，均可使水温升高，水中的化学反应、生化反应的速度随之加快，使某些有毒物质（如氰化物、重金属离子等）的毒性增加，溶解氧减少，影响鱼类的生存和繁殖，加速某些细菌的繁殖，助长水草，从而造成厌氧发酵，产生恶臭。

鱼类生长都有一个最佳的水温区间。水温过高或过低都不适合鱼类生长，甚至会导致鱼类死亡。不同鱼类对水温的适应性也是不同的，如热带鱼适于 $15\sim32℃$，温带鱼适于 $10\sim22℃$，寒带鱼适于 $2\sim10℃$。一般水生生物能够生活的水温上限是 $35℃$。

除了上述八类污染物以外，洗涤剂等表面活性剂对水环境的主要危害在于使水产生泡沫，阻止了空气与水接触而降低溶解氧，同时由于有机物的生化降解耗用水中溶解氧而导致水体缺氧。高浓度表面活性剂对微生物有明显毒性。

水体污染的例子很多，如京杭大运河（杭州段）两岸有许多工厂，每天均有大量废水排入运河，使水体中固体悬浮物、有机物、重金属（Zn、Cd、Pb、Cu 等）、酚及氰化物等含量远远超过地表水标准，有的超过几十倍，使水体处于厌氧的还原状态，乌黑发臭，鱼虾绝迹，不符合生活、农业等用水要求，水体自净能力差。若不治理并控制污染源，水体污染还会进一步扩大。

近 40 年来，我国的国民经济以平均每年 9% 以上的速度增长。然而，随着经济的快速增长，未经处理的大量工业和生活废水排入江河湖泊，导致水资源严重污染。尽管国家投入大量资金进行治理，但治理的速度赶不上污染的速度。水污染加重，水生态恶化的状况没有得到根本性遏制。我国是贫水国家，水资源紧缺，水环境的污染更加剧了水资源的紧缺，不仅影响了经济的可持续发展，更影响到了公众的饮水安全和水产品食用安全，直接威胁民众的健康和生命安全。

二、常见水污染物对食品安全性的影响

水体污染引起的食品安全性问题，主要是通过污水中的有害物质在动、植物中累积造成的。污染物质随污水进入水体以后，能够通过植物的根系吸收向地上部分以及果实中转移，使有害物质在作物中累积，同时也能进入生活在水中的水生动物体内并蓄积。有些污染物（如汞、镉）当其含量远低于引起农作物或水体动物生长发育危害的限量时，就已在体内累积，使其可食用部分的有害物质的累积量超过食用标准，对人体健康造成危害。

水体污染能直接引起污染水体中水生生物体内有害物质的积累，而对陆生生物的影响主要通过污灌的方式进入。我国水污染的现状为：水污染较为严重，绝大部分污水未经处理就用于农田灌溉，灌溉水质不符合农田灌溉水质标准，污水中污染物超标，已达到影响食品品质的程度，进而达到危害人体健康的程度。少数城市混合污水灌区和大部分工矿灌区，已引起饮用水源（地下水和部分地表水）中重金属超标，少数地下水还有 CN^-、NO_3^-、NO_2^- 污染，影响饮用

水安全。

（一）酚类污染物

酚的种类很多，在化学上凡是芳香烃和羟基直接连接的化合物都称酚。酚类污染物来源广，如焦化厂、城市煤气厂、炼油厂和石油化工厂在生产过程中，产生大量的含酚废水，且浓度较高。当水中含酚 0.022mg/L 时可闻到讨厌的臭味，灌溉水和土壤里过量的酚会在粮、菜中蓄积，从而影响农作物产品的品质，使粮、菜带有酚臭味。

酚对植物的影响表现在：低浓度酚促进庄稼生长，而高浓度抑制生长。各种作物对酚的耐受能力不同，小麦、玉米不敏感，在 200mg/L 仍正常生长，黄瓜的生长宜在 25mg/L 以下。使用 1mg/L 的含酚污水浇灌农田，检测不出酚残留，50mg/L 的含酚污水浇灌农田时，粮、菜中蓄积明显，一般比正常水浇灌高出 7~8 倍。试验结果表明，用不同浓度的含酚污水灌溉水稻和黄瓜，其对酚的积累量随污水中酚的浓度增加而增加。

酚在植物体内的分布是不同的，一般茎叶较高，种子较低。不同植物对酚的积累能力也有差别，研究表明，蔬菜中以叶菜类较高，其排列顺次是：叶菜类>茄果类>豆类>瓜类>根菜类。

植物本身含有一定量的酚类化合物，同时从含酚的水和土壤中吸收外源酚。植物具有多种能分解酚的酶类，有分解酚的能力，酚进入植物体后，能将吸收的酚通过生化反应降解为无毒的化合物或代谢为 CO_2，因此，植物在积累酚的同时，也能代谢酚。

污水中的酚对鱼类的影响是：低浓度时能影响鱼类的洄游繁殖，高浓度能引起鱼类的大量死亡。当水体中酚的浓度达 0.1~0.2mg/L 时，鱼肉会有酚味。

（二）氰化物

氰及其化合物来自电镀、焦化、煤气、冶金、化肥和石油化工等排放的工业废水，具有强挥发性、易溶于水、有苦杏仁味、剧毒，0.1g 氰化物即可使人致死。研究表明，氰化物在低浓度（30mg/L 以下）时，可刺激植物生长，高浓度（50mg/L 以上）则抑制生长。

氰化物是植物本身固有的化合物，在植物体内自然氰化物种类有几百种，因品种而异。

污水中的氰化物可被作物吸收，其中一部分由自身解毒作用形成氰糖苷，贮藏在细胞里，一部分在体内分解成无毒物质，其吸收量随污水浓度的增大而增大，但一般累积量不是很高。在用含氰 30mg/L 的污水灌溉水稻、油菜时，产品的氰残留很少；用含氰 50mg/L 的污水灌溉，粮、菜的氰化物的含量比清水增加 1~2 倍；当浓度为 100mg/L 时，作物会出现死亡现象或氰的含量迅速增加。蔬菜中的氰残留量随灌水浓度的增大而增大，但其残留率一般不足万分之一，而且，氰在蔬菜体内消失明显，一般在 24~48h 后，其含氰量即可降到清灌时的含氰水平。

根据 GB 5084—2005《农田灌溉水质标准》规定，灌溉水中氰浓度在 0.5mg/L 以下，对作物、人畜是安全的。世界卫生组织规定鱼的中毒限量为游离氰 0.03mg/L。

（三）石油

石油的工业废水来自炼油厂，石油废水不仅对作物的生长产生危害，还会影响食品的品质。用高浓度石油废水灌溉土地而生产的稻米，煮成的米饭有汽油味，花生榨出的油也有油臭味，生长的蔬菜（如萝卜）也有浓厚的油味，这种受到石油废水污染而生产的食品，人食用后会感到恶心。

石油废水中还含有致癌物 3,4-苯并（a）芘，这种物质能在灌溉的农田土壤中积累，并能通过植物的根系吸收进入植物，引起积累。研究表明，用未处理的含石油 5mg/L 的炼油废水灌溉农田，土壤中3,4-苯并（a）芘含量比一般农田土壤高出5倍，最高可达20倍。

石油废水能对水生生物产生较严重的危害。高浓度时，能引起鱼虾死亡，特别是幼鱼、幼虾。当废水中石油浓度较低时，石油中的油臭成分能从鱼、贝的腮黏膜侵入，通过血液和体液迅速扩散到全身。已查明，当海水中石油浓度达0.01mg/L时，能使鱼虾产生石油臭味，降低海产品的食用价值。

从我国石油污灌地区的调查结果看，当废水中含石油10mg/L以下，基本不影响作物的生长发育，粮食、蔬菜中3,4-苯并（a）芘的含量与清水灌溉时含量接近，无油味，不会引起3,4-苯并（a）芘中毒。

（四）苯及其同系物

苯及其同系物在化学上称芳香烃，是基本的化工原料之一，其用途很广。工业上制造和使用苯的行业，如化工、合成纤维、塑料、橡胶、制药、电子和印刷等，会产生含苯的废水和废气，特别是炼焦和石油废水中，苯的同系物含量很高。苯影响人的神经系统，剧烈中毒能麻醉人体，使人失去知觉，甚至死亡；轻则产生头晕、无力和呕吐等症状。

含苯废水浇灌作物，对食品食用安全性的影响在于它能使粮食、蔬菜的品质下降，且在粮食蔬菜中残留，不过其残留量较小。以黄瓜为例，用含苯浓度不同的水灌溉后，黄瓜中可残留苯。试验表明，用含苯25mg/L的污水灌溉庄稼，小麦的残留量为0.10~0.11mg/kg，扁豆、白菜、番茄、萝卜等蔬菜中残留量在0.05mg/kg左右。尽管蔬菜中苯的残留率较低，但会使蔬菜的品质下降，如用含苯25mg/L的污水灌溉的黄瓜淡而无味，涩味增加，含糖量下降8%，并随着废水浓度的增加，其涩味加重。

实验表明，污水含苯量在5mg/L以下，浇灌作物和清水浇灌无差异，不引起粮食、蔬菜污染。我国规定（GB 5084—2005《农田灌溉水质标准》），灌溉水中苯的含量不得超过2.5mg/L。

（五）污灌中的重金属

污水中一般含有植物营养元素N、P、K，还有多种植物生长所必需的微量元素。合理利用污水灌溉，可提高作物产量，节省能源消耗，减轻水体污染。据全国污灌区环境质量状况普查统计，目前我国受镉、砷、铬、铅等重金属污染的耕地面积近2000万 hm²，约占总耕地面积的1/5，其中工业"三废"污染耕地1000万 hm²，污水灌溉的农田面积已达330万 hm²以上。农产品中污染物含量超过卫生标准或引起减产一成以上为明显污染。资料表明，我国37个主要污灌区中有明显污染点22个，其中多半是积累性重金属超标，如沈阳张士灌区用污水灌溉20多年后，污染耕地超过2500hm²，造成了严重的镉污染，稻田含镉5~7mg/kg；天津近郊因污水灌溉导致2.3万 hm²农田受到污染；广州近郊因为污水灌溉而污染农田2700hm²，因施用含污染物的底泥造成1333hm²的土壤被污染，污染面积占郊区耕地面积的46%。

污水灌溉是指经过一定处理的污水、工业废水或生活和工业混合污水灌溉农田、牧场等。污水灌溉在缓解水资源紧张，以及作物增产和污水污染消除上有重要的意义。我国的污水灌溉自20世纪50年代以来一直呈增长势态，近几年有迅速增长的趋势，然而，也带来了污水灌溉农产品的食用安全性问题。

污水灌溉中重金属污染是引起食品安全性问题的原因之一。矿山、冶炼、电镀、化工等工业废水中常含有大量重金属物质，如汞、镉、铜、铅、砷等。未经过处理的或处理不达标的污水灌入农田，会造成土壤和农作物的污染。日本富山县神通川流域的镉中毒就是明显的例证。

部分污灌区也出现了汞、镉、砷等重金属累积问题。随污水进入农田的有害物质，能被农作物吸收和累积，致使其含量过高，甚至超过人、畜食用标准，从而造成对人体的危害。

水体中重金属对水生生物的毒性，不仅表现为重金属本身，还表现在重金属可在微生物作用下转化为毒性更大的金属化合物。另外，生物还可从环境中摄取重金属，经过食物链的生物放大作用，在生物体内成千万倍富集，通过食物摄取进入人体，可造成慢性中毒。

不同的重金属在植物中各有其残留特征，总的来说，随着污水中重金属浓度的增大，作物中重金属累积量增大。

以我国污水灌溉区沈阳张士灌区、兰州白银地区和桂林阳朔兴萍乡等地镉污染为例，抽样调查表明：张士灌区 52 人尿镉含量为 $0.05\sim3.38\mu g/kg$，平均含量为 $0.42\mu g/kg$，而对照区 47 人尿镉含量小于 $0.05\mu g/kg$，最高值为 $0.34\mu g/kg$，表明污水灌溉区人群中镉已在体内积累；白银镉污染区土壤镉含量达 $23mg/kg$，居民尿镉含量为 $3.16\sim3.28mg/kg$，明显高于对照区的 $1.33\mu g/kg$；阳朔镉污染区农民中已有类似骨痛病早期和中期的症状和体征的病例。污水灌溉区居民普遍反映，稻米的黏度降低，粮菜味道不好，蔬菜易腐烂不耐贮藏，马铃薯畸形、黑心等。在沈阳张士灌区，用高浓度石油废水灌溉水稻后，引起芳香烃在稻米中积累，米饭有异味。

（六）病原微生物

许多人类和动物疾病是通过水体或水生生物传播病原的，如肝炎病毒、霍乱、细菌性疾病等。这些病原微生物往往来自未做处理的医院废弃物或经患者排泄物直接进入水体，或来自洪涝灾害造成动植物和人死亡，尸体腐烂后，病原微生物的大规模扩散。如 20 世纪 90 年代初，上海、江浙一带暴发的甲肝大流行即是由甲肝病毒污染了水体及其水生毛蚶引起的。

三、 防治水污染对食品危害的措施

（一）加强水污染的治理

强化行政、法制手段，对工业企业、乡镇工业实行达标排放，对产生有毒有害"三废"的企业严禁设置在居民住宅区、主要河道及耕地附近；加强对城镇生活污水和面污染源的治理，加快城镇生活污水处理厂的建设，开展面污染源定性、定量研究，寻求治理面污染源的良策。

（二）开展水污染、土壤污染与农作物污染之间的相关关系及各种污染物在农作物中吸收分布规律的研究

不同品种的农作物对有害物质的吸收和蓄积能力有很大差别，利用这种富集强弱的差异，在被污染的地方指导农民合理规划使用土地，有选择地种植作物，以达到充分利用耕地、减少对人体健康危害的目的。目前国内这方面的研究较少。

（三）在各地选择无工业污染的地区作为粮食和蔬菜种植基地

目前一些地区发展"绿色食品"往往片面理解为无农药污染，而忽视了工业污染的影响。建立"菜篮子"工程，意义不但是选择清洁区作为生产基地，而且引用的灌溉水卫生质量也能得到保障。农业和水利部门目前所提倡和推广的集中喷灌式浇水法既可避免水资源的浪费，又可防止受污染水体中的有害物进入农田。

（四）积极开展粮食及蔬菜中有害物质（特别是重金属）含量卫生标准的制定

由于土壤中有毒有害化学成分含量与农作物中相关元素之间有着极为密切的联系，因此，

控制土壤中有毒有害化学物质的浓度是保障农作物卫生安全的前提。目前许多发达国家已经制定并实施了多种污染物的土壤卫生标准，我国可结合国情借鉴使用，以使我们对农业生产环境的保护有据可依。推广"菜篮子"工程，发展大型连锁店、菜市场供应蔬菜，既可发挥国有企业主渠道作用，也利于加强对市售粮食、蔬菜的卫生及安全的控制。

第四节 土壤污染对食品安全性的影响

一、 土壤污染的来源

土壤是指陆地表面具有肥力、能够生长植物的疏松表层，其厚度一般在 2m 左右。土壤不但为植物生长提供机械支撑能力，而且为植物生长发育提供所需要的水、肥、气、热等肥力要素。近年来，由于人口急剧增长，工业迅猛发展，固体废物不断向土壤表面堆放和倾倒，有害废水不断向土壤中渗透，大气中的有害气体及飘尘也不断随雨水降落在土壤中，导致了土壤污染。凡是妨碍土壤正常功能，降低作物产量和质量，还通过粮食、蔬菜、水果等间接影响人体健康的物质，都称作土壤污染物。当土壤中含有害物质过多，超过土壤的自净能力时，就会引起土壤的组成、结构和功能发生变化，微生物活动受到抑制，有害物质或其分解产物在土壤中逐渐积累，通过"土壤→植物→人体"，或通过"土壤→水→人体"间接被人体吸收，达到危害人体健康的程度，就是土壤污染。

（一）污染物在土壤中转化的途径

从外界进入土壤的物质，除肥料外，大量而广泛进入土壤的是农药。此外"工业三废"也给土壤带来大量的各种有害物质。这些污染物质在土壤中有 5 条转化途径。

（1）污水灌溉 用未经处理或未达到排放标准的工业污水灌溉农田是污染物进入土壤的主要途径，其后果是在灌溉渠系两侧形成污染带。这种污染属封闭式局限性污染。

（2）酸雨和降尘 工业排放的 SO_2、NO 等有害气体在大气中发生反应而形成酸雨，以自然降水形式进入土壤，引起土壤酸化。冶金工业烟囱排放的金属氧化物粉尘，则在重力作用下以降尘形式进入土壤，形成以排污工厂为中心、半径为 2~3km 范围的点污染。

（3）汽车排气 汽油中添加的防爆剂四乙基铅随废气排出而污染土壤，行车频率高的公路两侧常形成明显的铅污染带。

（4）向土壤倾倒固体废弃物 堆积场所土壤直接受到污染，自然条件下的二次扩散会形成更大范围的污染。

（5）过量施用农药、化肥 进入土壤的污染物，因其类型和性质的不同而主要有固定、挥发、降解、流散和淋溶等不同去向。重金属离子（主要是能使土壤无机和有机胶体发生稳定吸附的离子）以及土壤溶液化学平衡中产生的难溶性金属氢氧化物、碳酸盐和硫化物等，将大部分被固定在土壤中而难以排除；虽然一些化学反应能缓和其毒害作用，但仍是对土壤环境的潜在威胁。化学农药主要是通过气态挥发、化学降解、光化学降解和生物降解而最终从土壤中消失，其挥发作用的强弱主要取决于自身的溶解度和蒸气压以及土壤的温度、湿度和结构状况。例如，大部分除草剂均能发生光化学降解，一部分农药（有机磷等）能在土壤中产生化学降解；目前使用的农药多为有机化合物，故也可产生生物降解，即土壤微生物在以农药中的碳素作为能源的同时，就已破坏了农药的化学结构，导致脱烃、脱卤、水解和芳环烃基化等化学反应的发生而使农药降解了。土壤中的重金属和农药都可随地面径流或土壤侵蚀而部分流失，引起污染物的扩散；作物收获物中的重金属和农药残留物也会向外环境转移，即通过食物链进入家畜和人体等。前二者易于淋溶而污染地下水，后二者易于挥发而造成氮素损失并污染大气。

（二）土壤污染的类型

土壤污染的类型目前并无严格的划分，如从污染物的属性来考虑，一般可分为有机物污染、无机物污染、生物污染与放射性物质的污染。

1. 有机物污染

有机污染物分为天然有机污染物与人工合成有机污染物，这里主要是指后者，包括有机废弃物（工农业生产及生活废弃物中生物易降解与生物难降解有机毒物）、农药（包括杀虫剂、杀菌剂与除莠剂）等。有机污染物进入土壤后，可危及农作物的生长与土壤生物的生存，如稻田因施用含二苯醚的污泥造成稻苗大面积死亡，泥鳅、鳝鱼绝迹。人体接触污染土壤后，手脚出现红色皮疹，并有恶心、头晕现象。农药在农业生产上的应用尽管收到了良好的效果，但其残留物却污染了土壤与食物链。近年来，塑料地膜地面覆盖栽培技术发展很快，由于管理不善，部分地膜弃于田间，已成为一种新的有机污染物。

2. 无机物污染

无机污染物有的是随地壳变迁、火山爆发、岩石风化等天然过程进入土壤，有的是随着人类的生产与消费活动而进入土壤。采矿、冶炼、机械制造、建筑材料、化工等生产部门，每天都排放大量的无机污染物，其中有害的物质包括氧化物、酸、碱与盐类等。生活垃圾中的煤渣，也是土壤无机物的重要组成部分。

3. 生物污染

土壤生物污染是指一个或几个有害生物种群，从外界侵入土壤并大量繁殖，破坏原来的动态平衡，对人类健康与土壤生态系统造成不良影响。造成土壤生物污染的主要来源有未经处理的粪便、垃圾、城市生活污水、饲养场与屠宰场的污物等，其中危害最大的是传染病医院未经消毒处理的污水与污物。土壤生物污染不但可能危害人体健康，而且有些长期在土壤中存活的植物病原体还能严重地危害植物，造成农业减产。

4. 放射性物质的污染

土壤放射性物质的污染是指人类活动排放出的放射性污染物，使土壤的放射性水平高于天然本底值。放射性污染物是指各种放射性核素，它的放射性与其化学状态无关。

放射性核素可通过多种途径污染土壤：放射性废水排放到地面上、放射性固体废物埋藏在地下、核企业发生放射性排放事故等，都会造成局部地区土壤的严重污染。大气中的放射性物质沉降，施用含有铀、镭等放射性核素的磷肥与用放射性污染的河水灌溉农田，也会造成土壤放射性污染，这种污染虽然一般程度较轻，但污染的范围较大。

土壤被放射性物质污染后，通过放射性衰变，能产生 α、β、γ 射线。这些射线能穿透人体组织，损害细胞或造成外照射损伤，或通过呼吸系统或食物链进入人体，造成内照射损伤。

二、土壤污染对食品安全性的影响

土壤污染危害可分为两种情况：一是当有毒物质在可食部分的积累还在食品卫生标准允许

限量以下时，农作物的主要表现是明显减产和品质明显降低；二是在可食部分的有毒物质积累量已超过允许限量，但农作物的产量却没有明显下降或不受影响。因此，当污染物进入土壤后其浓度超过了作物需要和可耐受程度，而表现出受害症状时，或作物生长并未受影响，但产品中某种污染物含量超过标准时，都会造成对人畜的危害。

（一）酚、氰残留的危害

含酚污水和含酚固废，都是引起土壤中酚残留的原因。与含酚废水对作物的影响不同的是，土壤中残留酚能维持植物中较高水平的含酚积累，并且植物中的酚残留一般随土壤酚的增大而增大。调查表明，蔬菜中酚与土壤中酚之比多大于1，即蔬菜酚常大于土壤酚。

含氰土壤与作物氰积累的关系，一般在土壤含氰浓度低时表现不明显，当土壤中的含氰量相当高时，作物的含氰量将明显升高，另外，植物氰与土壤氰之比大多小于1，即植物氰的含量多低于土壤氰含量。如表2-1所示为土壤中酚、氰与蔬菜中酚、氰之间的关系。

表2-1　　　　　　　　　　植物与土壤中酚、氰含量的比较

植物名称	样品数	酚（植/土）	氰（植/土）
大白菜	9	2.4	0.45
芹菜	5	38.8	0.93
黄瓜	5	11.9	0.42
番茄	4	13.6	0.37
萝卜	2	2.2	0.41
油菜	2	5.6	—
茄子	1	23.3	0.56
韭菜	1	3.9	—
小白菜	5	—	0.15
莴笋	1	—	0.28
芸豆	1	—	0.54

尽管土壤中的酚、氰对植物的酚、氰积累有其特殊性，由于酚、氰的挥发性，其在土壤中的净化率高，在土壤中残留很少。

（二）重金属的危害

无机物在土壤中不像有机物那样易分解和降解，大多易在土壤中残留积累，尤其是重金属。重金属大多以氢氧化物、硫酸盐、硫化物、碳酸盐或磷酸盐等形式固定在土壤中，难以发生迁移，并随着污染源逐年积累。它的危害不像有机物那样急性发作，而是慢性蓄积，即在土壤中积蓄到一定程度后才显示出危害。另外，重金属在土壤中的残留率很高，一般都在90%以上。

1. 镉

镉摄入量达到一定程度会对人体造成危害。镉对人体健康的早期危害主要表现在，它使一部分人肾功能不全，还可使人慢性镉中毒，产生以骨损害为特点的病症。中毒症是早期损害的

进一步发展，因钙丢失过多，或钙补充不足而导致骨质疏松。因为镉在骨中蓄积，妨碍正常的骨化过程而导致骨质软化。镉在人体中具有高积累性，因此，食品中镉的允许量较严格，我国规定食品的容许量限制在 0.05~2mg/kg（GB 2762—2017《食品安全国家标准 食品中污染物限量》）。

一般无污染的土壤镉含量小于 1mg/kg。日本对照区土壤镉为 0.4mg/kg。我国上海、北京、南京等地土壤中平均含镉量为 0.19~0.314mg/kg。土壤被镉污染后，能明显积累镉。某地区污水灌溉 17 年后土壤平均含镉量为 7.18~9.50mg/kg，最高达 68.8mg/kg。土培试验研究表明，随着土壤中镉含量的增加，作物中的含镉量增加，在对照组土壤中（镉含量小于 1mg/kg），生长的水稻和小麦籽粒中镉含量分别为 0.007mg/kg 和 0.044mg/kg，而当土壤中镉含量为 10.0mg/kg 时，生长的水稻和小麦籽粒中镉含量分别达 0.160mg/kg 和 2.10mg/kg，表现出较高的积累性。

不同植物对镉的积累量具有明显差别。有些植物如玉米、胡萝卜、番茄、莴笋、青椒等在土壤镉浓度很低（甚至小于 0.1mg/kg）时，都能摄入一定量的镉。对人体健康而言，当土壤表层镉含量为 0.13mg/kg 时，即具有潜在的危害。另外，作物中含镉很高时，如莴笋叶子含镉高达 668mg/kg 时，往往外观上与正常莴苣叶无明显差别，然而对食用者来说却是不安全的。

2. 铅

铅对人的危害也很突出，如果土壤发生铅污染，在植物生长过程中，铅将在植物的叶片和果实中累积。这样，人在食用蔬菜和果实时，铅将随食品进入人体，其中有 5%~10%将被人体吸收，长期摄入铅会引起体内铅的蓄积，可导致红细胞中血红蛋白量降低，出现贫血症，在重症铅中毒的情况下，可发生中枢神经系统和周围神经的损伤。我国对食品铅的允许量限制在 0.05~5mg/kg（GB 2762—2017《食品安全国家标准 食品中污染物限量》）。

土壤铅污染大多发生在铅冶炼厂和天然铅矿沉积物附近，而一般无污染土壤中可溶性铅含量在 1mg/kg 左右。植物对铅的忍耐能力较强。土壤中可溶性铅含量达 400mg/kg 时，其对植物生长影响不明显。植物对铅积累的特点是主要积累在根系，只有一部分移向茎、叶和籽粒。

在铅积累的土培试验中，对照组土壤（其铅含量小于 1mg/kg）生长的水稻和小麦，其铅含量分别为 0.24mg/kg 和 0.11mg/kg，当土壤中铅含量为 100mg/kg 时，生长的水稻和小麦重铅含量也只有 0.34mg/kg 和 0.48mg/kg；当土壤中铅浓度较高为 1000mg/kg 时，才有部分铅向作物籽粒转移，其铅含量分别为 0.5mg/kg 和 2.47mg/kg，表现出较低的积累率。

但研究表明，当土壤含铅为 75~600mg/kg 时，植物叶片中的铅会明显增加，这可能对草食动物是一个威胁。

3. 砷

环境中的砷化物——亚砷酸盐和砷酸盐，都是三氧化二砷的水化物，进入人体后都以亚砷酸盐的形式发挥毒副作用。长期持续摄入低剂量的砷化物，会引起慢性砷中毒，当砷在人体内蓄积到一定程度就会发病，其主要表现为末梢神经炎症状。另外，国际肿瘤研究所已确认无机砷为致癌物。大量流行病学研究资料表明，砷能引起皮肤癌和肺癌。我国对食品中砷的允许量限制在 0.1~0.5mg/kg（GB 2762—2017《食品安全国家标准 食品中污染物限量》）。

土壤中砷含量一般为 5~6mg/kg。土壤中的砷主要来自土壤自然本底，含砷肥料、农药以及含砷废水灌溉也是土壤砷的来源之一。砷可在植物的各部分残留。在砷对水稻和小麦的土壤残留土培试验研究中，对照组土壤中生长的水稻和小麦，砷含量一般为 0.075mg/kg 和

0.160mg/kg，当土壤中砷含量为 60mg/kg 时，水稻和小麦中砷的含量为 0.48mg/kg 和 1.684mg/kg，表现为砷在作物中较高的积累性。农作物不同发育期对砷的敏感性有差异。土壤砷浓度高时种植农作物则死亡。在砷污染的工厂附近，作物中砷的含量必须引起注意。日本有一个生产砒霜 50 年的厂矿，附近地区受到严重污染，表层土壤砷含量达 300~838.2mg/kg，生长在这种土壤中的稻谷砷含量高达 729mg/kg，造成当地居民发病（这种病被称作第四公害病），严重危及当地居民健康。

4. 汞

汞和汞的化合物中，以甲基汞对人体的危害最大。甲基汞主要侵害神经系统，特别是中枢神经系统。损害最严重的部位是小脑两半球，特别是枕叶、脊髓后以及末梢感觉神经在晚期亦受损，而且这些损害是不可逆转的。另外，动物试验已经表明，甲基汞对人有致畸变的效应。食品中汞的允许浓度限制在 0.01~0.1mg/kg（GB 2762—2017《食品安全国家标准 食品中污染物限量》）。

在一般土壤中，汞的含量不高，但用含汞废水灌溉土壤或施用含汞农药的土壤，会使土壤中汞超过本底值，在污染较严重时，可达 10~100mg/kg。调查表明，连续施用有机汞 15 年的土壤，其汞含量达 455mg/kg（0~5cm 深）。农作物吸收汞量与土壤汞浓度密切相关。

生长在土壤中的植物一般不能富集汞，植物中甲基汞含量也很低。但研究表明，土壤含汞 0.5mg/kg 时，植物中汞吸收量就增加，当达到 4mg/kg 时，就能增加食物链中汞含量，表现出植物对土壤汞较高的积累性。另外，毒性更大的有机汞更易于被植物所吸收。

5. 铬

铬是人体必需的微量元素，而过量地摄入铬会产生毒害。工业污染，特别是制革废水及处理后的污泥是土壤铬的重要污染来源。少量铬对植物生长有刺激作用。植物从土壤中吸收的铬大部分积累在根中，其次是茎叶，在籽粒中累积量最少。研究表明，铬在茎叶，特别是根中，转移系数是很高的。对食品进行调查分析的结果表明，一般水果、蔬菜含铬量在 0.1mg/kg 以下。由于畜禽的生物浓缩作用，其含铬量往往比植物高，所以，动物食品中铬的含量是比较高的，食用动物食品多的人，铬的摄入量也相对较多。我国对食品铬的允许量限制在0.3~2mg/kg（GB 2762—2017《食品安全国家标准 食品中污染物限量》）。

（三）化肥的危害

随着生产的发展，化肥的使用量在不断增加。据估算，目前世界工业固氮量已达 100 万 t 以上。增施化肥作为现代农业增加作物产量的途径之一，在带来作物丰产的同时，也产生污染，给作物的食用安全带来一系列问题。人们已注意到随之而来的环境问题，特别令人担忧的是硝酸盐积累的问题。

生长在施用化肥土壤上的作物，可以通过根系吸收土壤中的硝酸盐。硝酸根离子进入作物体内后，经作物体内硝酸酶的作用还原成亚硝态氮，再转化为氨基酸类化合物，以维持作物的正常生理作用。但由于环境条件的限制，作物对硝酸盐的吸收往往不充分，致使大量的硝酸盐蓄积于作物的叶、茎和根中，这种积累对作物本身无害，但却对人畜产生危害。

化肥使用中产生的另一个环境问题是化肥中含有的其它污染物随化肥的施用进入土壤，造成土壤和农作物污染。生产化肥的原料中含有一些微量元素，并随生产过程进入化肥。以磷肥为例，磷灰石中除含铜、锰、硼、钼、锌等植物营养成分外，还含有镉、铬、氟、汞、铅和钒等对植物有害的成分。以硫酸为生产原料的化肥，在生产过程中带入大量的砷，以硫化铁为原料制造的硫酸含砷量平均为 930mg/kg，由此导致以硫酸为原料的化肥，如硫酸铵、硫酸钾，含砷量也较高。

（四）农药的危害

土壤中农药的污染来自防治作物病虫害及除杂草用的杀虫剂、杀菌剂和除草剂，这些污染物可能通过直接施入进入土壤，也可能是因喷洒而淋溶到土壤中。由于农药的大量使用，致使有害物质在土壤中积累，对植物生长产生危害或者残留在作物中进入食物链而危害人的健康。

土壤中农药的残留受农药的品种、土壤性状、作物品种、气象条件和时间的影响，还与农药的使用量及栽培技术有密切关系。当农药施入农田后会产生一系列的行为。

（1）农药被土壤吸附后，其迁移能力随之发生变化土壤对农药的吸附尽管在一定程度上起着净化和解毒作用，但这种作用较为有限且不稳定，其吸附能力不但受土壤质地的影响（砂土的吸附容量少，黏土及有机质土壤的吸附容量大），还受农药结构的影响，因而吸附对农药在土壤中的残留影响最大。

（2）农药在土壤中迁移，其迁移方式有挥发和扩散两种。农药在土壤中的迁移还与土壤的性状有关，砂土的迁移能力大，黏土及有机质土壤的迁移能力小，其迁移能力直接影响农药在土壤中的残留。

（3）农药在土壤中的降解，所谓降解是农药在环境中的各种物理、化学、生物等因素作用下逐渐分解，它一般分为化学降解和微生物降解。土壤中的降解主要是微生物降解。

长期大量的使用农药带来了令人担忧的环境问题，也引起了食品安全问题。土壤中的农药一般通过植物的根系运转至植物组织内部，农药吸收量多少往往与根系发达程度有关。花生、胡萝卜、马铃薯的吸收率较高。水体中的农药可使水生生物体内蓄积农药。此外，用被农药污染的作物作为饲料喂养家禽、家畜，或者在禽舍、畜舍中施用农药消毒，也可能导致蛋、乳、肉中有农药残留。

（五）污泥的危害

城市污水处理厂处理工业废水、生活污水时，会产生大量的污泥，一般占污水量的1%左右。污泥中含有丰富的氮、磷、钾等植物营养元素，常被用做肥料。但由于污泥的来源不同，一些含有工业废水的污水中，常含有某些有害物质，如大量使用或利用不当，会造成土壤污染，使作物中的有害成分增加，影响其食用安全。

未脱水的污泥，含水量在95%以上，脱水污泥中含有机质一般在45%～80%。污泥中的有害物质主要有病原微生物、重金属和一些人工合成的有机化合物。污泥中重金属的种类和数量变化很大，主要取决于污水处理厂处理工业废水的情况。污泥中重金属的可溶部分易被农作物吸收，使作物的产量和质量下降。污泥中还含有一定数量的细菌和寄生虫卵。施用未杀菌的污泥，易污染牧草和蔬菜，并导致疾病的传播。

（六）垃圾的危害

垃圾污染对食品安全的影响主要表现在两个方面：一为垃圾本身对食品的污染；二为垃圾的利用，如垃圾堆肥，对农作物产品带来的不利影响。城市垃圾的成分十分复杂，含有大量的有害物质，如其中的有机质会腐败、发臭，易滋生蚊蝇。来自医院、屠宰厂、生物制品厂的垃圾常含有各种病原菌，若处理不当会污染土壤、水体及农作物，人们在食用或饮用后会感染疾病。另外，垃圾堆肥中含有一部分重金属，施用于农田后会造成土壤污染，使生长在土壤中的农作物籽粒中金属含量超过食品卫生标准。

三、 土壤污染的防治

（一）防治化肥对土壤的污染

目前，化肥的施用仍是农业发展的重要因素。所以，控制化肥的环境效应重点在化肥施用效果上，其主要对策包括以下几个方面。

1. 调整肥料结构，降低化肥使用量

肥料结构不平衡，是造成肥效当季利用率低的主要原因之一。我国所施用的化肥结构是氮肥过多，缺磷少钾。合理的结构虽因作物和土壤肥力条件各异，但各地肥效试验证明，只有提供合适的供给结构，才能改善偏施氮肥的土壤。

2. 大力普及平衡施肥，减少化肥用量

平衡施肥需要在测定土壤中养分含量的基础上按作物需要配方，再按作物吸收的特点施肥，它不仅仅是依靠化肥的配置结构。

3. 合理的有机肥结构

施用有机肥，不仅能改良土壤结构，提高作物的抗逆能力，同时还能补充土壤的钾、磷和优质氮源，如植物可直接利用的氨基酸。

4. 推广科学施肥技术，减少化肥的损失

施肥技术不当，表现在轻视底肥，重视追肥、撒施和追肥期不当，都是造成化肥损失、肥效降低的重要原因。采用深施技术是避免化肥损失的关键。

5. 实施合理的灌溉技术，减少化肥流失

灌溉技术的优劣与化肥流失关系很大。我国的灌溉技术以传统的地面漫灌为主，并在向管道灌溉、滴水灌溉等节水灌溉技术过渡。水的利用率与化肥的流失率高度相关，地面漫灌引起土壤化肥流失的量是惊人的。

6. 适当调整种植业结构

充分利用豆科作物的固氮肥源，减少化肥使用量。

（二）防治农药对土壤的污染

目前，我国许多农产品的质量安全问题，主要表现在农药的残留上，特别是向国外出口的农产品。所以，探讨防治农药对土壤和环境的污染，在当前尤其重要。

1. 利用害虫综合防治系统以减少农药的施用量

综合防治是以生态学为基础的害虫治理方法中的一种较新的方式，是一种把所有可利用的方法综合到一项统一的规划中的害虫治理方法。生物防治是其重要组成部分。一些生物主要是真菌、细菌、病毒、线虫等可使昆虫致病死亡，有些昆虫则以其它昆虫为食，利用这种生物防治，加上合理使用农药可使综合防治收到良好的效果。

2. 对农药进行安全合理使用

首先要对症下药，农药的使用品种和剂量因防治对象不同应有所不同。如不同的害虫选择不同的药剂，根据害虫对一些农药的抗药性合理选择药剂，考虑某些害虫对某种药剂有特殊反应而合理选择药剂等。其次是适时、适量用药，应在害虫发育中抵抗力最弱的时间和害虫发育阶段中接触药剂最多的时间施用农药。

3. 制定食品中的允许残留量标准

制定农药的每日允许摄入量，并根据人们饮食习惯，制定出各种作物与食品中的农药最大残留限量。

4. 制定施药安全间隔期

根据农药在农作物上允许残留量，可制定出某一农药在某种作物收获前最后一次施药日期，使作物的农药残留量不超过规定残留标准。

5. 采用合理耕作制度，消除农药污染

农作物种类不同，对各种农药的吸收率也不同。在污染较重地区，在一定时间内不宜种植易吸收农药的作物，代之以栽培果树、菜类等不易吸收农药的作物品种，减少农药的污染。

6. 开发新农药

高效、低毒、低残留农药是开发农药新品种的主要发展方向。如优良的有机磷杀虫剂辛硫磷、氨基甲酸酯类杀虫剂呋喃丹和拟除虫菊酯等农药，可取代六六六、滴滴涕等对土壤污染大的农药品种。

（三）防治重金属对土壤的污染

对未污染或污染较轻的土壤应采用以防为主的方针，避免重金属通过各种途径进入土壤环境，这是所有防治措施中最有效、最可靠的措施。对于已污染且污染比较严重的土壤应采用防与治并重的办法，一方面要切断污染源，避免污染物质进一步污染土壤；另一方面要采取有效的技术措施，对土壤进行改良，尽可能地提高土壤环境容量、控制重金属的活化以切断重金属进入食物链，同时采用一些科学方法对土壤中的重金属进行稀释和去除。

1. 施用改良剂

施用改良剂是指向土壤中施加化学物质，以降低重金属的活性，减少重金属向植物体内的迁移，这种技术措施一般称之为重金属钝化。这种措施在轻度污染的土壤上应用是有效的。常用的改良剂有石灰、碳酸钙、磷酸盐和促进还原作用的有机物质，如有机肥等。

2. 增施土壤有机质

施用有机肥不仅能改善土壤肥力等环境条件，给植物提供充足的养分，还能明显地降低土壤交换性金属含量。有机质含量高的土壤，具有明显的解毒作用。

3. 客土和换土法

客土是指在现有的污染土壤上覆上一层未污染土壤，换土是指将受污染的土壤挖除至适当深度后再填入未污染土壤。这两种方法对于改变土壤污染现状是非常显著的，但费时费工，只适于小面积严重污染的地区采用。

（四）防治废塑料对土壤的污染

（1）从价格和经营体制上优化和改善对废塑料制品的回收与管理，淘汰不合格的超薄型塑料膜，并建立生产再生塑料的加工厂，有利于废塑料的循环利用。

（2）研制可控光解和热分解（50~60℃）等农膜新品种，以代替现用高压农膜，减轻农田残留负担。

（3）尽量使用分子质量小、生物毒性低且相对易降解的塑料增塑剂，并加强其生化降解性能和农业环境影响的研究。

（4）建立农用塑料产品的管理和监督体系，防止不合格的伪劣产品在市场上流通。

（5）建立健全有关法律、法规，加强宣传教育，把治理"白色污染"纳入法制轨道。

第五节　放射性物质对食品安全性的影响

随着核能的发展，放射性物质对环境的污染越来越引起人们的关注。现代核动力工业有了较大程度的发展，加之人工裂变核素的广泛应用，使人类环境中放射性物质的污染增加是放射性污染的主要来源；此外，一些国家的核试验也成为放射性污染的一个来源。环境中放射性物质的存在，最终将通过食物链进入人体。因此，放射性污染对食品安全性的影响已成为一个重要的研究课题。

一、　食品中放射性物质的来源

（一）食品中的天然放射性物质

天然放射性核素分为两大类：一类是宇宙射线的粒子与大气中的物质相互作用产生，如^{14}C、^{3}H等；另一类是地球在形成过程中存在的核素及其衰变产物，如^{238}U、^{235}U、^{232}Th和^{40}K、^{87}Rb等。

天然放射性物质在自然界中的分布很广，存在于矿石、土壤、天然水、大气和动植物的组织中。因核素可参与环境与生物体间的转移和吸收过程，所以可通过土壤转移到植物而进入生物圈，成为动植物组织的成分之一。从天然放射性物质的含量来看，动植物组织中主要含有^{40}K，但含量很低；从毒理学意义上讲，^{226}Ra与人体的关系较密切，^{226}Ra是天然放射性核素中较有代表性的一种亲骨核素。

一般认为，除非食品中的天然放射性物质的核素含量很高，否则基本不会影响食品的安全。

（二）食品中的人工放射性物质

核试验使地球表面的人工放射性物质明显地增加，核爆炸时会产生大量的放射性裂变产物。同时，核爆炸所释放的中子与核体材料、土壤或水作用而产生的放射性核素，随同高温气流被带到不同的高度，大部分（称早期落下灰）在爆点的附近地区沉降下来，较小的粒子能进入对流层甚至平流层，绕地球运行，经数天、数月或数年缓慢地沉降到地面。因此，核试验的污染是全球性的，且为放射性环境污染的主要来源。

核工业中的一系列生产环节、核装置材料的运输和废物的贮存、释放和生产放射性核素等，均有放射性物质排入环境中，特别是核燃料再生处理过程。美国某核燃料厂在运转前曾估计，在再生产中，每天将释放约7400GBq（200Ci）^{3}H，其中65%排入水体，运转后的水质监测表明，附近河流^{3}H的浓度高出纽约地面水的10倍。核燃料设备排除的^{3}H和^{85}Kr与其它物质不同，在环境中很难清除。^{3}H被广泛稀释于水中而污染水源，其中一部分又给遗传因子带来诱变的隐患；^{85}Kr虽不与动植物组织结合，但能混入空气中，进入人体或在体外形成放射性线浴。核动力工业中核电站的建立和运转，可产生放射性裂变产物。

截至2016年，全球在运核电机组共计444台，总装机容量38 627.6万kW，在建核电机组共计64台，总装机容量6301万kW，中国、俄罗斯、印度、美国成为核电项目建设最多的四个国家。从一座核电站排放的放射性物质，虽然因其极微量的浓度几乎检不出来，但核电站水的排放量很大，经过水生生物的生物链，被成千上万倍地浓缩，成为水产食品放射性物质污染的一个来源。

另外，放射性核素在工农业、医学和科研上的应用也会向外界排放一定量的放射性物质。如农业上含铀等放射性物质的磷肥常在农作物中积累，并通过食物链进入人体，影响食品的安全性。

二、 放射性污染的防治

预防食品放射性污染及其对人体危害的主要措施是加强对污染源的卫生防护和经常性的卫生监督。定期进行食品卫生监测，严格执行国家卫生标准，使食品中放射性物质的含量控制在允许的范围之内。对于放射性污染，以加强监测为主：①加强卫生防护和卫生监督；②严格执行国家卫生标准；③妥善保管食品。

[小结]

　　环境污染与食品安全问题的出现是历史的一种真实记载，它会影响到国家和民族的兴盛与衰败。环境污染会直接、间接地引起食品污染，从而使食品的安全性降低。了解到这些问题，就要加强环境保护意识的教育与宣传，时刻敲响警钟，使人们能更科学地食用食物。

Q 思考题

1. 大气污染物的种类及主要来源有哪些？
2. 水体污染对水产品的危害有哪些？
3. 土壤污染为何能威胁和危害人类的健康？
4. 放射性物质对食品的污染及危害有哪些？
5. 食品中放射性物质的来源有哪些？
6. 环境污染对食品安全的危害有哪些？

参考文献

［1］张红波．我国食品现状安全分析及其对策．中国安全科学学报，2004，14（1）：15-17.

［2］陈牧霞，地里拜尔，苏力坦，等．污水灌溉重金属污染研究进展．干旱地区农业研究，2006，24（2）：200-204.

［3］谢兵．环境污染对食品安全的影响．重庆科技学院学报，2005，7（2）：63-66.

［4］杨洁彬．食品安全性．北京：中国轻工业出版社，2002.

［5］钟耀广．食品安全学（第二版）．北京：化学工业出版社，2010.

［6］朱文霞，曹俊萍，何颖霞．土壤污染的危害与来源及防治．农技服务，2008，25

（10）：135-136.

[7] 张远，樊瑞莉．土壤污染对食品安全的影响及其防治．中国食物与营养，2009，3：10-13.

[8] 彭爱娟，魏建春．环境化学污染与食品安全问题的讨论．郑州牧业工程高等专科学校学报，2001，21（3）：188-190.

[9] 张乃明．环境污染与食品安全．北京：化学工业出版社，2007.

[10] 沈亚琴，苏玉红．原油污染对2,4-二硝基甲苯在水-土壤界面间迁移的影响．上海环境科学，2011，30（4）：139-142.

[11] 张学佳，纪巍，康学军，等．石油类污染物在土壤中的环境行为．油气田环境保护，2009，19（3）：12-16.

[12] 成金华，张翠娥，郑亮．农药对土壤的污染及治理．科技信息，2009，4：304-305.

[13] 环境保护部，国土资源部．全国土壤污染状况调查公报．中国环保产业，2014，36（5）：10-11.

[14] 中华人民共和国环境保护部．中国环境质量报告．北京：中国环境科学出版社，2008.

[15] 中华人民共和国国土资源部．2016年中国环境状况公报．环保工作资料选，2017.

第三章

CHAPTER

食物中的天然有毒物质

3

食物中的天然有毒物质是指食物本身成分中含有的天然有毒有害物质，或由于贮存条件不当形成某种有毒物质，如一些动植物中含有的生物碱和生氰糖苷等。天然的毒素广泛存在于动植物体内，含量虽少，但对人体危害极大。这些动植物被人食用后都可能引起食物中毒，甚至危及食用者的生命安全。

常见的含有天然有毒物质的动植物种类很多，但与人类食品安全关系密切的主要有芸豆、蚕豆、生豆浆、木薯、发芽马铃薯、荞麦花、鲜黄花菜、芥菜、白果等植物性食物和河豚、鲐鱼、青鱼、鳕鱼、文蛤、纹螺等动物性食物以及有毒蕈菌等。这些食品如处理不当或误食会造成食物中毒，甚至死亡，对食品安全影响极大。但除毒蘑菇、毒麦、毒芹、相思豆、有毒贝类和甲状腺、肾上腺、病变淋巴腺等不能食用外，绝大多数含毒动植物经正确加工，去除有毒部分或成分后仍可以正常食用。

随着科学技术的发展，人们对动植物中各种天然有毒物质的认识越来越深入。这些研究成果可以指导人们科学地利用动植物。一旦发生中毒反应，大多数有毒物质均有对应的抢救治疗方案。

第一节　植物性食物中的天然有毒物质

人类的生存离不开植物。植物不仅是人类粮食、蔬菜和水果的来源，还是许多动物赖以生存的饲料来源。世界上有 30 多万种植物，但可用做人类食物的植物不过数百种，这在很大程度上是由于植物体内的毒素限制了它们的应用。目前，中国有毒植物约 1300 种，分属 140 个科。即使在可食用的植物中，有些也含有天然有毒物质。植物中天然有毒物质就是指有些植物中存在的、对人体健康有害的非营养性天然物质成分，或因贮存方法不当在一定条件下产生的某种有毒成分。这些物质在植物中的含量虽然很少，却严重影响了食品的安全性，因而在食品加工和日常生活中应引起人们足够的重视。

一、苷　类

苷类又称糖苷或甙，是糖分子中的半缩醛羟基和非糖化合物分子（醇、酚、固醇或碱基）

中的羟基、氨基或巯基缩合而成具有环状缩醛结构的化合物，广泛分布于植物的根、茎、叶、花和果实中。苷类一般味苦，可溶于水和醇类，易被酸或酶水解，水解的最终产物为糖及苷元（配糖体）。由于苷元的化学结构不同，植物中苷的种类有多种，其中部分苷类，如生氰糖苷、硫苷和皂苷有毒性，常常引起人的食物中毒。

（一）生氰糖苷

1. 特性与中毒症状

生氰糖苷（Cyanogenic Glycosides）是由氰醇衍生物的羟基和 D-葡萄糖缩合形成的糖苷，广泛存在于豆科、蔷薇科、稻科等万余种植物中。生氰糖苷类物质可水解生成高毒性的氢氰酸，同时由于在木薯、杏仁和亚麻籽等食用植物中广泛存在，长期食用会危害人体健康。在植物生氰糖苷中，与食物中毒有关的化合物主要有苦杏仁苷（Amygdalin）（图 3-1）、亚麻仁苦苷（Linamarin）（图 3-2）和洋李苷（Prunasin）等。含有生氰糖苷的食源性植物有木薯、杏仁、枇杷和豆类等。玉米和高粱等禾本科植物的幼苗中生氰糖苷的含量也较大。此外，竹笋也含有较多生氰糖苷。常见食源性植物中的生氰糖苷见表 3-1。

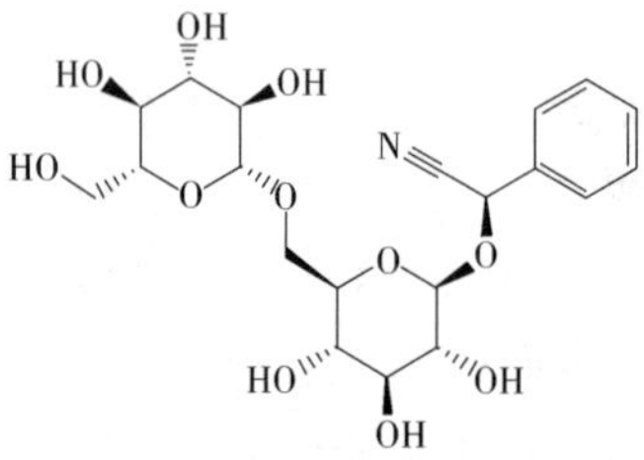

图 3-1　苦杏仁苷的分子结构 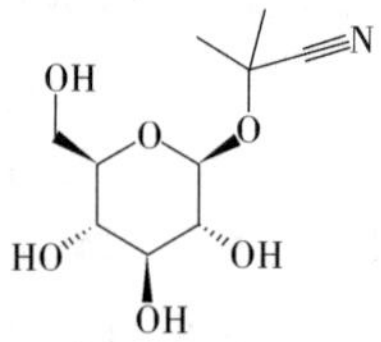　　　　图 3-2　亚麻仁苦苷的分子结构

表 3-1　　　　　　　　　　常见食源性植物中的生氰糖苷

生氰糖苷种类	存在植物	水解产物
苦杏仁苷	杏、苹果、梨、桃、樱桃、李、海棠等	龙胆二糖、氢氰酸、苯甲醛
亚麻仁苦苷	木薯、菜豆、亚麻仁	D-葡萄糖、氢氰酸、丙酮
洋李苷	蔷薇科植物	葡萄糖、氢氰酸、苯甲醛
荚豆苷	野豌豆属植物	荚豆二糖、氢氰酸、苯甲醛
蜀黍苦苷	高粱及其它禾本科植物	D-葡萄糖、氢氰酸、对羟基苯甲醛

在生氰糖苷中苦杏仁苷和亚麻仁苦苷毒性大、分布广、含量高，造成中毒的机会多。苦杏仁苷又名扁桃苷（Laetrile），分子式为 $C_{20}H_{27}NO_{11}$，其三水化合物为斜方柱状结晶（水），熔点为 200℃；无水物熔点约为 20℃；易溶于沸水，几乎不溶于乙醚。通常是从蔷薇科樱桃属内的苦扁桃（Bitter Almonds，巴旦杏）的种子仁中获得。此外，在枇杷叶、桃仁、杏仁和梅仁中都有存在。中国辽宁、河北、山西、内蒙古等省区的山杏种子中苦杏仁苷含量丰富（约 2%）。亚麻仁苦苷的分子式为 $C_{10}H_{17}NO_6$，易溶于水，熔点为 143~144℃，主要存在于木薯、利马豆和亚麻等植物中。

生氰糖苷的毒性甚强，对人的致死量为 18mg/kg 体重。生氰糖苷的毒性主要来自其水解后产生的氢氰酸和醛类化合物的毒性。生氰糖苷的急性中毒症状有口中苦涩、头痛、头晕、恶心、呕吐、心悸、脉频以及四肢无力等。重症者感到心律失常、肌肉麻痹、呼吸窘迫和全身阵发性痉挛，最后可因呼吸麻痹或心跳停止而死亡。关于长期少量摄入生氰糖苷而引起的慢性中毒问题正在研究之中。目前研究者认为一些神经性耳聋和神经性眼科疾病，可能与居民大量食用含生氰糖苷的木薯而致的慢性中毒有关。

苦杏仁中生氰糖苷平均含量为3%，而甜杏仁仅为0.11%，其它果仁为0.4%~0.9%。苦杏仁中毒原因是误生食水果核仁，特别是苦杏仁和苦桃仁引起的生氰糖苷中毒。儿童吃6粒苦杏仁即可中毒，也有自用苦杏仁治疗小儿咳嗽（祛痰止咳）引起中毒的例子。有报道称某些地区的居民死于苦杏仁苷中毒，原因是食用了高粱糖浆和野生黑樱桃的叶子或其它部位。中毒症状主要是口中苦涩、流涎、头晕、头痛、恶心、呕吐、心悸、脉频及四肢乏力等；重症者胸闷、呼吸困难、意识不清、昏迷、四肢冰冷，最后因呼吸麻痹或心跳停止而死亡。

木薯是世界三大薯类之一，广泛栽培于热带和部分亚热带地区。全世界有8亿人将木薯作为主要营养来源。在非洲和南美等一些以木薯为主食的地区多有发现热带神经性共济失调症，该病表现为视力萎缩、共济失调和思维紊乱。热带性弱视疾病也流行于以木薯为主食的人群中，该病症为视神经萎缩并导致失明。长期以致死剂量的氰化物喂饲动物，也可使这些动物的视神经组织受损。木薯中毒原因是生食或食入未煮熟透的木薯或喝煮木薯的汤，一般食用150~300g生木薯即能引起严重中毒或死亡。早期症状为胃肠炎，严重者出现呼吸困难、躁动不安、瞳孔散大，甚至昏迷，最后可因抽搐、缺氧、休克或呼吸衰竭而死亡。

2. 预防及救治措施

生氰糖苷有较好的水溶性，水浸可去除产氰食物的大部分毒苷。杏仁等核仁类食物及豆类在食用前大都需要较长时间的浸泡和晾晒。木薯是南美和北非居民摄取碳水化合物的主要来源，人们将其切片，用流水研磨可除去其中大部分的生氰糖苷和氢氰酸。发酵和煮沸同样用于木薯粉的加工。尽管如此，一般的木薯粉中仍含有相当量的氰化物。

理论上加热可灭活糖苷酶，使之不能将生氰糖苷转化为有毒的氢氰酸。但事实上，经高温处理过的木薯粉食物对人和动物仍有不同程度的毒性。虽然用纯的生氰糖苷（如苦杏仁苷）大剂量哺饲豚鼠一般不产生毒性反应，而且生氰糖苷在人的唾液和胃液中都很稳定，但食用煮熟的利马豆和木薯仍可造成急性氰化物中毒。这一事实说明人的胃肠道中存在某种微生物，可分解生氰糖苷并产生氢氰酸。因此，除去食物中的生氰糖苷仍是最重要的防止中毒的方法。

改变饮食中的某些成分可避免慢性氰化物中毒。氰化物导致的视神经损害通常只见于营养不良人群。如果膳食中有足够多的碘，由氰化物引起的甲状腺肿现象就不会出现。食物中的含硫化合物可将氰化物转化为硫氰化物，膳食中缺乏硫可导致动物对氰化物去毒能力的下降。而长期食用蛋白质含量低而氰化物含量较高的食物，会加重硫缺乏。因此，食用含氰化葡萄糖苷的食物不仅可直接导致氰化物中毒，还可间接造成特征性蛋白质的营养不良症。

（1）预防及救治苦杏仁等果仁中毒的具体措施　不要让儿童生食各种核仁，尤其是苦杏仁与苦桃仁。用苦杏仁治疗疾病，必须遵照医生处方。用杏仁加工食品时，应反复用水浸泡、炒熟或煮透，充分加热，并敞开锅盖充分挥发而除去毒性。切勿食用干炒的苦杏仁。苦杏仁苷经加热水解形成的氢氰酸可挥发除去，因此民间制作杏仁茶、杏仁豆腐等均经加水、磨粉煮熟，使氢氰酸在加工过程中充分挥发，故不致引起中毒。

（2）预防及控制木薯中毒的具体措施

①应该加强宣传，千万不能生吃木薯，必须加工去毒后方可食用。

②加工木薯时应去皮（亚麻苦苷90%存在于皮内），注意勿喝煮木薯的汤，不空腹食用木薯，也不宜多食，否则均有中毒的危险。

③木薯加工方法有：切片水浸晒干法（鲜薯去皮、切片，水浸3~6d，沥干、晒干）、熟薯水浸法（去皮、切片，水浸48h，沥干、蒸熟）以及干片水浸法（木薯片水浸3d，沥干、蒸熟）。水浸木薯肉，可溶解亚麻苦苷，如将其浸泡6d可去除70%以上的亚麻苦苷，再经加热煮熟时，将锅盖打开，使氢氰酸逸出，方可食用。

④选用产量高而含亚麻苦苷低的木薯品种，并改良种植方法。

⑤儿童、老人、孕妇等均不宜吃木薯。

（二）硫苷

1. 特性与中毒症状

硫苷（Glucosinolate）又称硫代葡萄糖苷、芥子苷，是一类含氮、硫的植物次生代谢产物，其分子结构如图3-3所示。在植物中已知有120多种天然存在的硫苷，主要存在于十字花科植物中，如卷心菜、油菜、花茎甘蓝、萝卜和芥菜的植株及种子中，是引起菜籽饼中毒的主要有毒成分。如果人或家畜食用处理不当的油菜、甘蓝或其菜籽饼，容易引起中毒。硫苷除了具有抗甲状腺功能，在水解后还可使这些植物具有刺激性气味。

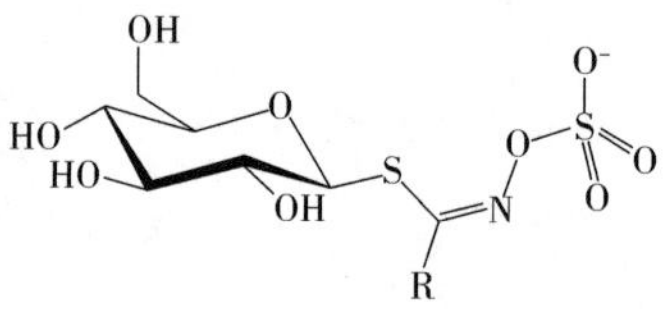

图3-3 硫苷的分子结构

目前对于长期低剂量食用硫代葡萄糖苷及其分解产物所造成的后果还所知甚少。近年来的一些体内实验表明，一种黑芥子苷（芥菜中的硫代葡萄糖苷）的水解产物，异硫氰酸烯丙酯，对大鼠有致癌作用。异硫氰酸烯丙酯易挥发，具有刺鼻的辛辣味和强烈的刺激作用，能使人皮肤发红、发热，甚至起水泡。异硫氰酸烯丙酯能抑制碘吸收，具有抗甲状腺作用。如油菜籽中的 α-羟基丁烯-2-葡萄糖芥苷经水解生成 α-羟基丁烯-2-异硫氰酸，再经环化构成致甲状腺肿素5-乙烯基-1,3-氧氮戊环硫酮。食用有毒的菜籽饼可引起甲状腺肿大，导致生物代谢紊乱，抑制机体生长发育，出现各种中毒症状，如精神萎靡、食欲减退、呼吸先快后慢、心跳慢而弱，并伴有胃肠炎、粪恶臭、血尿等症状，严重者可死亡。

2. 去除硫苷的措施

（1）强蒸气流高温湿热处理 在140~150℃加热数分钟或70℃加热1h破坏芥子酶活力。

（2）采用微生物发酵去除法 采用微生物发酵法去除硫苷是目前研究较多且比较提倡的方法。首先要筛选和培育能降解硫苷的微生物菌株，再通过菌株发酵来破坏菜籽饼中的硫苷而不破坏其它营养成分。

（3）选育不含或仅含微量硫苷的油菜品种 选育不含或仅含微量硫苷的油菜品种可以从根本上解决硫苷对人畜造成的危害。

（三）皂苷

1. 特性与中毒症状

皂苷（Saponin）又称皂素，是以三萜或螺旋甾烷类化合物为皂苷配基，通过 $3-\beta-$ 羟基与低聚糖糖链缩合而成的糖苷，其分子结构如图 3-4 所示。组成皂苷的糖有葡萄糖、半乳糖、鼠李糖、阿拉伯糖、木糖、葡萄糖醛酸和半乳糖醛酸。这些糖或糖醛酸先结合成低聚糖，再与皂苷配基结合。因其水溶液能形成持久大量的泡沫，酷似肥皂，故名皂苷。

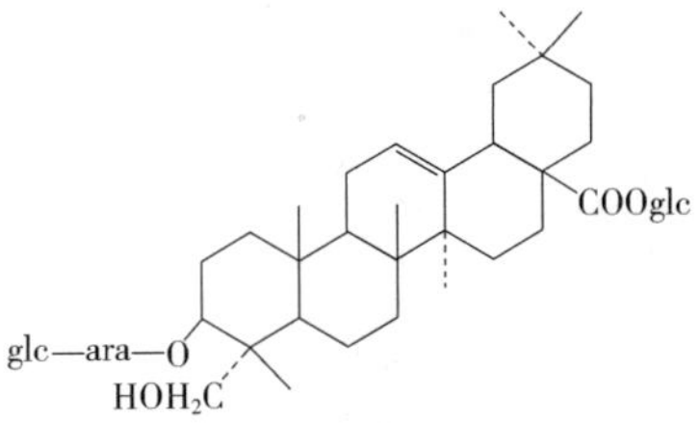

图 3-4　皂苷的分子结构

皂苷的相对分子质量和极性较大，大多数为白色或乳白色的无定形粉末，仅少数为结晶，多有苦味和辛辣味，其粉末对人类黏膜有强烈刺激性。皂苷可溶于水，易溶于热水、热甲醇、热乙醇中，几乎不溶或难溶于乙醚、苯等极性小的有机溶剂。皂苷在含水丁醇或戊醇中的溶解度较好，故常从水溶液中用丁醇或戊醇提取皂苷，使其与糖、蛋白质等亲水性成分分开。

皂苷主要存在于陆地高等植物中，也少量存在于海星和海参等海洋生物中。含有皂苷的植物主要来源于豆科、五加科、蔷薇科、菊科、葫芦科和苋科。含有皂苷的食源性植物主要是菜豆（四季豆）和大豆，易引发食物中毒，一年四季皆可发生。皂苷具有溶血作用，它不被胃肠吸收，一般不发生吸收性中毒。但皂苷对胃肠有刺激作用，大量服用时可引起中枢神经系统紊乱，也可引起急性溶血性贫血，对冷血动物有极大的毒性。大豆中的皂苷已知有 5 种，因其苷配基（称为大豆皂苷配基醇）有 A、B、C、D、E 五种同系物。大豆皂苷的成苷糖类有木糖、阿拉伯糖、半乳糖、葡萄糖、鼠李糖及葡萄糖醛酸等，大多数经口摄入后不呈现毒性。桔梗中的有毒成分也为皂苷。桔梗皂苷具有强烈的黏膜刺激性，具有一般皂苷所具有的溶血作用，但口服溶血现象较少发生。

烹调不当、炒煮不够熟透的菜豆、大豆等豆类及其豆乳中含有的皂苷对消化道黏膜有强烈刺激作用，很容易产生一系列肠胃刺激症状而引起中毒。其中毒症状主要是胃肠炎，潜伏期一般为 2~4h，呕吐、腹泻（水样便）、头痛、胸闷、四肢发麻，病程为数小时或 1~2d，恢复快，愈后良好。

2. 预防及救治措施

（1）菜豆等豆类充分炒熟、煮透，最好是炖食，以破坏其中所含有的全部毒素；炒时应充分加热至青绿色消失，无豆腥味，无生硬感，勿贪图其脆嫩口感。

（2）不宜水焯后做凉拌菜，如做凉菜必须煮 10min 以上，熟透后才可拌食。

（3）应注意煮生豆浆时防止"假沸"现象。由于 80℃ 左右时，皂苷受热膨胀，形成泡沫上浮，造成"假沸"现象，而此时豆浆中的毒素并未有效破坏；"假沸"之后应继续加热至 100℃，泡沫消失，表明皂苷等有害成分受到破坏，然后再小火煮 10min 以彻底破坏豆浆中的有害成分，达到安全食用的目的。也可以在 93℃ 加热 30~75min 或 121℃ 加热 5~10min，可有效消除豆浆中的有毒物质。

（四）其它有毒苷类

芦荟苷（Aloin，Barbaloin）又称芦荟素、芦荟大黄素苷，存在于双子叶植物百合科植物库拉索芦荟（*Aloe vera* L.）、好望角芦荟（*Aloe ferox* Mill.）等芦荟中，其分子结构如图3-5所示。分子式 $C_{20}H_{20}O_8$，黄色或淡黄色结晶粉末。熔点为148~149℃，水合物熔点为70~80℃。略带沉香气味，味苦，易溶于吡啶，溶于冰醋酸、甲酸、丙酮、醋酸甲酯以及乙醇等。

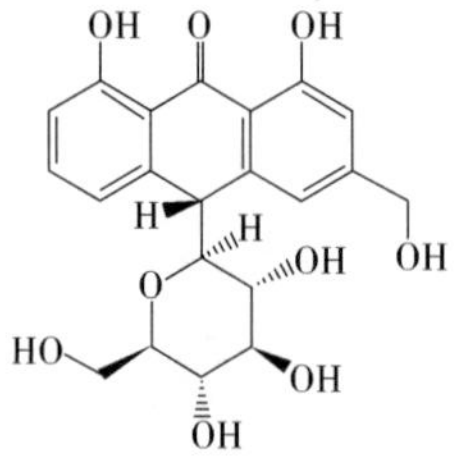

图3-5　芦荟苷的分子结构

根据陈冀胜院士编著的《中国有毒植物》，芦荟全株汁液有毒，口服中毒会引起恶心、呕吐、腹泻、腹痛、血便、里急后重，并可损害肾脏，引起蛋白尿、血尿。其它研究表明，芦荟对肠黏膜有较强的刺激作用，可引起明显的腹痛及盆腔充血。毒理学体外实验表明，芦荟苷可引起细菌、哺乳动物细胞基因突变，因芦荟苷被氧化以后，转化为芦荟大黄素，而芦荟大黄素结构与大黄素相似，含有已知诱变剂1,8-二羟基蒽醌结构，有致癌和肾损伤危险性。在临床上观察到，有少数人由于便秘或出于美容的原因，长期食用含有蒽醌成分的植物产品而出现了大肠黑变病。大肠黑变病可能与结肠癌有关，但到目前为止，还没有足够的科学依据证实二者的必然关联。临床大肠黑变病患者有一个共同的特点，即服药时间太长或服药量太大。因此，芦荟安全食用量取决于其制品中芦荟苷的含量。然而，芦荟品种、叶龄、采收时间、加工方式的不同，导致其制品中芦荟苷含量亦不同。

目前尚无芦荟苷长期食用安全剂量的毒理学研究资料。现行的芦荟服用量是人们长期应用及经验积累的结果，其科学性有待进一步研究。2010年2月19日，我国原卫生部等六部局发出了《关于含库拉索芦荟凝胶食品标识规定的公告》，强调芦荟产品中仅有库拉索芦荟凝胶可以被用于食品生产加工；添加库拉索芦荟凝胶的食品必须标注"本品添加芦荟，孕妇与婴幼儿慎用"字样，并应当在配料表中标注"库拉索芦荟凝胶"。公告还指出，库拉索芦荟凝胶的每日食用量应不大于30g。若无法确保消费者芦荟日摄入量在安全范围内，企业应在包装上标注每日食用量警示语。

二、生　物　碱

生物碱（Alkaloids）是一类含氮的碱性有机化合物，主要存在于双子叶植物中，如毛茛科、罂粟科、茄科、夹竹桃科、芸香科、豆科植物。生物碱的种类很多，已发现的就有2000种以上，分布于100多个科的植物中。不同种类生物碱的生理作用差异很大，引起的中毒症状各不相同。食用植物中的生物碱主要为龙葵碱（Solanine）、秋水仙碱（Colchicine）及吡啶烷生物碱。其它常见的有毒生物碱有烟碱、吗啡碱、罂粟碱、麻黄碱、黄连碱和颠茄碱等。

生物碱大多数有复杂的环状结构，氮素多包含在环内。大多数生物碱为无色味苦的结晶形固体，少数为有色晶体或为液体。游离的生物碱难溶于水，而易溶于乙醇、乙醚、氯仿等有机溶剂。生物碱有显著的生物活性，如镇痛、镇痉、镇静、镇咳、收缩血管、兴奋中枢、兴奋心肌、散瞳和缩瞳等作用，是中草药中重要的有效成分之一。

（一）龙葵碱

1. 特性与中毒症状

龙葵碱（Solanine），又称为茄碱或龙葵素，最早从龙葵（*Solarium nigrum*）中分离出来。龙葵碱是一类由葡萄糖残基和茄啶组成的弱碱性糖苷，分子式为 $C_{45}H_{73}NO_{15}N$，其分子式结构如图 3-6 所示。龙葵碱广泛存在于马铃薯、番茄及茄子等茄科植物中。马铃薯中的龙葵碱含量随品种和季节不同而不同。一般 1kg 新鲜组织含龙葵碱 20~100mg。在贮藏过程中龙葵碱含量逐渐增加，主要集中在芽眼和表皮的绿色部分，其中芽眼部位约占生物碱总量的 40%。马铃薯中龙葵碱的安全标准是 20mg/100g，但发芽、表皮变青和光照均可使马铃薯中龙葵碱的含量增加数十倍，可高达 5000mg/kg，大大超过安全标准，食用这种马铃薯是非常危险的。

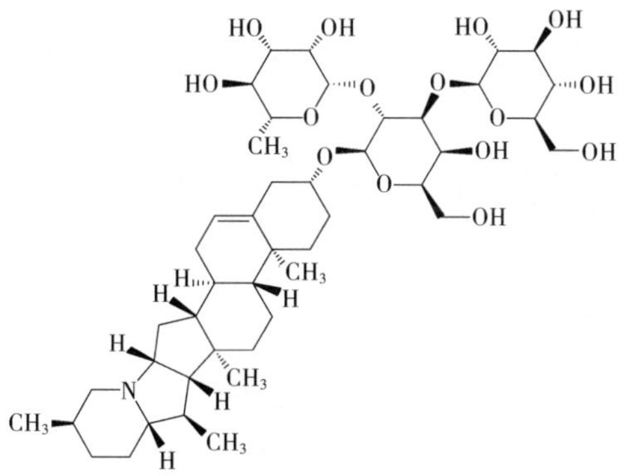

图 3-6 龙葵碱的分子结构

龙葵碱有较强的毒性，对胃肠道黏膜有较强的刺激作用，对呼吸中枢有麻痹作用，并能引起脑水肿、充血，进入血液后有溶血作用。此外，龙葵碱的结构与人类的类固醇激素，如雄激素、雌激素、孕激素等性激素相类似，孕妇若长期大量食用含生物碱量较高的马铃薯，蓄积在体内对胎儿会产生致畸效应。

发芽和变绿色的马铃薯可引起食物中毒，潜伏期多为 2~4h。开始为咽喉抓痒感及灼烧感，并伴有上腹部灼烧感或疼痛，其后出现胃肠炎症状，如恶心、呕吐、呼吸困难、急促，伴随全身虚弱和衰竭，腹泻导致脱水、电解质紊乱和血压下降。轻者 1~2d 自愈，重症者可因心脏衰竭、呼吸麻痹而致死。龙葵碱摄入量达到 3mg/kg 体重时可引起嗜睡、颈部瘙痒、敏感性提高等症状，更大剂量可导致腹痛、呕吐、腹泻等胃肠炎症状。

2. 预防及救治措施

马铃薯中毒绝大部分均发生在春季及夏初季节，原因是春季潮湿温暖，对马铃薯保管不好，易引起发芽。因此，要加强对马铃薯的保管，防止发芽是预防中毒的根本保证。此外，要禁止食用发芽的、皮肉青紫或腐烂的马铃薯。少许发芽未变质的马铃薯，可以将发芽的芽眼彻底挖去，将皮肉青紫的部分削去，然后在冷水中浸泡 30~60min，使残余毒素溶于水中，然后清洗。烹调时加食醋，充分煮熟后再食用。通过加热和加醋处理可加速龙葵素的分解，使之变为无毒。但是以上做法不适用于发芽过多及皮肉大部分变紫的马铃薯，这些马铃薯即使加工处理也不能保证无毒。

对于马铃薯中毒的紧急救治主要有以下方法：中毒后立即用浓茶或 1∶5000 高锰酸钾溶液催吐洗胃；轻度中毒可多饮糖盐水补充水分，并适当饮用食醋水以中和龙葵碱；剧烈呕吐及腹痛者，可给予阿托品 0.3~0.5mg，肌肉注射；严重者速送医院抢救。

（二）秋水仙碱

1. 特性与中毒症状

秋水仙碱（Colchicine）又称秋水仙素，是不含杂环的生物碱，因最初从百合科植物秋水仙（*Colchicum autumnale*）中提取出来而得名，其分子结构如图 3-7 所示。秋水仙碱主要存在于鲜黄花菜等植物中，为灰黄色针状结晶体，易溶于水，对热稳定，煮沸 10~15min 即可充分破坏。

秋水仙碱本身并无毒性，但当它进入人体并在组织间被氧化后，会迅速生成毒性较大的二秋水仙碱。二秋水仙碱是一种剧毒物质，对人体胃肠道、泌尿系统具有毒性并产生强烈刺激作用，常见恶心、呕吐、腹泻、腹痛、胃肠反应是严重中毒的前驱症状；肾脏损害可见血尿、少尿，对骨髓有直接抑制作用，可引起粒细胞缺乏、再生障碍性贫血等。

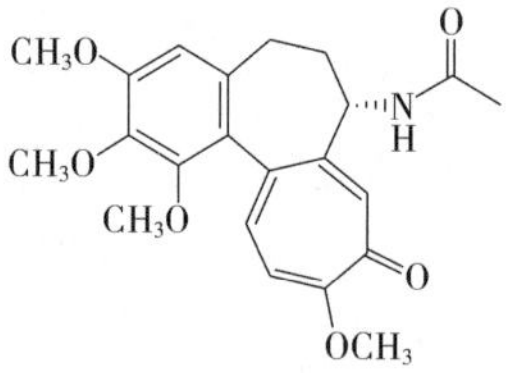

图 3-7　秋水仙碱的分子结构

采用未经处理的鲜黄花菜煮汤或大锅炒食，虽然其味道鲜美，但食用后极易引起中毒。进食鲜黄花菜后，一般在 4h 内出现中毒症状，轻者口渴、喉干、心慌、胸闷、头痛、呕吐、腹痛、腹泻（水样便），重者出现血尿、血便、尿闭与昏迷等。

2. 预防及救治措施

（1）不吃未经处理的鲜黄花菜。最好食用干制品，用水浸泡发胀后食用，以保证安全。

（2）食用鲜黄花菜时需做烹调前的处理。先去掉长柄，用沸水烫，再用清水浸泡 2~3h（中间需换一次水）。制作鲜黄花菜必须加热至熟透再食用。烫泡过鲜黄花菜的水不能做汤，必须弃掉。

（3）烹调时与其它蔬菜或肉食搭配制作，且要控制摄入量，避免食入过多引起中毒。

（4）一旦发生鲜黄花菜中毒，立即用 4% 鞣酸或浓茶水洗胃，口服蛋清或牛乳，并对症治疗。

（三）吡咯烷生物碱

吡咯烷生物碱（Pyrrolizidine Alkaloids）是存在于多种植物中的一类结构相似的物质，其中包括千里光属、天芥菜属等许多可食用的植物。许多含吡咯烷生物碱的植物也被用作草药和药用茶，例如日本居民常饮的雏菊茶中就富含吡咯烷生物碱。目前，各种植物中分离出的吡咯烷生物碱有 100 多种。

研究发现许多种吡咯烷生物碱对实验动物是致癌物。吡咯烷生物碱的致癌性和诱变性取决于其形成最终致癌物的形式。吡咯烷核中的双键是其致癌活性所必需的，该位置是形成致癌的环氧化物的关键。除环氧化物可发生亲核反应外，在双键位置上产生脱氢反应生成的吡咯环也可发生亲核反应，从而造成遗传物质 DNA 的损伤和癌变的发生。

（四）茶碱

茶碱（Theophylline）是茶叶和咖啡中所含的一种生物碱，为可可碱（Theobromine）的异构体，其分子结构如图 3-8 所示。茶碱为白色结晶性粉末，味苦、无臭，熔点为 270~274℃，在空气中稳定，微溶于冷水、乙醇、氯仿，难溶于乙醚，稍溶于热水，易溶于酸和碱溶液，在氢氧化钠溶液或氨水中可转变成盐类。茶碱具有松弛平滑肌、兴奋心肌以及利尿的作用。

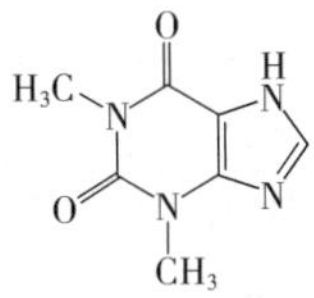

图 3-8 茶碱的分子结构

茶碱是一种中枢神经兴奋剂，过浓和过量都容易引起"茶醉"，表现为血液循环加速、呼吸急促，并能引起一系列不良反应，如造成人体内电解质平衡紊乱，进而使人体内酶的活性不正常，导致代谢紊乱，其致醉物质即是茶叶中的咖啡碱。有些人连喝几杯浓茶后，常出现感觉过敏、失眠、头痛、恶心、站立不稳、手足颤抖、精细工作效率下降等现象，实际上是过量茶碱所引起的反应。"茶醉"严重者可发生肌肉颤抖、心律失常，甚至惊厥、抽搐，这是中枢神经系统发出的危险信号，应当立即送医院抢救。

三、毒蛋白、毒肽和有毒氨基酸

植物中天然存在一些蛋白质和肽类化合物，具有特殊的生物活性或强烈的毒性。通常将这些具有一定毒性的肽类和蛋白质类化合物分别称为毒肽和毒蛋白。还有些氨基酸不是组成一般蛋白质的成分，称为非蛋白质氨基酸。在正常情况下，动物机体中不存在这些氨基酸，一旦它们被摄入后，由于这些"异常"氨基酸与正常的氨基酸的化学结构类似，可成为后者的抗代谢物，从而引起多种类型的毒性作用。

（一）外源凝集素

1. 特性与中毒症状

外源凝集素（Lectins）是植物合成的一类对红细胞有凝聚作用的糖蛋白。因其在体外有凝集红细胞的作用，故又称植物性血细胞凝集素（Hemagglutinins）。外源凝集素是豆类和某些植物种子（如蓖麻）中含有的一种有毒蛋白质。外源凝集素广泛存在于 800 多种植物（主要是豆科植物）的种子和荚果中，其中有许多种是人类重要的食物原料，如大豆、菜豆、刀豆、豌豆、小扁豆、蚕豆和花生等。此外，蓖麻籽中也含有大量外源凝集素。

外源凝集素产生毒性的机制尚在争论中。实验动物食用生的大豆脱脂粉会导致其生长迟缓，一半原因应归于其中的外源凝集素。研究表明，外源凝集素摄入后与肠道上皮细胞结合，减少了肠道对营养素的吸收，从而造成动物营养素缺乏和生长迟缓。但去除外源凝集素的生大豆脱脂粉，其营养价值只有轻微的提高。生大豆粉除外源凝集素外，也含有胰蛋白酶抑制剂，该物质抑制胰腺分泌过量的蛋白酶，阻碍肠道对蛋白质的吸收。另外，一些豆类贮藏蛋白（如菜豆 7S 球蛋白）对消化道蛋白酶的敏感性不高，故豆类蛋白及其制成品普遍存在消化率不高的问题，也是引起动物生长迟缓的原因之一。

各种外源凝集素的毒性不同，有的仅能影响肠道对营养物的吸收，有的大量摄入可以致死（如蓖麻籽中的毒蛋白）。但是它们在加热后都可以解除毒性，因为它们都是蛋白质，加热会使其凝固而失去毒性。含有凝集素的食品在生食或烹调不充分时，不仅消化吸收率低，还可以使人恶心、呕吐，造成中毒，严重时可致人死亡。通过蒸汽加热处理可以使凝集素的活性钝化而达到去毒目的。

2. 预防与救治措施

外源凝集素不耐热，受热很快失活，因此豆类在食用前一定要彻底加热。例如，扁豆或菜豆加工时要注意翻炒均匀、煮熟焖透，使扁豆失去原有的生绿色和豆腥味；吃凉拌豆角时要先切成丝，放在开水中浸泡 10min，然后再食用；豆浆应煮沸后继续加热数分钟才可食用；用蓖麻作为动物饲料时，必须严格加热，以去除饲料中的蓖麻凝集素。

外源凝集素中毒症状轻者不需治疗，症状可自行消失；重者应对症治疗。吐泻严重者，可静脉注射葡萄糖盐水和维生素 C，以纠正水和电解质紊乱，并促进毒物的排泄。有凝血现象时，可给予低分子质量右旋糖酐、肝素等。

（二）酶抑制剂

酶抑制剂（Enzyme Inhibitor）是一类可以结合酶并降低其活性的分子。酶抑制剂常存在于豆类、谷类、马铃薯等食品中。比较重要的有胰蛋白酶抑制剂和淀粉酶抑制剂两类，前者在豆类和马铃薯块茎中较多，后者见于小麦、菜豆、芋头、生香蕉、杧果等食物中。其它食物如茄子、洋葱等也含有此类物质。这类物质实质上是植物为繁衍后代、防止动物啃食的防御性物质。

在豆类、棉籽、花生、油菜籽等 90 余种植物源性食物中，特别是豆科植物中含有能抑制胰蛋白酶、糜蛋白酶、胃蛋白酶等 13 种蛋白酶的特异性物质，统称为蛋白酶抑制剂（Protease Inhibitor）。其中最重要的是胰蛋白酶抑制剂，在上述 90 余种食物中都含有；其次是糜蛋白酶抑制剂，在 35 种植物中均含有。

（三）其它毒蛋白

巴豆中的有毒成分主要是巴豆素，它是一种毒性球蛋白，对胃肠黏膜具有强烈的刺激、腐蚀作用，可引起恶心、呕吐与腹痛。巴豆毒素耐热性差，遇热后即失去毒性。服巴豆油 1/4 滴即有强烈的腹泻，内服 20 滴即可致死。

相思豆毒蛋白（Abrin）是从豆科植物相思豆（*Abrus precatorius* L.）种子提取而得的糖蛋白，相对分子质量 $6.5×10^4$，是一种毒性很高的细胞毒类植物蛋白。相思豆毒蛋白在非常低的浓度（1∶1000 000）时，即可使细胞发生凝聚反应和溶血反应，对黏膜有强烈的刺激性，对其它细胞也产生毒害。动物误食中毒后的症状为恶心、呕吐、肠绞痛；数日后出现溶血现象，还有呼吸困难、发绀、脉搏微弱、心跳乏力等症状；严重者可因昏迷、呼吸和循环衰竭、肾功能衰竭而死亡。

误食相思豆中毒后应立即催吐、洗胃、导泻，用牛乳、蛋清保护胃黏膜，肌肉注射阿托品等解痉止痛药，静脉补液，纠正水和电解质紊乱。平时应宣传相思豆有剧毒，不能食用。配制中药时，不能用相思豆代替赤豆。

蓖麻（*Ricinus communis* L.）中的有毒成分是剧毒蓖麻毒蛋白，源于蓖麻的种子，含量为 $1\% \sim 5\%$。目前，蓖麻毒蛋白是天然药物中毒性最强的蛋白之一，对所有类型的哺乳动物细胞都显示毒害作用。实验数据表明，蓖麻毒蛋白对小鼠 LD_{50} 为 $7 \sim 10mg/kg$ 体重。

蓖麻籽主要用于生产蓖麻油，其废弃物中剧毒蓖麻毒蛋白的质量分数约 5%，人误食一定量的蓖麻油后，会在 24h 后出现急性胃肠炎症状，表现为血性下痢样便，严重者还会出现蛋白尿、黄疸、抽搐及昏迷等症状，甚至导致死亡。

（四）毒肽

毒肽多存在于鹅膏菌毒素和鬼笔菌毒素等蕈类毒素当中，易误食而中毒。

鹅膏菌毒素是环辛肽，有 6 种同系物，主要作用于肝细胞核；鬼笔菌毒素是环庚肽，有 5 种同系物，主要作用于肝细胞微粒体。二者的毒性机制基本相同，但鹅膏菌毒素的毒性大于鬼笔菌毒素。在鹅膏菌中，两种毒肽的含量大致相等，每 100g 鲜蕈中两种毒肽的含量为 $10 \sim 23mg$。质量约 50g 的毒蕈所含的毒素足可杀死 1 个成年人。

（五）有毒氨基酸及其衍生物

有毒氨基酸及其衍生物主要有 β-氰基丙氨酸、刀豆氨酸和 L-3,4-二羟基苯丙氨酸等，主要存在于刀豆和青蚕豆等中。其中 β-氰基丙氨酸存在于蚕豆中，是一种神经毒素。刀豆氨酸能阻抗体内的精氨酸代谢，加热 $14 \sim 45min$ 可破坏大部分刀豆氨酸。L-3,4-二羟基苯丙氨酸存在于蚕豆等植物中，能引起急性溶血性贫血症。食后 $5 \sim 24h$ 发病，急性发作期可长达 $24 \sim 48h$。人们过多地摄食青蚕豆（无论煮熟或去皮与否）都可能导致中毒。

四、酶　类

某些植物中含有对人体健康有害的酶类，能够分解维生素等人体必需营养成分或释放出有毒化合物。如蕨类植物中的硫胺素酶，可破坏动物体内的硫胺素，引起人的硫胺素缺乏症；豆类中的脂肪氧化酶可氧化降解豆类中的亚油酸、亚麻酸，产生众多的降解产物。现已鉴定出近百种降解产物，其中许多成分可能与大豆的腥味有关，从而产生了有害物质。此外，大豆脂肪氧化酶还能破坏胡萝卜素，食用未经热处理的大豆可使人体血液和肝脏中的维生素 A 含量降低，从而降低大豆的营养价值。

五、亚硝酸盐

由于叶菜类蔬菜，例如韭菜、菠菜、小白菜等，可以主动富集土壤中的硝酸盐，其硝酸盐含量明显高于谷类。叶菜类蔬菜中的硝酸盐在一定的条件下可还原成具有毒性的亚硝酸盐，当人类摄入此类蔬菜过多或者蓄积到一定量时，可引起亚硝酸盐中毒，表现为肠源性青紫病。

亚硝酸盐是一种强氧化剂，可将血液中的低铁血红蛋白氧化成高铁血红蛋白，破坏红细胞运输氧气的功能。因此，亚硝酸盐可导致人的机体缺氧，引起青紫、呼吸困难、昏迷、血液循环衰竭等症状。当亚硝酸盐氧化形成的高铁血红蛋白占总血红蛋白比率超过 60% 时，会有明显的缺氧症状；超过 70% 时可导致死亡。数据表明，人摄入 $0.3 \sim 0.5g$ 纯亚硝酸盐即可引起中毒，而摄入超过 3g 纯亚硝酸盐可致死。

叶菜类蔬菜中富含的硝酸盐会在某些还原菌，例如大肠杆菌、枯草杆菌、沙门氏菌作用下，被还原成毒性亚硝酸盐。还原作用通常容易发生在腐烂的蔬菜、变质的腌制蔬菜及烹调后存放过久的蔬菜中。此外，短时间内大量食用新鲜叶菜类蔬菜，例如菠菜、小白菜等，也会引起亚硝酸盐中毒。如果病人胃肠功能紊乱，肠道菌群结构发生变化，导致硝酸盐还原菌比例增加，也可短时间内产生大量亚硝酸盐，随血液循环引起机体中毒。

六、酚　类

酚类物质可能导致抑制酶作用、伤害组织、改变生殖模式及妨碍生长等后果，严重者可能造成死亡，因此对于生物具有毒性或抑制性。毒酚以棉籽中的棉酚为代表。

（一）棉酚

1. 特性与中毒症状

棉酚（Gossypol）是锦葵科植物草棉、树棉或陆地棉成熟种子、根皮中提取的一种多元酚类物质，其分子结构如图3-9所示。棉籽中的棉酚存在于棉花的叶、茎、根和种子中，其中棉籽含游离棉酚 $0.15\% \sim 2.80\%$。

在棉籽饼与粗制棉籽油中游离棉酚的含量均较高。游离棉酚对大白鼠经口 LD_{50} 为 $2510mg/kg$ 体重。当棉籽油中含有 0.02% 游离棉酚时对动物的健康是无害的；在 0.05% 时对动物有害；而高于 0.15% 时，则可引起动物严重中毒。生棉籽榨油时棉酚大部分转移到棉籽油中，毛棉油含棉酚量可达 $1.0\% \sim 1.3\%$。因此，食用含棉酚较多的毛棉油会引起中毒。

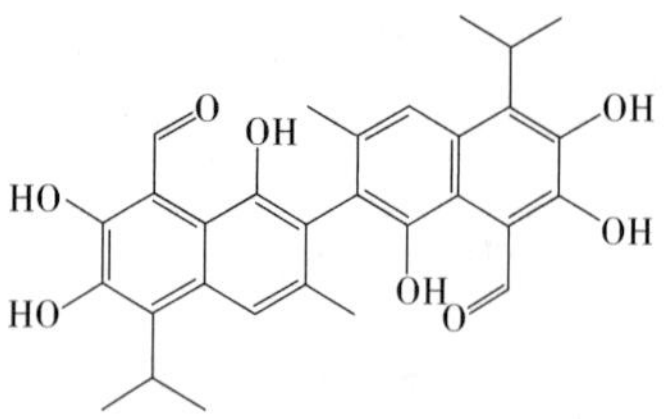

图3-9　棉酚的分子结构

棉酚有较强的毒性，可使生殖系统受损而影响生育能力。具体表现为使男性睾丸受损，多数病人精液中无精子或精子减少；女性闭经，子宫萎缩，并导致不育症。患者皮肤潮红，有难以忍受的灼烧感，并伴有心慌、气喘、头晕、无力等症状。但是棉酚的具体毒性作用机制尚不十分清楚。

棉酚急性中毒潜伏期短者 $1 \sim 4h$，一般 $2 \sim 4d$，长者 $6 \sim 7d$。慢性中毒初期主要表现为皮肤潮红干燥，日光照射后更明显。女性和青壮年发病率高，治疗不及时可引起死亡。

2. 预防及控制棉酚中毒的措施

（1）加强宣传教育，做好预防工作，因治疗棉酚中毒无特效解毒剂。

（2）在产棉区要宣传生棉籽油的毒性，勿食毛棉油。

（3）榨油前，必须将棉籽粉碎，经蒸炒加热脱毒后再榨油；榨出的毛油再加碱精炼，则可使棉酚逐渐分解破坏；生产厂家的质检部门应对棉籽油中的游离棉酚进行严格检验，产品符合 GB 8955—2016《食用植物油及其制品生产卫生规范》规定方可出厂。GB 8955—2016 规定棉籽油中游离棉酚含量不得超过 0.02%，棉酚超标的棉籽油严禁出售和食用。

（二）大麻酚

大麻酚是从大麻叶中提取的一种酚类衍生物，分子式为 $C_{21}H_{26}O_2$。大麻叶中含有多种大麻酚类衍生物，目前已分离出 15 种以上，较重要的有大麻酚、大麻二酚、四氢大麻酚、大麻酚酸、大麻二酚酸和四氢大麻酚酸。

大麻酚及其衍生物都属麻醉药品，并且毒性较强。吸食大麻会使人的脑功能失调、记忆力减退、健忘、注意力很难集中。吸食大麻还可破坏男女的生育能力，而且由于大麻中焦油含量高，其致癌率也较高。

七、 其它植物源性毒素

（一）血管活性胺

香蕉、鳄梨、茄子、葡萄、无花果、李子等植物含有天然的生物活性胺，如多巴胺（Dopamine）和酪胺（Tyramine）。这些外源多胺对动物血管系统有明显的影响，故称血管活性胺。表 3-2 中列出了一些植物中的生物活性胺的含量。

表 3-2 一些植物中的生物活性胺含量 单位：μg/g

食品	多巴胺	酪胺	5-羟色胺	去甲肾上腺素
香蕉果肉	8	7	28	2
番茄	0	4	12	0
鳄梨	4~5	23	10	0
马铃薯	0	2	0	0.1~0.2
菠菜	0	1	0	0
柑橘	0	10	0	0.1

多巴胺是重要的肾上腺素型神经细胞释放的神经递质。该物质可直接收缩动脉血管，明显提高血压，故又称增压胺。酪胺是哺乳动物的异常代谢产物，它可通过调节神经细胞的多巴胺水平间接提高血压。酪胺可将多巴胺从贮存颗粒中解离出来，使之重新参与血压升高的调节。

一般而言，外源血管活性胺对人的血压无影响，因为它可被人体内的单胺氧化酶和其它酶迅速代谢。单胺氧化酶是一种广泛分布于动物体内的酶，它对作用于血管的活性胺水平起严格的调节作用。当单胺氧化酶被抑制时，外源血管活性胺可使人出现严重的高血压反应，包括高血压发作和偏头痛，严重者可导致颅内出血和死亡。这种情况可能出现在服用单胺氧化酶抑制性药物的精神压抑患者身上。此外，啤酒中也含有较多的酪胺，糖尿病、高血压、胃溃疡和肾病患者往往因为饮用啤酒而导致高血压的急性发作。其它含有酪胺的植物性食品也可引起相似的反应。

（二）甘草酸和甘草次酸

豆科植物甘草是常见的药食两用植物。甘草根及根状茎提取物作为天然的甜味剂广泛应用于糖果和罐头食品。甘草的甜味来自于甘草酸（Glycyrrhizic Acid）和甘草次酸（Glycyrrhetinic Acid）。甘草酸是一类由麦芽糖和类固醇以 3 位糖苷键结合的三萜皂苷，占甘草根干重的 4%~5%，甜度为蔗糖的 50 倍。甘草酸水解脱去糖酸链就形成了甘草次酸，其分子结构如图 3-10

所示，甜度为蔗糖的 250 倍。

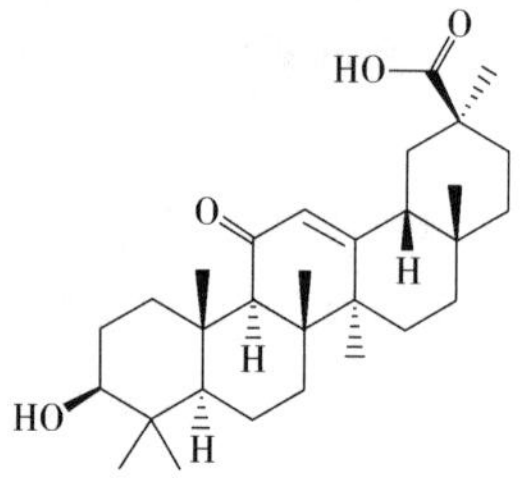

图 3-10 甘草次酸的分子结构

甘草次酸具有细胞毒性，长时间大量食用甘草糖（100g/d）可导致严重的高血压和心脏肥大，临床症状表现为钠离子的储留和钾离子的排出，严重者可导致极度虚弱和心室纤颤。甘草有肾上腺皮质激素样药理作用，过量食用甘草会减少尿液及钠的排出，身体会积存过量的钠（盐分）引起高血压；水分贮存量增加，会导致水肿。同时，过多血钾流失引起的低血钾症，导致心律失常，肌肉无力。这些研究结果早已在西方的医学文献刊出，更有报告指出它还可以影响脑部，因此患者会出现嗜睡的症状。冰岛大学的研究者提醒大家，甘草可以引起高血压；美国宾夕法尼亚州一家医院报道了服用大量甘草可能导致霎时性失明的 5 个病例。

（三）白果酸

白果酸（Ginkgolic Acid）又称银杏酸，是从我国特有植物银杏的果皮、果肉中分离出的有毒物质，其分子结构如图 3-11 所示。

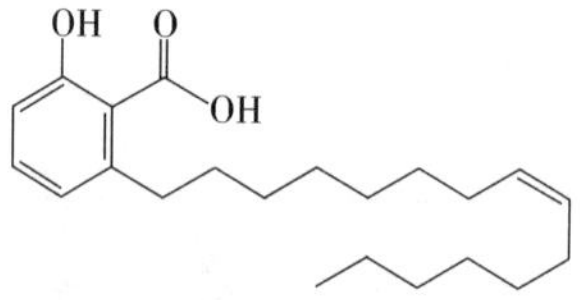

图 3-11 白果酸的分子结构

白果中毒的表现一般在吃白果后 1~2h 内出现，潜伏期最长可达 16h。早期先有恶心、呕吐、食欲不振、腹痛、腹泻等症状，患者呕吐物中常可发现白果的残渣。轻度中毒者 1~2d 内可以自愈；中毒较重者继而出现发烧和神经系统症状，如烦躁不安、抽风、精神呆滞、肢体强直、皮肤和口唇颜色发紫、昏迷、瞳孔对光反射迟钝或消失、瞳孔散大等现象，甚至引起呼吸困难或心跳减弱。部分中毒患者出现末梢神经功能障碍，表现为两下肢轻瘫或完全性软瘫。种仁和果皮与皮肤接触后可引起皮肤局部红肿发痒。

发现白果中毒后应立即给予催吐、洗胃、导泻等一般解毒措施，洗胃后可经胃管向胃内注入适量的碳片，以便进一步吸附残留毒物；同时给予 5%~10% 的葡萄糖液静脉注射以稀释毒素并加速毒物的排泄；对有发热、抽风的患者应及时给予降温、镇静止惊等对症处理。当患者出现恐惧等精神症状时，给予盐酸氯丙嗪，0.1~1mg/kg 体重，经肌肉或静脉注射可以缓解症状，对重度中毒的患者应根据病情进行保肝、强心等治疗。

要教育儿童白果不能生吃，煮或炒熟后食用也不能过量，吃白果时一定要先去除果仁内绿色的胚。只要注意以上几点，即可有效避免白果中毒的发生。

（四）苍耳

苍耳全株均有毒性，其中以苍耳子仁脱脂部分的水浸剂毒性为最大。春季雨后苍耳发芽，往往成丛生长，外形类似黄豆芽而容易被误食，而此时毒性也为最强，其中毒性物质为毒蛋白苍耳贰、苍耳苷以及毒苷等。人短时间内误食苍耳子10颗以上就可以导致中毒。轻者出现恶心呕吐、腹泻或便秘等症状；重者可伴随着尿少、血尿、蛋白尿、黄疸、转氨酶升高，甚至昏迷、抽搐等症状；危重者腹胀便血、呼吸浅表或深长呈叹息样、尿闭、心音微弱、血压下降，可因呼吸循环衰竭而死亡。

误食者在12h之内可先催吐，再以1:2000高锰酸钾稀释液洗胃，并用温盐水高位洗肠及服泻剂，然后进行静脉输液保肝治疗及对症治疗。

（五）桐油

桐油是一种优良的带干性植物油，是制造油漆、油墨的主要原料。由于桐油的色、味都与常见食用植物油类似，容易造成混淆而误食，引起急性或亚急性中毒。桐油含 α-桐酸（83%）和三油精（15%）。α-桐酸分子中含有三个共轭双键，故有多种几何异构体。桐油的毒性成分之一是桐酸，还包括有毒皂素等毒质。

桐油中毒临床症状表现有恶心、呕吐、腹泻、腹痛和便血等，还可出现继发性脱水、酸中毒、血尿及蛋白尿等症状。此外，桐油可以损害神经系统，轻者引起头痛、头晕、烦躁、瞳孔缩小、光反应迟钝等症状，严重者意识模糊、呼吸短促或惊厥，进一步引起虚脱和休克。

第二节　动物性食物中的天然有毒物质

动物性食物对人类健康具有重要意义，是膳食蛋白质的主要来源。值得注意的是很多动物性食物中也含有天然毒素，尤其是水产品。已知1000种以上的海洋生物是有毒的或能分泌毒液的，其中许多是可食用的或能进入食物链的。

一、河豚毒素

（一）特性与中毒症状

河豚中的有毒物质称为河豚毒素（Tetrodotoxin，TTX）。雌河豚的毒素含量高于雄河豚。河豚毒素也因部位不同及季节不同而有差异。一般认为，河豚的肝脏和卵巢有剧毒，其次是肾脏、血液、眼睛、鳃和皮肤。河豚的大多数肌肉可认为是无毒的，但如鱼死后时间较长，内脏毒素溶于体液则能逐渐渗入到肌肉中，毒性仍不可忽视。每年春季为河豚卵巢发育期，毒性很强，6~7月产卵退化，毒性减弱，肝脏亦以春季产卵期毒性最强。河豚毒素对产生神经冲动所必需的钠离子向神经或肌肉细胞的流动具有专一性的堵塞作用，使人神经中枢和神经末梢发生麻痹，最后因呼吸中枢和血管运动中枢麻痹而死亡。

河豚毒素是一种强力的神经毒素，它会和神经细胞细胞膜上的快速钠离子通道结合，令神经中的动作电位受阻截。河豚毒素是目前自然界发现的毒性最强的非蛋白毒素之一，其毒力相当于氰化钠的1250倍，一粒河豚鱼籽的毒性足以让几十人丧命。河豚毒素对人的致死剂量为 $6\sim7\mu g/kg$ 体重。它是有效的呼吸抑制剂，在摄入量为 $0.5\sim3\mu g/kg$ 体重时，就可使动物突然呼吸停止。河豚毒素还是极强的催吐剂，给犬静脉注射河豚毒素量为 $0.3\mu g/kg$ 体重，皮下或肌肉注射 $0.7\mu g/kg$ 体重时，就能诱发剧烈呕吐。目前还没有有效的河豚毒素解毒剂。

河豚毒素是一种氨基过氢喹唑啉化合物，分子式是 $C_{11}H_{17}N_3O_8$，相对分子质量 319。河豚毒素的分子结构如图 3-12 所示。该毒素纯品为无色针状结晶，熔点为 220℃，继续加温则分解。与酸作用可生成盐，如酒石酸盐等。河豚毒素的水溶液呈中性，易溶于稀乙醇，而难溶于纯乙醇，不溶于醚、氯仿、苯及二硫化碳，与生物碱试剂不发生任何沉淀和颜色反应。河豚毒素对热与酸的作用非常稳定，在 15 磅加压锅内加热 2h 后开始失去毒性。河豚毒素遇碱不稳定，可分解成河豚酸，但毒性并不消失。河豚毒素对日晒、30%盐腌毒性稳定。

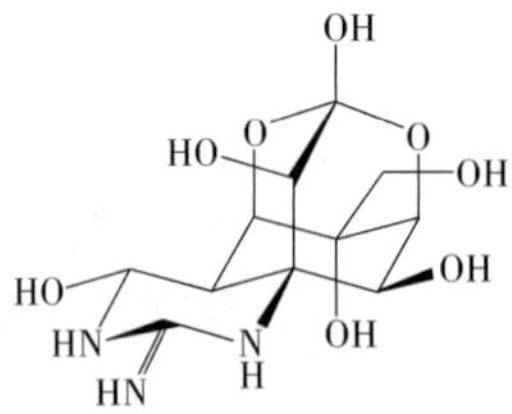

图 3-12　河豚毒素的分子结构

河豚毒素中毒的临床表现分为四个阶段。中毒的第一阶段先感到发热，接着便是嘴唇和舌尖发麻，头部感到不适，运动知觉麻痹，感到头痛和腹痛，出现步态不稳，同时出现呕吐。第二阶段，出现不完全运动麻痹，运动麻痹是河豚毒素中毒的重要特征之一。呕吐后病情的严重程度和发展速度加快，不能运动、知觉麻痹、语言障碍，出现呼吸困难和血压下降。第三阶段，运动中枢完全受到抑制，运动完全麻痹，生理反射降低。由于缺氧，出现发绀，呼吸困难加剧，各项反射渐渐消失。第四阶段，意识消失。河豚毒素中毒的另一个特征是患者死亡前意识清楚，当意识消失后，呼吸停止，心脏也很快停止跳动。作为一种快速可逆的钠离子通道阻断剂，其中毒后出现症状的快慢、严重程度除了与毒素摄入量有关外，还与人本身的体质有关。一般摄入毒素 30min 后出现典型中毒症状，通常症状轻者呈现自限性，但大多数中毒严重者常在 17min 后迅速发生呼吸麻痹和循环衰竭而致死。有报道中毒症状最快可出现在进食后的5~10min 发生。

（二）预防及救治措施

河豚中毒至今还没有特效药，也不能免疫，所以必须预防中毒。主要应从以下方面进行。

（1）加强监督管理，水产品收购、加工、供销等部门应严格把关，禁止鲜河豚进入市场或混进其它水产品中销售。

（2）新鲜河豚必须统一收购、集中加工。加工时应去净内脏、皮、头，洗净血污，制成干制品或制成罐头，经鉴定合格后方可食用。

（3）加强卫生宣传，使消费者会识别河豚，防止误食。

（4）新鲜河豚去掉内脏、头和皮后，肌肉经反复冲洗，加入 2%碳酸钠处理 2~4h，然后用清水洗净，可使其毒性降至对人无害的程度。

日本政府对河豚中毒的加工、销售有严格规定，在很大程度上减少了河豚毒素中毒事件。具体规定如下：河豚在做成食品之前，必须调查确认鱼种，然后再进行加工；无毒的河豚极少，有毒的河豚内脏绝对不可食，卵巢及肝脏等有毒部分绝对不可割破，去除完全最为重要。

去除皮及头部，只加工肌肉部位，将肉做成生鱼片生食时，要用大量的水洗涤（流动水清洗 3h 以上），并将汁榨出后再食；经过油炸、炖、烧、煮等加工，毒性也不能完全消失，但是用重碳酸钠煮时，毒性就会消失。食用河豚最好是在政府准许开业的河豚料理专门店中。

河豚中毒的治疗一般采用综合对症治疗措施。中毒后立即用 1∶5000 高锰酸钾溶液或 0.2%活性炭悬浮液洗胃，催吐可用 1%硫酸铜 100mL 口服，盐酸阿扑吗啡皮下注射。必要时注射呼吸兴奋剂，吸氧及进行人工呼吸。静脉注射高渗或等渗葡萄糖溶液，以促进毒素的尽快排泄，静脉补液，必要时加入升压药及肾上腺皮质激素。莨菪类药物包括阿托品、东莨菪碱、山莨菪碱以及樟柳碱等大剂量应用，对救治河豚毒素中毒有显著的效果。

二、生 物 胺

生物胺（Biogenic Amines）是一类含氮的具有生物活性的小分子有机化合物的总称，可以看作是氨分子中的 1~3 个氢原子被烷基或芳基取代后而形成的物质。根据结构可以将生物胺分成三类：脂肪族（腐胺、尸胺、精胺、亚精胺等）、芳香族（酪胺、苯乙胺等）和杂环族（组胺、色胺等），其中组胺是一种食品中常见的生物胺。

生物胺在大量的食品中都存在，在发酵食品中的含量更高，发酵香肠等发酵肉制品以及鱼类中的含量也较高。各种干酪根据加工工艺、所用发酵剂的不同以及成熟期长短的不同，所含生物胺的量也不尽相同。成熟干酪中可以检测到的生物胺有酪胺、组胺、腐胺、尸胺、色胺和 β-苯乙胺等。据报道组胺在 Swiss 干酪、Gruyere 干酪中含量特别高，而在 Ras 干酪、Edam 干酪和 Cheddar 干酪中含量低。食用含生物胺含量高的食物会引发一些敏感的消费者食物中毒，同时生物胺含量高也是食品腐败变质的前兆。食品在腐败或感官评价不能接受之前组胺的含量很高，因此可以通过测定食品中组胺的含量来间接评价食品的新鲜程度。干酪中生物胺含量的评价对消费者而言，是关注其健康危害所必需的，更进一步说，生物胺含量的高低可以作为评价干酪生产原乳和加工环境卫生状况的有用标准之一。

组胺（Histamine）是鱼体中的游离组氨酸在组氨酸脱羧酶的催化下，发生脱羧反应而形成的，其分子结构如图 3-13 所示。组胺致敏因子可引起过敏性食物中毒和组胺性哮喘等。

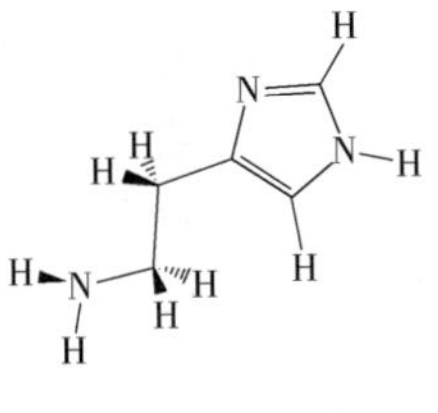

图 3-13 组胺的分子结构

鱼体组胺的形成与鱼的种类和微生物有关。容易形成组胺的鱼类有鲐鱼、金枪鱼、扁舵鲣、竹夹鱼和沙丁鱼等。这些鱼活动能力强，皮下肌肉血管发达，血红蛋白高，有"青皮红肉"的特点。死后在常温下放置较长时间易受到含有组氨酸脱羧酶的微生物污染而形成组胺。当鱼体不新鲜或腐败时，组胺含量更高。当鱼肉组胺含量达到 4mg/g 或人体摄入组胺达到 1.5mg/kg 体重以上时，易发生中毒。许多国家的食品安全标准中建议用组胺含量作为鱼类和水产品中微生物腐败的指标。根据 GB 2733—2015《食品安全国家标准　鲜、冻动物性水产品》规定，高组胺鱼类如鲐鱼、金枪鱼等组胺允许摄入量应 ≤ 40mg/100g，其它鱼类应 ≤ 20mg/100g。

组胺中毒发病快，潜伏期一般为 0.5~1h，长则可至 4h。组胺的中毒机理是使血管扩张和支气管收缩，主要表现为脸红、头晕、头疼、心跳、脉快、胸闷和呼吸促迫等。部分病人有眼结膜充血、瞳孔散大、脸发胀、唇水肿、口舌及四肢发麻、荨麻疹、全身潮红、血压下降等症状。但多数人症状轻、恢复快，患者一般 1~2d 内可恢复，死亡者较少。

由于鱼肉中高组胺的形成是微生物的作用，而且腐败鱼类还产生腐败胺类，它们与组胺的协同作用可使毒性大为增强，不仅过敏性体质者容易中毒，非过敏性体质者食后也可同样发生中毒。所以最有效的防治组胺中毒的措施是防止鱼类腐败。

三、 贝类毒素

贝类毒素（Shellfish Toxin）是一些贝类所含的能引起摄食者中毒的物质，但此类毒素本质上并非贝类的代谢物，而是来自贝类的食物涡鞭毛藻等藻类中的毒性成分。贝类所含毒素成分很复杂，主要有石房蛤毒素（Saxitoxin）及其衍生物、大田软海绵酸及其衍生物、软骨藻酸及其异构体、短螺甲藻毒素等。其中，石房蛤毒素（又称岩藻毒素）毒性最强，其毒素受体位于可兴奋细胞膜外侧、钠通道外口附近，其毒性机制是选择性阻断细胞钠离子通道造成神经系统传输障碍，中毒后引起神经肌肉麻痹。中毒的早期症状为唇、舌、手指出现麻木感，继而随意肌共济失调，出现步态不稳、发音障碍、流涎、头痛、口渴、嗳气和呕吐等，进而颈胸部肌肉麻痹，严重者死于呼吸肌麻痹引起的呼吸衰竭。贝类由于摄食了含有石房蛤毒素的涡鞭毛藻，对该毒素产生了富集作用。当海洋局部条件适合涡鞭毛藻生长而超过正常数量时，海水被称为"赤潮"，在这种环境中生长的贝壳类生物往往有毒。

石房蛤毒素相对分子质量为 299，白色，易溶于水，耐热，易被胃肠道吸收，炒煮温度下不能分解，其分子结构如图 3-14 所示。据测定，经 110℃ 加热，仍有 50% 以上的毒素未被去除，但染毒的贝类在清水中放养 1~3 周后可将毒素排净。石房蛤毒素是一种神经毒素，人经口致死量为 0.5~0.9mg。摄食数分钟至数小时后发病，开始时唇、舌和指尖麻木，继而脑、臂和颈部麻木，然后全身运动失调。患者可伴有头痛、头晕、恶心和呕吐。严重者呼吸困难，2~24h 内死亡，死亡率为 5%~18%。部分毒素即使加热也难以破坏。这些毒素对贝类自身并无毒性作用，但是人食用后能够引起中毒。贝类毒素的产生与其栖息地的环境密切相关，在同一海域的不同贝类可能含有相同的有毒成分，而同一种贝类在不同的海域也可含有不同的有毒成分。

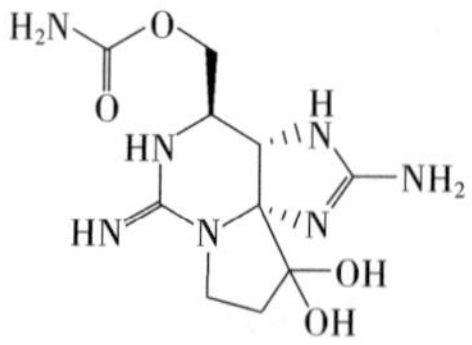

图 3-14　石房蛤毒素的分子结构

贝类引起的中毒类型主要有四种，即麻痹性贝类中毒（PSP）、腹泻性贝类中毒（DSP）、神经性贝类中毒（NSP）、失忆性贝类中毒（ASP），如表 3-3 所示。

表3-3 贝类毒素中毒类别

中毒类别	贝类	主要症状	分布水域
麻痹性贝类中毒	双贝类（扇贝、带子、青口、蚝、蚬、蛤）；扁蟹	由轻微刺痛/麻痹至呼吸停顿	热带及温带气候带海域
神经性贝类中毒	双贝类（蚝、蚬、青口、蛤）；蛾螺	感觉异常、冷热感觉颠倒、动作不协调	墨西哥湾、美国佛罗里达州东岸、西大西洋、西班牙、葡萄牙、希腊、日本、新西兰
腹泻性贝类中毒	双贝类（青口、扇贝、带子、蚝、蚬）	腹泻、恶心、呕吐、腹痛	日本、欧洲、挪威海岸
失忆性贝类中毒	青口、蚬、蟹	腹部痉挛、呕吐、丧失方向感、部分病者会出现失忆	美国、加拿大、新西兰、日本

　　麻痹性贝类中毒是由海洋藻类形成的，主要存在于软体贝类中。即使食入少量的PSP毒素，也会引起神经系统的疾病，包括颤抖，兴奋及唇、舌的灼痛和麻木感，严重时会导致呼吸系统麻木以致死亡。PSP毒素存在于世界范围之内，包括美国东西两岸，特别是在阿拉斯加有着携带大量PSP毒素的动物。有趣的是，现已在鲐鱼内脏、龙虾及许多蟹类中也发现了PSP毒素。

　　神经毒性贝类中毒是一种与赤潮有关的毒素，这种毒素的典型区域为墨西哥湾、美国南大西洋海岸以及新西兰。这类毒素虽不像其它贝类毒素那么严重，但同样也会产生肠胃不舒服及神经系统疾病的症状如神经麻木、冷热知觉的颠倒等。

　　腹泻性贝类中毒是由另外一种海洋藻类产生，大量存在于软体贝类中一种毒素。所幸的是DSP目前仅在加拿大东岸、亚洲、智利、新西兰及欧洲地区有发现，在美国尚未证实存在DSP毒素。DSP不是一种可致命的毒素，通常只会引起轻微的胃肠疾病，症状也会很快消失。

　　失忆性贝类中毒的毒素目前只在北美洲东北、西北海岸有所发现。ASP毒素也是源自一种海洋藻类，已在软体贝类的内脏中有所发现。这类毒素同时具有胃肠系统及神经系统病毒的症状，包括短时间失忆，即健忘症，严重时也会导致死亡。

　　食用了被污染的贝类可以产生各种症状，这取决于毒素的种类、毒素在贝类中的浓度和食用被污染贝类的量。在麻痹性贝类中毒的病例中，临床表现多为神经性的，包括麻刺感、烧灼感、麻木、嗜睡、语无伦次和呼吸麻痹。而DSP、NSP和ASP的症状更加不典型。DSP一般表现为较轻微的胃肠道紊乱，如恶心、呕吐、腹泻和腹痛，并伴有寒战、头痛和发热。NSP既有胃肠道症状又有神经症状，包括麻刺感和口唇、舌头、喉部麻木，肌肉痛，眩晕，冷热感觉颠倒，腹泻和呕吐。ASP表现为胃肠道紊乱（呕吐、腹泻、腹痛）和神经系统症状（辨物不清、记忆丧失、方向知觉的丧失、癫痫发作和昏迷）。

　　贝类中毒发病急，潜伏期短，中毒者的病死率较高，国内外尚无特效疗法。因此关键在于预防，尤其应在夏秋贝类食物中毒多发季节禁食有毒贝类。

　　一旦误食有毒贝类出现舌、口、四肢发麻等中毒症状，首先应人工催吐，排空胃内容物，并立即向当地疾病预防控制中心报告，并及时携带食剩的贝类到医院就诊，采取洗胃等治疗措施，防止发生呼吸肌麻痹现象。因藻类是贝类赖以生存的食物链，贝类摄食有毒的藻类后，能富集有毒成分，产生多种毒素，所以沿海居民要注意海洋部门发布的有关赤潮的信息。在赤潮期间，最好不食用赤潮水域内的蚶、蛎、贝、蛤、蟹、螺类水产品，或者在食用前先放在清水中放养浸泡一两天。此外，贝类毒素主要积聚于内脏，如除去内脏、洗净、水煮、捞肉弃汤，可使毒素降至最低程度，提高食用安全性。

四、螺类毒素

目前现存已知螺类有 8 万多种，大多数的螺类都是可食的，只有少部分种类的螺类含有有毒物质，例如红带织纹螺（Nassarius Suecinctua）、蛎敌荔枝螺（Purpura Gradtata）、节棘骨螺（Murex Trircmis）等。其有毒部位多分布在其肝脏、唾液腺、腮下腺及卵中。其中荔枝螺毒素主要成分为千里酰胆碱和丙烯酰胆碱，与骨螺毒素及织纹螺毒素均属于非蛋白质类神经毒素，在体内易溶于水且对酸、碱、消化酶都表现出耐受性。摄入过量毒螺的有毒部位会引起人类中毒，根据不同的症状，毒螺可分为麻痹型与皮炎型。麻痹型的毒螺中含有的神经毒素可刺激呼吸和兴奋交感神经带，能进一步阻碍神经肌肉、神经冲动的传导，表现为麻痹型中毒症状；而误食或过量摄入皮炎型毒螺则表现出皮肤红斑和荨麻疹等症状，主要发生在日光照射后，伴随着人面部、颈部、四肢等暴露部位出现潮红、浮肿等症状。

五、海　　兔

海兔，又称海蛞蝓，属于浅海生活贝类，甲壳类软体动物家族特殊成员，其贝壳已经退化为内壳，因其头上的两对触角突出如兔耳而得名。较常见的种类有黑指纹海兔（Aplysia Dactylomela）、红海兔（Hexabranchus Imperialis）和蓝斑背盖海兔（Notarchus Leachii Cirrosus），在我国福建南部、广东和海南均有分布，其卵群可入药。海兔内脏"墨囊"所含的毒素对人类呼吸中枢有强烈的麻痹作用，严重者可致死；海兔体内毒腺能分泌出一种略带酸性的乳状液体，气味难闻，是御敌的化学武器。误食或以皮肤伤口接触海兔有毒部位会引起中毒，表现为头晕、呕吐、失明等症状，严重者可致死。

六、动物肝脏、胆汁、甲状腺和肾上腺的毒素

动物肝脏是动物机体最大的解毒器官，进入体内的有毒、有害物质均在肝脏进行解毒。当肝脏功能下降或有毒、有害物质摄入较多时，肝脏来不及处理，这些外来有毒有害物质就会蓄积在肝脏中。另外，动物也可能发生肝脏疾病，如肝炎、肝硬化、肝寄生虫和黄曲霉毒素中毒等。动物肝脏中的毒素主要表现为外来有毒有害物质在肝脏中的残留、动物机体的代谢产物在肝脏中的蓄积和由于疾病原因造成的肝组织受损。因此，在选购动物肝脏时应注意，凡是肝呈暗紫色、异常肿大、有白色小硬结或一部分变硬变干等现象时，皆不宜食用。同时，人们食用动物肝脏时，可因脂溶性维生素 A、维生素 D 吸收过量而发生毒性反应。因此，一般建议每周食用一次动物肝脏，不要每天食用或一次过量食用。

很多鱼类例如青鱼、草鱼、白鲢、鲈鱼、鲤鱼的鱼胆中含胆汁毒素，可损害人体肝、肾，使其变性坏死，对脑细胞与心肌细胞也有所损伤，造成神经系统和心血管系统的病变。因胆汁毒素耐热、耐酒精，因此无论是生吞、熟食或者用酒送服，服用鱼重 0.5kg 左右的鱼胆 4~5 个就能引起不同程度的中毒。中毒初期临床表现为腹痛、恶心、呕吐和腹泻；中期出现肝肾损伤

症状例如肝区疼痛、肝大、黄疸、血清转氨酶升高、镜下血尿、蛋白尿、少尿和无尿、全身浮肿、肾区疼痛等；中毒严重者表现为神经麻痹、昏迷、抽搐，甚至死亡。

在牲畜腺体中毒中，以甲状腺中毒较为多见。由于甲状腺分泌甲状腺素，人误食牲畜甲状腺，其过量的甲状腺素会干扰人类正常的内分泌活动，影响下丘脑功能，造成一系列神经精神症状，且体内甲状腺素的增加使组织细胞氧化速率增高，代谢加快，分解代谢增高，产热增加，出现类似甲状腺功能亢进的症状。甲状腺中毒的原因在于屠宰者未将牲畜的甲状腺取出，与喉颈等部位碎肉混在一起销售被人误食导致。误食动物甲状腺导致的中毒潜伏期可在 1h 到 10d 不等，多数会在 12~21h 后出现中毒症状，例如头痛、胸闷、恶心、呕吐、便秘、腹泻等；并伴有出汗、心悸、局部或全身出血性丘疹、皮肤发痒、下肢和面部浮肿、肝区痛和手指震颤等症状；也可导致高热、心动过速、脱水、慢性病复发和流产等症状。由于甲状腺素的结构非常稳定，在低于 600℃ 的热处理下未能遭到破坏，因此通过一般的烹调方法不能达到去毒除害的效果。对于甲状腺中毒的最有效的防护措施是屠宰者和消费者在烹饪前仔细检查并摘除牲畜的甲状腺。

家畜的肾上腺也是一种内分泌腺体，位于两侧肾脏上端，俗称"小腰子"。肾上腺的皮质能分泌多种重要的脂溶性激素，其生理功能包括蛋白质或葡萄糖代谢，体内钠钾离子平衡的维持等。然而误食家畜肾上腺会导致机体肾上腺素水平过高，引起中毒。肾上腺中毒潜伏期较短，通常在误食 15~30min 后即可出现症状，表现为血压急剧升高，恶心呕吐，头晕头痛，肌肉震颤等症状，严重者面色苍白，瞳孔散大；其中高血压、冠心病患者误食后可诱发中风、心绞痛、心肌梗死等病症，甚至导致死亡。

七、　其它动物源性食品中的天然毒素

（一）雪卡毒素（Ciguatoxin，CTX）

雪卡毒素属于神经毒素，无色无味，脂溶性、不溶于水、耐热、不易被胃酸破坏，主要存在于热带珊瑚鱼的内脏、肌肉中，尤其以内脏中的含量最高。雪卡毒素主要影响人类的胃肠道和神经系统，其中毒的症状与有机磷中毒有些相似，一些中毒者开始感到唇、舌和喉的刺痛，接着在这些地方出现麻木；另一些病例的症状首先是恶心和呕吐，接着是口干、肠痉挛、腹泻、头痛、虚脱、寒战、发热和肌肉痛等症状，接触冷水犹如触电般刺痛，中毒持续恶化直到患者不能行走。中毒症状可持续几小时到几周，甚至数月，最严重者会导致死亡。

雪卡毒素多会积聚在鱼类的肝脏、胆、卵等内脏，把内脏去掉是一个避免中毒的好方法。此外，加热、冷藏及晒干等办法皆不能把毒素清除。需要提醒的是，食用时还要避免同时喝酒、吃花生或豆类食物，以免加重中毒的程度。

（二）蟾蜍分泌的毒液

蟾蜍分泌的毒液成分复杂，有 30 多种，主要是蟾蜍毒素。蟾蜍毒素水解可生成蟾蜍配质、辛二酸及精氨酸。蟾蜍配质主要作用于心脏，其作用机理是通过迷走神经中枢或末梢，或直接作用于心肌。蟾蜍毒素有催吐、升压、刺激胃肠道及对皮肤黏膜的麻醉作用。误食蟾蜍毒素，一般在食后 0.5~4h 发病，有多方面的症状表现，在消化系统方面是胃肠道症状，在循环系统方面有胸部胀闷、心悸、脉缓、重者休克、心房颤动。神经系统的症状轻者是头昏头痛，唇舌或四肢麻木，重者抽搐到不能言语和昏迷，可在短时间内心跳剧烈、呼吸停止而死亡。

蟾蜍中毒的死亡率较高，而且无特效的治疗方法，所以预防中毒尤为重要。严格讲以不食蟾蜍为佳，如用于治病，应遵医嘱，用量不宜过大。

第三节 蕈菌毒素

蕈菌，又称伞菌，俗称蘑菇，通常是指那些能形成大型肉质子实体的真菌，包括大多数担子菌类和极少数的子囊菌类。蕈菌广泛分布于地球各处，在森林落叶地带更为丰富。它们与人类的关系密切，其中可供食用的种类就有2000多种，目前可利用的食用菌约有400种，其中约50种已能进行人工栽培，如常见的双孢蘑菇、木耳、银耳、香菇、平菇、草菇和金针菇、竹荪等，少数有毒或引起木材朽烂的种类则对人类有害。

毒蕈中毒多发生于高温多雨的夏秋季节，往往由于个人或家庭采集野生鲜蕈，缺乏经验而误食中毒。因此毒蕈中毒多为散发，但也有过雨后多人采集而出现大规模中毒事例。此外，也曾发生过收购时验收不细而混入毒蕈引起的中毒。毒蕈的有毒成分比较复杂，往往一种毒素含于几种毒蕈中或一种毒蕈又可能含有多种毒素。几种蕈菌毒素同时存在时，会发生拮抗或协同作用，因而所引起的中毒症状较为复杂。毒蕈含有毒素的多少又可因地区、季节、品种、生长条件的不同而异。个体体质、烹调方法和饮食习惯以及是否饮酒等，都与能否中毒或中毒轻重程度相关。

一般按临床表现将毒蕈中毒分为六型：肝肾损害型、神经精神型、溶血毒型、胃肠毒型、呼吸与循环衰竭型和光过敏皮炎型。

一、肝肾损害型蕈菌毒素

肝肾损害型毒蕈中毒主要由环肽毒素、鳞柄白毒肽和非环状肽三类蕈菌毒素引起。

（一）环肽毒素

环肽毒素（Cyclopeptides）主要包括两类毒素，即毒肽类（Phallotoxins）和毒伞肽类（Amanitoxins）。含这些毒肽的蕈菌主要是毒伞属的毒伞（Amanita phalloids）、白毒伞或称春鹅膏（A. verna）和鳞柄白毒伞（A. virosa）。此外，毒肽和毒伞肽在秋生盔孢伞（Galerina autumnalis）、具缘盔孢伞（G. marginata）和毒盔孢伞（G. venerata）中也存在。毒肽类至少包括7种结构相近的肽（图3-15）。

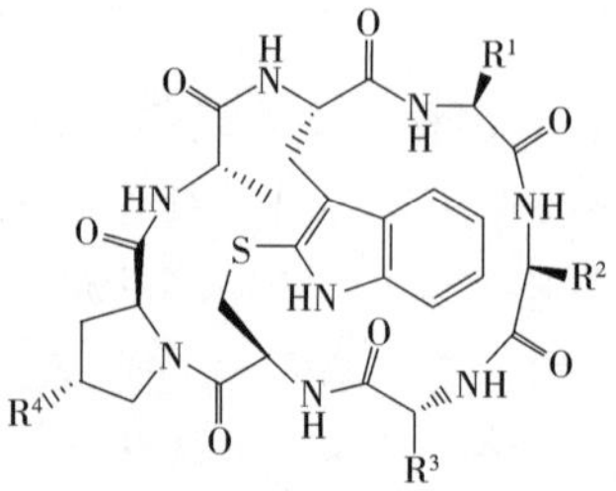

图3-15 毒肽的分子结构

毒肽类比毒伞肽类的作用速度快，给予大鼠或小鼠以大剂量时，1~2h 内可致死，后者速度慢，潜伏期较长，给予很大剂量也不会在 15h 内死亡，但后者的毒性比前者约大 10~20 倍。毒肽以肝细胞核损害为主，毒伞肽主要损害肝细胞内质网。毒肽选择性作用于肝，对肾作用小；毒伞肽对肝、肾皆有损害。这两类毒素化学结构是类似的，其毒性可能与吲哚环上的硫醚键有关，如此键打开，可去毒。这两类毒素皆耐热，耐干燥，一般烹调加工不能将其破坏。100g 欧洲新鲜毒伞平均约含 8mg α-毒伞肽，5mg β-毒伞肽，0.5mg γ-毒伞肽。一般认为对人的致死量约为 0.1mg/kg 体重，因此 50g 的毒伞能使体重 70kg 的人死亡。

毒肽类中毒的临床经过一般可分六期：潜伏期、胃肠炎期、假愈期、内脏损害期、精神症状期和恢复期。潜伏期一般为 5~24h，多数 12h。开始出现恶心、呕吐及腹泻、腹痛等，即胃肠炎期。有少数病例出现类霍乱症状，并迅速死亡。胃肠炎症状消失后，患者并无明显症状，或仅有乏力、不思饮食，但毒肽则逐渐侵害实质性脏器，称为假愈期。此期轻中度患者肝损害不严重，可由此进入恢复期。严重者则进入脏器损害期，损害肝、肾等脏器。肝脏肿大，甚至发生急性重型肝炎，肝功能异常，血清转氨酶活力增高，乳酸脱氢酶活力也明显增高，同时血糖明显降低。所有肝原性的凝血因素都同时下降，可出现黄疸并迅速加重。患者死后病理检查发现肝脏有脂变、充血和坏死的现象。肾脏受损时，尿中会出现蛋白及管型红细胞，其肾脏也可出现水肿、脂肪变性、坏死和中心萎缩等现象。肝肾受损期可有内出血及血压下降，由于肝脏的严重损害可发生肝昏迷，如烦躁不安或淡漠思睡，甚至进入惊厥昏迷、中枢神经抑制或肝昏迷而死，死亡常发生于第 4d 至第 7d。死亡率一般为 60%~80%，可高达 90%。经过积极治疗的病例，一般在 2~3 周后进入恢复期，各项症状渐次消失而痊愈。

（二）鳞柄白毒肽类

鳞柄白毒伞中发现有环状毒肽类毒肽，其结构和毒性与上述的毒肽近似。

（三）非环状肽的肝肾毒素

非环状肽的肝肾毒素是存在于丝膜蕈（Cortinarius orellanus）中的丝膜蕈素（Orellanine）。丝膜蕈素作用缓慢但能致死，曾导致欧洲很多人死亡。我国也有此种蕈菌分布。该毒素是一种无色或淡黄色的结晶，耐热并耐干燥，微溶于水，易溶于甲醇、乙醇和吡啶；每 100g 丝膜蕈可获得结晶毒素 1g；此毒素分子式为 $C_{10}H_8O_8N_2$，化学名称为 3,3′,4,4′-4-羟基-2,2′-二吡啶双-N-氧化物，加热至 270℃ 可裂解破坏。猫口服 LD_{50} 值为 4.9mg/kg 体重，豚鼠和小鼠（胃肠外给药）分别为 8.0mg/kg 体重和 8.3mg/kg 体重。

非环状肽中毒时潜伏期一般较长，短者 3~5d，长者 11~24d。患者会出现口干及口唇烧灼感，现呕吐、腹痛、腹泻或便秘、寒战和持续性头痛等症状。重度病例表现为肾功能异常，少尿、无尿、血尿和蛋白尿等；同时伴有电解质代谢紊乱，并出现肝脏损害的体征如肝痛、剧烈呕吐和黄疸等现象。中毒晚期则出现嗜睡、昏迷和惊厥等神经症状。该蕈菌中毒的死亡率为 10%~20%。经尸检解剖可观察到以中毒性间质肾炎为特点的肾脏损害，如迁延不愈，可发展为慢性肾炎。

对肝肾毒型中毒，洗胃灌肠等措施是很重要的，即使迟至摄食后 6~8h 也有一定效果。补充水分及维持酸碱平衡以及保肝护肾等疗法可明显降低死亡率。要注意观察血压、草酰乙酸转氨酶（GOT）、丙酮酸转氨酶（GPT）、血氨、血球计数及血液电解质等，以便及时采取相应措施。假愈期而尚未有明显内脏损害症状时，应给予巯基解毒药，并采用各种支持疗法。

二、 神经精神型蕈菌毒素

引起神经精神型中毒的蕈菌约有 30 种，此型的临床症状除有胃肠反应外，主要有精神神经症状，如精神兴奋或抑制、精神错乱、交感或副交感神经受影响等症状。该蕈菌一般潜伏期短，病程也短，除少数严重中毒者由于昏迷或呼吸抑制死亡外，很少出现死亡病例。引起神经精神型中毒的毒素主要有如下几类。

（一） 毒蝇碱

毒蝇碱（Muscarin）主要存在于丝盖伞属（Inocybe）和杯伞属（Clitocybe）蕈类中，在某些毒蝇伞（A. muscarin）和豹斑毒伞（A. pantherina）中也存在。毒蝇碱结构较简单，分子式为 $C_9H_{20}NO_2$，溶于乙醇及水，不溶于乙醚，可用薄层层析法及生物法测定。

L（+）-毒蝇碱主要作用于副交感神经，一般烹调对其毒性无影响。中毒症状出现在食用后 15~30min，很少延至 1h 之后。最突出的表现是大量出汗，严重者发生恶心、呕吐和腹痛。此外，还有流涎、流泪、脉搏缓慢、瞳孔缩小和呼吸急促等症状，有时会出现幻觉。汗过多者可输液，用阿托品类药物治疗效果好。重症和死亡病例较少见。

（二） 毒蝇母、 毒蝇酮和蜡子树酸

毒蝇母、毒蝇酮和蜡子树酸也存在于毒伞属的一些毒蕈中，各蕈中含量差别较大。在毒蝇伞中平均含量约为 0.18%，在干豹斑毒伞中约为 0.46%。其中主要毒素为异噁唑氨基酸-蜡子树酸（Ibotenic Acid）以及其脱羧产物毒蝇母（Muscimol）。毒蝇酮为蜡子树酸经紫外线照射的重排产物。

摄食毒蕈后，通常 20~90min 出现症状，也有迟至食后 6h 者。开始偶尔出现胃肠炎表现，但较轻微。约 1h 后，患者有倦怠感，头昏眼花，嗜睡。但也可能出现活动增多，洋洋得意之感，随后可出现视觉模糊，产生颜色和位置等幻觉，还可出现狂躁和谵妄。严重中毒的儿童，可呈现复杂的神经型症状，并可发展为痉挛性惊厥和昏迷。但一般不经治疗上述症状也可于 24~48h 后自行消失。必要时可给予活性炭吸附，并注意检测呼吸道通畅、酸碱平衡和循环系统及排泄系统是否正常。

（三） 光盖伞素及脱磷酸光盖伞素

某些光盖伞属（Psilocybe）、花褶伞属（Panacolus）、灰斑褶伞属（Copelandia）和裸伞属（Ctymnopilus）的蕈类含有能引起幻觉的物质，如光盖伞素（Psilocybin）及脱磷酸光盖伞素（Psilocin）。

经口摄入 4~8mg 光盖伞素或约 20g 鲜蕈或 2g 干蕈即可引起症状。一般在口服后半小时即发生症状。反应可因人而异，可有紧张、焦虑或头晕目眩的感觉，也可有恶心、腹部不适、呕吐或腹泻等症状。服后 30~60min 出现视觉方面的症状，如感觉物体轮廓改变、颜色异常鲜艳、闭目可看到许多影像等，很少报告有幻觉。但特大剂量，如纯品 35mg 也可引起全身症状，可有心律及呼吸加快、血糖及体温降低、血压升高等症状。这些症状与中枢神经及交感神经系统失调有关，很少造成死亡。一般认为如有可能应尽量避免给药，给予安静环境使之恢复。必要时可给镇静剂。儿童如有高烧则宜输液及降体温。

（四） 幻觉原

幻觉原（Hallucinogens）含于橘黄裸伞（Gymnopilus spectabilis）。摄入该蕈后 15min 发生如醉酒样症状，视力模糊、感觉房间变小、物体颜色奇异、脚颤抖并有恶心，数小时后可恢复。

我国黑龙江、福建等省均有此蕈生长。

在我国云南地区常因食用牛肝菌类毒素而引起一种特殊的"小人国幻视症"。除幻视外，部分患者还有被迫害妄想症（类似精神分裂症）。经治疗可恢复，死亡甚少，一般无后遗症。

（五）异噁唑（Isoxazole）衍生物

毒蝇伞（A. muscaria）和豹斑毒伞（A. pantherina）不仅含有毒蝇碱（Muscarin），也含有异噁唑（Isoxazole）衍生氨基酸，如鹅膏氨酸及脱羧产物毒蝇母，此类毒素可作用于中枢神经系统，能引起精神错乱、色觉紊乱和出现幻觉等中枢神经症状。同时，毒蝇碱与异噁唑衍生物之间存在着拮抗作用。

三、 溶血毒型蕈菌毒素

鹿花蕈属和马鞍蕈属的蕈菌含有鹿花蕈素（Gyromitrin），可引起溶血型中毒。鹿花蕈素具有挥发性，在烹调或干燥过程中可减少，但炖汤时可溶在汤中，故喝汤能引起中毒。鲜鹿花蕈1kg中含有1.2~1.6g鹿花蕈素。鹿花蕈素易溶于乙醇，熔点5℃，低温易挥发，易氧化，对碱不稳定。因能溶于热水，故煮食时弃去汤汁可达到安全食用的目的。

鹿花蕈素的主要毒性来自其水解后形成的甲基肼。其毒性主要表现为胃肠紊乱，肝肾损伤，血液损伤，中枢神经紊乱，而且可能为诱癌物。中毒时潜伏期多在6~12h，但也有短至2h或长至24h的。胃肠中毒主要症状为恶心、呕吐、腹泻、腹痛。肝损伤因人而异，常有肾损伤，严重者可有肾衰竭。中枢神经症状为痉挛、昏迷和呼吸衰竭。血液病变包括溶血及形成高铁血红蛋白，严重病例有黄疸。一般病例2~6d恢复，其治疗同毒伞肽。

四、 胃肠毒型蕈菌毒素

胃肠毒型是以剧烈恶心、呕吐、腹泻和腹痛为主的中毒。此型中毒发病快、潜伏期10min至6h，一般不发热，没有里急后重症状。对症治疗可迅速恢复，病程短，很少死亡。

存在于毒蘑菇中的肠胃毒素主要为树脂类、甲酚类化合物，其精确的化学成分目前尚不明晰。含此类肠胃毒素的常见毒蘑菇有粉褶菌属中的毒粉褶菌（R. sinuatus）、内缘菌，红菇属中的毒红菇（R. emetica）、臭黄菇（R. foetens），乳菇属中毛头乳菇（L. torminosus）、白乳菇（L. piperatus）等，白蘑属中的虎斑菇（T. rigrinum），伞菌属、牛肝蕈属、环柄伞属中的某些种类及月光菌（Pleurtus japonicus）等。

五、 呼吸与循环衰竭型蕈菌毒素

引起这种类型中毒的毒蘑菇主要是亚稀褶黑菇（Russula subnigricans hongo），别名毒黑菇、火炭菇（福建）。其中含有的有毒物质为亚稀褶黑菇毒素。此种毒菌误食中毒发病率70%以上，半小时后发生呕吐等，死亡率达70%。食者2~3d后表现急性血管内溶血而使尿液呈酱油色。急性溶血会导致误食者急性肾功能衰竭、中枢性呼吸衰竭或中毒性心肌炎而死亡。

六、 光过敏性皮炎型蕈菌毒素

光过敏性皮炎型蕈菌毒素主要造成皮肤过敏、炎症等中毒症状。误食24h后，会发生面部肌肉麻木，嘴唇肿胀，凡是被日光照射过的部位都出现红肿，呈明显的皮炎症状，如红肿、火烤样发烧及针刺般疼痛。另外，有的患者还出现轻度恶心、呕吐、腹痛、腹泻等胃肠道病症。光过敏性皮炎型中毒潜伏期较长，一般在食后 1~2d 发病。我国目前发现引起此类症状的是叶状耳盘菌。

七、原浆毒素

原浆毒素是属原浆毒的一类毒素，含有原浆毒素的毒蘑菇包括毒伞属的毒伞、纹缘毒伞、片鳞托柄菇等，环柄伞属的褐鳞小伞，包脚黑褐伞属的包脚黑褶伞等。原浆毒素的主要成分为毒伞肽和毒肽。其中，毒伞肽包括 α-毒伞肽、β-毒伞肽、γ-毒伞肽、二羟毒伞肽酰胺、二羟毒伞肽羧酸、三羟毒伞肽、三羟毒伞肽酰胺等。毒肽包含一羟毒肽、二羟毒肽、三羟毒肽、一羟毒肽原等。

原浆毒素属剧毒，对人致死量约为 0.1mg/kg 体重，且有实验数据显示，毒伞肽对小鼠的致死量小于 0.1mg/kg 体重，毒肽为 2mg/kg 体重。同时，毒伞肽和毒肽对心、肝、肾、脑等脏器也表现出损伤作用。原浆毒素物化性质稳定，可耐高温，因此，不能通过烹调的方式破坏其结构与毒性。

八、急救治疗和预防措施

为防止毒蕈中毒，有关卫生部门应组织有关技术人员向本地区采集食蕈类有经验者进行调查，制定本地区食蕈和毒蕈图谱，并广为宣传，以提高广大群众的识别能力。凡发生误食中毒后，应立即通告当地群众，防止中毒范围扩大。

应在有关技术人员的指导下有组织地采集蕈类。凡是识别不清或过去未曾食用的新蕈种，必须经有关部门鉴定，确认无毒后方可采用。干燥后可以食用的蕈种，应明确规定其处理方法。如马鞍蕈等在干燥 2~3 周以上方可出售；鲜蕈则需先在沸水中煮 5~7min，并弃去汤汁后，方可食用。

蕈菌毒素中毒应及时采用催吐、洗胃、导泻和灌肠等方法以迅速排出尚未吸收的毒素，其中洗胃尤为重要。有时就诊时距进食毒蕈的时间较长，但洗胃仍具有一定意义。

急救治疗可按毒素和症状不同分别进行。可进行对症处理或特效处理，参照上述有关内容。各种治疗措施在恢复期内还需继续进行一阶段，直至中毒者肝功能完全恢复正常为止。

[小结]

本章详细介绍了毒苷类、生物碱、毒蛋白和毒肽及酚类等植物性食物中的天然有毒物质和河豚毒素、生物胺和贝类毒素等动物性食物中含有的天然有毒物质的分子结构、化学性质、存在的食物种类、中毒症状和预防这些毒素引起的食物中毒的措施等。此外，本章对肝肾损害型、神经精神型、溶血毒型、原浆毒素和胃肠毒型等蕈菌毒素的中毒症状和急救措施也进行了介绍。

🔍 **思考题**

1. 动植物性食物中存在哪些天然毒素？
2. 蕈菌中毒有哪几个类型？
3. 为何长芽或皮色发青的马铃薯最好不食用？
4. 为何豆浆"假沸"会引起不良反应？如何避免？
5. 如何防止河豚毒素中毒事件？

参考文献

[1] 纵伟. 食品安全学. 北京：化学工业出版社，2016.

[2] 尤玉如. 食品安全与质量控制. 北京：中国轻工业出版社，2008.

[3] 刘雄，陈宗道. 食品质量与安全. 北京：化学工业出版社，2009.

[4] 刘志诚，于守洋. 营养与食品卫生学（第二版）. 北京：人民卫生出版社，1990.

[5] 夏延斌，甄增立. 食品化学. 北京：中国轻工业出版社，2001.

[6] 徐仁生，叶阳，赵维民. 天然产物化学（第二版）. 北京：科学出版社，2004.

[7] 姚新生. 天然药物化学（第二版）. 北京：人民卫生出版社，1994.

[8] 陈冀胜. 中国有毒植物. 北京：科学出版社，1987.

[9] 顾向荣，等. 动物毒素与有害植物. 北京：化学工业出版社，2004.

化学物质应用
对食品安全性的影响

  化学药品、化学试剂的广泛使用使食品的化学污染问题越来越严重。人类对化学物质的食品安全性认识经历了一个长期的探索过程。自食品添加剂开始应用以来，就得到了世界卫生组织（WHO）的高度重视，从1953年第六届世界卫生大会的倡议，到1956年首次召开由WHO和联合国粮农组织（FAO）组成的食品添加剂联合专家委员会（JECFA），对食品工业使用的添加剂进行了一系列的毒理学评价。1961年美国食品与药物管理局（FDA），首先对全膳食中残留的农药、化工产品、有害元素及营养成分等展开了研究。1963年，FAO/WHO成立了农药残留联席会议（JMPR），从事有关粮食中农药残留毒理学评价方面的工作，审议了食品中农药残留问题。1967年在波多黎各自由联邦召开的关于"食品的重要性和安全性"国际会议，使人们对食品安全性的认识有了引人注目的进展。1976年WHO、联合国环境规划署与FAO共同努力设立了全球环境监测系统/食物项目（GEMS/FOOD），将总膳食（或全膳食）研究列为重要内容，目的是对全球范围内的食物污染做出评价，提出有效的控制和防止污染的方法。1983年，FAO/WHO食品安全联合专家委员会在日内瓦召开，探讨食品安全性有关问题，明确提出了从原料、生产、加工、贮存、分配、消费等系列过程中出现的食品安全性问题。1997年6月在日内瓦召开的食品法典会议进一步明确了食品添加剂、农药残留、兽药残留等化学污染物的安全问题。我国高度重视食品安全，早在1995年就颁布了《中华人民共和国食品卫生法》。在此基础上，2009年，十一届全国人大常委会第七次会议通过了《中华人民共和国食品安全法》。2015年第十二届全国人大常委会第十四次会议审议通过了新修订的被称为"史上最严"的《中华人民共和国食品安全法》，对食品添加剂、农药残留、兽药残留、生物毒素、重金属等污染物质以及其它危害人体健康物质的限量进行了明确规定。所有这些都意味着人类对应用化学物质对食品安全性所造成的影响的不断探索和高度关注。

  食品中化学物质的残留可直接影响到消费者身体健康。因此，降低食物化学污染程度，防止污染物随食品进入人体，是提高食品安全性的重要环节之一。本章将针对化学物质对食品安全性的影响进行论述。重点介绍食品添加剂、农药、兽药及有毒金属元素等对食品安全性的影响。

第一节　食品添加剂对食品安全性的影响

食品添加剂是食品工业发展的重要影响因素之一，随着国民经济的增长和人民生活水平的提高，食品的质量与品种的丰富就显得日益重要。如果要将丰富的农副产品作为原料，加工成营养平衡、安全可靠、食用简便、货架期长、便于携带的包装食品，食品添加剂的使用是必不可少的。现今，食品添加剂已进入所有的食品加工业和餐饮业。从某种意义上说，没有食品添加剂就没有现代食品加工业。

目前，全世界批准使用的食品添加剂有 25 000 余种，我国允许使用的品种也有 2000 多种。食品添加剂可以改善风味、调节营养成分、防止食品变质，从而提高质量，使加工食品丰富多彩，满足消费者的各种需求，因而对食品工业的发展起着重要的作用。

随着食品安全问题越来越多地在电视及网络上曝光，"今天还能吃什么"已经成为大多数人在日常生活中思考的问题，在发生举国震惊的"'三鹿'三聚氰胺事件"后，问题食品从乳品行业蔓延到蛋类、肉类、饮料类、食用油等多方面。若不科学地使用食品添加剂或非法使用非食品添加剂，就会对食品安全带来很大的负面影响。

一、　食品添加剂概述

（一）食品添加剂定义

我国《食品安全国家标准　食品添加剂使用标准》（GB 2760—2014）规定：食品添加剂（Food Additives）是指为改善食品品质和色、香、味以及为防腐、保鲜和加工工艺的需要而加入食品的人工合成或者天然物质。食品用香料、胶基糖果中基础剂物质、食品工业用加工助剂也包括在内。世界各国对食品添加剂的定义不尽相同，美国的联邦法规将食品添加剂定义为，"由于生产、加工、贮存或包装而存在于食品中的物质或物质的混合物，而不是基本的食品成分"。日本在《食品卫生法》中规定，食品添加剂是指，"在食品制造过程中，为生产或保存食品，用混合、浸润等方法在食品里使用的物质"。中国、日本、美国都将食品强化剂纳入食品添加剂的范围，不仅如此，美国的食品添加剂还包括食品加工过程中间接使用的物质如包装材料等。但是，联合国粮农组织（FAO）和世界卫生组织（WHO）联合组成的食品法规委员会（CAC）1983 年规定：食品添加剂是指本身不作为食品消费，也不是食品特有成分的任何物质，而不管其有无营养价值。它们在食品生产、加工、调制、处理、充填、包装、运输、贮存等过程中，由于技术（包括感官）的目的，有意加入食品中或者预期这些物质或其副产物会成为（直接或间接）食品的一部分，或者改善食品的性质。它不包括污染物或为保持、提高食品营养价值而加入食品中的物质。此定义既不包括污染物，也不包括食品营养强化剂。

（二）食品添加剂的主要作用

1. 改变食品的品质

食品的颜色、味道、形状是确保食品质量的主要标准。在不加入食品添加剂的食品生产中，加工后的食品往往在色泽、味道、品质上很难达到人们的要求，味道不尽如人意，形态上很难看，不被广大消费者所接受。加入食品添加剂改善加工工艺，可以改变这些不利因素，使食品更为消费者所接受，满足各种口味人群对食品的需要。在食品生产中合理地使用着色剂、澄清剂、助滤剂和消泡剂对食品加工有着非常重要的作用，例如利用葡萄糖酸内酯作为豆腐凝固剂，有利于豆腐的批量生产和机械化操作。在食品制造业大规模发展的今天，添加剂的运用对食品生产的发展具有非凡的意义。

2. 适应不同人群的需要

在食品添加剂的应用中，食品添加剂不仅能改变食品的品质，还能迎合不同人群和不同体质人群的需要。比如一个糖尿病患者在选择食品时不能选择带糖的食品，如果要满足患者的味觉需求，就需要在食品中加入甜味剂，这样不但满足了患者的味觉需求，还保证患者的身体健康。在我国的有些山区，人们会患一种称作缺碘性甲状腺肿的病，人们可以通过在食盐中加入碘，进行此类疾病的预防。

3. 延长食品的食用期限

食品添加剂的另一项主要作用是延长食品的有效食用期限。现今的食品类别多样，食品的防腐保鲜就更为重要。在食品加工中加入合成的添加剂可以达到防腐保鲜的目的，不但改变了食品的观感和口感，更延长了食品的食用期限，使食品的营养成分得以保持。现阶段食品工业生产更是广泛地使用添加剂，使食品方便携带，便于存储，更加实用，从而实现食品的商业价值。相对于食品生产厂商来说，添加剂的使用不但改变了食品的质量和结构，更对生产工艺和产品质量提出了更高的要求。例如，海鲜食品的防腐保藏，如不使用添加剂，海鲜食品的变质程度将达到百分之三十以上，合理地使用防腐添加剂后可以防止海鲜食品变质氧化，避免不必要的损失。合理规范地使用防腐添加剂可以提高食品的防腐性，对人体健康起到积极的作用。

（三）食品添加剂分类

1. 根据制造方法分类

（1）化学合成的添加剂　通过化学手段，使元素或化合物发生包括氧化、还原、缩合、聚合、成盐等合成反应而得到的物质。化学合成添加剂又可分为一般化学合成品与人工合成天然等同物两类。目前，使用的添加剂大部分属于这一类添加剂。如防腐剂中的苯甲酸钠，漂白剂中的焦硫酸钠，色素中的胭脂红、日落黄等。

（2）生物合成的添加剂　通常是以粮食等为原料，利用发酵方法，通过微生物代谢生产的添加剂称为生物合成添加剂，若在生物合成后还需要化学合成的添加剂，则称之为半合成法生产的添加剂。如调味用的味精，酸度调节剂中的柠檬酸、乳酸等。

（3）天然提取的添加剂　采用分离提取的方法，从天然的动、植物体等原料中分离纯化后得到的食品添加剂。如香料中天然香精油、薄荷，色素中的辣椒红等。此类添加剂比较安全，其中一部分又具有一定的功能及营养，符合食品产业发展的趋势。

2. 根据使用目的分类

（1）满足消费者嗜好的添加剂　①与味觉相关的添加剂，如调味料、酸味料、甜味料等。调味料主要调整食品的味道，大多为氨基酸类、有机酸类、核酸类等，如谷氨酸钠（味精）；酸味料通常包括柠檬酸、酒石酸等有机酸，主要用于糕点、饮料等产品；甜味料主要有砂糖与人工甜味料，为了满足人们对低热量食品的需要，开发出的糖醇逐步在生产并使用。②与嗅觉相关的添加剂，主要是天然香料与合成香料。它们一般与其它添加剂一起使用，但使用剂量很少。天然香料是从天然物质中抽提的，一般认为比较安全。③与色调相关的添加剂，如天然着色剂与合成着色剂。主要在糕点、糖果、饮料等产品中应用。有些罐装食品自然褪色，所以一般使用先漂白、再着色的方法处理。在肉制品加工中，通常使用硝酸盐与亚硝酸盐作为护色剂。

（2）防止食品变质的添加剂　为了防止有害微生物对食品的侵蚀，延长保质期，保证产品质量，防腐剂的使用是较为普遍的。但是防腐剂大部分是毒性强的化学合成物质，因此并不提倡使用这些物质，即使在各种食品中使用也要严格限制在添加的最大限量内，以确保食品的安全。

（3）改良食品质量的添加剂　如增稠剂、乳化剂、面粉处理剂、水分保持剂等均对食品质量的改进起着重要的作用。

（4）食品营养强化剂　以强化补给食品营养为目的的一类添加剂，主要是无机盐类、微量元素和维生素类等。

3. 根据添加剂功能分类

我国在《食品安全国家标准　食品添加剂使用标准》中将食品添加剂分为 23 个功能类别，共 2314 种，涉及 16 大类食品。食品添加剂可分为酸度调节剂、抗结剂、消泡剂、抗氧化剂、漂白剂、膨松剂、胶基糖果中基础剂物质、着色剂、护色剂、乳化剂、酶制剂、增味剂、面粉处理剂、被膜剂、水分保持剂、营养强化剂、防腐剂、稳定和凝固剂、甜味剂、增稠剂、食品香料、食品工业用加工助剂、其它等，共 23 类。

4. 根据添加剂安全性分类

FAO/WHO 下设的食品添加剂专家联合委员会（JECFA）为了加强对食品添加剂安全性的审查与管理，制定出它们的 ADI（每人每日容许摄入量）值，并向各国政府建议。该委员会建议把食品添加剂分为如下四大类。

第 1 类为安全使用的添加剂，即一般认为是安全的添加剂，可以按正常需要使用，不需建立 ADI 值。

第 2 类为 A 类，是 JECFA 已经制定 ADI 值和暂定 ADI 值的添加剂，它又分为两类——A1、A2 类。

A1 类：毒理学资料清楚，已经制定出 ADI 值的添加剂。

A2 类：已经制定出暂定 ADI 值，但毒理学资料不够完善，暂时允许用于食品。

第 3 类为 B 类，曾经进行过安全评价，但毒理学资料不足，未建立 ADI 值，或者未进行安全评价者，它又分为两类——B1、B2 类。

B1 类：曾经进行过安全评价，因毒理学资料不足，未建立 ADI 值。

B2 类：未进行安全评价。

第 4 类为 C 类，进行过安全评价，根据毒理学资料认为应该禁止使用的食品添加剂或应该严格限制使用的食品添加剂，它分为两类——C1 和 C2 类。

C1 类：根据毒理学资料认为，在食品中应该禁止使用的添加剂。

C2 类：应该严格限制，作为某种特殊用途使用的添加剂。

二、　食品添加剂的危害

食品添加剂是把双刃剑，除具有有益作用外，有些品种尚有一定的毒性。对于食品添加剂的毒性研究是从色素致癌作用的研究开始的。早在 20 世纪初，猩红色素具有促进上皮细胞再生的作用，所以在外科手术后新的组织形成时可使用这种色素。但是在 1932 年，日本的科学家发现，用与 O-氨基偶氮甲苯有类似结构的猩红色素喂养动物时，肝癌的发病率几乎是 100%。这个实验是对色素安全性评价的最初探讨。大量动物实验已证明很多添加剂长期过量食用都会对人体造成一定的危害，人工合成色素多数是从煤焦油中制取，或以苯、甲苯、萘等芳香烃化合物为原料合成的，这些着色剂多属偶氮化合物，在体内转化为芳香胺，经 N-羟化和酯化可变成易与大分子亲核中心结合而形成致癌物，因而具有致癌性；甜精（乙氧基苯脲）除了引起肝癌、肝肿瘤、尿道结石外，还能引起中毒；苯甲酸可导致肝脏、胃严重病变，甚至死亡；对羟基苯甲酸类会影响发育；亚硝酸盐产生的亚硝基化合物具有致癌作用；水杨酸、着色料、香料等对儿童的过激行为具有一定的影响。

因此，食品添加剂对人体造成的危害主要体现在食品添加剂的毒性上，即对机体造成损害的能力，概括来说其毒性具有致癌、致畸和致突变的"三致"作用。毒性除与物质本身的化学结构和理化性质有关外，还与其有效浓度、作用时间、接触途径和部位、物质的相互作用与机体的机能状态等条件有关。因此，不论食品添加剂的毒性强弱、剂量大小，对人体均有一个剂量与效应关系的问题，即物质只有达到一定浓度或剂量水平，才显现毒害作用，因此食品添加剂毒性的共同特点是要经历较长时间才能显露出来，即对人体产生潜在的毒害，这也是人们关心食品添加剂的安全性和强调食品添加剂的使用应严格按国家规定的主要原因，否则将严重威胁消费者健康。

三、　食品添加剂对食品安全的影响

食品厂商在生产的过程中，合理科学地加入添加剂对食品的质量提高和营养的保持是具有积极意义的。合理地使用添加剂可以防止食品中有毒细菌的滋生，防止食品变质，延长食品的食用期限。我们国家为了保证食品添加剂的使用安全也先后出台了一系列的相关规范和标准，如：《食品安全国家标准　食品添加剂使用标准》（GB 2760—2014）、《食品添加剂卫生管理办法》《食品添加剂生产企业卫生规范》《食品安全国家标准　食品营养强化剂使用标准》（GB 14880—2012）等。然而，食品生产企业在食品添加剂的使用上，仍然存在着各种违规、超量、不达标以及非法使用非食品添加剂的问题，对食品安全造成很大影响。

（一）食品添加剂的滥用

凡违反 GB 2760—2014、GB 14880—2012 及原中华人民共和国国家卫生和计划生育委员会的新品种增补公告的规定，将批准食用的食品添加剂超范围和超限量使用，均属于食品添加剂的滥用范畴。为了加强对食品生产加工企业使用食品添加剂的监督与管理，原中华人民共和国卫生部先后公布的易被滥用的食品添加剂已有 22 种，主要包括以下两种滥用情况。

1. 超限量使用食品添加剂

超限量使用食品添加剂就是指食品生产加工过程中所使用的食品添加剂剂量超出了食品安全国家标准所规定使用的最大剂量。现代医学研究证实，食品添加剂的用量需控制在一定程度和标准以内，超过标准和用量的食品添加剂会对人体免疫系统造成严重危害。因此，我国《食品安全国家标准　食品添加剂使用标准》中明确规定了添加剂在各类食品生产中的最大用量。目前防腐剂、抗氧化剂、合成色素物质等超限量使用的问题比较突出。例如，在各种酱腌菜中超限量使用防腐剂苯甲酸钠可对人体肝脏产生危害；在油条、粉条等食品中超限量使用膨松剂明矾，可导致骨质疏松、贫血及影响神经细胞发育等危害。

2. 食品添加剂的超范围使用

　　超范围使用食品添加剂就是指超出了食品安全国家标准所规定的某种食品中可以使用的食品添加剂的种类和范围。多用于掺假和掩盖腐败变质食品。我国在《食品安全国家标准　食品添加剂使用标准》中明确规定了每种食品添加剂在食品加工中的使用范围，但没有引起食品生产企业的足够重视，食品生产企业为了迎合消费者的心理，增加食品的视觉效果，更改了食品添加剂的使用范围。例如在地产葡萄酒的生产中就采用了超范围使用的情况，地产葡萄酒往往以绿色食品为销售手段，在产品生产加工中，加入胭脂红等食用色素，达到色彩艳丽的目的。我国葡萄酒生产严格规定，不允许加入香料、色素类添加剂，否则消费者长期食用会产生中毒现象，毒素在体内停留时间过长会引发身体机能紊乱，导致器官病变。此外，还有一些生产者在粉丝中以不同的比例添加亮蓝、日落黄、柠檬黄色素，充当红薯粉条和绿豆粉丝；在盐焗鸡、玉米馒头等食品中使用具有一定毒性的柠檬黄等。

（二）食品添加剂的违规使用

　　目前我国《食品安全国家标准　食品添加剂使用标准》对食品添加剂的使用品种和生产已做出了明确的规定。然而一些私营的小企业对颁布的法规视而不见，对消费者的身体健康更是不屑一顾，在一些食品生产中非法添加违禁非食用物质添加剂，引发了严重的食品安全事件，卫生部先后公布的违法添加的非食物物质已有 48 种。这些非食用物质的非法添加不但破坏了食品的营养成分，其本身固有的毒性更是损害了人体健康。例如，在辣酱的生产过程中加入明令禁止的非食品添加剂——"苏丹红"，作为一种化学染色剂，它的化学成分中含有一种叫萘的化合物，该物质具有偶氮结构，具有致癌性，对人体的肝肾器官具有明显的毒性作用；在乳粉中加入被称之为"蛋白精"的三聚氰胺，其作为一种具有氮杂环结构的有机化工原料添加到乳粉中可以提高蛋白质含量，导致食用的婴幼儿产生肾结石病症，引发了震惊全国的"三聚氰胺事件"；在小龙虾、火锅汤底、牛肉汤、卤味、烧禽等生产过程中非法添加罂粟壳以及"含铝包子""糖精枣"和"西地那非酒事件"等。这些非食品添加剂的违规使用已经让人们深刻体会到一些非食用物质披着食品添加剂的外衣给人们生产生活带来了巨大影响。

　　可以看出食品添加剂的合理使用是不会对人体健康产生影响的，只有超量、超标、超范围的滥用才会对人体健康产生影响。食品安全事关人民群众的健康和生命安全，关系到国家经济健康发展和社会稳定，食品添加剂的正确使用是确保食品安全的关键。一般来说，正规厂家生产的食品，都会严格按照国家标准使用食品添加剂，消费者是可以放心食用的。

四、　食品添加剂在食品加工中的使用规范

（一）剂量

　　食品添加剂通过食品安全评价的毒理学实验，确定长期使用对人体安全无害的最大限量。使用时，严格按照使用要求执行，使用量控制在限量内。众所周知，所有的化合物无论大小均有毒性作用，衡量其毒性的大小常用以下概念。

　　1. 无作用量（NL）或最大无作用量（MNL）

　　即使是毒性最强的化合物若限制在微量的范围内给动物投予，动物的一生并没有中毒反应，这个量称为无作用量（NL）或最大无作用量（MNL）。

　　2. 每人每日容许摄入量（ADI）

　　由以上两个量可以推测出，即使人体终生持续食用也不会出现明显中毒现象的食品添加剂摄入量为每人每日允许摄入量（ADI），单位是 mg/kg（以体重计）。因人体与动物的敏感性不

同，不可将动物的无作用量（NL）或最大无作用量（MNL）直接用于人体，一般安全系数为100（特殊情况例外），所以人的 ADI 值可用动物的 MNL 除以安全系数 100 即可得出 ADI 值。

（二）使用方法

根据添加剂的特性，确定使用方法，并且应严格遵守质量标准。使用时，防止因使用方法不当而影响或破坏食品营养成分的现象出现。若使用复合添加剂，其中的各种成分必须符合单一添加剂的使用要求与规定。

（三）使用范围

因各种添加剂的使用对象不同，使用环境不同，所以要确定添加剂的使用范围。比如，专供婴儿的主辅食品，除按规定可以加入食品营养强化剂外，不得加入人工甜味剂、色素、香精、谷氨酸钠和不适宜的食品添加剂。

（四）滥用

不得使用食品添加剂掩盖食品的缺陷或作为伪造的手段。生产厂家不得使用非定点生产厂家或无生产安全许可证厂家生产的食品添加剂。

五、 我国对食品添加剂的管理

我国于 1973 年成立"食品添加剂卫生标准科研协作组"，开始有组织、有计划地管理食品添加剂。1977 年制定了最早的《食品添加剂使用卫生标准（试行）》（GB/T 50—1977）。1980 年在原协作组基础上成立了中国食品添加剂标准化技术委员会，并于 1981 年制定了《食品添加剂使用卫生标准》（GB 2760—1981），之后又进行了多次修订。此外，1992 年颁布了《食品添加剂生产管理办法》，1993 年颁布了《食品添加剂卫生管理办法》，2009 年颁布了《中华人民共和国食品安全法》。在党和政府的坚强领导下，第十二届全国人大常委会第十四次会议高票表决通过了新修订的《中华人民共和国食品安全法》，并于 2015 年 10 月 1 日起实施。食品安全连续四年登上中国"最受关注的十大焦点问题"榜首，可见食品安全问题的严重性。以上这些标准的颁布大大加强了我国食品添加剂的有序生产、经营和使用，保障了广大消费者的健康和利益。

为规范食品添加剂安全管理，保障公众餐饮安全，根据《中华人民共和国食品安全法》《食品安全法实施条例》及《餐饮服务食品安全监督管理办法》等法律、法规，我国制定了食品添加剂"五专""两公开"管理制度。

1. "五专"管理制度

（1）专店购买　采购食品添加剂，应当到证照齐全的食品添加剂生产经营单位或市场采购，实行专店购买，并应当与供应商签订包括保证食品添加剂安全内容的采购供应合同。对采购的食品添加剂应当索取并留存许可证、营业执照、检验合格报告（或复印件）以及购物凭证。购物凭证应当包括供应者名称、供应日期和产品名称、数量、金额等内容。食品添加剂管理制度。采购进口食品添加剂的，应当索取口岸进口食品法定检验机构出具的与所购食品添加剂相同批次的食品检验合格证明的复印件。

（2）专账记录　建立食品添加剂专用采购台账。食品添加剂入库应当如实记录食品添加剂的名称、规格、数量、生产单位、生产批号、保质期、供应者名称及联系方式、进货日期等。

建立食品添加剂专用使用台账。食品添加剂出库使用应当如实记录食品添加剂的名称、数量、用途、称量方式、时间等，使用人应当签字确认。食品添加剂的购进、使用、库存，应当账实相符。

（3）专区存放　设立专区（或专柜）贮存食品添加剂，并注明"食品添加剂专区（或专柜）字样"。

（4）专器称量　配备专用天平或勺杯等称量器具，严格按照包装标识标明的用途用量或国家规定的用途用量称量后使用，杜绝滥用和超量使用。

（5）专人负责　由专（兼）职人员负责食品添加剂采购。采购人员应当掌握餐饮服务食品安全法律和相关食品添加剂安全相关知识以及食品感官鉴别常识。餐饮服务单位主要负责人与负责食品添加剂采购和餐饮加工配料的人员分别签订责任书。

2. "两公开"管理制度

"两公开"制度要求食品生产企业在使用食品添加剂过程中要做到：公开承诺餐饮安全主体责任、公开所使用的食品添加剂名单。

六、　常见食品添加剂简介

（一）防腐剂（Preservative Agent）

食品防腐剂是一类具有抑制微生物增殖或杀死微生物的化合物。防腐剂通常分为化学食品防腐剂包括苯甲酸及其钠盐、山梨酸及其钾盐、丙酸及其钠盐/钙盐、对羟基苯甲酸酯类及其钠盐、脱氢乙酸及其钠盐等和天然食品防腐剂，包括纳他霉素、乳酸链球菌素、ε-聚赖氨酸、溶菌酶。到目前为止，我国《食品安全国家标准　食品添加剂使用标准》（GB 2760—2014）规定使用的防腐剂有等 28 种，且都为低毒、安全性较高的品种。只要食品生产厂商所使用的食品防腐剂品种、数量和范围，严格控制在国家标准规定的范围之内，是绝对不会对人体产生任何急性、亚急性或慢性危害的，人们大可放心食用。但许多食品生产企业违规、违法乱用、滥用食品防腐剂的现象却十分严重，而我国目前食品生产中使用的防腐剂绝大多数都是人工合成的，有些甚至含有微量毒素，长期过量摄入会对人体健康造成一定的损害。以目前广泛使用的食品防腐剂苯甲酸为例，国际上对其使用一直存有争议。例如，因为已有苯甲酸及其钠盐蓄积中毒的报道，欧盟认为它不宜用于儿童食品中，日本也对它的使用做出了严格限制。即使是作为国际上公认的安全防腐剂山梨酸和山梨酸钾，过量摄入也会影响人体新陈代谢的平衡。

1. 苯甲酸及其盐类

苯甲酸及其盐类为白色结晶或粉末，无气味或微有气味。苯甲酸未解离的分子抑菌作用强，故在酸性溶液中抑菌效果较好，最适 pH 为 4，用量一般为 0.1%~0.25%。苯甲酸钠和苯甲酸钾必须转变成苯甲酸后才有抑菌作用。动物实验表明，用添加 1% 苯甲酸的饲料喂养大鼠 4 代，对生长、生殖无不良影响；用添加 8% 苯甲酸的饲料，喂养大白鼠 13d 后，有 50% 左右死亡；还有的实验表明，用添加 5% 苯甲酸的饲料喂养大鼠，全部都出现过敏、尿失禁、痉挛等症状，而后死亡。苯甲酸的大鼠经口 LD_{50} 为 2.7~4.44g/kg，MNL 为 0.5g/kg。犬经口 LD_{50} 为 2g/kg。

苯甲酸类防腐剂可以用于酱油、醋、碳酸饮料和果汁等酸性液态食品的防腐。因叠加中毒现象的报道，在使用上有争议，虽仍为各国允许使用，但使用范围越来越窄，如在日本的进口食品中已部分停止使用。因其价格低廉，在中国仍作为主要防腐剂使用。

2. 山梨酸及其盐类

山梨酸及其盐类为白色至黄白色结晶性粉末，有微弱特殊气味。山梨酸学名为己二烯酸，是一个含有两个不饱和双键的六碳脂肪酸。与其它脂肪酸一样，山梨酸在人体内可参加正常代谢，被完全氧化生成二氧化碳和水，同时每克产生 6.6kcal 热量，其中约 50% 可被利用，对人体无害，能抑制细菌、霉菌和酵母的生长，使用越来越普遍。在 pH 为 4 的水溶液中抑菌效果较好。常用浓度为 0.05%～0.2%。山梨酸与其它防腐剂合用可产生协同作用。

山梨酸及其盐类抗菌力强、毒性小，是安全性很高的防腐剂，ADI 为 25mg/kg。以添加 4%、8% 山梨酸的饲料喂养大鼠，经 90d 后，4% 剂量组未发现病态异常现象；8% 剂量组肝脏微肿大，细胞轻微变性。以添加 0.1%、0.5% 和 5% 山梨酸的饲料喂养大鼠 100d，对大鼠的生长、繁殖、存活率和消化均未发现不良影响。山梨酸的大鼠经口 LD_{50} 为 10.5g/kg，MNL 为 2.5g/kg。山梨酸钾的大鼠经口 LD_{50} 为 4.2～6.17g/kg。

3. 乳酸链球菌素（Nisin）

乳酸链球菌素别名乳酸链球菌肽、尼辛，是由乳酸链球菌产生的一种由 34 个氨基酸组成的多肽，其中碱性氨基酸含量高，因此带正电荷。乳酸链球菌素对葡萄球菌属、链球菌属、乳酸杆菌属、梭状芽孢杆菌属的细菌有较好的抑制作用，但对革兰阴性细菌、霉菌、酵母菌的抑制效果不佳，当与 EDTA 或柠檬水等具有络合效果的试剂共同使用时，对部分革兰阴性细菌有效。乳酸链球菌素食用后在人体的生理 pH 条件和 α-胰凝乳蛋白酶作用下很快水解成氨基酸，不会改变人体肠道内正常菌群以及产生如其它抗生素所出现的抗性问题，更不会与其它抗生素出现交叉抗性，是一种高效、无毒、安全、无副作用的天然食品防腐剂。

（二）着色剂（Coloring Agent）

以给食品着色为主要目的的添加剂称着色剂，也称食用色素。食用色素使食品具有悦目的色泽，对增加食品的嗜好性及刺激食欲有重要意义，按来源分为化学合成色素和天然色素两类。我国允许使用的化学合成色素有：苋菜红、胭脂红、赤藓红、新红、柠檬黄、日落黄、靛蓝、亮蓝，天然色素有甜菜红、紫胶红、越橘红、辣椒红、红米红等 46 种。

食用人工合成色素对人体的毒性作用可能有三方面，即一般毒性、致泻性与致癌性，特别是致癌性应引起注意。如奶油黄、橙黄 SS 及碱性槐黄由于可使动物致癌而被禁用。它们的致癌机制一般认为可能与它们多属偶氮化合物有关。由于偶氮化合物在体内进行生物转化，可形成两种芳香胺化合物。芳香胺在体内经代谢活化，即经 N-羟化和酯化后可以转变成易与大分子亲核中心结合的致癌物。许多合成色素除本身或其代谢产物具有毒性外，在生产过程中还可能混入有害金属，色素中还可能混入一些有毒的中间产物，因此必须对着色剂（主要是合成色素）进行严格的卫生管理，应严格规定食用色素的生产单位、种类、纯度、规格、用量以及允许使用的食品。

食用天然色素除了少数（如藤黄）有剧毒不允许使用外，其余对人体健康一般无害，我国允许使用并制定国家标准的有 40 多种，FAO/WHO 1994 年对其 ADI 值规定的品种有姜黄素 0～0.1mg/kg；葡萄红 0～2.5mg/kg；焦糖（氨法生产）0～200μg/kg。其它均无须规定 ADI 值。

由于工业色素价格低，着色力强，不少食品生产经营单位和个体生产者为美化食品的外观，无视有关法规将它们充当食用色素滥加使用，以谋求更大利益。它们不但无任何营养价值，还会在机体内经生物转化成致癌物，会严重影响消费者的健康。

1. 苋菜红（Amaranth）

苋菜红是食品着色剂，根据 GB 2760—2014《食品安全国家标准　食品添加剂使用标准》

规定可用于红绿丝、染色樱桃罐头（装饰用）中，最大使用量 0.10g/kg；在各种饮料类、配制酒、糖果、糕点上彩妆、青梅、山楂制品和浸渍小菜中，最大使用量 0.05g/kg。

1968 年出现苋菜红有致癌性，可降低生育能力、增加死产数并产生畸胎等有关对人体有害的报道。1972 年 JECFA 将 ADI 从 0~1.5mg/kg 体重修改为暂定为 ADI 0~0.7mg/kg 体重。1976 年美国禁用。1978 年和 1982 年 JECFA 两次将其暂定 ADI 延期。1984 年再次评价时制定 ADI 值为 0~0.5mg/kg 体重。欧盟和美国等不准将苋菜红用于儿童食品。

2. 苏丹红（Sudan）

苏丹红为亲脂性偶氮化合物，其本身并不是食品添加剂，而是一种工业染料，用于彩色蜡、油脂、汽油、溶剂和鞋油等产品的增色添加剂，还可以用于焰火礼花、家用红色地板蜡或红色鞋油等的染色。由于苏丹红 I 颜色非常鲜艳，用后不易褪色，用于食品染色后，能够引起人强烈的食欲。因此，一些不法食品企业则把苏丹红作为一种食品添加剂来使用，常见的食品有：辣椒粉、辣椒油、红豆腐、红心鸡蛋等。前些年与食品安全相关的"涉红事件"的主要代表即为苏丹红 I。早在 1996 年我国食品添加剂卫生标准就明令禁止使用苏丹红，并于 2005 年 3 月 29 日颁布实施了《食品中苏丹红染料的测定方法》（GB/T 19681—2005）。

研究发现，苏丹红具有一定的代谢毒性，在人体或动物机体内还原酶的作用下生成相应的胺类与萘酚类等致癌物质。被国际癌症研究机构（IARC）列为第二类或第三类致癌物质。因其脂溶性，苏丹红能在动物或人体内积累，尤其是脂肪组织中容易产生富集。代谢过程中产生的苯胺接触机体皮肤或进入消化道后，可以作用于肝细胞，引起中毒性肝病，还可能诱发肝癌的发生；此外，还有可能因为苯胺代谢物的大量接触，使血红蛋白结合的 Fe^{2+} 氧化为 Fe^{3+}，导致高血铁症的发生，造成组织缺氧，呼吸障碍，使中枢神经系统、心血管系统和其它脏器受损，甚至导致不孕症等生理疾病。苏丹红的中间代谢物萘酚也具有致癌、致畸、致敏、致突变的潜在毒性，对眼睛、皮肤、黏膜都具有强烈的刺激作用，大量吸收可引起出血性肾炎。

（三）漂白剂（Bleach）

漂白剂是一类可通过氧化还原反应使物品的颜色去除或变淡的化学物品。漂白剂除了可以改善食品色泽外，还具有抑菌等多种作用，在食品加工中应用甚广。漂白剂除了作为面粉处理剂的过氧化苯甲酰、二氧化氯等少数品种外，实际应用很少。至于过氧化氢，我国仅许可在某些地区的生牛乳保鲜、袋装豆腐干中使用。

漂白剂的作用机理是通过氧化还原反应消耗食品中的氧，破坏、抑制食品氧化酶活性和食品的发色因素，使食品褐变色素减少或免于褐变，同时漂白剂还具有一定的防腐作用。

我国允许使用的漂白剂有二氧化硫、亚硫酸钠、硫黄等七种，其中硫黄仅限于蜜饯、干果、干菜、粉丝、食糖的熏蒸，并有明确的使用量限制。

1. 二氧化硫（SO_2）

SO_2 的漂白作用是由于它能跟某些有色物质发生加成反应而生成不稳定的无色物质。这种无色物质容易分解而使有色物质恢复原来的颜色。SO_2 是有害气体，空气中浓度较高时，对于眼和呼吸道黏膜有强刺激性。为避免食品中 SO_2 残留量超过标准要求，从而引起食用者的不良反应，漂白剂使用时要严格控制使用量及二氧化硫残留量。

果干、果脯、脱水蔬菜的加工过程中大多采用熏硫的方法对原料或半成品进行漂白，以防褐变。熏硫是通过硫黄产生 SO_2 而作用于食品，硫黄不能直接加入食品中，只能用于熏蒸。SO_2 残留量与其它亚硫酸及其盐类漂白剂相同，可参考亚硫酸钠标准。我国规定车间空气中最高允许质量浓度为 20mg/m³。果蔬加工过程中，使用亚硫酸类漂白剂，特别是进行熏硫处理时，必须注意熏硫室要密闭。车间内应有 SO_2 大量逸散的工序或阶段通风应保持良好。熏硫室中 SO_2 质量分数一般为 1%~2%，最高可达 3%。熏硫时间 30~50min，最长可达 3h。

2. 亚硫酸钠（Sodium Sulfite）

1981 年澳大利亚的 David Allen 和美国的 Donald Stevenson 等提出了亚硫酸盐的安全性问题，随后又有不少报道，主要表现在可诱发过敏性疾病和哮喘，也可破坏维生素 B_1。1985 年发表的"对亚硫酸制剂 GRAS 情况的复审"提出亚硫酸盐处理的食品中，总的 SO_2 残留量应有限定。因此在我国允许使用品种中，除硫黄外，均规定了 ADI 为 0~0.7mg/kg（FAO/WHO，1994）。并在控制使用量同时还应严格控制其 SO_2 残留量。小鼠经口 LD_{50} 为 600~700mg/kg（以 SO_2 计）。

GB 2760—2014《食品安全国家标准 食品添加剂使用标准》对亚硫酸钠的使用标准规定如下：对作为漂白剂使用的亚硫酸钠可用于食糖、冰糖、糖果、蜜饯类、葡萄糖、饴糖、饼干、罐头、竹笋、蘑菇，最大使用量为 0.6g/kg。产品中二氧化硫的残留量（以 SO_2 计）：饼干、食糖、粉丝、罐头为 0.05g/kg；竹笋、蘑菇为 0.025g/kg；赤砂糖及其它品种为 0.1g/kg。

第二节 农药残留对食品安全性的影响

农药对食品安全性的影响已成为近年来人们关注的焦点。在美国，由于消费者的强烈反对，35 种有潜在致癌性的农药已列入禁用的行列。中国有机氯农药虽于 1983 年已停止生产和使用，但由于有机氯农药化学性质稳定、不易降解，在食物链、环境和人体中可长期残留，目前在许多食品中仍有较高的检出量。随之代替的有机磷类、氨基甲酸酯类、拟除虫菊酯类等农药，虽然残留期短、用量少、易于降解，但由于农业生产中滥用农药，导致害虫耐药性的增强，这又使人们加大了农药的用量，并采用多种农药交替使用的方式进行农业生产，这样的恶性循环，对食品的安全性以及人类健康构成了很大的威胁。鉴于此，新的食品安全法明确规定，加强对农药的管理，鼓励使用高效低毒低残留的农药，特别强调剧毒、高毒农药不得用于瓜果、蔬菜、茶叶、中草药材等国家规定的农作物。

一、 农药的概念及其分类

农药（Pesticide）是指用于预防、消灭或者控制危害农业、林业的病、虫、草及其它有害生物，以及有目的地调节植物、昆虫生长的化学合成的或来源于生物或其它天然物质的一种或几种物质的混合物及其制剂。农药主要以其毒性作用来消灭或控制虫、病原菌的生长。在讨论农药对食品安全性的影响时主要指化学合成农药。

目前，全世界实际生产和使用的农药品种有上千种，其中绝大部分为化学合成农药。为了使用和研究方便，常从不同角度对农药进行分类。

按用途分类，农药可分为：杀虫剂、杀菌剂、除草剂、杀螨剂、植物生长调节剂和杀鼠药等；按化学成分分类，农药可分为：有机氯农药、有机磷农药、氨基甲酸酯农药、拟除虫菊酯农药、苯氧乙酸农药、有机锡农药等；按农药的作用方式分类，可分为：触杀剂、胃毒剂、熏蒸剂、内吸剂、引诱剂、驱避剂、拒食剂以及不育剂等；按农药毒性和杀虫效率农药又可分为：剧毒、高毒、低毒农药以及高效、中效、低效农药等。

二、 农药污染食品的途径

农药对食品的污染有施药过量或施药期距离收获期间隔太短而造成的直接污染；也有作物从污染环境中对农药的吸收，生物富集及食物链传递作用而造成的间接污染。集中表现在食品中农药残留超标，甚至引起中毒。归纳起来农药对食品的污染主要有以下几个途径。

（一）直接污染

（1）施用农药时可直接污染食用作物，作物可通过根、茎、叶从周围环境中吸收药剂。黏附在作物表面上的农药可被部分吸收；喷洒在果实表皮的农药可直接摄入人体。一般来讲，蔬菜对农药的吸收能力最强的是根菜类，其次是叶菜类和果菜类。此外施药次数越多，施药浓度越大，时间间隔越短，作物中的残留量越大。所以，农药在食用作物上的残留受农药的品种、浓度、剂型、施用次数、施药方法、施药时间、气象条件、植物品种以及生长发育阶段等多种因素影响。

（2）熏蒸剂的使用也可导致粮食、水果、蔬菜中农药残留。

（3）杀虫剂、杀菌剂也会造成农药在饲养的动物体内残留。

（4）粮食、水果、蔬菜等食品在贮藏期间为防止病虫害、抑制生长、延缓衰老等而使用农药，可造成食品上的农药残留。

（5）食品在运输中由于运输工具、车船等装运过农药未予以彻底清洗，或食品与农药混运，可引起农药对食品的污染。此外，食品在贮存中与农药混放，尤其是粮仓中使用的熏蒸剂没有按规定存放，也可导致污染。

（6）果蔬经销商为了谋求高额利润，低价购买未完全成熟的水果，用含有二氧化硫的催熟剂和激素类药物处理后，就变成了色艳、鲜嫩、惹人喜爱的上品，价格可提高 2~3 倍。如从南方运回的香蕉大多七八成熟，在其表面涂上一层含有 SO_2 的催熟剂，再用 30~40℃的炉火熏烤后贮藏 1~2d，就会变成"上等蕉"。

（二）间接污染

农药通过对水、土壤和空气的污染而间接污染食品。

1. 土壤污染

农药进入土壤的途径主要有三种：一是农药直接进入土壤，包括施用于土壤中的除草剂、防治地下害虫的杀虫剂、与种子一起施入以防治苗期病害的杀菌剂等，这些农药基本上全部进入土壤；二是防治田间病虫草害施于农田的各类农药，其中相当一部分农药会进入土壤。研究证实，农田喷洒农药后，一般只有10%~20%是吸附或黏着在农作物茎、叶、果实表面，起杀虫或杀菌作用，其余的大部分农药落在土壤上，主要集中在土壤耕作层，如滴滴涕有80%~90%集中在耕作层20~30cm土壤中；三是随大气沉降、灌溉水等进入土壤。

土壤具有极强的吸附能力，使飘落在土壤表面的农药沉积于土壤中。土壤不仅是农药的重要贮留场所，也是农药代谢和分解的地方。土壤中的农药经光照、空气、微生物作用及雨水冲刷等，大部分会慢慢分解失效，但贮留在土壤中的农药会通过作物的根系运转至作物组织内部，根系越发达的作物对农药的吸收率越高，如花生、胡萝卜、豌豆等。

2. 水体污染

水体中农药来源有以下几个途径。

（1）大气来源 在喷雾和喷粉使用农药时，部分农药弥散于大气中，并随气流和风向迁移至未施药区，部分随尘埃和降水进入水体，污染水生动植物进而污染食品。

（2）水体直接施药 这是水中农药的重要来源，为防治蚊子、杀灭血吸虫寄主、清洁鱼塘等在水面直接喷施杀虫剂，为消灭水渠、稻田、水库中的杂草使用的除草剂，绝大部分农药直接进入水环境中，其中的一部分在水中降解，另外部分残留在水中，对鱼虾等水生生物造成污染，进而污染食品。

（3）农药厂水源污染 农药厂排放的废水会造成局部地区水质的严重污染。

（4）农田农药流失 这是水体农药污染的最主要来源。目前农业生产中，农田普遍使用农药，其用量之大、种类之多、范围之广，成为农药污染的主要来源。农药可通过多种途径进入水体，如降雨、地表径流、农田渗漏、水田排水等。一般来说，旱田农药的流失量不多，在0.46%～2.21%范围内，但在施药后如遇暴雨，农药的流失量很大，有的高达10%以上。农田使用农药的流失量与农药的性质、农田土壤性质、农业措施、气候条件有关。通常，对于水溶性农药，质地轻的砂土、水田栽培条件、使用农药时期降雨量大的地区，都容易发生农药流失而污染环境。

3. 大气污染

根据离农业污染点远近距离的不同，空气中农药的分布可分为三个带。第一带是导致农药进入空气的药源带，可进一步分为农田林地喷药药源带和农药加工药源带。这一带中的农药浓度最高。此外，由于蒸发和挥发作用，施药目标和土壤中的农药向空气中扩散，在农药施用区相邻的地区形成第二个空气污染带。第三带是大气中农药迁移最宽和浓度最低的地带，此带可扩散到离药源数百公里甚至上千公里。据研究，滴滴涕等有机氯杀虫剂可以通过气流污染到南北极地区，那里的海豹等动物脂肪中有较高浓度的滴滴涕蓄积。

当飞机喷药时，空气中农药的起始浓度相当高，影响的范围也大，即第二带的距离较宽，以后浓度不断下降，直至不能检出。

（三）食物链和生物富集作用造成的污染

有机氯、汞和砷制剂等化学性质比较稳定的农药，与酶和蛋白质的亲和力强，在食物链中可逐级浓缩，这些农药残留被一些生物摄取或通过其它方式吸入后积累于体内，造成农药的高浓度贮存，再通过食物链转移至另一生物，经过食物链的逐级富集后，若食用该类生物性食品，可使进入人体的农药残留量成千上万倍增加，从而严重影响人体健康，尤其是水产品。如贝类在含六六六或滴滴涕 0.012～0.112mg/L 的水中生活 10h，体内富集六六六可达 600 倍或滴滴涕 15 000 倍。以滴滴涕为例，如果散布在大气中的浓度为 $0.3×10^{-5}$mg/L，当降落到海水中为浮游生物摄取后，在体内富集到 0.04mg/L（1.3 万倍）；浮游生物被小鱼吞食后，其体内滴滴涕浓度达 0.5mg/L（14.3 万倍）；小鱼再被大鱼吞食后，体内浓度增加 2.0mg/L（57.2 万倍）；如鱼再为水鸟所食，可达 25mg/L（858 万倍）；人若食用这些生物，滴滴涕浓度可在体内进一步富集到 30mg/L，等于大气中浓度的 1000 万倍。人们如果长期食用这些含毒很高的生物，不断积累于体内，造成累积中毒。陆生生物也有类似作用，实验证明，长期喂饲含有农药的饲料可造成动物组织内的农药蓄积。因此，这种食物链的生物浓缩作用，可使环境中的微小污染转变成食物的严重污染。

（四）饲料中的残留农药转入畜禽类食品

乳、肉、蛋等畜禽类食品含有农药，主要是饲料污染之故。畜禽的饲料主要为农作物的外皮、外壳和根茎等废弃部分。一般植物性食品都有农药残留，而外皮、外壳和根茎部分的残留量远比可食部分高，如稻谷的外壳中附有70%的农药。用这些下脚料做饲料，通过畜禽体内的再浓缩，可导致其体内再蓄积的农药量远高于进食的饲料，并可将残留农药转移到蛋和乳中去。

（五）意外事故造成的污染

食品或食品原料在运输或贮存过程中由于和农药混放，或在运输过程中包装不严以及农药容器破损导致运输工具污染，再以未清洗的运输工具装运粮食或其它食品，会造成食品污染。农药泄漏、逸出事故也会造成食品的污染。

三、　农药残留及其危害

农药残留是指动植物体内或体表残存的农药化合物及其降解代谢产物，以农药占本体物重量的百万分比浓度来表示，单位为mg/kg。残留的数量叫残留量。

农药施用过量或长期施用，会导致食物中农药残留量超过最大残留限量，这将对人和动物产生不良影响，或通过食物链对生态系统中其它生物造成毒害作用。近年来，"毒生姜""毒韭菜"事件频发，农药滥用和农药残留严重影响食品安全、危害消费者健康的事例屡见不鲜。通过大量流行病学调查和动物实验研究结果表明，农药对机体有不同程度的危害，可概括为以下几个方面。

（一）急性毒性

急性中毒主要由于职业性（生产和使用）中毒，自杀或他杀以及误食、误服农药，或者食用刚喷洒高毒农药的蔬菜和瓜果，或者食用因农药中毒而死亡的畜禽肉和水产品而引起。中毒后常出现神经系统功能紊乱和胃肠道症状，严重时会危及生命。

（二）慢性毒性

目前使用的绝大多数有机合成农药都是脂溶性的，易残留于食品原料中。若长期食用农药残留量较高的食品，农药会在人体内逐渐蓄积，可损害人体的神经系统、内分泌系统、生殖系统、肝脏和肾脏，引起结膜炎、皮肤病、不育、贫血等疾病。这种中毒过程较为缓慢，症状在短时间内不是很明显，容易被人们所忽视，因而其潜在的危害性很大。

（三）特殊毒性

目前动物实验已经证明，有些农药具有致癌、致畸和致突变作用，或者具有潜在"三致"作用。

四、　控制食品中农药残留的措施

食品中农药残留对人体健康的损害是不容忽视的。为了确保食品安全，必须采取正确的对策和综合防治措施，控制食品中农药的残留。

（一）加强农药管理

为了实施农药生产和经营管理的法制化和规范化，许多国家设有专门的农药管理机构，并有严格的登记制度和相关法规。美国的农药管理归属于美国国家环境保护局（EPA）、美国食品与药物管理局（FDA）和美国农业部（USDA）。我国也很重视农药管理，颁布了《农药登记规定》，要求农药在投产之前或国外农药进口之前必须进行登记，凡需登记的农药必须提供农药的毒理学评价资料和产品的性质、药效、残留以及对环境影响等资料。1997 年，我国颁布了《农药管理条例》，规定农药的登记和监督管理工作主要归属农业行政主管部门，并实行农药登记制度、农药生产许可证制度、产品检验合格证制度和农药经营许可证制度，未经登记的农药不准用于生产、进口、销售和使用。《农药登记毒理学试验方法》（GB/T 15670.1—2017）和《食品安全性毒理学评价程序》（GB 15193.1—2014）规定了农药和食品中农药残留的毒理学试验方法。现行的《食品安全国家标准　食品中农药最大残留限量》（GB 2763—2016）国家标准，对农药的使用实行严格的管理制度，明确规定了 433 种农药在 13 大类农产品中4140 个残留限量以及 106 项农药残留检测方法，并淘汰剧毒、高毒、高残留农药，鼓励推动替代产品的研发和应用，鼓励使用高效低毒低残留农药。对违法使用剧毒、高毒农药的，由公安机关依法予以拘留。原中华人民共和国农业部从 2011 年起就要求高毒农药经营单位核定规范化、购买农药实名化、流向记录信息化、定点管理动态化，做到高毒农药 100%信息可查询、100%流向可跟踪、100%质量有保证，并提出《到 2020 年农药使用量零增长行动方案》。

（二）合理安全使用农药

为了合理安全使用农药，中国自 20 世纪 70 年代后相继禁止或限制使用了一些高毒、高残留、有"三致"作用的农药。1971 年原中华人民共和国农业部发布命令，禁止生产、销售和使用有机汞农药，1974 年禁止在茶叶生产中使用农药六六六和滴滴涕，1983 年全面禁止使用六六六、滴滴涕和林丹。近年来，农业部门通过公告形式对 39 种高毒高风险农药实施了禁用措施、退出了 22 种高毒农药。仍在使用的 12 种高毒农药中，涕灭威、甲拌磷、水胺硫磷于2018 年退出；硫丹、溴甲烷 2 种高毒农药于 2019 年全面禁用；灭线磷、氧乐果、甲基异构柳磷、磷化铝将于 2020 年底前退出；氯化苦、克百威和灭多威将力争于 2022 年前退出。在使用方面，农业部门对现有的高毒农药实现从生产、流通到使用的全程监管。同时，禁止通过互联网经营销售高毒农药。

我国《农药使用环境安全技术导则》（HJ 556—2010）和《农药合理使用准则》规定了常用农药所适用的作物、防治对象、施药时间、最高使用剂量、稀释倍数、施药方法、最多使用次数和安全间隔期（即最后一次使用后距农产品收获天数）、最大残留量等，以保证农产品中农药残留量不超过食品卫生标准中规定的最大残留限量标准。

（三）制定和完善农药残留限量标准

FAO/WHO 及世界各国对食品中农药的残留限量都有相应规定，并广泛进行监督。我国政府也非常重视食品中农药残留的问题，在《食品安全国家标准　食品中农药最大残留限量》（GB 2763—2019）中进一步完善和修订了各农药残留限量标准和相应的残留限量检测方法，确定了部分农药的 ADI 值，并对食品中农药进行监测。此外，在国家层面上应加强食品卫生监督管理工作，建立和健全各级食品卫生监督检验机构，加强执法力度，不断强化管理职能，建立先进的农药残留分析监测系统，加强农药残留的风险分析。

（四）食品农药残留的消除

农产品中的农药，主要残留于粮食糠麸、蔬菜表面和水果表皮，可用机械的或热处理的方法予以消除或减少，尤其是化学性质不稳定、易溶于水的农药，在食品的洗涤、浸泡、去壳、去皮、加热等处理过程中均可大幅度消减。粮食中的滴滴涕经加热处理后可减少 13%~49%，大米、面粉、玉米面经过烹调制成熟食后，六六六残留量没有显著变化；水果去皮后滴滴涕可全部除去，六六六有一部分还残存于果肉中。肉经过炖煮、烧烤或油炸后滴滴涕可除去 25% ~ 47%。植物油经精炼后，残留的农药可减少 70% ~ 100%。

粮食中残留的有机磷农药，在碾磨、烹调加工及发酵后能不同程度地消减。马铃薯经洗涤后，马拉硫磷可消除 95%，去皮后消除 99%。食品中残留的克菌丹通过洗涤可以除去，经烹调加热或加工罐头后均能被破坏。

为了逐步消除和从根本上解决农药对环境和食品的污染问题，减少农药残留对人体健康和生态环境的危害，除了采取上述措施外，还应积极研制和推广使用低毒、低残留、高效的农药新品种，尤其是开发和利用生物农药，逐步取代高毒、高残留的化学农药。在农业生产中，应采用病虫害综合防治措施，大力提倡生物防治。进一步加强环境中农药残留监测工作，健全农田环境监控体系，防止农药经环境或食物链污染食品和饮水。此外，还需加强农药在贮藏和运输中的管理工作，防止农药污染食品，或者被人畜误食而引发中毒。应大力发展无公害食品、绿色食品和有机食品，开展食品卫生宣传教育，增强生产者、经营者和消费者的食品安全知识，严防食品农药残留及其对人体健康和生命的危害。

五、　食品中常见农药简介

（一）有机氯农药

有机氯农药是具有杀虫活性的氯代烃的总称。通常有机氯农药分为三种主要的类型，即滴滴涕、六六六和环戊二烯衍生物。这三类不同的氯代烃均为神经毒性物质，脂溶性很强，不溶或微溶于水，在生物体内的蓄积具有高度选择性，多贮存于机体脂肪组织或脂肪多的部位，在碱性环境中易分解失效。

由于有机氯农药具有较高的杀虫活性，杀虫谱广。对温血动物的毒性较低，持续性较长，加之生产方法简单、价格低廉，因此，这类杀虫剂在世界上相继投入大规模的生产和使用，其中六六六、滴滴涕等曾经成为红极一时的杀虫剂品种。但从 20 世纪 70 年代开始，许多工业化国家相继限用或禁用有机氯农药，我国也早已停止生产和使用。但由于其性质稳定，在自然界不易分解，属高残留品种（六六六的半衰期为 2 年，在土壤中消失 95% 所需时间为 10 年；滴滴涕的半衰期为 4 年，在土壤中消失 95% 所需时间为 30 年），已经产生了较大的污染。当施用农药时，有 90% 以上的农药通过各种方式向环境扩散，污染土壤、水源和大气。土壤中的农药可被作物吸收，也可受雨水冲刷和渗透影响水源；水中的农药可被水生生物吸收，也可蒸发至大气；大气中的农药可随雨水降落。如此循环往复，最终还是通过污染食品进入人体中，危害人类健康。

有机氯农药对人和动物来说，其急性毒性属于中等毒性。滴滴涕油液对人的中毒剂量为 10mg/kg，产生抽搐的剂量为 16mg/kg，致死量为 10g 左右。六六六对人、畜的毒性和在体内的蓄积作用都较滴滴涕差，人体口服 30 ~ 40mg/kg 可严重中毒，致死量为 15 ~ 20g。食用有机氯农药污染的食品只存在慢性中毒问题，其慢性毒性作用主要表现在侵害肝、肾和神经系统上，可引起肝脏和神经细胞退行性变性及末梢神经炎。如肝微粒体活性改变、肝肿大、肝细胞变性和灶性坏死，中枢神经系统和骨髓的损害，还常伴有不同程度的贫血、白细胞增高等病变。动物实验证明，滴滴涕等有机氯农药对生殖系统和内分泌系统均有影响，并且对大小鼠均有诱发肝癌的作用，因此具有致畸、致癌、致突变作用。

人类食品中普遍存在有机氯农药，尤其是在畜禽肉、蛋、乳、水产品等动物性食品中残留较高。如以 mg/kg 计，水生植物为 0.003~0.01、蔬菜 0.02、海鱼类为 0.5、淡水鱼类为 2.0、水鸟类 0.16~100.0、水生哺乳动物 8.3~23.3、肉食哺乳动物 1.0、肉食鸟类为 1.42~18.1 等。我国规定人体每日容许摄入量（ADI）为：六六六 0.02mg/（kg 体重·d），滴滴涕 0.001mg/（kg 体重·d）。食品中有机氯农药的定量测定主要有气相色谱法和薄层色谱法，定性检验法有焰色法和亚铁氰化银试纸法。

（二）有机磷农药

有机磷农药是含有 C—P 键或 C—O—P、C—S—P、C—N—P 键的有机化合物，不但可以作为杀虫剂、杀菌剂，而且可以作为除草剂和植物生长调节剂，为中国使用量最大的一类农药。有机磷农药作为杀虫剂，具有杀虫效率高、广谱、低毒、分解快的特点。大部分有机磷农药不溶于水，而溶于有机溶剂，在中性和酸性条件下稳定，不易水解；在碱性条件下易水解而失效。除敌百虫、乐果为白色晶体外，其余有机磷农药的工业品均为棕色油状。有机磷农药具有特殊的蒜臭味，挥发性大，对光、热不稳定。

有机磷杀虫剂由于药效高，易于被水、酶及微生物所降解，很少残留毒性等原因得到飞速发展，在世界各地被广泛应用。但是，有机磷农药存在抗性问题，某些品种存在急性毒性过高和迟发性神经毒性问题。过量或施用时期不当是造成有机磷农药污染食品的主要原因。有机磷农药主要是抑制生物体内胆碱酯酶的活性，导致乙酰胆碱这种神经传导介质代谢紊乱，引起运动失调、昏迷、呼吸中枢麻痹而死亡。

目前商品化的有机磷农药有上百种。按其结构则可划分为磷酸酯及硫代磷酸酯两大类；按其毒性大小可分成剧毒、高毒及低毒三类。最常见的有机磷农药有：敌百虫、敌敌畏、氧化乐果、马拉硫磷、辛硫磷、毒死蜱；剧毒品种主要有：甲拌磷、内吸磷、对硫磷、保棉丰、氧化乐果；高毒品种主要有：甲基对硫磷、水胺硫磷、甲基异柳磷、二甲硫吸磷、敌敌畏、亚胺磷、杀扑磷、灭线磷；低毒品种有：敌百虫、乐果、氯硫磷、乙基稻丰散等。原中华人民共和国农业部已发布公告于 2018 年禁止使用甲拌磷、水胺硫磷；预计 2020 年底停止使用灭线磷、氧化乐果、甲基异柳磷等有机磷农药。

食品中有机磷农药残留量的分析方法，有气相色谱法、薄层色谱酶抑制法和高效液相色谱法等，其中以气相色谱法应用的最多。

（三）氨基甲酸酯类农药

氨基甲酸酯类农药可视为氨基甲酸的衍生物。氨基甲酸是极不稳定的，会自动分解为 CO_2 和 H_2O，但氨基甲酸的盐和酯类均相当稳定。氨基甲酸酯类易溶于多种有机溶剂中，但在水中溶解度较小，只有少数如涕灭威、灭多虫等例外。氨基甲酸酯稳定性很好，只是在水中能缓慢分解，提高温度和碱性时分解加快。

氨基甲酸酯类农药具有高效、低毒、低残留、选择性强等优点，在农业生产与日常生活中，主要用作杀虫剂、杀螨剂、除草剂、杀软体动物剂和杀线虫剂等。常见的氨基甲酸酯农药有甲萘威、戊氰威、呋喃丹（克百威）、仲丁威、异丙威、速灭威、残杀威、涕灭威、抗蚜威、灭多威、恶虫威、双甲脒等。20 世纪 70 年代以来，由于有机氯农药的禁用，且抗有机磷农药的昆虫品种日益增多，因而氨基甲酸酯的用量逐年增加，这就使得氨基甲酸酯的残留情况备受关注。氨基甲酸酯类农药中毒机理和症状与有机磷农药类似，但它对胆碱酯酶的抑制作用是可逆的，水解后的酶活性可不同程度恢复，且无迟发性神经毒性，故中毒恢复较快。急性中毒时患者出现流泪、肌肉无力、震颤、痉挛、低血压、瞳孔缩小，甚至呼吸困难等症状，重者心功能障碍，甚至死亡。其中克百威属高毒农药，能被植物根部吸收，并输送到植物各器官，以叶缘最多。适用于水稻、棉花、烟草、大豆等作物上多种害虫的防治，也可专门用作种子处理剂使用。克百威对鸟类危害性最大，一只小鸟只要觅食一粒克百威足以致命。中毒致死的小鸟或其它昆虫，被猛禽类、小型兽类或爬行类动物觅食后，可引起二次中毒而致死。灭多威为高毒杀虫剂，挥发性强，吸入毒性高，对眼睛和皮肤有轻微刺激作用，长期暴露于该农药中会破坏人的内分泌系统，对鸟、蜜蜂、鱼有毒，适用于棉花、烟草、果树、蔬菜防治害虫，禁止在茶树上使用。原中华人民共和国农业部已发布公告于预计 2022 年停止使用克百威、灭多威两种氨基甲酸酯类农药。

（四）拟除虫菊酯类农药

拟除虫菊酯农药是一类模拟天然除虫菊酯的化学结构而合成的杀虫剂、杀螨剂，具有高效、广谱、低毒、低残留的特点，广泛用于蔬菜、水果、粮食、棉花和烟草等农作物。此类农药分子较大，亲脂性强，可溶于多种有机溶剂，在水中的溶解度小；在酸性条件下稳定，而碱性条件下易分解。在光和土壤微生物的作用下易转变成极性化合物，不易造成污染。拟除虫菊酯在化学结构上具有的共同特点之一是分子结构中含有数个不对称的碳原子，因而包含多个光学和立体异构体。这些异构体又具有不同的生物活性；即使同一种拟除虫菊酯，总酯含量相同，若包含异构体的比例不同，杀虫效果也大不相同。

1973 年，第一个对光稳定的拟除虫菊酯苯-醚菊酯开发成功之后，溴氰菊酯、氯氰菊酯等优良品种相继问世。目前，已合成的菊酯数以万计，迄今已商品化的拟除虫菊酯有近 40 个品种，常见的有烯丙菊酯、胺菊酯、醚菊酯、苯醚菊酯、甲醚菊酯、氯菊酯、氯氰菊酯、溴氰菊酯、杀螟菊酯、氰戊菊酯、氟氰菊酯等。在全世界的杀虫剂销售份额中占 20%左右。拟除虫菊酯主要应用在农业上，如防治棉花、蔬菜和果树的食叶和食果害虫，特别是在有机磷、氨基甲酸酯出现抗药性的情况下，其优点更为明显。此外，拟除虫菊酯还作为家庭用杀虫剂被广泛应用，可防治蚊蝇、蟑螂及牲畜寄生虫等。拟除虫菊酯属于中等或低毒类农药，在生物体内不产生蓄积效应，因其用量低，一般对人的毒性不强。这类农药主要作用于神经系统，使神经传导受阻，出现痉挛等症状，但对胆碱酯酶无抑制作用。中毒严重时会出现抽搐、昏迷、大小便失禁，甚至死亡。

第三节　兽药残留对食品安全性的影响

近年来，随着畜牧业的规模化、集约化发展程度的提高，我国的畜牧业得到了空前的发展，其中动物性食品，特别是肉、蛋、乳等动物产品已经成为人类食物的重要组成部分。为了预防和治疗畜禽疫病，人们广泛地应用各种药物，包括大量的抗生素、磺胺制剂、生长促进剂和各种抗生素制品等。由于受经济利益的驱动，畜牧业中滥用兽药现象普遍存在，导致药物残留超标，严重危害了消费者的健康及畜牧业的发展。

一、　兽药及其相关的概念

兽药是指在畜牧业生产中，用于预防、治疗畜禽等动物疾病，有目的地调节其生理机能，并规定了其作用、用途、用法、用量的物质。兽药包括抗生素、磺胺制剂、生长促进剂和各种激素等。其目的是防治动物疾病，促进动物生长，提高动物的繁殖能力以及改善饲料的利用率。这些药物往往会在畜禽体内残留，并随肉类食品而进入人体，对健康产生有害的影响。

兽药残留是指动物性产品的任何可食部分所含兽药母体化合物及（或）其代谢物，以及与兽药有关的杂质。所以兽药残留既包括原药，也包括药物在动物体内的代谢产物及兽药生产中所伴生的杂质。广义上的兽药残留是指化学物残留，除兽药外还包括通过食物链进入畜禽体内的农药和环境污染物在动物的细胞、组织、器官或可食性产品中蓄积、贮存。兽药最高残留限量是指某种兽药在食物中或食物表面产生的最高允许兽药残留量（单位为 $\mu g/kg$，以鲜重计）。

二、　食品中兽药残留来源

造成兽药残留的原因是动物性产品的生产链长，包括养殖、屠宰、加工、贮存运输、销售等环节，任何一个环节操作不当或监控不利都可能造成药物残留，而畜禽养殖环节用药不当是造成药物残留的最主要原因。另外，加工、贮存时添加的色素与防腐剂等超标使用，也会造成药物的残留。

（一）非法使用违禁药物

原中华人民共和国农业部先后发布公告，禁止在食品动物、饲料及饮用水中添加 β-兴奋剂类、性激素类、雌激素样作用物质、氯霉素及其盐、酯等某些毒副作用大的药品。但多年来，国内一些饲料加工企业、饲料添加剂企业及猪饲养业主，在利益驱动下违反国家规定，为使商品猪多长瘦肉，少长脂肪，在饲料里任意添加违禁药物盐酸克伦特罗（"瘦肉精"），导致人群由于食用猪肉造成"瘦肉精"中毒的事件时有发生。非法使用雌激素、同化激素、氯霉素、呋喃唑酮等违禁药物作为药物饲料添加剂所造成的后果难以预料，也使得兽药残留问题成为引起我国公共安全事件的最主要原因之一。

（二）不遵守休药期的规定

休药期是指自停止给药到动物获准屠宰或其动物性产品获准上市的间隔时间，休药期过短，是造成动物性食品兽药残留过量的一个重要原因。该问题主要集中在药物饲料添加剂方面，一般添加的药物都应按照休药期规定（剂量、休药期）进行，但实践中执行得不够好，如一些饲养场药物添加剂不按照休药期规定，一直使用到屠宰前，肯定会使药物残留超标。多数抗球虫药和其它一些药物添加剂规定产蛋期禁用，如盐霉素、氯苯胍、莫能菌素、泰乐菌素等，但不少鸡场没有遵守这些规定，造成药物在蛋中残留，危害人体健康。

（三）超量用药

随着集约化饲养时间的延长，常用药物的耐药性日趋严重，因而药物添加剂的添加量和药物的使用量越来越高，造成药物在动物体内残留的时间延长。即使按照一般规定的休药期停药也可能造成残留超标，更何况不遵守休药期的规定的问题很常见。

（四）不遵守兽药标签规定

《兽药管理条例》明确规定，标签必须写明兽药的主要成分及其含量等。如果有些兽药企业为了逃避报批，在产品中添加一些化学物质，但不在标签中进行说明，将会造成用户盲目用药。另外，兽医在某些情况下不按兽药标签说明来开处方或给动物服药。这些情况均有可能造成残留量超标。

（五）未经批准的药物或人药用于可食性动物

使用未经批准的药物作为饲料添加剂来喂养可食性动物，或使用人药处方给动物，均可造成动物的兽药残留。目前我国在畜牧业和水产业滥用人药（包括激素）的情况时有发生。市场上销售的一些特大的甲鱼、鳝鱼值得怀疑。因为人药在动物性食品中的残留需要进行毒理学评价，哪些人药可以用，哪些人药不能用还没有严格限定。

（六）环境污染造成药物残留

由于空气、土壤、江、河、湖、海被工业三废污染以及含有兽药的畜禽残留的排泄物等物质的污染，通过陆生食物链与水生食物链甚至食物网，逐步转移、积累、富集，可以提高到千百万倍后进入人体，严重威胁人体健康。

（七）有关部门对兽药残留的监督管理不严

即使注重对畜禽的卫生、饮水和防疫，但如果药检监督部门对生产销售和使用违禁药物管理不严、缺乏兽药残留检验机构和必要的检测设备，兽药残留检测标准、制度不够完善，仍然会导致兽药残留的发生。

三、兽药残留的危害

兽药残留不仅对人体健康造成直接危害，而且对畜牧业和生态环境也造成很大威胁，最终将影响人类的生存安全。同时，兽药残留也影响经济的可持续发展和对外贸易。

（一）兽药残留对人体健康的危害

1. 毒性作用

人长期摄入含兽药残留的动物性食品后，药物不断在体内蓄积，当浓度达到一定量后，就会对人体产生毒性作用。如链霉素对听神经有明显的毒性作用，能造成耳聋，对过敏胎儿更为严重，具有肾毒性。又如磺胺类药物可引起肾损害，特别是乙酰化磺胺在酸性尿中溶解度降低，析出结晶后损害肾脏。在 20 世纪 80 年代美国的兽药残留以磺胺最为严重。从 2000 年起，中国将动物肝脏中磺胺类药物残留作为重点监控内容。

2. 过敏反应和变态反应

经常食用一些含低剂量抗菌药物残留的食品能使易感的个体出现过敏反应，这些药物包括青霉素、四环素、磺胺类药物及某些氨基糖苷类抗生素等。这些药物具有抗原性，刺激机体内抗体的形成，造成过敏反应，严重者可引起休克、喉头水肿、呼吸困难等严重症状。呋喃类药物也会引起胃肠反应和过敏反应，表现为以周围神经炎、嗜酸性红细胞增多为特征的过敏反应。磺胺类药物的过敏反应表现为皮炎、白细胞减少、溶血性贫血等；青霉素药物引起的变态反应，轻者表现为接触性皮炎和皮肤反应，严重者表现为致死性过敏休克。

3. 细菌耐药性

动物经常反复接触某一种抗菌药物后，其体内敏感菌株将受到选择性地抑制，从而使耐药菌株大量繁殖。而抗生素饲料添加剂长期、低浓度的使用是耐药菌株增加的主要原因。

经常食用含药物残留的动物性食品，一方面可能引起人畜共患病的耐药性的病原菌大量增加，另一方面带有药物抗性的耐药因子可传递给人类病原菌，当人体发生疾病时，就给临床治疗带来很大的困难，并会出现用抗生素无法控制人类细菌感染性疾病的危险。

4. 菌群失调

在正常条件下，人体肠道内的菌群由于在多年共同进化过程中与人体能相互适应，对人体健康产生有益的作用。但是，过多应用药物会使这种平衡发生紊乱，造成一些非致病菌的死亡，使菌群的平衡失调，从而导致长期的腹泻或引起维生素的缺乏等反应，造成对人体的危害。

5. "三致"作用

"三致"是指致畸、致癌、致突变。苯并咪唑类药物是兽医临床上常用的广谱抗蠕虫病的药物，可持久地残留于肝内并对动物具有潜在的致畸性和致突变性。另外，残留于食品中的丁苯咪唑、苯咪唑、丙硫咪唑和苯硫氨酯具有致畸作用，克球酚、雌激素则具有致癌作用。近来发现一些抗生素也具有"三致"作用，如四环素类、氨基糖苷类和β-内酰胺类等抗生素均被怀疑具有"三致"作用。

6. 激素的副作用

激素类物质虽有很强的作用效果，但也会带来很大的副作用。人们长期食用含低剂量激素的动物性食品，由于积累效应，有可能干扰人体的激素分泌体系和机体正常机能，特别是类固醇类和β-兴奋剂类在体内不易代谢破坏，其残留对食品安全威胁很大。据研究发现，威胁人类生殖系统的化学物质称作"环境激素"，它通过饮水、饲料可以进入到动物体内或直接污染动物源性食品，当人摄入了这些被污染的食品后就蓄积在脂肪组织中，然后通过胎盘传递给胎儿。故人的生殖系统障碍，发育异常及某些癌症如乳房癌、睾丸癌等均与"环境激素"有关。

（二）兽药残留对畜牧业生产的影响

滥用药物对畜牧业本身也有很多负面影响，并最终影响食品安全。如长期使用抗生素会造成畜禽机体免疫力下降，影响疫苗的接种效果。长期使用抗生素还容易引起畜禽内源性感染和二重感染。耐药菌株的日益增加，使有效控制细菌疫病的流行显得越来越困难，不得不用更大剂量，更强副作用的药物，反过来对食品安全造成了新的威胁。

（三）兽药残留对环境的影响

兽药残留对环境的影响程度取决于兽药对环境的释放程度和释放速度。有的抗生素在肉制品中降解速度缓慢，如链霉素加热也不会丧失活性。有的抗生素降解产物比自体的毒性更大，如四环素的溶血及肝毒作用。动物养殖生产中滥用兽药、药物添加剂会导致其动物的排泄物、动物产品加工的废弃物未经无害化处理就排放于自然界中，使得有毒有害物质持续性蓄积，从而导致环境受到严重污染，最后导致对人类的危害。

（四）兽药残留超标对经济发展的影响

在国际贸易中，由于有关贸易条约的限制，政府已很难用行政手段保护本国产业，而技术贸易壁垒的保护作用将越来越强。我国是畜禽产品生产大国，加入WTO使我国畜禽产品在国际贸易中面临更加激烈的竞争。而化学物质残留是食品贸易中最主要的技术贸易壁垒，不但会给中国造成巨大经济损失，而且在国际市场的地位也会受到严重冲击。如美国以我国输美猪肉、牛肉兽药残留含量高，达不到其标准为由限制输入，从1997年以来，我国的猪肉、牛肉几乎不能进入美国市场。2000年7月，欧盟从我国进口的虾仁中检出氯霉素，由于动物性食品中兽药残留超标，2002年1月，欧盟全面禁止进口中国虾、兔和禽肉等动物性食品。因此，为了扩大国际贸易，控制化学物质残留，特别是兽药的残留，是当前迫切需要解决的问题。

四、 动物性食品中兽药残留的控制措施

（一）完善立法，严格执行有关法律法规

解决药残问题必须从源头抓起，从兽药生产、经营、使用环节入手，对残留超标违法行为实施监督、处罚，从而有效控制兽药等有害物质在畜产品中的残留。严格执行《兽药管理条例》《饲料及饲料添加剂使用规范》《动物性食品中兽药最高残留限量》等一系列法律、法规及标准。

我国近年来对兽药残留问题给予了很大重视，软硬件建设都取得了很大进步。1999 年 9 月原中华人民共和国农业部颁发了《动物性食品中兽药最高残留限量》的通知，规定了 109 种兽药在畜禽产品中的最高残留限量。原中华人民共和国农业部在 2001 年颁布了《饲料药物添加剂使用规范》（以下简称《规范》），并规定只有列入《规范》附录一中的药物才被视为具有预防动物疾病、促进动物生长作用，可在饲料中长期添加使用；列入《规范》附录二中的药物是用于防治动物疾病，需凭兽医处方购买使用，并有规定疗程，仅可通过混饲给药，而且所有商品饲料不得添加此类兽药成分；附录之外的任何其它兽药产品一律不得添加到饲料中使用。原中华人民共和国农业部于 2001 年全面启动修订《兽药管理条例》工作。经过三年多的努力，新《条例》于 2004 年 4 月由国务院发布实施。新《条例》作为我国实施残留监控的法律依据，为强化兽药残留监管工作提供了有力的法规保障。自 2002 年起，原中华人民共和国农业部狠抓兽药良好操作规范（Good Manufacturing Practices，GMP）推行工作，采取措施引导企业进行改进，制定兽药 GMP 认证工作标准和工作程序，组织 GMP 认证工作。业内的 1452 家兽药生产企业全部达到 GMP 要求，并通过了原中华人民共和国农业部的验收。GMP 的推行，大幅度提高了兽药产品质量，为保障食品安全提供了物质基础。

根据新《中华人民共和国食品安全法》规定，原中华人民共和国农业部在 2002 年发布的第 235 号公告《动物性食品中兽药最高残留限量》基础上组织完成了《动物性食品中兽药最大残留限量标准》的修订和部分限量标准的制定工作，形成了《食品安全国家标准　动物性食品中兽药最大残留限量（报批稿）》于 2017 年 11 月上报原中华人民共和国国家卫生和计划生育委员会、原中华人民共和国国家质量监督检验检疫总局、原中华人民共和国食品药品监管总局、国家标准委办公厅（室）。共涉及 267 种兽药，包括已批准动物性食品中最大残留限量规定的 104 种兽药 2191 个限量，允许用于食用动物但不需要制定残留限量的 154 种兽药和允许治疗用但不得在动物性食品中检出的 9 种兽药。目前，我国共制定了 7537 项农兽药残留标准，基本覆盖常用农兽药品种和主要食品农产品种类。下一步，将按照原中华人民共和国农业部制定的农兽药残留标准制定 5 年行动计划，每年新制定兽药残留限量标准 100 项。到 2025 年，兽药残留限量标准达到 2200 项，与国际标准相衔接，基本实现生产有标可依、产品有标可检、执法有标可判。

（二）加强兽药残留监控、完善兽药残留监控体系

加快国家、部、省三级兽药残留监控机构的建立，实行国家残留监控计划，加大监控力度，严把检验检疫关，严防兽药残留超标的产品进入市场，对超标者给予销毁和处罚，促使畜禽产品由数量型向质量型转换，使兽药残留超标的产品无销路、无市场，迫使广大养殖场户科学合理使用兽药、遵守休药期的规定，从而控制兽药残留。

1984 年在 FAO/WHO 共同组成的食品法典委员会（CAC）倡导下，成立了兽药残留法典

委员会（CC/RVDF），负责筛选建立适用于全球兽药及其他化学药物残留的分析和取样方法，对兽药残留进行毒理学评价，制定最高兽药残留法规及休药期法规。1994 年，国务院办公厅在关于加强农药、兽药管理的通知中明确提出开展兽药残留监控工作。原中华人民共和国农业部也于 1999 年成立了全国兽药残留专家委员会，颁布了《动物性食品中兽药最高残留量》，并发布了《中华人民共和国动物及动物源食品中兽药残留监控计划》和《官方取样程序》的法规。2003 年，原中华人民共和国农业部发布实施了《兽药残留试验技术规范》，对残留试验活动和兽药安全评价工作进行了规范。2003 年 2 月原中华人民共和国农业部发布实施了《兽药监察所实验室管理规范》，对兽药残留检测活动进行规范。近年来，为切实加强兽药质量安全监管和风险监测工作，提高兽药产品质量安全水平，有效保障养殖业生产安全和动物产品质量安全，原中华人民共和国农业部相继发布《2017 年兽药质量监督抽检计划》《2018 年兽药质量监督抽检和风险监测计划》等，对兽药的使用起到了很好的监管作用。

（三）加强兽药审批，规范兽药生产和使用

必须高度重视兽药质量安全监管工作，采取更加严格的监管措施，尤其在兽药审批环节，推进实施兽药非临床研究质量管理规范（兽药 GLP）、兽药临床试验质量管理规范（兽药 GCP），对所有上市的兽药均严格注册审查，确保兽药产品安全、有效、质量可控。生产与使用环节，全面实施兽药生产质量管理规范（兽药 GMP），保证兽药生产条件，提高管理水平。禁止不明成分以及与所标成分不符的兽药进入市场，加大对违禁兽药的查处力度，严格规定和遵守兽药的使用对象、使用期限、使用剂量和休药期等，严禁使用原中华人民共和国农业部规定以外的兽药作为饲料添加剂。

（四）加强饲养管理、加大宣传力度

倡导学习和借鉴国外先进的饲养管理技术，创造良好的饲养环境，增强动物机体的免疫力，实施综合卫生防疫措施，降低畜禽的发病率，减少兽药的使用。充分利用各种媒体的宣传力度，使全社会充分认识到兽药残留对人类健康和生态环境的危害，广泛宣传和介绍科学合理使用兽药的知识，全面提高广大养殖户的科学技术水平，使其能自觉地按照规定使用兽药和自觉遵守休药期。另外，加速开发并应用新型绿色安全的饲料添加剂，来逐渐替代现有的药物添加剂，减少致残留的药物和药物添加剂的使用，是解决目前动物性食品安全问题的一项重要举措，也是兽药发展的一大趋势。目前已开发的具有应用潜力的高效、低毒、低残留的制剂主要有微生态制剂、酶制剂、酸化剂、中草药制剂、天然生理活性物质、糖萜素、甘露寡糖、大蒜素等。

（五）加快兽药残留检测技术开发，促进国际交流与合作

完善兽药残留的检测方法、特别是快速筛选和确认的方法，加大筛选兽药残留的试剂盒的研究和开发力度。积极开展兽药残留的立法和方法标准化等方面的国际交流与合作，使我国的兽药残留监控与国际接轨。

五、 主要残留兽药简介

（一）抗生素（Antibiotics）

抗生素是由微生物（包括细菌、真菌、放线菌属）或高等动植物在生活过程中所产生的具有抗病原体或其它活性的一类次级代谢产物，能干扰其它生活细胞发育功能的化学物质。现临床常用的抗生素有微生物培养液中的提取物以及用化学方法合成或半合成的化合物。目前已知天然抗生素万余种。

在畜禽动物体使用的抗生素药物包括：

（1）β-内酰胺类抗生素　即青霉素类，包括青霉素、苄青霉素、氨苄青霉素、阿莫西林等；

（2）四环素类　包括四环素、金霉素、土霉素、强力霉素等；

（3）磺胺类　包括磺胺嘧啶、磺胺二甲基嘧啶、磺胺甲基嘧啶、磺胺甲噁唑等；

（4）氨基糖苷类　包括庆大霉素、链霉素、双氢链霉素、卡那霉素、新霉素等；

（5）头孢菌素类　包括头孢氨苄、头孢噻吩类；

（6）大环内酯类　例如红霉素、螺旋霉素等；

（7）多肽类　包括杆菌肽、维吉尼亚霉素；

（8）呋喃类；

（9）氯霉素。

动物性食品中抗生素残留是消费者最为关心的问题之一，例如对于牛乳的生产——由于乳牛患乳腺炎的问题常使用抗生素来进行治疗，甚至在牛乳房上直接注射抗生素，从而在牛乳中有抗生素的残留。由于在消费者人群中存在对抗生素过敏者（例如青霉素过敏），因此食品中抗生素的残留可能对这些消费者的安全构成严重的威胁。同时，抗生素残留可改变人体肠道内的微生态环境，引起菌群分布的失调，增加了一些微生物的耐药性，给人类的疾病防治带来困难，或对人体的健康产生威胁。

鉴于含抗生素食品的副作用，涉及与人类健康密切相关的公共卫生问题，许多国家的卫生部门对此极为关注，采取了许多措施以避免对动物的直接危害和通过动物性食品危害人的健康。

首先，对抗生素饲料添加剂的生产和使用进行严格控制和管理。一些国家规定，凡是人类经常使用的抗生素不能作为畜禽饲料添加剂。世界卫生组织不主张用链霉素饲喂动物，以免产生耐药菌株。美国于1972年规定：四环素、链霉素、双氢链霉素及青霉素等人用抗生素禁止用作畜禽饲料添加剂和预防疾病；氯霉素、半合成青霉素、庆大霉素、卡那霉素等药品可用作人、畜疾病的治疗，但不得用作饲料添加剂；此后还规定了氯霉素等禁用于食用动物。英国自1971年起禁止给畜禽饲喂青霉素、土霉素、金霉素、磺胺药和呋喃类药物。日本也有明文规定允许作为饲料添加剂的抗生素。

其次，筛选和生产供畜牧兽医专用的抗生素。在禁止使用某些抗生素作为饲料添加剂的同时，有些国家如英、美、法、日等还由专门机构筛选和生产了一些专供畜牧兽医应用的抗生素，如维吉尼霉素、太乐菌素、螺旋霉素、黄霉素、蜜柑霉素、硫肽霉素、马卡布霉素等。这些抗生素，对生长的刺激作用比治疗作用更明显，除具特定的抗菌、抗寄生虫作用外，还对动物有刺激生长作用，因此，作为抗生素饲料添加剂既有利于畜牧业的发展，人食用以后又不致产生致病于人类的耐药菌株。上述实践，目前许多国家正在进一步研究之中，也是我国医药、畜牧兽医工作者的一项重要任务。

再次，制定抗生素饲料添加剂使用条件。各国政府还严格规定抗生素饲料添加剂的使用条件，如使用的期限一般限制在幼龄动物。日本规定，仔猪从出生到四月龄、仔鸡从出壳到八周龄可以使用；在同一饲料中禁止使用两种以上作用相同的抗生素。由于抗生素对动物早期生长阶段有效，因而在饲料中添加抗生素应遵照世界卫生组织建议的饲喂抗生素的年龄限制。此外，对抗生素饲料添加剂的用量和应用的动物种类也有规定。

　　然后，严格规定休药期。凡食用动物应用的抗生素，均需规定必要的休药期。休药期是根据药物必须从动物体内排出或减少到食用其组织产品后不危害人体健康为原则制订的。休药期的长短与药物在体内的消除率和残留量紧密相关。休药期随动物种类、药物品种、剂量及给药途径的不同而有差异，一般为数天至数周。我国尚无关于休药期的规定，可参照 WHO 和 FDA（Food and Drug Administration，美国食品与药物管理局）规定的休药期和应用限制。

　　最后，以法规形式制定允许残留量或最高残留限量。不同动物源性食品不同抗生素残留如表 4–1 所示。

表 4–1　　　　　　　　　　　不同动物源性食品不同抗生素残留表

抗生素	允许残留限量/（mg/kg）			抗生素	允许残留限量/（mg/kg）		
	肉	蛋	乳		肉	蛋	乳
链霉素	0~1.0	0~0.5	0~0.2	四环素	0~0.5	0~0.3	0~0.1
双氢链霉素	0~1.0	0~0.5	0~0.2	金霉素	0~0.05	0~0.05	0~0.02
新霉素	0~0.5	0~0.5	3~1.5	土霉素	0~0.25	0~0.3	0~0.1
红霉素	0~0.3	0~0.3	0~0.04	氯霉素	—	—	—
夹竹桃霉素	0~0.3	0~0.1	0~0.15	新生霉素	0~0.5	0~0.1	0~0.15
螺旋霉素	0~0.025	—	—	杆菌肽	0~5IU/g	0~5IU/g	0~1.2IU/mL
泰乐菌素	0~0.2	—	—	多黏菌素	0~5IU/g	0~5IU/g	0~2IU/mL
青霉素	0~0.06	0~0.011	0~0.006				

　　抗生素的测定方法较多，且各类抗生素的测定方法又各不相同，主要可分为微生物测定法、化学测定法和物理测定法三大类。其中以微生物测定法应用较广，因其测定原理基于抗生素对微生物的生理功能、代谢的抑制作用，因而与临床应用的要求一致。但其测定时间较长且结果误差较大。化学测定法和物理测定法则利用抗生素分子中的基团所具有的特殊反应或性质来测定其含量。方法包括比色法、荧光分光光度法、气相色谱法和高效液相色谱法等。

（二）激素（Hormone）

　　激素是由内分泌腺和散在于其它器官内的内分泌细胞所分泌的微量生物活性物质，它们有调节、控制组织器官的生理活动和代谢机能的作用。正常时激素在动物和人体内含量甚微，但能量很大，对机体的作用强，影响大。在食用组织中尽管含量甚微，一旦进入人体，将对人体产生很大影响。如曾在猪肉上发现残留的"三腺"（即甲状腺、肾上腺和有病变的淋巴腺）被人食用后而引起中毒。对人类健康的危害作用最大的是性激素、甲状腺素，这也是应用最多的两类激素。性激素具有促进生长发育、增加体重和控制同步发情等作用，广泛用于畜牧业生产中；通过饲料添加剂或皮下植入等方法摄入牲畜体内，造成了动物性食品中激素残留而影响人体。性激素主要是性腺分泌的一类甾体激素，根据其生理作用可分为雄性激素类和雌性激素类，后者又包括雌激素和孕激素，它们都是类固醇激素。

　　残留于动物性食品中的性激素，进入人体以后，使人体内性激素含量增加。当性激素含量超过人体正常水平时，会通过负反馈作用使下丘脑产生的促生长激素释放激素（GRH）和垂体前叶产生的促卵泡素（FSH）及促黄体生成素（LH）分泌减少，从而破坏了机体的正常生理平衡，而呈现不良后果。经动物试验发现，雌激素（特别是人工合成的己烯雌酚）还有致癌作用。因此，这类激素在食用组织中不允许有残留。

动物性食品中性激素的含量极微，所以一般的测定方法受到了限制，常用于性激素的测定的方法有薄层色谱法、荧光分析法、气相色谱法和高效液相色谱法等。

（三）磺胺类药物（Sulfonamides）

磺胺类药物是指具有对氨基苯磺酰胺结构的一类药物的总称，是一类用于预防和治疗细菌感染性疾病的化学治疗药物。种类可达数千种，其中应用较广并具有一定疗效的就有几十种，已广泛应用于医学临床和兽医临床。

磺胺类药物根据其应用情况可分为三类：用于全身感染的磺胺药（如磺胺嘧啶、磺胺甲基嘧啶、磺胺二甲嘧啶）、用于肠道感染内服难吸收的磺胺药和用于局部的磺胺药（如磺胺醋酰）。磺胺类药物大部分以原形态自机体排出，且在自然环境中不易被生物降解，从而容易导致再污染，通过各种给药途径进入动物体后，可造成药物在动物组织中的残留，并可转移到肉、蛋、乳等各类动物性食品中。一方面，残留的药物可能对人的健康造成潜在的危害，主要表现在细菌的耐药性、过敏反应与变态反应、致癌、致畸、致突变等作用；另一方面，兽药残留问题也是目前动物性产品贸易中的主要障碍。

磺胺类药物于 20 世纪 30 年代后期开始用于治疗人的细菌性疾病，并于 1940 年开始用于家畜，1950 年起广泛应用于畜牧业生产，用以控制某些动物性疾病的发生和促进动物生长。磺胺类药物残留问题的出现已有近 30 年时间了，并且在近 15～20 年内磺胺类药物残留超标现象比其它任何兽药残留都严重。很多研究表明猪肉及其制品中磺胺药物超标现象时有发生，如给猪内服 1% 推荐剂量的氨苯磺胺，在休药期内也可造成肝脏中药物残留超标。

另外，磺胺类药物常和一些抗菌增效剂合用，即所谓抗菌增效剂。它是一类新型广谱抗菌药，能显著增强磺胺药效，称之为磺胺增效剂。抗菌增效剂多属苄氨嘧啶化合物，国内外广泛使用的有三甲氧苄氨嘧啶（TMP）、二甲氧苄氨嘧啶（DVD）和二甲氧甲基苄氨嘧啶（OMP）。由于增效剂常和磺胺类药合并使用，它们的残留情况也就发生变化。据报道给鳟鱼（野外试验）连续 1 周每日给予 90mg 的磺胺间二甲嘧啶和三甲氧苄氨嘧啶（SMZ-TMP）复方制剂，停药后当天立即检验，结果在鳟鱼肌肉中磺胺间二甲嘧啶（SMZ）的浓度最高达 3.9mg/kg，2d后，最高达到 1.2mg/kg。

英、美等国家对磺胺类药物在肉类食品中的允许残留量限制为 100μg/kg，乳品为 100μg/kg，三甲氧苄氨嘧啶和二甲氧甲基苄氨嘧啶在乳品中的允许残留量为 100μg/kg。欧盟对动物性食品中磺胺类兽药的最大残留量（MRLs）规定为：各种肉用动物的肌肉、肝脏、肾脏和脂肪中以及牛、绵羊、山羊的乳汁中的 MRLs 为 100μg/kg，且各种磺胺残留量合计不得超过 100 μg/kg。2002 年原中华人民共和国农业部发布《动物性食品中兽药的最高残留量》中规定：磺胺类总计在所有食用肌肉，动物的肝、肾，脂肪以及牛/羊乳中 MRLs 均为 100μg/kg。

目前，动物性食品中磺胺类药物残留的检测方法主要有高效液相色谱法（HPLC）、气相色谱法（GC）、免疫分析法（IA）、气相色谱-质谱法（GC/MS）和液相色谱-质谱法（HPLC/MS）等方法。

[小结]

　　化学物质的应用使食品的工业化生产变为现实，但由于农药、兽药、食品添加剂、重金属等化学物质广泛存在于土壤、水、空气、食品、饲料、药品等与人们生活密切相关的环境中，并可通过食物链在生态系统中起放大效应，从而产生更大的危害。而且，随着现代食品工业的发展及个人利益的驱使，苏丹红、二噁英、三聚氰胺、"瘦肉精"等化学物质的非法使用及防腐剂、着色剂等食品添加剂的滥用现象日趋严重，导致食品中的化学物质成分越来越复杂，控制食品安全的难度也在逐渐增大，使其成为全民共同关注的一项艰巨而迫切的重大问题。这一问题的解决需要各级政府和社会各阶层的共同努力，采取有效措施，降低食物化学污染程度，防止化学物质随食品进入人体，采取"从农田到餐桌"全过程的管理模式，以达到有效预防控制化学污染，保证食品安全的目的。

🔍 思考题

　　1. 食品添加剂的概念及其分类；食品添加剂对食品安全的影响。
　　2. 农药的概念及其分类；农药污染食品的途径与危害。
　　3. 兽药及兽药残留的概念；食品中兽药残留来源与危害。

参考文献

［1］张小莺，殷文政. 食品安全学（第二版）. 北京：科学出版社，2017.

［2］赵文. 食品安全性评价. 北京：化学工业出版社，2006.

［3］钟耀广. 食品安全学. 北京：化学工业出版社，2005.

［4］陈荣圻. 食品添加剂对食品安全的影响. 印染助剂，2017，3：1-8.

［5］徐杨溢. 浅谈食品添加剂与食品安全. 收藏与投资，2018，1：157.

［6］全国食品添加剂标准化技术委员会. 食品添加剂使用卫生标准. 中国：全国食品添加剂标准化技术委员会，2014.

［7］蒋士龙. 几种化学防腐剂的安全性及鉴别方法. 肉类工业，2007，11：38-39.

［8］刘洋，黄晨，王万骞，王乃福. 浅析食品防腐剂的安全应用. 食品研究与开发，2014，18：127-130.

［9］肖永清，浅谈农产品中农药残留的安全监管. 今日农药，2018，3：18-21.

［10］刘恒，邢华. 农产品农药残留超标的原因及对策，食品安全导刊，2017，23：28.

［11］杨壁伍，农产品农药残留超标原因及治理对策. 现代农村科技，2018，2：99.

［12］董义春，袁宗辉. 我国兽药残留监控现状及对策. 中国动物检疫，2008，25（11）：19-21.

［13］钟建全，动物性食品中兽药残留的危害及其原因．2017，23：48，56.

［14］李亚辉．动物性食品中兽药残留的危害及其原因分析．中国畜牧兽医文摘，2016，11：45.

［15］李明，董春柳．浅谈动物性食品中兽药残留的现状及防控策略．现代畜牧科技，2016，6：172.

［16］李存．畜禽生产中兽药残留的危害及其控制措施．中国家禽，2003，25（2）：4-6.

生物性污染
对食品安全性的影响

食品污染是指一些有毒、有害物质进入正常食品的过程。按外来污染物的性质，食品污染可分为生物性污染、化学性污染和放射性污染三大类。生物性污染指微生物、寄生虫、昆虫等生物对食品的污染。其中以微生物的污染最为常见，尤其在餐饮行业是引起食物直接污染、变质腐败、食物中毒及肠道传染病的最主要的污染物。微生物污染主要有细菌与细菌毒素、霉菌与霉菌毒素。出现在食品中的细菌除包括可引起食物中毒、人畜共患传染病等的致病菌外，还包括能引起食品腐败变质并可作为食品受到污染标志的非致病菌。病毒污染主要包括肝炎病毒、脊髓灰质炎病毒和口蹄疫病毒，其它病毒不易在食品上繁殖。寄生虫和虫卵主要是通过患者、病畜的粪便间接通过水体或土壤污染食品或直接污染食品。昆虫污染主要包括粮食中的甲虫、螨类、蛾类以及动物食品和发酵食品中的蝇、蛆等。病毒污染主要包括肝炎病毒、脊髓灰质炎病毒和口蹄疫病毒，其它病毒不易在食品上繁殖。

被致病菌及其毒素污染的食品，特别是动物性食品，如食用前未经必要的加热处理，会引起沙门氏菌或金黄色葡萄球菌毒素等细菌性食物中毒。食用被污染的食品还可引起炭疽、结核和布氏杆菌病（波状热）等传染病及各种寄生虫疾病。霉菌广泛分布于自然界。受霉菌污染的农作物、空气、土壤和容器等都可使食品受到污染。部分霉菌菌株在适宜条件下，能产生有毒代谢产物，即霉菌毒素。如黄曲霉毒素和单端孢霉菌毒素，对人畜都有很强的毒性。一次大量摄入被霉菌及其毒素污染的食品，会造成食物中毒；长期摄入小量受污染食品也会引起慢性病或癌症。有些霉菌毒素还能从动物或人体转入乳汁中，损害饮乳者的健康。微生物含有可分解各种有机物的酶类。这些微生物污染食品后，在适宜条件下大量生长繁殖，食品中的蛋白质、脂肪和糖类，可在各种酶的作用下分解，使食品感官性状恶化，营养价值降低，甚至腐败变质。粮食和各种食品的贮存条件不良，容易滋生各种仓储害虫。例如粮食中的甲虫类、蛾类和螨类等。枣、栗、饼干、点心等含糖较多的食品特别容易受到侵害。昆虫污染可使大量食品遭到破坏，但尚未发现受昆虫污染的食品对人体健康造成危害。

第一节   真菌对食品安全性的影响

真菌在自然界中广泛存在，粮食、食品、饲料等常被其污染，其中有些真菌能产生有毒代谢产物即真菌毒素。通常食品中的真菌并不直接引起疾病，而真菌产生的真菌毒素具有毒性、致癌性、致突变性和致畸性，摄入后可引起人或家畜的急性或慢性真菌中毒症（Mycotoxicosis）。

真菌毒素（Mycotoxin）是真菌产生的有毒的次生代谢产物，是多种真菌所产生的各种毒素的总称。其结构均较简单，分子质量很小，故对热稳定，一般烹调和食品加工如炒、烘、熏等对食品中真菌毒素往往不能破坏或破坏甚少。油煎能破坏一些，高压消毒也仅能破坏一半左右。近三十多年来，真菌毒素的研究进展很快，迄今已发现百余种真菌毒素，大多为曲霉属、青霉属及镰刀菌属中约30种真菌的产毒菌株所产生。

一般来说，真菌性食物中毒可分为急性真菌性食物中毒和慢性真菌性食物中毒。急性真菌性食物中毒潜伏期短，先有胃肠道症状，如上腹不适、恶心、呕吐、腹胀、腹痛、厌食、偶有腹泻等（镰刀霉菌中毒较突出）。依各种真菌毒素的不同作用，发生肝、肾、神经、血液等系统的损害，出现相应症状，如肝脏肿大、压痛，肝功异常，出现黄疸（常见于黄曲霉菌及岛青霉菌中毒），蛋白尿，血尿，甚至尿少、尿闭（纯绿青霉菌中毒易发生）等。有些真菌（如黑色葡萄穗状霉菌）毒素引起中性粒细胞减少或缺乏，血小板减少或发生出血。有些真菌（如棒曲霉菌、米曲霉菌）中毒易发生神经系统症状，而有头晕、头痛、迟钝、躁动、运动失调，甚至惊厥、昏迷、麻痹等。患者多死于肝、肾功能衰竭或中枢神经麻痹，病死率可高达40%~70%。慢性真菌性食物中毒除引起肝、肾功能及血液细胞损害外，有些真菌可以引起癌症。有研究报告显示猴子摄入黄曲霉毒素会发生肝癌，此外可使其它脏器或腺体发生癌变，如出现胃腺癌、皮肤肉瘤等。小剂量长期摄入时会导致慢性毒性，动物生长障碍，肝脏出现亚急性或慢性损伤，食物利用率下降，体重减轻，母畜不育或产仔少等。

一、 曲霉菌属及相关毒素

曲霉属（Aspergillus）是霉菌中的一群，包括黄曲霉、杂色曲霉、赭曲霉等。一般是从匍匐于基质上的菌丝向空中伸出球形或椭圆形顶囊的分生孢子梗，在其顶端的小梗或进一步分枝的次级小梗上生出链状的分生孢子。此属在自然界分布极广，是引起多种物质霉腐的主要微生物之一（如面包腐败、皮革变质等），其中黄曲霉毒素具有很强毒性。

（一）黄曲霉毒素

黄曲霉毒素（Aflatoxins，AF）是曲霉菌属的黄曲霉（Aspergillus flavus）、寄生曲霉（Aspergillus parasiticus）产生的代谢物，剧毒，同时还有致癌、致畸、致突变的作用，主要引起肝癌，还可以诱发骨癌、肾癌、直肠癌、乳腺癌、卵巢癌等。

黄曲霉广泛存在于土壤中，菌丝生长时产生毒素，孢子可扩散至空气中传播，在合适的条件下侵染合适的寄生体，产生黄曲霉毒素。黄曲霉毒素是目前发现的化学致癌物中毒性最强的物质之一。

1. 黄曲霉毒素结构与性质

黄曲霉毒素是一类结构相似的化学物质，都有一个糠酸呋喃结构和一个氧杂萘邻酮（香豆素）结构；前者与毒性和致癌性有关，后者加强了前者的毒性和致癌性。目前已分离到的黄曲霉毒素及其衍生物已有20多种，其中10余种的化学结构已明确，并给予以下命名：黄曲霉毒素 B_1、B_2、G_1、G_2、B_{2a}、M_1、M_2、寄生曲霉醇（B_3）、BM_1、GM_1、GM_2、黄曲霉毒醇（R_0）、P_1、Q_1 等，前4种是通常共存的，结构如图5-1所示，以 B_1 的致癌性最强，其次为 G_1、B_2、

M$_1$。黄曲霉毒素能被强碱（pH9.0~10.0）和氧化剂分解。对热稳定，裂解温度为280℃以上。

2. 食品中来源

黄曲霉毒素主要存在于被黄曲霉污染过的粮食、油及其制品中。例如，黄曲霉污染的花生、花生油、玉米、大米、棉籽中最为常见，在干果类食品如胡桃、杏仁、榛子、干辣椒中以及在动物性食品如肝、咸鱼以及在乳和乳制品中也曾发现过黄曲霉毒素。

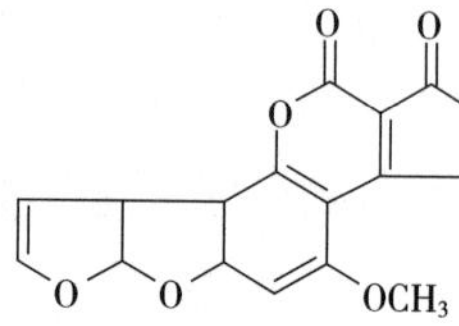

黄曲霉毒素B$_1$

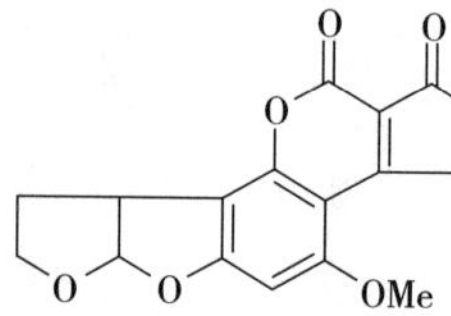

黄曲霉毒素B$_2$（二氢黄曲霉毒素B$_1$）

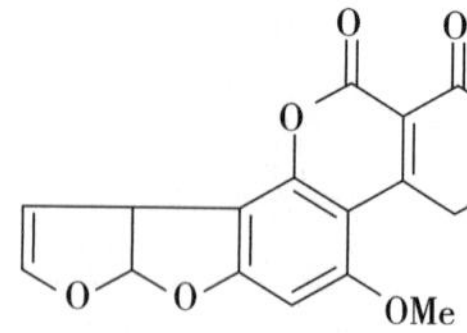

黄曲霉毒素G$_1$

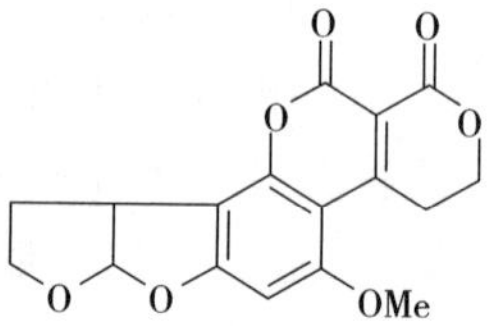

黄曲霉毒素G$_2$（二氢黄曲霉毒素G$_1$）

图5-1　黄曲霉毒素的化学结构式

花生是最容易感染黄曲霉的农作物之一，黄曲霉毒素对花生具有极高的亲和性。黄曲霉的侵染和黄曲霉毒素的产生不仅会发生在花生的种植过程（包括开花、盛花、饱果、成熟、收获）中，还在加工过程（包括原料收购、干燥、加工、仓储、运输过程）中产生。

（二）杂色曲霉毒素

杂色曲霉毒素（Sterigmatocystin，ST）是一类结构类似的化合物，曲霉属许多霉菌都能产生杂色曲霉毒素，如杂色曲霉、构巢曲霉、皱褶曲霉、赤曲霉、焦曲霉、爪曲霉、四脊曲霉、毛曲霉以及黄曲霉、寄生曲霉等。它主要是由杂色曲霉（*Aspergillus versicolor*）和构巢曲霉（*Aspergillus nidulans*）产生的最终代谢产物，同时又是黄曲霉（*Aspergillus flavus*）和寄生曲霉（*Aspergillus parasiticus*）合成黄曲霉毒素过程后期的中间产物，是一种很强的肝及肾脏毒素。

1. 毒素结构与性质

杂色曲霉毒素的纯品为淡黄色针状结晶，分子式为C$_{18}$H$_{12}$O$_6$，它是由霉菌产生的一组化学结构近似的有毒化合物，目前已确定结构的有10多种。最常见的一种结构式如图5-2所示。1962年，Bulloc首次提出ST的化学结构属于氧杂蒽酮类化合物，其分子由氧杂蒽酮连接并列的二氢呋喃组成。该毒素熔点为247~248℃，耐高温，246℃时才发生裂解，淡黄色结晶。不溶于水及强碱性溶液，微溶于多数有机溶剂，易溶于氯仿、乙腈、吡啶和二甲基亚砜等有机溶剂。ST的紫外吸收光谱为（乙醇）205nm、233nm、246nm和325nm，在紫外光下呈橙黄色荧光。

2. 食品中来源

杂色曲霉广泛分布于自然界，主要污染玉米、花生、大米和

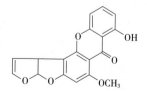

图5-2　杂色曲霉毒素的
化学结构式

小麦等谷物，甚至空气、土壤、腐败的植物体都曾分离出杂色曲霉。在同一地区，原粮中 ST 的污染水平远高于成品粮，不同粮食品种之间 ST 的水平由高到低的顺序为：杂粮和饲料>小麦>稻谷>玉米>面粉>大米。

（三）赭曲霉毒素

赭曲霉毒素（Ochratoxin，OT）是曲霉属（*Aspergillus*）和青霉属（*Penicillium*）霉菌所产生的一组次级代谢产物，包含 7 种结构类似的化合物，其中以赭曲霉毒素 A（Ochratoxin A，OTA）的毒性最强，主要污染谷类，而且在葡萄汁和红酒、咖啡、可可豆、坚果、香料和干果中发现污染也非常严重。另外还能进入到猪肉和猪血产品以及啤酒中。赭曲霉毒素 A 是一种有毒并可能致癌的霉菌毒素，不少食品都含有这种毒素。

1. 毒素结构与性质

赭曲霉毒素 A（OTA），最先于 1965 年在实验室内从赭曲霉（*Aspergillus ochraceus*）产毒菌株中分离得到，属聚酮类化合物，由一个二氢异香豆素第 7 碳位的羧基端与 L-β-苯丙氨酸通过酰胺键连接而成，其化学结构见图 5-3。赭曲霉毒素 A 纯品为无色晶体，分子式为 $C_{20}H_{18}O_6NCl$，相对分子质量为 403.82，熔点为 90~96℃，能溶解于极性有机溶剂，微溶于水和稀碳酸氢盐中，在紫外线下呈蓝色荧光。

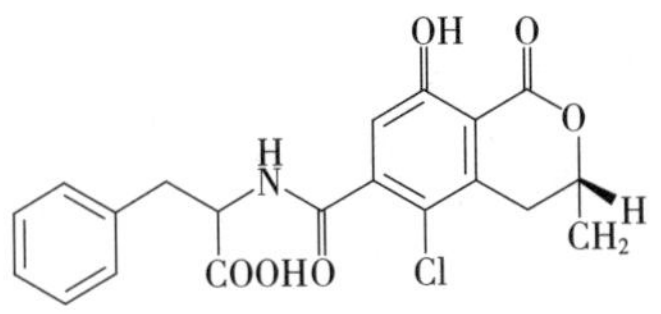

图 5-3　赭曲霉毒素 A 的化学结构式

这种毒素具有耐热性，用普通加热法处理不能将其破坏。赭曲霉毒素分为赭曲霉毒素 A、B、C 三种。赭曲霉毒素 A 的氯原子被氢原子取代即赭曲霉毒素 B，赭曲霉毒素 C 是赭曲霉毒素 A 的乙酯化合物，其中以赭曲霉毒素 A 的毒性最强。OTA 第 8 碳位的羟基只有在电离状态下才具有毒性。OTA 的苯丙氨酸部分可被其它氨基酸取代，从而生成多种 OTA 类似物。其中酪氨酸、缬氨酸、丝氨酸和丙氨酸类似物的毒性较强，蛋氨酸、色氨酸和谷氨酸类似物有中度性毒，而脯氨酸类似物毒性较低。OTA 能通过苯丙氨酸羟化酶的作用生成 OTA 酪氨酸类似物，而丝氨酸、羟脯氨酸和赖氨酸类似物也可在自然条件下产生。

2. 食品中来源

赭曲霉毒素 A 是由多种生长在粮食（如小麦、玉米、大麦、燕麦、黑麦、大米和黍类等）、花生、蔬菜、豆类等农作物上的曲霉和青霉产生的，特别是生长于贮藏期间的高粱、玉米及小麦麸皮上。这种毒素也可能出现在猪和母鸡等动物的肉中。动物摄入了霉变的饲料后，在其各种组织中（肾、肝、肌肉、脂肪）均可检测出残留毒素。在花生、咖啡、火腿、鱼制品、胡椒、香烟等中都能分离出产赭曲霉毒素的菌株。赭曲霉毒素 A 是在适度气候下由青霉属、青霉属变种和温带、热带地区的曲霉产生的。

二、青霉菌属及相关毒素

青霉的菌丝与曲霉相似，有分隔，但无足细胞。其分生孢子梗的顶端不膨大，无顶囊。分生孢子梗经过多次分枝，产生几轮对称或不对称的小梗，形如扫帚。小梗顶端产生成串的分生孢子，分生孢子一般为蓝绿色或灰绿色。

（一）黄绿青霉素

黄绿青霉素（Citreoviridin，CIT）是黄绿青霉（*Penicillium citreaviride*）的次级毒性代谢物，具有心脏血管毒性、神经毒性、遗传毒性，真菌毒素能在较低的温度和较高的湿度下产生，自然界中广泛存在，在适宜的温度、酸碱度和湿度条件下，受黄绿青霉污染的粮食可产生大量的CIT，极易进入食物链，导致人畜中毒。

黄绿青霉素容易污染新收获的农作物，呈黄绿色霉变，食用后可发生急性中毒，是一种常见的真菌毒素。中毒的典型症状是后肢跛瘸、运动失常、痉挛和呼吸困难等。

1. 毒素结构与性质

黄绿青霉素是一种黄色有机化合物，结构式如图5-4所示，相对分子质量为402，熔点为107~111℃，易溶于乙醇、乙醚、苯、氯仿和丙酮，不溶于己烷和水。其紫外线的最大吸收为388nm，此毒素在紫外线照射下，可发出金黄色荧光。270℃加热时，CIT可失去动物毒性，经紫外线照射2h也会被破坏。

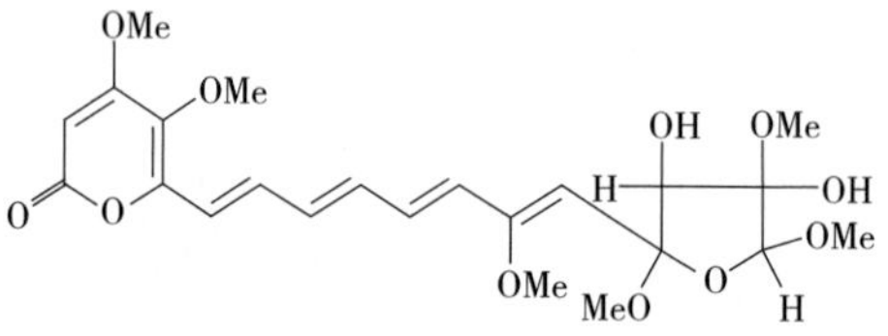

图5-4 黄绿青霉素的化学结构式

2. 食品中来源

大米水分含量在14.6%以上易感染黄绿青霉，在12~13℃便可形成黄变米，米粒上有淡黄色病斑，同时产生黄绿青霉素。

在克山病病因研究过程中，我国学者依据大量的流行病学事实和实验室研究资料，提出CIT是导致克山病的可疑病因。克山病病区的居民所吃的粮食有霉焐现象，且从这些粮食样品中分离到了黄绿青霉菌及黄绿青霉素。

（二）橘青霉素

橘青霉菌（*Penicillium citrinum*）可产生橘青霉素（Citrinin），它是一种次生代谢产物。此菌分布普遍，在霉腐材料和贮存粮食上常发现生长，会引起病变，并具有毒性。Yoshizawa报道，玉米、小麦、大麦、燕麦及马铃薯都有被桔青霉素污染的记载。

1. 毒素结构与性质

1931年由Hetherington和Raistrick首次从橘青霉菌的次生代谢产物中分离出橘青霉素，结构见图5-5。纯品为柠檬色针状结晶，相对分子质量250，分子式为 $C_{13}H_{14}O_5$，熔点为172℃。能溶于乙醚、氯仿和无水乙醇等有机溶剂；也可在稀氢氧化钠、碳酸钠和醋酸钠溶液中溶解；但极难溶于水。在紫外光照射下可见黄色荧光。在酸性和碱性溶液中均可溶解。

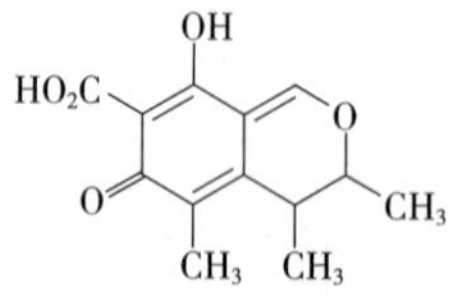

图5-5 橘青霉素的化学结构式

2. 食品中来源

橘青霉毒素常与赭曲霉毒素 A（Ochratoxin A）同时存在，自然界含量一般为 0.07~80mg/kg。当稻谷的水分含量大于 14% 时，就可能滋生橘青霉，其黄色的代谢产物渗入大米胚乳中，引起黄色病变，称为"泰国黄变米"。中国目前尚未见橘青霉污染饲料或粮食和橘青霉素中毒的报道，但黄变米现象在海关检验中时有发生。

（三）圆弧青霉及其毒素

圆弧青霉（*Penicillium cyclopium*）是常见的青霉菌之一，青霉酸（Penicillic Acid，PA）是其有毒代谢产物的主要成分，自 1931 年由 Alsbrg 和 Black 首次从侵染软毛青霉的玉米中分离出后，现已确定曲霉属、青霉属和瓶梗青霉属共 28 种真菌能产生青霉酸，是饲料中含量较高的真菌毒素之一。

1. 毒素结构与性质

青霉酸属于内酯类毒素，可以异构形成一种取代的酮酸，相对分子质量为 170.16，溶于热水、乙醇、乙醚和氯仿。结构如图 5-6 所示。

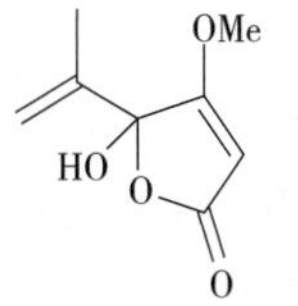

2. 食品中来源

国内学者在食管癌高发区粮食中发现青霉酸污染严重，四川省食管癌高发区粮食中圆弧青霉污染率居于首位，酸菜中的圆弧青霉检出率与食管癌流行情况具有统计学意义。

图 5-6　青霉酸的化学结构式

（四）岛青霉及其毒素

岛青霉（*Penicillium islandicum*）亦称冰岛青霉，产生岛青霉毒素（Islandicin or Islanditoxin）、黄天精（Luteoskyin）、环氯素（Cyclochlorotine）及红天精等有毒物质，均为肝脏毒，对肝脏损伤极大，甚至引起肝癌。

1. 岛青霉毒素结构与性质

岛青霉毒素纯品为白色晶体，熔点为 251℃，溶于水，在紫外下呈蓝色荧光。岛青霉化学结构式如图 5-7 所示。黄天精纯品为黄色六面体的针状结晶，熔点为 287℃，易溶于有机溶剂如正丁醇、乙醚、甲烷、丙酮等，不溶于水。红天精是由岛青霉分离出来的红色色素，纯品为橘红色晶体，熔点为 130~133℃，在乙醚、乙烷、石油醚中的溶解度较小，但是易溶于氯仿、甲醇、苯、醋酸和吡啶。

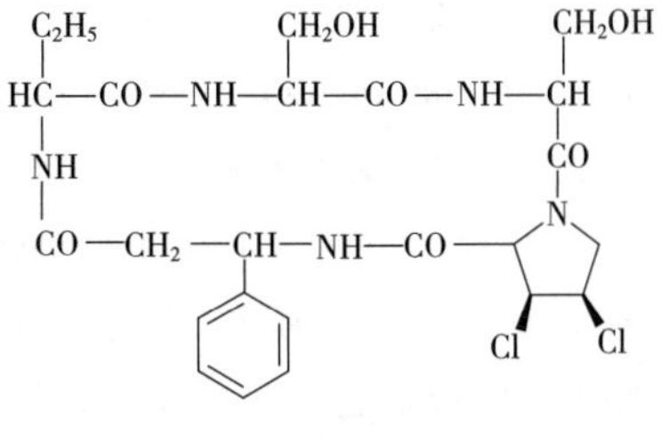

图 5-7　岛青霉毒素化学结构式

2. 食品中来源

岛青霉对谷物的污染比较严重，主要污染毒素谷物为大米、玉米和大麦。国外报道过的

"黄变米"是由于稻谷收割后，贮存过程中水分含量过高和稻谷被霉菌污染后发生霉变所致，因为霉变呈黄色，所以称为"黄变米"。"黄变米"中主要含有青霉属的霉菌，最常分离的霉菌有岛青霉和橘青霉等。

三、 镰刀菌属及相关毒素

镰刀菌属（Fusarium）是一类危害田间麦类、玉米和库储谷物的致病真菌，病菌可产生毒素，引起人、畜镰刀菌毒素中毒。由镰刀菌引起的小麦赤霉病、玉米穗粒腐病，是小麦、玉米生产上的重要病害，近年来随着全球气候变暖，还有逐步扩大蔓延之势。镰刀菌的侵染主要在作物开花期，而病害的发生是在种子灌浆阶段，因此镰刀菌的危害除造成产量损失外，更重要的是产生的真菌毒素，直接存留、累积在禾谷类籽粒中，严重威胁人畜健康。

单端孢霉烯族类化合物是一类由镰刀菌产生的毒性物质的统称，其基本结构为四环的倍半萜，如图5-8所示，根据取代基的不同，可以分为A、B、C、D四种类型，天然污染的单端孢霉烯族类化合物属于A、B两型。A型化合物在C-8位置上不含羰基，以T-2毒素、二乙酸藨草镰刀菌烯醇为代表。B型化合物在C-8位置上有羰基，脱氧雪腐镰刀菌烯醇、雪腐镰刀菌烯醇（NIV）等属于这一组。单端孢霉烯族类化合物较为耐热，需超过200℃才能被破坏，对酸和碱也较稳定，因此经过通常烹调加工难以破坏其活性。

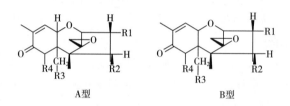

图5-8 单端孢霉烯族化合物的化学结构式

（一）串珠镰刀菌素

串珠镰刀菌素（Moniliformin）是串珠镰刀菌（Fusarium moniliforme）产生的代谢产物，1973年由Cole等首次发现。产生串珠镰刀菌素的镰刀菌还有亚黏团串珠镰刀菌（Fusarium subglutinans）、增殖镰刀菌（Fusarium proliferatum）、花腐镰刀菌（Fusarium anthodphilum）、禾谷镰刀菌（Fusarium graminearum）、燕麦镰刀菌（Fusarium avanaceum）、同色镰刀菌（Fusarium concolor）、木贼镰刀菌（Fusarium equiseti）、尖孢镰刀菌（Fusarium oxysporum）、半裸镰刀菌（Fusarium semitectum）、镰状镰刀菌（Fusarium fusarioides）、拟枝孢镰刀菌（Fusarium sporotrichioides）、黄色镰刀菌（Fusarium culmorum）和网状镰刀菌（Fusarium reticulatum）等。

串珠镰刀菌素的毒性很强，小鸡经口 LD_{50} 为 4.0mg/kg。急性中毒的大鼠可出现进行性肌肉衰弱、呼吸困难、发绀、昏迷和死亡。有人认为动物的某些疾病与摄食霉玉米有关。该毒素的毒理作用是选择性抑制 α-氧化戊二酸盐脱氢酶和丙酮酸盐脱氢酶系统。Wilson 等发现了串珠镰刀菌素的肝毒性和致肝癌性。

1. 毒素结构与性质

串珠镰刀菌素的化学名称为3-羟基-环丁-3-烯-1,2-二酮（3-hydroxycyclobutene-1,2-dione），自然界中以钠盐或钾盐的方式存在。其化学结构式如图5-9所示。串珠镰刀菌素（Moniliformin，MON）最初是从感染有枯萎病的玉米上分离到的串珠镰刀菌培养物中提取出的一种水溶性毒素，因而得名。其分子式为 C_4HO_3R（R=Na 或 K），它是淡黄色针状结晶，具有水溶性，其水溶液在波长 229nm 处有最大吸收。串珠镰刀菌素易溶于甲醇，不溶于二氯甲烷和三氯甲烷。串珠镰刀菌素水溶液一般对热较为稳定。

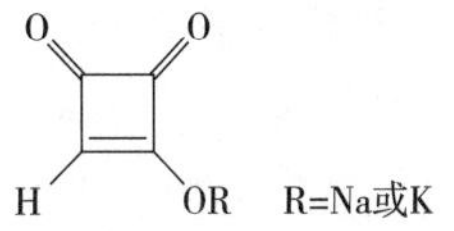

图 5-9　串珠镰刀菌素化学结构式

2. 食品中来源

主要侵害的谷物有玉米、小麦、大米、燕麦、大麦等，病原菌主要以菌丝体和分生孢子的形式随病残体越冬，也可以在土壤中越冬，成为翌年初侵染菌源，种子也能带菌传病。病原菌主要从机械伤口、虫伤口侵入根部和茎部。高粱在开花期至成熟期，若先后遭遇高温干旱与低温阴雨，则发病严重。在病田连作、土壤带菌量高以及养分失衡、高氮低钾时发病趋重，早播比晚播发病重。高粱品种间病情有一定差异，有耐病品种和中度抗病品种，但缺乏高抗品种。

（二）伏马菌素

伏马菌素（Fumonisins）也是由串珠镰刀菌（*Fusarium moniliforme*）产生的真菌毒素之一。伏马菌素主要由串珠镰刀菌产生，多誉镰刀菌（*Fusarium proliferatum*）次之，两者普遍污染食品及饲料，尤其是对于玉米的污染，特别是在干燥温暖的条件下，串珠镰刀菌是玉米中出现最频繁的霉菌。除了串珠镰刀菌和多誉镰刀菌之外，还有芜菁状镰刀菌（*Fusarium napiforme*）、花腐镰孢菌（*Fusarium anthophilum*）、尖孢镰刀菌（*Fusarium oxysporum*）等也会产生伏马菌素。但是这些产生伏马菌素的真菌对食品和饲料的污染较少。目前，除了镰刀菌属以外，交链孢属也是伏马菌素 FB_1，FB_2，FB_3 的重要产生菌。

伏马菌素能够污染多种粮食及其制品，并对某些家畜产生急性毒性及潜在的致癌性。因此，它在食品与饲料安全中的意义越来越受到人们的广泛关注，已成为继黄曲霉毒素之后的又一研究热点。

1. 毒素结构与性质

伏马菌素最早是在 20 世纪 80 年代末，Gelderblom 等首次从串珠镰刀菌培养液中分离获得的一种真菌毒素。随后，Laureut 等又从串珠镰刀菌培养液中分离出伏马菌素 B_1 和伏马菌素 B_2。到目前为止，已经鉴定到的伏马菌素类似物有 28 种，它们被分为 4 组，即 A、B、C 和 P 组。B 组伏马菌素是野生型菌株产量最丰富的，其中伏马菌素 B_1 是其主要成分，占总量的 70%，同时也是导致伏马菌素毒性作用的主要成分。虽然伏马菌素结构类似物有很多，如 FA_1、FA_2、FB_1、FB_2、FB_3、FB_4、FC_1、FC_2、FC_3、FC_4、FP_1，结构如图 5-10 所示。研究发现天然存在于玉米中的最重要的结构类似物是 FB_1、FB_2 和 FB_3。

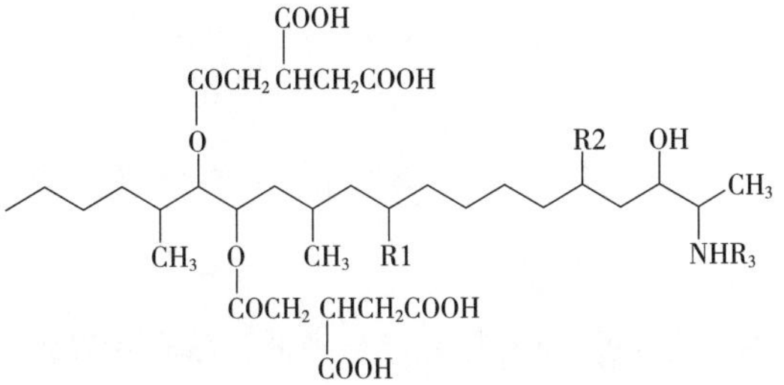

图 5-10　伏马菌素的化学结构式

2. 食品中来源

在自然界产生伏马菌素的真菌主要是串珠镰刀菌，其次是多誉镰刀菌，两者广泛存在于各种粮食及其制品中，尤其是对玉米的污染，在干燥温暖的环境下，串珠镰刀菌是玉米中出现最频繁的菌种之一。世界卫生组织食物中真菌毒素协作中心（WHO-CCNIF）亦将其作为近几年需要进行研究的几种真菌毒素之一（表5-1）。

表5-1　　　　　　　　　　　　　结构式中的取代基

	FA₁	FA₂	FB₁	FB₂	FB₃	FB₄
R_1	OH	H	OH	H	OH	H
R_2	OH	OH	OH	OH	H	H
R_3	CH₂CO	CH₂CO	H	H	H	H

（三）玉米赤霉烯酮

玉米赤霉烯酮（Zearalenone，ZEA）是由在潮湿环境下生长的镰刀菌群，如粉红镰刀菌（*Fusarium roseum*）、黄色镰刀菌（*Fusarium culmorum*）及禾谷镰刀菌（*Fusarium graminearum*）产生是一种雷琐酸内酯，是非固醇类、具有雌性激素性质的真菌毒素，该毒素对动物的作用类似于雌激素，因此会造成雌激素过多症。猪是所有家畜中对该毒素最敏感的动物，且雌性比雄性的敏感度更高。1928年研究者发现喂饲发霉玉米的猪发生了雌激素综合征。1962年，Stob等从污染了禾谷镰刀菌的发霉玉米中分离得到了具有雌性激素作用的玉米赤霉烯酮。1966年，Urry等用经典化学、核磁共振和质谱技术确定了玉米赤霉烯酮的化学结构，并正式为其定名。

1. 毒素结构与性质

玉米赤霉烯酮（ZEA）又被称为F2毒素，其结构如图5-11所示。ZEA是一种白色晶体，ZEA的化学名为6（10-羟基-6-氧代-反式-1-十一碳烯）-β雷锁酸-μ内酯，又名F2雌性发情毒素，白色晶体，分子式$C_{18}H_{22}O_5$，相对分子质量318.36，熔点164~165℃，紫外线光谱最大吸收为236nm，274nm和316nm。不溶于水，溶于碱性溶液、乙醚、苯、甲醇、乙醇等。其甲醇溶液在紫外光下呈明亮的绿-蓝色荧光。当以甲醇为溶剂时，最大吸收峰的波长为274nm。ZEA属于二羟基苯甲酸内酯类化合物，虽然没有甾体结构，却有潜在的雌激素活性，它还原为α-玉米赤霉烯醇和β-玉米赤霉烯醇两种异构体。前者的雌激素活性为ZEA的3倍，后者的雌激素活性小于或等于ZEA。

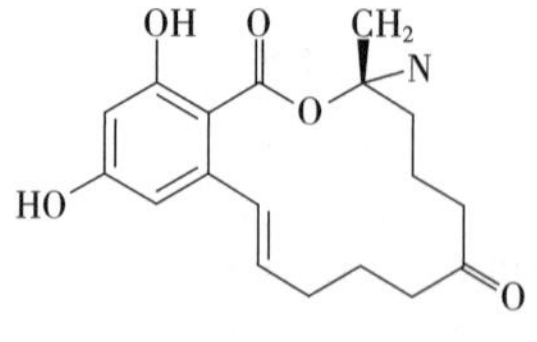

图5-11　玉米赤霉烯酮的化学结构式

2. 食品中来源

赤霉菌引起小麦的穗腐，不仅使小麦籽粒产量降低、品质变劣，而且病麦粒中存留有病菌产生的真菌毒素，食用病麦及其制成品后会引起人畜中毒，还有致癌、致畸和诱变的作用。

第二节　细菌对食品安全性的影响

细菌污染食品可引起各种症状的食物中毒。细菌性食物中毒是指人们摄入含有细菌或细菌毒素的食品而引起的食物中毒。据我国近五年食物中毒统计资料表明，细菌性食物中毒占食物中毒总数的 50% 左右，而动物性食品是引起细菌性食物中毒的主要食品，其中，肉类及熟肉制品居首位，其次为变质禽肉、病死畜肉以及鱼、乳等。植物性食品如剩饭、糯米、冰糕、豆制品、面类发酵食品也可引起细菌性食物中毒。

一般来说，在食品安全管理方面，国外主要采用食源性疾病这个概念，而我国则更多地采用食物中毒这个概念。食源性疾病与食物中毒相比范围更广，它除了包括一般概念的食物中毒外，还包括经食物感染的病毒性、细菌性肠道传染病、食源性寄生虫病，以及由食物中有毒、有害污染物引起的慢性中毒性疾病，甚至还包括食源性变态反应性疾病。随着人们对疾病的深入认识，食源性疾病的范畴还有可能扩大，如由食物营养不平衡所造成的某些慢性退行性疾病（心脑血管疾病、肿瘤、糖尿病等），因此该词有逐渐取代食物中毒的趋势。

一、沙 门 氏 菌

（一）食品卫生学意义

沙门氏菌属（*Salmonella*）是肠杆菌科中的一个大属，至今已发现近 2300 多个血清型。它们是在形态结构、培养特性、生化特性和抗原构造等方面极相似的一群革兰阴性杆菌。

沙门氏菌与食品卫生和人类健康息息相关，人们知道该菌可以引起人类疾病已经有 100 多年的历史了。沙门氏菌最早是由一名叫 Salmon 的美国人发现的，并以此而命名。它是引起食物感染与食物中毒的重要致病菌，是最常见的食源性疾病的病原微生物。据我国和世界各国的统计资料证明，沙门氏菌引发的食物中毒在细菌性食物中毒事件中占据首位，现已成为食品公共卫生方面的重要问题。

沙门氏菌属可分为肠道沙门氏菌和邦戈尔沙门氏菌两个种，肠道沙门氏菌几乎包括了所有对人和温血动物致病的各种血清型菌种。但通常沙门氏菌的命名仍采用通用命名法，即以该菌所致疾病或最初分离地名或抗原三种方式命名。据调查统计，引起人类食物感染与中毒的沙门氏菌常见有 28 个血清型，其中主要的是鼠伤寒沙门氏菌（*Salmonella typhimurium*）、猪霍乱沙门氏菌（*Salmonella choleraesuis*）、肠炎沙门氏菌（*Salmonella enteritidis*）、都柏林沙门氏菌（*Salmonella dublin*）、汤卜逊沙门氏菌（*Salmonella thompson*）等，它们约占沙门氏菌食物中毒的 60% 以上。

根据沙门氏菌对宿主的适应性，可分为三类。①对人适应：一些血清型如伤寒沙门氏菌和副伤寒沙门氏菌对人类高度适应，没有其它自然宿主。②对人和动物均适应：该类均具有广泛的宿主范围，具有重要的食品卫生学意义。该类沙门菌占据本菌属大多数，如鼠伤寒沙门氏菌和肠炎沙门氏菌属于该类，它们宿主范围宽，可感染大多数动物宿主。③对某些动物适应：如猪霍乱沙门氏菌只有很窄的宿主范围，偶尔可感染人类，通常表现为侵袭性感染，最常见的临床症状是组织动脉瘤，感染猪则引起猪副伤寒，表现为肠炎和败血病症状，造成畜牧业的经济损失。

（二）主要特征

1. 形态特征

该菌的特征和肠杆菌中其它菌属细菌相似，为两端钝圆的短杆菌（图5-12），长1~3μm，宽0.4~0.9μm，无芽孢，一般无荚膜，周身有鞭毛，能运动（鸡白痢沙门氏菌和鸡伤寒沙门氏菌除外），多数细菌有纤毛，能吸附于细胞表面和凝集豚鼠的红细胞。普通苯胺染料容易着染，呈革兰氏阴性。

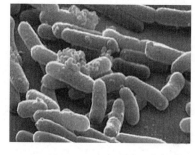

图5-12　沙门氏菌电镜照片

2. 生物学特征

该菌属于需氧或兼性厌氧菌，生长温度范围为10~42℃，最适生长温度为37℃，最适pH为6.8~7.8。对营养要求不高，在普通培养基上均能良好生长。多年来国内外还发展了许多沙门氏菌显色培养基，这些培养基是经过改良的选择性培养基，使目标菌在改良培养基上的菌落显示出一定的颜色，便于识别。这类培养基的主要代表有法国生物梅里埃公司的SMID和法国科玛嘉的沙门氏菌显色培养基。其中，生物梅里埃公司的SMID上生长的沙门氏菌为粉红色，法国科玛嘉的沙门氏菌显色培养基上的沙门氏菌典型菌落为紫色。

沙门氏菌虽有近2300多个血清型，但绝大多数血清型的细菌生化特性非常一致。沙门氏菌具有复杂的抗原构造，一般可分为菌体（O）抗原、鞭毛（H）抗原、表面包膜（K）抗原和菌毛抗原。O抗原和H抗原是沙门氏菌的主要抗原，是构成沙门氏菌血清型鉴定的基础，其中O抗原是每个菌株必有的成分。

二、致病性大肠埃希氏菌

（一）食品卫生学意义

致病性大肠杆菌是指能引起人和动物发生感染和中毒的一群大肠杆菌，它与非致病性大肠杆菌在形态特征、培养特性和生化特性上是不能区别的，只能用血清学的方法根据抗原性质的不同来区分。

致病性大肠杆菌（Pathogenic *E. coli*）根据其致病特点进行分类，一般分为六类：产肠毒性大肠杆菌（Enterotoxigenic *E. coli*，ETEC）、侵袭性大肠杆菌（Enteroinvasive *E. coli*，EIEC）、致病性大肠杆菌（Enteropathogenic *E. coli*，EPEC）、出血性大肠杆菌（Enterohemorrhagic *E. coli*，EHEC）、黏附性大肠杆菌（Enteroadhesive *E. coli*，EAEC）和弥散黏附性大肠杆菌（Diffusely adherent *E. coli*，DAEC）。致病的大肠杆菌常见的血清型较多，其中较为重要的是EHEC O157∶H7，属于肠出血性大肠杆菌，能引起出血性或非出血性腹泻，出血性结肠炎（HC）和溶血性尿毒综合征（HUS）等全身性并发症。据美国疾病控制中心（CDC）估计，在美国每年约2万人由EHEC O157∶H7引起发病，死亡率可达250~500人。近年来在非洲、欧洲及英国、加拿大、澳大利亚、日本等许多国家均有EHEC O157∶H7引发的感染中毒，有的地区呈不断上升的趋势，我国自1987年以来，在江苏、山东、北京等地也有陆续发生O157∶H7的散发病例的报道。

健康人肠道致病性大肠埃希氏菌带菌率一般为2%~8%，高者达44%，成人肠炎和婴儿腹泻患者的致病性大肠埃希氏菌带菌率较成人高，为29%~52.1%，饮食业、集体食堂的餐具、炊具，特别是餐具易被大肠埃希氏菌污染，其检出率高达50%左右，致病性大肠埃希氏菌检出率为 0.5%~1.6%。食品中致病性大肠埃希氏菌检出率高低不一，低者 1% 以下，高者达 18.4%。猪、牛的致病性大肠埃希氏菌检出率为 7%~22%。

（二）主要特征

1. 形态特征

该菌属为两端钝圆，散在或成对的中等大肠杆菌（图 5-13，图 5-14），长 2~3μm，宽 0.4~0.6μm，多数菌株有 5~8 根周生鞭毛，运动活泼，周身有菌毛。少数菌株能形成荚膜或微荚膜，不形成芽孢。对一般碱性染料着色良好，有时菌体两端着色较深，革兰氏染色呈阴性。

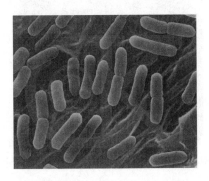 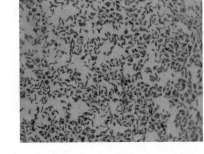

图 5-13 致病性大肠埃希氏菌的电镜照片 　图 5-14 致病性大肠埃希氏菌的革兰氏染色照片

2. 生物学特征

大肠杆菌为需氧或兼性厌氧菌，对营养要求不高，在普通培养基上能良好生长。15~42℃ 能发育繁殖，最适生长温度为 37℃，最适生长 pH 为 7.2~7.4。

大肠杆菌的抗原比较复杂，主要由菌体（O）抗原，鞭毛（H）抗原和表面包膜（K）抗原三部分组成。O、K、H 抗原是大肠杆菌血清学分型的基础，按不同的组合方式组成不同的大肠杆菌血清型，大肠杆菌的抗原式如 O8：K25：H9。

三、副溶血性弧菌

（一）食品卫生学意义

副溶血性弧菌（*Vibrio parahaemolyticus*）是弧菌属的一种嗜盐杆菌（嗜盐弧菌）。它在各种海产品普遍存在，淡水鱼中也有该菌的存在。当食品被具有致病性的菌株污染后，食用后可引起胃肠不适。该菌是沿海地区食物中毒暴发的主要病原菌之一。

副溶血性弧菌中毒一般是暴发性，较少是散发现象。大多发生于 6~10 月份气候炎热的季节，寒冷季节则极少见。潜伏期最短仅 1h，一般在 3~20h，发生无年龄、种族的差异，而与地域和饮食习惯有很大关系。

（二）主要特征

1. 形态特征

该菌为革兰氏阴性弯曲的球杆菌，或呈弧菌，两端有浓染现象，其中间着色较淡或不着色。一端有鞭毛（图 5-15），运动活泼，菌周也有菌毛，大小为 0.7~1.0μm，有时有丝状菌体（图 5-16），可长达 15μm。该菌在不同的生长环境中出现的菌体形态也有些差异，呈现多形性。主要出现的形态有球状、球杆状、卵圆形和丝状。该菌的排列不规则，多数散在，有时成对存在。在 S.S 琼脂和血平板上培养，细菌大多数呈卵圆形，少数呈杆状或丝状，两端浓染，中间着色淡甚至不着色。在嗜盐琼脂上，本菌主要为两头小而中间稍胖的球杆菌，在罗氏双糖培养基上，24h 菌体基本一致，48h 的培养物菌体形态的变化很大，有球状、丝状、杆状、弧状或逗点状等，其大小及染色特性差异也很大。

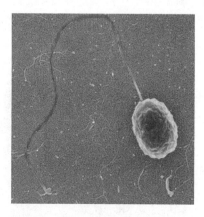　　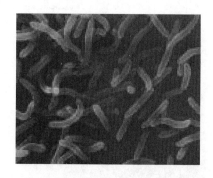

图 5-15　副溶血性弧菌的电镜照片　　　　图 5-16　副溶血性弧菌在显微镜下的形态图

2. 生物学特征

该菌为需氧菌，需氧性很强，对营养的要求不高，但在无盐的环境中不能生长。在食盐 0.5% 的培养基中即能生长，所以在普通琼脂或蛋白胨水培养基上可以生长，而该菌在含盐 3%～3.5% 的培养基上生长最好。该菌生长速度快，易形成扩散性菌落，是该菌典型特征之一。其生长 pH 的范围为 7.0～9.5，而最适 pH 为 7.4～8.0，适应温度范围 15～48℃，生长发育最适宜的温度为 30～37℃。

副溶血性弧菌在自然界不同的水中生存时间很不一致，在淡水中 1d 左右即死亡，在海水中则能存活 47d 以上。在 pH6.0 以下不能生长，但在含盐 6% 的酱菜中，虽 pH 降至 5.0，仍能存活 30d 以上。该菌对热敏感，65℃加热 5～10min，90℃加热 3min 即可将其杀死。15℃以下生长即受抑制，但在 -20℃保持于蛋白胨培养基中，经 11 周仍能继续存活。该菌对酸的抵抗力较弱，2% 醋酸和食醋中 1min 即死亡。对氯、石炭酸、来苏尔抵抗力较弱，如在 0.5mg/L 氯中 1min 死亡。

四、志贺氏菌属

（一）食品卫生学意义

志贺氏菌属（*Shigellae*）是人类及灵长类动物细菌性痢疾（简称菌痢）最为常见的病原菌，俗称痢疾杆菌（*Dysentery Bacterium*）。本属包括痢疾志贺氏菌（*Shigella dysenteriae*）、福氏志贺氏菌（*Shigella flexneri*）、鲍氏志贺氏菌（*Shigella boydii*）、宋内志贺氏菌（*Shigella sonnei*），共 4 群 44 个血清型。4 群均可引起痢疾。引起人食物中毒的主要是对外界抵抗力较强的宋内志贺氏菌。它们的主要致病特点是能侵袭结肠黏膜的上皮细胞，引起自限性化脓性感染病灶。该菌只引起人的痢疾，但各群志贺氏菌致病的严重性和病死率及流行地域有所不同。我国主要以福氏和宋内志贺氏菌痢疾流行为常见。

（二）主要特征

1. 形态特征

志贺氏菌的形态与一般肠道杆菌无明显区别，大小为（0.5~0.7）μm×（2.0~3.0）μm，革兰阴性短小杆菌，无芽孢，无荚膜，有菌毛（见图5-17和图5-18）。长期以来人们认为志贺氏菌无鞭毛、无动力。最近重新分离志贺氏菌，在电子显微镜下证实其有鞭毛、有动力。

2. 生物学特征

志贺氏菌为需氧或兼性厌氧菌，对营养要求不高，在普通培养基上生长良好，形成半透明光滑型菌落。最适生长温度为37℃，最适pH为7.2~7.8。

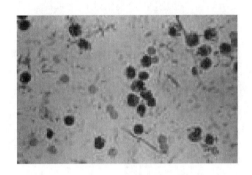　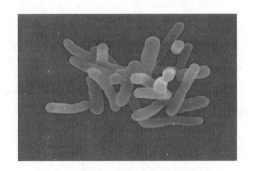

图5-17　志贺氏菌的显微镜下照片　　　　图5-18　志贺氏菌的电镜照片

五、 金黄色葡萄球菌

（一）食品卫生学意义

金黄色葡萄球菌（*Staphylococcus aureus*）为葡萄球菌属成员，在自然界中无处不在，空气、水、灰尘及人和动物的排泄物中都可以找到。因此，食品受其污染的机会很多。近年来，美国疾病控制中心报告，由金黄色葡萄球菌引起的感染占第二位，仅次于大肠杆菌。金黄色葡萄球菌肠毒素是世界性卫生问题，在美国由金黄色葡萄球菌肠毒素引起的食物中毒占整个细菌性食物中毒的33%，加拿大则更多，占45%，我国每年发生的此类中毒事件也非常多。

（二）主要特征

1. 形态特征

菌体呈球形或椭圆形，直径0.5~1.5μm，无芽孢、无鞭毛、无荚膜、呈单个、成双或葡萄状的革兰氏阳性球菌，衰老、死亡和被吞噬后常呈阴性。

2. 生物学特征

大多数葡萄球菌为需氧或兼性厌氧菌，但在20%的CO_2环境中有利于毒素的产生。对营养要求不高，在普通培养基上生长良好，最适生长温度为37℃，最适pH为7.2~7.4，pH为4.2~9.8时亦可生长，某些菌株耐盐性强，在10%~15% NaCl培养基上生长。如图5-19所示为金黄色葡萄球菌的电镜照片。

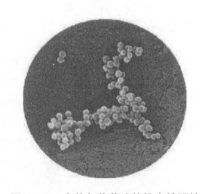

图5-19　金黄色葡萄球菌的电镜照片

葡萄球菌是抵抗力最强的不产芽孢细菌，耐干燥可达数月，以80℃加热30min，或在50g/L的石炭酸、1g/L的升汞溶液中15min便会死亡，1：（10万～20万）龙胆紫能抑制其生长。在干燥的脓汁和血液中可存活数月，能耐冷冻环境，耐盐性很强。

六、肉毒梭菌

（一）食品卫生学意义

肉毒梭菌（Clostridium botulinum）是厌氧芽孢杆菌属成员，为严格厌氧菌，是一种腐物寄生菌。它在自然界中分布广泛，遍布于土壤、江、河、湖、海、沉积物中，水果、蔬菜、畜、禽、鱼制品中亦可发现，偶尔见于动物粪便中。一般认为土壤是肉毒梭菌的主要来源。在我国肉毒梭菌中毒多发地区的土壤中，该菌的检出率为22.2%，未开垦的荒地土壤带菌率更高。

污染食品主要存在于密闭比较好的包装食品中，在厌氧条件下，产生极其强烈的肉毒毒素（Botulinus Neurotoxins，BNTs），其毒性作用是目前已知化学毒物和生物毒素中最为强烈的一种，比氰化钾的毒力还大10 000倍。小鼠LD_{50}为0.001μg/kg，0.072μg即可致一成年人死亡。肉毒梭菌中毒症简称肉毒中毒，是由肉毒梭菌分泌的肉毒毒素引起。1896年，van Ermengem从保存不良的熏火腿中和死于此病的一个病理组织中发现该病病原体。我国首例肉毒梭菌中毒病例确诊发生在1958年。

人类肉毒中毒可分为四种类型：食物性肉毒中毒（即毒素型肉毒中毒）；婴儿肉毒中毒；创伤性肉毒中毒；吸入性肉毒中毒。根据外毒素的抗原性不同，目前分成A、B、C（Ca，Cb）、D、E、F、G八个型。引起人患病的主要为A、B、E三型，F型、G型偶有报告。肉毒中毒集中发生在北纬30°～70°区域内，在毒素类型上具有地域性差别。美国主要为A型，欧洲为B型，日本为E型，我国主要以A、B、E型毒素中毒较为常见，F型较少。

（二）主要特征

1. 形态特征

肉毒梭菌属于厌氧性梭状芽孢杆菌属，具有该菌的基本特性，即厌氧性的杆状菌，形成芽孢，芽孢比繁殖体宽，呈梭状，新鲜培养基的革兰氏染色为阳性，产生剧烈细菌外毒素，即肉毒毒素。

肉毒梭菌为多形态细菌，约为4μm×1μm的大肠杆菌，两侧平行，两端钝圆，直杆状或稍弯曲，芽孢为卵圆形，位于次极端，或偶有位于中央，常见很多游离芽孢。有时形成长丝状或链状，有时能见到舟形、带把柄的柠檬形、蛇样线状、染色较深的球茎状，这些属于退化型。当菌体开始形成芽孢时，常常伴随着自溶现象，可见到阴影形。肉毒梭菌具有4～8根周毛性鞭毛，运动迟缓，没有荚膜。如图5-20所示为肉毒梭菌在显微镜下的照片。

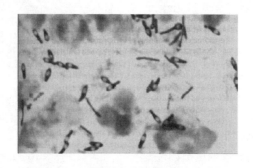

图5-20　肉毒梭菌在显微镜下的照片

2. 生物学特性

肉毒梭菌在固体培养基表面上，形成不正圆形，3mm 左右的菌落。菌落半透明，表面呈颗粒状，边缘不整齐，界线不明显，向外扩散，呈绒毛网状，常常扩散成菌苔。在血平板上，出现与菌落几乎等大或者较大的溶血环。在乳糖卵黄牛乳平板上，菌落下培养基呈乳浊，菌落表面及周围形成彩虹薄层，不分解乳糖；分解蛋白的菌株，菌落周围出现透明环。肉毒梭菌发育最适温度为 25~35℃，培养基的最适酸碱度为 pH6.0~8.2。

七、单核细胞增生李斯特氏菌

（一）食品卫生学意义

单核细胞增生李斯特氏菌（*Listeria monocytognes*），简称单增李斯特菌，隶属于李斯特氏菌属，该属目前已知有 8 个种，其中单增李斯特氏菌已被证实是一种可以引起食物中毒的病原菌，在我国现已引起普遍关注。

（二）主要特征

1. 形态特征

单增李斯特氏菌细胞呈直的或稍弯曲的小杆状，大小为（0.4~0.5）μm×（1.0~3.0）μm，常呈单个、短链状，或呈 V 字形成对排列，有时老龄菌呈丝状，长 6~20μm 或更长，无芽孢，无荚膜，22~25℃形成周生鞭毛，37℃鞭毛很少或无（图 5-21）。革兰氏阳性好氧或兼性厌氧菌。对营养要求不高，在普通营养琼脂平板上 37℃培养数天菌落直径 2mm，初期光滑、扁平、透明，后期蓝灰色。在血琼脂平板上 35℃培养 18~24h 形成直径 1~2mm、圆形、灰白色、光滑而有狭窄的 β-溶血环的菌落。

2. 生物学特征

单核细胞增生李斯特氏菌为需氧及兼性厌氧菌。于普通琼脂上生长不良，在含有血清或血液琼脂上生长较好。在加有 1% 葡萄糖及 2%~3% 甘油的肉汤琼脂上生长更佳。生长温度 3~45℃，以 30~37℃最好，最适 pH 为 7.0~8.0，在 20% CO_2 环境中培养有助于增加其动力。在血琼脂上菌落周围有溶血环。在亚碲酸钾琼脂 37℃培养 24h 后形成圆形、隆起、湿润、直径 0.6mm、黑色菌落。在麦康凯琼脂上不生长。肉汤培养物呈均匀混浊、有颗粒状沉淀、不形成菌环和菌膜。

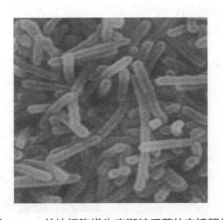

图 5-21　单核细胞增生李斯特氏菌的电镜照片

第三节　病毒对食品安全性的影响

与细菌和真菌相比，人们对食品中病毒的情况了解较少，这有多方面的原因。第一，病毒必须依赖于活的细胞方能生存和繁殖。作为完全寄生性的微生物，病毒并不像细菌和真菌那样能在培养基上生长，培养病毒需要组织培养和鸡胚培养。第二，食品这种媒介对于病毒来说既适合生长繁殖，又不适合生长繁殖，在食品处于活鲜阶段是有生命的，非常适合病毒存活。第三，并不是食品微生物专家关心的所有病毒都能用现有的技术进行培养，例如，诺瓦克病毒现在还难以人工培养，即现有技术还难以满足一些食品中病毒的检测需要。第四，因为病毒不能在食品中繁殖，它们的可检出数量要比细菌少得多，所以提取病毒必须采用一些分离和浓缩方法，因此目前还难以有效地从食品中提取50%以上的病毒颗粒。第五，科研实验室中的病毒技术还难以应用到食品微生物检测实验室中。

但随着分子生物学技术的快速发展，有些技术还是可以尝试的，如反向转录聚合酶链反应检测方法（RT-PCR）能直接检测一些食品中存在的病毒。据已有的证据确认，任何肠道病原细菌都是在卫生条件不良的情况下进入食品的，所以可以推测肠道病毒的感染途径也是如此，即使它们在食品中不能繁殖，尤其是病毒性肝炎的传播主要就是通过粪-口传播模式，因此，粪-口传播模式对病毒通过食品媒介传播是非常重要的。病毒通过吸收进入人体，在肠道中繁殖，从粪便中排出。非肠道病毒也可能出现在食品中，但因病毒具有组织亲和性，所以食品只能作为肠道病毒或肠道病毒传播的载体。这些病毒可以在某些贝壳类海产品中积累达到900倍的水平。

一、朊病毒

（一）生物学特性

朊病毒（Prion Virus）又称蛋白质侵染因子。朊病毒是一类能侵染动物并在宿主细胞内复制的小分子无免疫性疏水蛋白质。朊病毒大小只有30~50nm，电镜下见不到病毒粒子的结构；经复染后可见到聚集而成的棒状体（图5-22），其大小约为（10~250）nm×（100~200）nm。通过研究还发现，朊病毒对多种因素的灭活作用表现出惊人的抗性。对物理因素，如紫外线，化学试剂，如甲醛、羟胺、核酸酶类等，表现出强抗性。对蛋白酶K、尿素、苯酚、氯仿等不

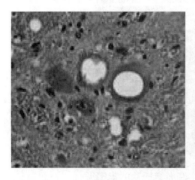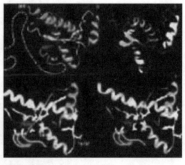

图5-22　朊病毒

具抗性。在生物学特性上，朊病毒能造成慢病毒性感染而不表现出免疫原性，巨噬细胞能降低甚至灭活朊病毒的感染性，但使用免疫学技术又不能检测出有特异性抗体存在，不诱发干扰素的产生，也不受干扰素作用。总体上说，凡能使蛋白质消化、变性、修饰而失活的方法，均可能使朊病毒失活；凡能作用于核酸并使之失活的方法，均不能导致朊病毒失活。由此可见，朊病毒本质上是具有感染性的蛋白质。普鲁辛纳将此种蛋白质单体称为朊病毒蛋白或朊蛋白（Prion Protein，PrP）。

（二）致病机制

Prion 病是一种人和动物的致死性中枢神经系统慢性退行性疾病。对 Prion 病的详细机制虽不完全清楚，但目前普遍认为 Prion 病发生的基本原理是：以 α 螺旋为主的对蛋白酶敏感的不具有感染能力的细胞型（正常型）朊病毒蛋白（Cellular PrP，PrPc）转变成以 β 片层为主的对蛋白酶抵抗的具有感染能力的不溶性瘙痒型（致病型 P）朊病毒蛋白（Scrapie PrP，PrPsc）。一方面，PrPsc 可胁迫 PrPc 转化为 PrPsc，实现可产生病理效应的自我复制；另一方面，基因突变也可导致细胞型 PrPc 中的 α 螺旋结构不稳定，当累积至一定量时就会产生伴随 β 片层增加的自发性转化，最终变为 PrPsc，并通过多米诺效应倍增致病。结构的改变导致致病作用发生改变的确切机理目前并不十分清楚。

Prion 病一方面既是传染病，也是遗传病，还可以是个案病例；另一方面，PrPsc 作为致病因子，可在同一种属间进行传播；在人的 Prion 病例中，约有 10% 具有家族性，且与 PrP 基因突变连锁，故该病具有遗传性，但偶尔也发现有单发的个案病例。

对于人类而言，朊病毒病的传染主要有两种方式。其一为遗传性的，即人家族性朊病毒传染；其二为医源性的，如角膜移植、脑电图电极的植入、不慎使用污染的外科器械以及注射取自人垂体的生长激素等；可能的第三种方式是食物传播。

二、禽流感病毒

（一）生物学特性

禽流感病毒（AIV）属甲型流感病毒。流行性感冒病毒属于 RNA 病毒的正黏病毒科，分甲、乙、丙 3 个型。其中甲型流感病毒多发于禽类，一些亚型也可感染猪、马、海豹和鲸等各种哺乳动物及人类；乙型和丙型流感病毒则分别见于海豹和猪的感染。甲型流感病毒呈多形性，其中球形直径为 80~120nm（图 5-23），有囊膜。基因组为分节段单股负链 RNA。依据其外膜血凝素（H）和神经氨酸酶（N）蛋白抗原性的不同，目前可分为 15 个 H 亚型（H1~

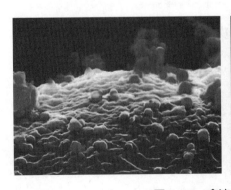
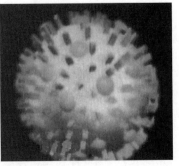

图 5-23　禽流感病毒

H15）和 9 个 N 亚型（N1~N9）。感染人的禽流感病毒亚型主要为 H5N1、H9N2、H7N7，其中感染 H5N1 的患者病情重，病死率高。研究表明，原本为低致病性禽流感病毒株（H5N2、H7N7、H9N2），可经 6~9 个月禽间流行的迅速变异而成为高致病性毒株（H5N1）。

禽流感病毒对乙醚、氯仿、丙酮等有机溶剂均敏感。常用消毒剂容易将其灭活，如氧化剂、稀酸、十二烷基硫酸钠、卤素化合物（如漂白粉和碘剂）等都能迅速破坏其传染性。

禽流感病毒对热比较敏感，以 65℃加热 30min 或煮沸（100℃）2min 以上可灭活。病毒在粪便中可存活 1 周，在水中可存活 1 个月，在 pH<4.1 的条件下也具有存活能力。病毒对低温抵抗力较强，在有甘油保护的情况下可保持活力 1 年以上。

病毒在直射阳光下 40~48h 即可灭活，如果用紫外线直接照射，可迅速破坏其传染性。禽流感病毒可在水禽的消化道中繁殖。

（二）致病机制

病禽和带病毒的禽类是主要的传染源。鸭、鹅等家养水禽和野生水禽在本病传播中起重要作用，候鸟也可能起一定作用。

禽流感的传播方式有与感染禽和易感禽的直接接触传播和与病毒污染物的间接接触传播两种。可以直接通过接触活的病禽、可能污染的禽类产品传播。禽流感病毒可在污染的禽肉中存活很长时间，可以通过污染食品传播，如冻禽肉。

禽流感病毒（AIV）存在于病禽的所有组织中，主要存在于病禽、活感染禽的消化道和呼吸道。急性流感病禽的血液中大多含有高滴度的病毒。因此，病禽的血液有极高的感染性，即使稀释几亿倍，仍可使易感的成年鸡发病死亡。病禽各组织中大多含有高滴度的病毒，病毒可随眼、鼻等分泌物及粪便排出体外。因此，被含病毒分泌物及粪便污染的任何物体，如饲料、水、房舍设施、笼具、衣物、空气、运输车辆和昆虫等，都具有机械性传播作用。禽流感病毒能否通过禽卵垂直传播还未有大量资料能证实，但有从流感病禽卵中分离出禽流感病毒的报道，在美国宾夕法尼亚州暴发禽流感期间也从鸡蛋中分离出 H5N2 病毒。用宾夕法尼亚 H5N2 毒株人工感染母鸡，在感染后 3d 和 4d 几乎所产的蛋全部都含有流感病毒。食用污染的禽蛋非常危险，污染鸡群的种蛋不能用作孵化。此病发生虽无明显季节性，但常常冬春季气温较低时多发。病毒在 37℃的粪便中可存活 6d，4℃的粪便中可存活 35d。因此，普通的食品保藏方法对病毒影响不大。

禽流感病毒的易感动物包括珍珠鸡、火鸡、各种禽类以及野禽。在各种禽类中，火鸡最常发生流感暴发流行，其它易感禽类包括燕鸥、鸽、鸭和鹅等。近年来在人工感染试验中，发现猪、雪豹、猫、水貂、猴和人都能被来自禽类流感病毒感染。

三、 诺瓦克病毒

（一）生物学特性

诺瓦克样病毒有许多共同特征，为直径 26~35nm 的圆形结构病毒（图 5-24），无包膜；分离自急性胃肠炎患者的粪便；不能在细胞或组织中培养；基因组为单股正链 RNA；在 CsCl 密度梯度中的浮力密度为 $1.36~1.41g/cm^3$；电镜下缺乏显著的形态学特征。

1972 年，Kapikian 等在美国 Norwalk（诺瓦克）镇暴发的一次急性胃肠炎患者的粪便中发现一种直径约为 27nm 的病毒样颗粒，将之命名为诺瓦克病毒（Nor-walk Virus，NV）。此后，世界各地陆续自胃肠炎患者粪便中分离出多种形态与之相似，但抗原性略有差异的病毒样颗粒，均以发现地点命名，如：美国的 Hawaii Virus（HV）、Snow Mountain Virus（SMV），英国的 Taunton Virus、Southampton Virus（SV），日本的 SRSV1～9 等，统称为诺瓦克病毒（Norwalk-like Viruses，NLVs），诺瓦克病毒是这组病毒的原型株。1993 年通过分析其 cDNA 克隆的核酸序列，将诺瓦克病毒归属于杯状病毒科（Calici Virus）。诺瓦克病毒成员庞杂，目前已对其 100 多个分离株进行基因测序。根据 RNA 聚合酶区或衣壳蛋白区核苷酸和氨基酸序列的同源性比较，将诺瓦克样病毒分为两个基因组：基因组 I，代表株 NV，包括 SV、Desert Shield Virus（DSV）等；基因组 II，代表株 SMV，包括 HV、Mexio Virus（MX）等。

（二）致病机制

诺瓦克病毒感染的患者、隐性感染者及健康携带者均可作为传染源。诺瓦克病毒的传播途径如图 5-25 所示。

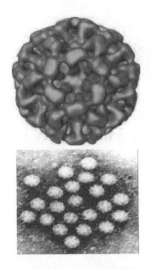

图 5-24　诺瓦克病毒

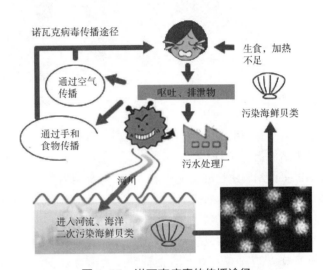

图 5-25　诺瓦克病毒的传播途径

主要传播途径是粪-口传播。原发场所包括学校、家庭、旅游区、医院、食堂、军队等，食用被病毒污染的食物如牡蛎、鸡蛋及水等最常引起暴发性胃肠炎流行。生吃贝类食物是导致诺瓦克病毒胃肠炎暴发流行的最常见原因。1987—1992 年，在日本 Kyushu 地区暴发的急性诺瓦克病毒胃肠炎中，有四次被证实与生食牡蛎密切相关。Schwab 等用逆转录聚合酶链反应（RT-PCR）的方法证实，诺瓦克病毒可以在贝类生物体内累积，且用消灭大肠杆菌的方法不能将该病毒净化。此外人-人接触传播、空气传播亦是诺瓦克病毒和诺瓦克样病毒传播的途径，后者可由患者周围的人吸含病毒的微粒（患者排出的呕吐物在空气中蒸发）而传播。暴发期间经常发生最初病例接触被污染的媒介物（食物或水）引起，而第二、第三代病例由人对人传染引起。1996 年 1 月至 2000 年 11 月间，美国 CDC 报告指出诺瓦克样病毒胃肠炎暴发 348 起，经食物传染的占 3%，18% 不能与特定传染方式相联系，还有 28% 无资料。在美国每年约有 2300 万人感染该病毒，占腹泻患者的 40%。

四、轮状病毒

（一）生物学特性

病毒体直径 60～80nm，呈球形，核心为双股 RNA，周围包绕两层衣壳，无包膜。电镜下观察（图5-26），病毒的内衣壳由22～24个辐射状结构的亚单位附着在病毒核心上，向上伸出与外衣壳汇合形成车轮状，故称轮状病毒（Rotavirus）。在轮状病毒感染的粪便标本中，电镜下可见四种颗粒形态：双壳含核心颗粒、双壳空颗粒、单壳含核心颗粒和单壳空颗粒，仅双壳含核心颗粒具有感染性。

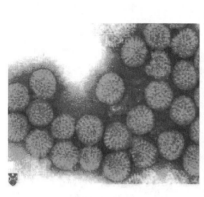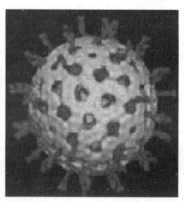

图5-26　轮状病毒

轮状病毒基因组由11个不连续的双股RNA基因片段组成，每个RNA片段编码一种蛋白，包括6种结构蛋白（VP1～VP4，VP6及VP7）和5种非结构蛋白（NSP1～NSP5），其中VP4转录后经蛋白水解酶裂解成VP5和VP8，使病毒具有感染性。VP1～VP3三种结构蛋白位于病毒核心；VP6存在于内衣壳上，是主要的病毒蛋白成分，根据其抗原性的差异可将轮状病毒分成A～G七组，感染人类的主要是A组和B组。VP4和VP7存在于外衣壳上，是主要的中和抗体。VP7为糖蛋白，构成外壳的主要成分，具有型特异性，根据VP7抗原性的差异，目前可将轮状病毒分成14个VP7特异性血清型，又称为G型（Glycoprotein）。VP4为血凝素，与病毒的毒力有关，也具有型特异性，因其对蛋白酶敏感而称为P型（Protease-sensitive Protein），现已有20个以上P血清型。

轮状病毒对理化因素及外界环境的抵抗力较强，在粪便中可存活数日或数周，耐乙醚、耐酸、耐碱。pH3.5～10.0仍可保持其感染性，不耐热，以55℃加热30min可被灭活。

（二）致病机制

A～C组轮状病毒引起人和动物腹泻，D～G组仅引起动物腹泻。A组轮状病毒感染呈世界性分布，感染最常见于6个月到2岁的婴幼儿，在发展中国家是导致婴幼儿死亡的主要原因之一；B组轮状病毒可引起成人急性胃肠炎，但至今仅我国有过报道；C组病毒对人的致病性类似A组，但发病率低。温带地区婴幼儿轮状病毒腹泻有比较明显的季节性，发病率在寒冷的秋冬季高，夏季低，但热带地区季节性不明显。

传染源为患者及无症状的带毒者，主要通过粪-口途径和密切接触传播，也可通过呼吸道传播。病毒侵入人体后在小肠黏膜绒毛细胞内增殖，使细胞受损，可造成微绒毛萎缩、变短、脱落。受损细胞合成双糖酶的能力丧失，致使小肠吸收功能障碍，乳糖及其它双糖在肠腔内滞留，可导致腹泻与消化不良。临床上表现为呕吐、腹泻、腹痛和脱水，伴有发热。少数患儿因严重脱水和电解质平衡紊乱而致死。

病后可很快产生血清抗体（IgG、IgM）和肠道局部分泌型抗体（SIgA），对同型病毒感染有免疫保护作用。但不同的病毒血清型间无交叉免疫，故可再次感染。新生儿可通过胎盘从母体获得特异性 IgG，从初乳中获得 SIgA，因而新生儿常不受感染或仅为亚临床感染。

五、　肠道冠状病毒

（一）生物学特性

肠道冠状病毒呈圆形或类圆形，直径为 80~160nm，有包膜，其包膜上有排列间隔较宽的刺突，刺突大小为 20nm×（5~11）nm（图 5-27）。核衣壳呈螺旋对称，核酸为单股正链 RNA，长度为 $2.7×10^4~3.0×10^4$ 核苷酸，是自然界中已知最大的稳定的 RNA。

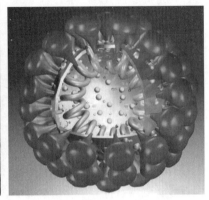

图 5-27　肠道冠状病毒

冠状病毒基因组结构多来自于易培养的动物，近年来才有关于冠状病毒序列的报道。基因组序列表示有 8 个必需的开放读码框架（ORF），此外还有许多较小的和非必须 ORF。其编码的主要蛋白有膜糖蛋白 M（E1）、刺突糖蛋白 S（E2）、核蛋白 N、聚合酶蛋白 L（REP），部分病毒还有血凝素 H（E3）。其中刺突糖蛋白 S 具有吸附功能，膜融合功能，均与病毒的感染有关，它还是中和抗原，可诱发机体产生中和抗体，具有保护作用。

冠状病毒病是由冠状病毒（Coronavirus）引起的一种疾病，是一种典型的人畜共患病。冠状病毒有 15 种，能引起各种动物冠状病毒病。其中动物冠状病毒病包括禽传染性支气管炎（IB）、猪传染性胃肠炎（TGE）、猪流行性腹泻（PED）、猪血凝性脑脊髓炎（PHE）、初生犊腹泻（BC）、幼驹胃肠炎（FGE）、猫传染性腹膜炎（FIP）、猫肠道冠状病毒病（FEC）、犬冠状病毒病（CC）、鼠肝炎（MH）、大鼠冠状病毒病（RC）、火鸡蓝冠病（TC）等，以及 3 种人冠状病毒病是人呼吸道冠状病毒病、人肠道冠状病毒病和新发现的 SARS 病毒。

冠状病毒具有包膜，对脂溶剂敏感。冠状病毒比较稳定，低温下可冻存数年而不改变其感染性。在 37℃ 时，人冠状病毒至少可存活 2h。但加温 56℃，10min 则可灭活。气溶胶化的冠状病毒对温度的抵抗力较强，80℃ 高温下，半寿期为 3h；30℃ 时，半寿期可达 26h；此时如将湿度提高到 80%，则半寿期为 86h。冠状病毒对化学消毒剂中的氧化剂敏感，如过氧化酸、碘伏、含氯化合物等，戊二醛可灭活冠状病毒。

（二）致病机制

一般认为冠状病毒的复制首先是病毒颗粒经受体介导吸附于敏感细胞膜上，一些包膜上含有 HE 蛋白的冠状病毒则通过 HE 或 S 蛋白结合于细胞膜上的糖蛋白受体，而不含 HE 蛋白的冠状病毒则以 S 蛋白直接结合细胞膜表面的特异糖蛋白受体。然后吸附在敏感细胞膜上的病毒颗粒通过膜融合或细胞内吞侵入，其膜融合的最适 pH 范围一般为中性或弱碱性。病毒感染敏感细胞后经过 2~4h 潜伏期，开始出现增殖，培养 10~12h 就完成一步生长曲线，感染后细胞刚出现病变时，病毒增殖已达高峰。

人肠道冠状病毒选择性地感染肠黏膜中起吸收作用的绒毛上皮细胞，引起绒毛的萎缩，不同毒株可选择性地侵犯小肠、大肠或结肠，表现的临床严重程度也很不一致，可从轻微肠炎快速发展到致死性腹泻，主要依靠局部免疫反应克服肠道感染。

感染后可引起体液免疫和细胞免疫，但持续时间不超过一年，再感染常见。在人群中曾进行过抗体调查，北京抗冠状病毒抗体比率为 61.6%；昆明为 27.5%；贵阳为 30.5%。由于抗体消失较快，上述数字表明人群的感染还是比较普遍。人口密度和人群流动显著影响人群的感染率。

第四节　寄生虫对食品安全性的影响

寄生虫病对人体健康和畜牧家禽业的危害均十分严重。在占世界总人口 77% 的广大发展中国家，特别在热带和亚热带地区，寄生虫病依然广泛流行，威胁着儿童和成人的健康甚至生命。联合国开发计划署、世界卫生组织等联合倡议的热带病特别规划要求防治的六类主要热带病中，除麻风病外，其余五类都是寄生虫病，即疟疾（Malaria）、血吸虫病（Shistosomaiasis）、丝虫病（Filariasis）、利什曼病（Leishmaniasis）和锥虫病（Trypanosomiasis）。按蚊传播的疟疾是热带病中最严重的一种寄生虫病。据估计有 21 亿人生活在疟疾流行地区，每年有一亿临床病例，有 100 万~200 万的死亡人数。目前尚有三亿多人生活在未有任何特殊抗疟措施的非保护区，非洲大部分地区为非保护区。

我国幅员辽阔，地跨寒、温、热三带，自然条件千差万别，人民的生活与生产习惯复杂多样，加上中华人民共和国成立前受政治、经济、文化等社会因素的影响，我国成为寄生虫病严重流行国家之一，特别在广大农村，寄生虫病一直是危害人民健康的主要疾病。有的流行猖獗，如疟疾、血吸虫病、丝虫病、黑热病和钩虫病，曾经夺去成千上万人的生命，严重阻碍农业生产和经济发展，曾被称为"五大寄生虫病"。在寄生虫感染者中，混合感染普遍，尤其在农村同时感染 2~3 种寄生虫者很常见，最多者一人感染 9 种寄生虫，有的 5 岁以下儿童感染寄生虫多达 6 种。此外，流行相当广泛的原虫病有：贾第虫病、阴道滴虫病、阿米巴病；蠕虫病有：旋毛虫病、华支睾吸虫病、并殖吸虫病、包虫病、带绦虫病和囊虫病等。近年机会致病性寄生虫病，如隐孢子虫病、弓形虫病、粪类圆线虫病的病例亦时有报告，且逐渐增加。

目前，由于市场开放、家畜和肉类、鱼类等商品供应渠道增加，城乡食品卫生监督制度不健全，加上生食、半生食的人数增加，使一些经食物感染的食物源性寄生虫病的流行程度在部分地区有不断扩大的趋势，如旋毛虫病、带绦虫病、化支睾吸虫病的流行地区各有 20 余个省、市、区。由于对外交往和旅游业的发展，国外一些寄生虫和媒介节肢动物的输入，给我国人民健康带来新的威胁。总之，我国寄生虫种类之多，分布范围之广，感染人数之众，居世界各国之前列。

一、溶组织内阿米巴

（一）病原

溶组织内阿米巴（*Entamoeba histolytica*）属内阿米巴科的内阿米巴属（图5-28）。人为溶组织内阿米巴的适宜宿主，猫、狗和鼠等也可作为偶尔的宿主。人体感染的主要方式是经口感染，食用含有成熟包囊的粪便污染的食品、饮水或使用污染的餐具均可导致感染。食源性暴发流行则是由于不卫生的用餐习惯或食用由包囊携带者制备的食品而引起。另外，口-肛性行为的人群，粪便中的包囊可直接经口侵入，所以阿米巴病在欧美日等国家被列为性传播疾病（Sexually Transmitted Disease，STD），我国尚未见报道，但应引起重视。

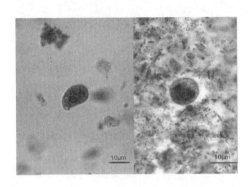

图5-28　溶组织内阿米巴

（二）致病机制

被粪便污染的食品、饮水中的感染性包囊经口摄入通过胃和小肠，在回肠末端或结肠中性或碱性环境中，由于包囊中的虫体运动和肠道内酶的作用，包囊壁在某一点变薄，囊内虫体多次伸长，伪足伸缩，虫体脱囊而出。4核的虫体经三次胞质分裂和一次核分裂发展成8个滋养体，随即在结肠上端摄食细菌并进行二分裂增殖。虫体在肠腔内下移的过程中，随着肠内容物的脱水和环境变化等因素的刺激，而形成圆形的前包囊，分泌出厚的囊壁，经二次有丝分裂形成四核包囊，随粪便排出。包囊在外界潮湿环境中可存活并保持感染性数日至一个月，但在干燥环境中易死亡。

滋养体可侵入肠黏膜，吞噬红细胞，破坏肠壁，引起肠壁溃疡，也可随血流进入其它组织或器官，引起肠外阿米巴病。随坏死组织脱落进入肠腔的滋养体，可通过肠蠕动随粪便排出体外，滋养体在外界自然环境中只能短时间存活，即使被吞食也会在通过上消化道时被消化液所杀灭。

溶组织内阿米巴滋养体具有侵入宿主组织或器官、适应宿主的免疫反应和表达致病因子的能力。滋养体表达的致病因子可破坏细胞外间质，接触依赖性的溶解宿主组织和抵抗补体的溶解作用，其中破坏细胞外间质和溶解宿主组织是虫体侵入的重要方式。这些致病因子的转录水平是调节其致病潜能的重要机制。

二、疟　原　虫

（一）病原

疟原虫（*Plasmodium*）的基本结构包括核、胞质和胞膜（图5-29），环状体以后各期产生消化分解血红蛋白后的最终产物——疟色素。血片经姬氏或瑞氏染液染色后，核呈紫红色，胞质为天蓝色至深蓝色，疟色素呈棕黄色、棕褐色或黑褐色。四种人体疟原虫的基本结构相同，但发育各期的形态又各有不同，可资鉴别。除了疟原虫本身的形态特征不同之外，被寄生的红细胞在形态上也可发生变化。被寄生红细胞的形态有无变化以及变化的特点，对鉴别疟原虫种类很有帮助。

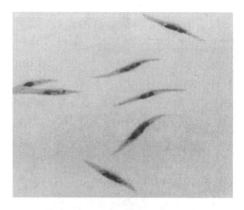

图 5-29　疟原虫

疟原虫在红细胞内生长、发育、繁殖，形态变化很大。一般分为三个主要发育期。

1. 滋养体（Trophozoite）

为疟原虫在红细胞内摄食和生长、发育的阶段。按发育先后，滋养体有早、晚期之分。早期滋养体胞核小，胞质少，中间有空泡，虫体多呈环状，故又称之为环状体（Ring Form）。以后虫体长大，胞核亦增大，胞质增多，有时伸出伪足，胞质中开始出现疟色素（Malarial Pigment）。间日疟原虫和卵形疟原虫寄生的红细胞可以变大、变形，颜色变浅，常有明显的红色薛氏点（Schuffner's Dots）；被恶性疟原虫寄生的红细胞有粗大的紫褐色茂氏点（Maurer's Dots）；被三日疟原虫寄生的红细胞可有齐氏点（Ziemann's Dots）。此时称为晚期滋养体，亦称大滋养体。

2. 裂殖体（Schizont）

晚期滋养体发育成熟，核开始分裂后即称为裂殖体。核经反复分裂，最后胞质随之分裂，每一个核都被部分胞质包裹，成为裂殖子（Merozoite），早期的裂殖体称为未成熟裂殖体，晚期含有一定数量的裂殖子且疟色素已经集中成团的裂殖体称为成熟裂殖体。

3. 配子体（Gametocyte）

疟原虫经过数次裂体增殖后，部分裂殖子侵入红细胞中发育长大，核增大而不再分裂，胞质增多而无伪足，最后发育成为圆形、卵圆形或新月形的个体，称为配子体；配子体有雌、雄（或大小）之分：雌（大）配子体虫体较大，胞质致密，疟色素多而粗大，核致密而偏于虫体一侧或居中；雄（小）配子体虫体较小，胞质稀薄，疟色素少而细小，核质疏松、较大、位于虫体中央。

（二）致病机制

疟原虫的主要致病阶段是红细胞内期的裂体增殖期。致病力强弱与侵入的虫种、数量和人体免疫状态有关。

1. 潜伏期（Incubation Period）

潜伏期指疟原虫侵入人体到出现临床症状的间隔时间，包括红细胞外期原虫发育的时间和红细胞内期原虫经几代裂体增殖达到一定数量所需的时间。潜伏期的长短与进入人体的原虫种株、子孢子数量和机体的免疫力有密切关系。恶性疟的潜伏期为 7~27d；三日疟的潜伏期为 18~35d；卵形疟的潜伏期为 11~16d；间日疟的短潜伏期株为 11~25d，长潜伏期株为 6~12 个月或更长。对我国河南、云南、贵州、广西和湖南等省志愿者进行多次感染间日疟原虫子孢子的实验观察，表明各地均兼有间日疟长、短潜伏期 2 种类型，而且两者出现的比例有由北向南短潜伏期比例增高的趋势。由输血感染诱发的疟疾，潜伏期一般较短。

2. 疟疾发作（Paroxysm）

疟疾的一次典型发作表现为寒战、高热和出汗退热三个连续阶段。发作是由红细胞内期的裂体增殖所致，当经过几代红细胞内期裂体增殖后，血中原虫的密度达到发热阈值（Threshold）。红细胞内期成熟裂殖体胀破红细胞后，大量的裂殖子、原虫代谢产物及红细胞碎片进入血流，其中一部分被巨噬细胞、中性粒细胞吞噬，刺激这些细胞产生内源性热原质，它和疟原虫的代谢产物共同作用于宿主下丘脑的体温调节中枢，引起发热。随着血内刺激物被吞噬和降解，机体通过大量出汗，体温逐渐恢复正常，机体进入发作间歇阶段。由于红细胞内期裂体增殖是发作的基础，因此发作具有周期性，此周期与红细胞内期裂体增殖周期一致。典型的间日疟和卵形疟隔日发作 1 次；三日疟为隔 2 天发作 1 次；恶性疟隔 36~48h 发作 1 次。若寄生的疟原虫增殖不同步时，发作间隔则无规律，如初发患者。不同种疟原虫混合感染时或有不同批次的同种疟原虫重复感染时，发作也多不典型。疟疾发作次数主要取决于患者治疗适当与否及机体免疫力增强的速度。随着机体对疟原虫产生的免疫力逐渐增强，大量原虫被消灭，发作可自行停止。

3. 疟疾的再燃和复发

疟疾初发停止后，患者若无再感染，仅由于体内残存的少量红细胞内期疟原虫在一定条件下重新大量繁殖又引起的疟疾发作，称为疟疾的再燃（Recrudescence）。再燃与宿主抵抗力和特异性免疫力的下降及疟原虫的抗原变异有关。疟疾复发（Relapse）是指疟疾初发患者红细胞内期疟原虫已被消灭，未经蚊媒传播感染，经过数周至年余，又出现疟疾发作，称复发。关于复发机理目前仍未阐明清楚，其中子孢子休眠学说认为由于肝细胞内的休眠子复苏，发育释放的裂殖子进入红细胞繁殖可引起疟疾发作。恶性疟原虫和三日疟原虫无迟发型子孢子，因而只有再燃而无复发。间日疟原虫和卵形疟原虫既有再燃，又有复发。

4. 贫血（Anemia）

疟疾发作数次后，可出现贫血，尤以恶性疟为甚。怀孕妇女和儿童最常见，流行区的高死亡率与严重贫血有关。贫血的原因除了疟原虫直接破坏红细胞外，还与下列因素有关。①脾功能亢进，吞噬大量正常的红细胞。②免疫病理的损害。疟原虫寄生于红细胞时，使红细胞隐蔽的抗原暴露，刺激机体产生自身抗体，导致红细胞的破坏。此外宿主产生特异抗体后，容易形成抗原抗体复合物，附着在红细胞上的免疫复合物可与补体结合，使红细胞膜发生显著变化而具有自身免疫原性，并引起红细胞溶解或被巨噬细胞吞噬。疟疾患者的贫血程度常超过疟原虫直接破坏红细胞的程度。③骨髓造血功能受到抑制。

5. 脾肿大

初发患者多在发作 3~4d 后，脾开始肿大，长期不愈或反复感染者，脾肿大十分明显，可达脐下。主要原因是脾充血和单核-巨噬细胞增生。早期经积极抗疟治疗，脾可恢复正常大小。慢性患者由于脾包膜增厚，组织高度纤维化，质地变硬，虽经抗疟根治，也不能恢复到正常。

在非洲或亚洲某些热带疟疾流行区，出现"热带巨脾综合征"，可能是由疟疾的免疫反应引起。患者多伴有肝大、门脉高压、脾功能亢进、巨脾症、贫血等症状，血中 IgM 水平增高。

6. 凶险型疟疾

凶险型疟疾绝大多数由恶性疟原虫所致，但间日疟原虫引起的脑型疟国内已有报道。多数学者认为，凶险型疟疾的致病机制是聚集在脑血管内被疟原虫寄生的红细胞和血管内皮细胞发生粘连，造成微血管阻塞及局部缺氧所致。此型疟疾多发生于流行区儿童、无免疫力的旅游者和流动人口。

三、隐孢子虫

（一）病原

隐孢子虫（*Cryptosporidium tyzzer*）为体积微小的球虫类寄生虫（图5-30）。广泛存在多种脊椎动物体内，寄生于人和大多数哺乳动物的主要为微小隐孢子虫（*C. parvum*），由微小隐孢子虫引起的疾病称隐孢子虫病（Cryptosporidiosis），是一种以腹泻为主要临床表现的人畜共患性原虫病。

卵囊呈圆形或椭圆形，直径4~6μm，成熟卵囊内含4个裸露的子孢子和残留体（Residual Body）。子孢子呈月牙形，残留体由颗粒状物和一空泡组成。在改良抗酸染色标本中，卵囊为玫瑰红色，背景为蓝绿色，对比性很强，囊内子孢子排列不规则，形态多样，残留体为暗黑（棕）色颗粒状。

隐孢子虫完成整个生活史只需一个宿主。生活史简单，可分为裂体增殖、配子生殖和孢子生殖三个阶段。虫体在宿主体内的发育时期称为内生阶段。随宿主粪便排出成熟卵囊为感染阶段。

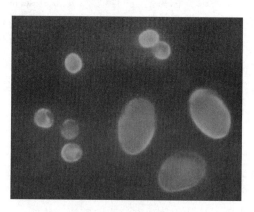

图5-30　隐孢子虫

（二）致病机制

本虫主要寄生于小肠上皮细胞的刷状缘纳虫空泡内。空肠近端是虫体寄生数量最多的部位，严重者可扩散到整个消化道。亦可寄生在呼吸道、肺脏、扁桃体、胰腺、胆囊和胆管等器官。

寄生于肠黏膜的虫体，使黏膜表面出现凹陷，或呈火山口状。寄生数量多时，可导致广泛的肠上皮细胞的绒毛萎缩、变短、变粗或融合、移位和脱落，上皮细胞老化和脱落速度加快。固有层多形核白细胞、淋巴细胞和浆细胞浸润。此外，艾滋病患者并发隐孢子虫性胆囊炎、胆管炎时，除呈急性炎症改变外，尚可引起坏疽样坏死。

隐孢子虫的致病机理尚未完全澄清，很可能与多种因素有关。小肠黏膜的广泛受损，肠黏膜表面积减少，破坏了肠道吸收功能，特别是脂肪和糖类吸收功能严重障碍，导致患者严重持久的腹泻，大量水及电解质从肠道丢失。此外，由于隐孢子虫感染缩小了肠黏膜表面积，使得多种黏膜酶明显减少，例如乳糖酶，也是引起腹泻的原因之一。

临床症状的严重程度与病程长短亦取决于宿主的免疫功能状况。免疫功能正常宿主的症状一般较轻，潜伏期一般为 3~8d，急性起病，腹泻为主要症状，大便呈水样或糊状，一般无脓血，日排便 2~20 余次。严重感染的幼儿可出现喷射性水样便，量多。常伴有痉挛性腹痛、腹胀、恶心、呕吐、食欲减退或厌食、口渴和发热。病程多为自限性，持续 7~14d，但症状消失后数周，粪便中仍可带有卵囊。少数患者迁延 1~2 个月或转为慢性反复发作。免疫缺陷宿主的症状重，常为持续性霍乱样水泻，每日腹泻数次至数十次，量多，可达数升至数十升。常伴剧烈腹痛，水、电解质紊乱和酸中毒。病程可迁延数月至一年。患者常并发肠外器官隐孢子虫病，如呼吸道和胆道感染，使得病情更为严重复杂。隐孢子虫感染常为 AIDS 患者并发腹泻而死亡的原因。

四、绦　虫

（一）病原

扁形动物门的一个纲（Cestoidea）。其身体呈背腹扁平的带状，一般由许多节片构成，少数种类不分节片（图 5-31）。身体前端有一个特化的头节，附着器官都集中于此，有吸盘小钩或吸钩等构造，用以附着寄主肠壁，以适应肠的强烈蠕动。体表纤毛消失，感觉器官完全退化，消化系统全部消失，通过体表来吸收寄主小肠内已消化的营养。绦虫体表具有皮层微毛，以增加吸收营养物的面积，它可直接吸收并输入实质组织中。生殖器官高度发达，在每一个成熟节片内都有雌雄性的生殖器官。繁殖力高度发达，每条绦虫平均每天可以生出十几个新节片，每天也可以脱落十几个节片，假如每个节片含卵 3 万个（每节片含卵 3 万~8 万个），那么10 个节片就含有卵 30 万个。在孕卵节片的子宫内充满了成熟的虫卵，虫卵可以因节片破裂或

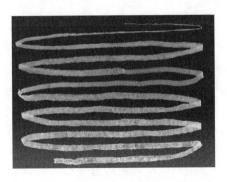

图 5-31　绦虫

随节片与寄主粪便一同排出体外。一般也有幼虫期，其幼虫也为寄生的，大多数只经过一个中间寄主。

绦虫纲分为单节亚纲（Cestodaria）和多节亚纲（Eucestoda 或译为真绦虫）。

单节亚纲：一小类群，与吸虫纲动物有些相似，缺乏头节和节片，如旋缘绦虫（Gyrocotyle）。虫体仅有雌雄同体的生殖系统，有时存在像吸虫的吸盘，但是无消化系统，只有与绦虫相似的幼虫（十钩蚴），主要寄生在鲨鱼、鲢鱼和原始的硬骨鱼的消化道或体腔内，中间寄主为水生的无脊椎动物幼虫或甲壳类等。

多节亚纲：虫体由多个节片构成。幼虫为六钩蚴。成虫全部寄生在人或脊椎动物的消化道内。常见的绦虫均属于此类。除前述的猪带线虫外，还有一些重要的种类。

（二）致病机制

虫体后端的孕卵节片、随寄主粪便排出或自动从寄主肛门爬出的节片有明显的活动力。节片内之虫卵随着节片之破坏，散落于粪便中。虫卵在外界可活数周之久。当孕卵节片或虫卵被中间寄主猪吞食后，在其小肠内受消化液的作用，胚膜溶解六钩蚴孵出，利用其小钩钻入肠壁，经血流或淋巴流带至全身各部，一般多在肌肉中经 60~70d 发育为囊尾蚴（Cysticercus）。囊尾蚴为卵圆形、乳白色、半透明的囊泡，头节凹陷在泡内，可见有小钩及吸盘。此种具囊尾蚴的肉俗称为米粒肉或豆肉。这种猪肉被人吃了后，如果囊尾蚴未被杀死，在十二指肠中其头节自囊内翻出，借小钩及吸盘附着于肠壁上，经 2~3 个月后发育成熟。成虫寿命较长，据称有的可活 25 年以上。

此外，人误食猪带绦虫虫卵，猪带绦虫虫卵也可在肌肉、皮下、脑、眼等部位发育成囊尾蚴。其感染的方式有：经口误食被虫卵污染的食物、水及蔬菜等，或已有该虫寄生，经被污染的手传入口中，或由于肠道逆蠕动（恶心呕吐）将脱落的孕卵节片返入胃中，其情形与食入大量虫卵一样。由此可知，人不仅是猪带绦虫的终寄主，也可是其中间寄主。猪带绦虫病可引起患者消化不良、腹痛、腹泻、失眠、乏力、头痛，对于儿童可影响其发育。猪囊尾蚴如寄生在人脑的部位，可引起癫痫、阵发性昏迷、呕吐、循环与呼吸紊乱；寄生在肌肉与皮下组织中，可出现局部肌肉酸痛或麻木；寄生在眼的任何部位可引起视力障碍，甚至失明。此虫为世界性分布，但感染率不高，我国也有分布。

五、血 吸 虫

（一）病原

血吸虫也称裂体吸虫（Schistosoma）。寄生在宿主静脉中的扁形动物（图 5-32）。寄生于人体的血吸虫种类较多，主要有三种，即日本血吸虫（S. japonicum）、曼氏血吸虫（S. mansoni）和埃及血吸虫（S. haematobium）。此外，在某些局部地区尚有间插血吸虫（S. intercalatum）、湄公血吸虫（S. mekongi）和马来血吸虫（S. malayensis）寄生在人体的病例报告。

埃及裂体吸虫（Schistosoma haematobium），即埃及血吸虫，寄生在膀胱静脉内，主要分布于非洲、南欧和中东。卵穿过静脉壁进入膀胱，随尿排出。幼虫在中间宿主螺类（主要为 Bulinus 属和 Physopsis）体内发育。成熟幼虫通过皮肤或口进入终宿主人体内。曼森氏裂体吸虫（S. mansoni，即曼氏血吸虫）寄生在大、小肠静脉中，主要分布于非洲和南美洲北部。卵随粪便排出。幼虫进入螺体，再通过皮肤回到终宿主人体内。日本裂体吸虫（S. japonicum，即日本

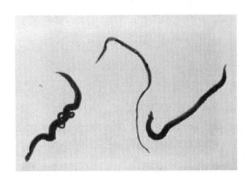

图 5-32　血吸虫

血吸虫）主要见于中国、日本、东印度群岛和菲律宾，除人体外，还侵袭其它脊椎动物，如家畜和大鼠等。中间宿主是钉螺类 *Bulinus* 属和 *Physopsis* 属软体动物。成虫在肠系膜静脉中，有些卵随血流进入各器官，引起各种症状属，如肝肿大。严重时造成宿主死亡。在非洲和东亚有数百万人得血吸虫病。肝片吸虫（*Fasciola hepatica*）可致绵羊和其它家畜出现肝吸虫病。人食用未经烹煮的水田芹等可被侵染。华支睾吸虫（*Opisthorchis sinensis* 或 *Clonorchis sinensis*）寄生在人、猫、狗等多种哺乳动物的肝脏胆管内，第一中间宿主是螺，第二中间宿主是淡水鱼。猫后睾吸虫（*Opisthorchis felineus*）的终宿主包括人、猫和狗等，也需要鱼作为第二中间宿主。

　　日本血吸虫寄生于人和哺乳动物的肠系膜静脉血管中，雌雄异体，发育分成虫、虫卵、毛蚴、母胞蚴、子胞蚴、尾蚴及童虫 7 个阶段。虫卵随血流进入肝脏，或随粪便排出。虫卵在水中数小时孵化成毛蚴。毛蚴在水中钻入钉螺体内，发育成母胞蚴、子胞蚴，直至尾蚴。尾蚴从螺体逸入水中，遇到人和哺乳动物，即钻入皮肤变为童虫，然后进入静脉或淋巴管，移行至肠系膜静脉中，直至发育为成虫，再产卵。血吸虫尾蚴侵入人体至发育为成虫约 35d。

　　（二）致病机制

　　血吸虫发育的不同阶段，尾蚴、童虫、成虫和虫卵均可对宿主引起不同的损害和复杂的免疫病理反应。由于各期致病因子的不同，宿主受累的组织、器官和机体反应性也有所不同，引起的病变和临床表现亦具有相应的特点和阶段性。根据病因的免疫病理学性质，有人主张将血吸虫病归入免疫性疾病范畴内。

　　1. 尾蚴及童虫所致损害

　　尾蚴穿过皮肤可引起皮炎，局部出现丘疹和瘙痒，是一种速发型和迟发型变态反应。病理变化为毛细血管扩张充血，伴有出血、水肿，周围有中性粒细胞和单核细胞浸润。实验证明，感染小鼠的血清和淋巴细胞被动转移到正常小鼠，再用尾蚴接种（初次接触尾蚴），也可产生尾蚴性皮炎。这说明这种免疫应答在早期是抗体介导的。

　　童虫在宿主体内移行时，所经过的器官（特别是肺）出现血管炎，毛细血管栓塞、破裂，产生局部细胞浸润和点状出血。当大量童虫在人体内移行时，患者可出现发热、咳嗽、痰中带血、嗜酸性粒细胞增多等症状，这可能是局部炎症及虫体代谢产物引起的变态反应。

　　2. 成虫所致损害

　　成虫一般无明显致病作用，少数可引起轻微的机械性损害，如静脉内膜炎等。但是，它的代谢产物、虫体分泌物、排泄物、虫体外皮层更新脱落的表质膜等，在机体内可形成免疫复合物，对宿主产生损害。

3. 虫卵所致的损害

血吸虫病的病变主要由虫卵引起。虫卵主要沉着在宿主的肝及结肠肠壁等组织，所引起的肉芽肿和纤维化是血吸虫病的主要病变。

肉芽肿形成和发展的病理过程与虫卵的发育有密切关系。虫卵尚未成熟时，其周围的宿主组织无反应或轻微的反应。当虫卵内毛蚴成熟后，其分泌的酶、蛋白质及糖等物质称可溶性虫卵抗原（Soluble Egg Antigen，SEA），可诱发肉芽肿反应。SEA透过卵壳微孔缓慢释放，致敏T细胞，当再次遇到相同抗原后，刺激致敏的T细胞产生各种淋巴因子。研究结果表明：巨噬细胞吞噬SEA，然后将处理过的抗原呈递给辅助性T细胞（Th），同时分泌白细胞介素1（IL-1），激活Th，使其产生各种淋巴因子，其中白细胞介素2（IL-2）促进T细胞各亚群增生；γ-干扰素增进巨噬细胞的吞噬功能。除上述释放的淋巴因子外，还有嗜酸性粒细胞刺激素、成纤维细胞刺激因子、巨噬细胞移动抑制因子等吸引巨噬细胞、嗜酸性粒细胞及成纤维细胞等汇集到虫卵周围，形成肉芽肿，又称虫卵结节。

六、钩　虫

（一）病原

钩虫（Hookworm）是钩口科线虫的统称，发达的口囊是其形态学的特征（图5-33）。在寄生人体消化道的线虫中，钩虫的危害性最严重，由于钩虫的寄生，可使人体长期慢性失血，从而导致患者出现贫血及与贫血相关的症状。钩虫呈世界性分布，尤其在热带及亚热带地区，人群感染较为普遍。据估计，目前，全世界钩虫感染人数达9亿左右。在我国，钩虫病仍是严重危害人民健康的寄生虫病之一。

寄生人体的钩虫，主要有十二指肠钩口线虫（*Ancylostoma duodenale*），简称十二指肠钩虫；美洲板口线虫（*Necator americanus*），简称美洲钩虫。另外，偶尔可寄生人体的锡兰钩口线虫（*Ancylostoma ceylanicum*），危害性与前两种钩虫相似。

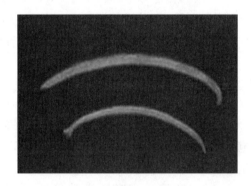

图5-33　钩虫

钩虫成虫体长1cm左右，半透明，肉红色，死后呈灰白色。虫体前端较细，顶端有一发达的口囊，由坚韧的角质构成。因虫体前端向背面仰曲，口囊的上缘为腹面、下缘为背面。十二指肠钩虫的口囊呈扁卵圆形，其腹侧缘有钩齿两对，外齿一般较内齿略大，背侧中央有一半圆形深凹，两侧微呈突起。美洲钩虫口囊呈椭圆形。其腹侧缘有板齿1对，背侧缘则有1个呈圆锥状的尖齿。钩虫的咽管长度约为体长的 1/6，其后端略膨大，咽管壁肌肉发达。肠管壁薄，由单层上皮细胞构成，内壁有微细绒毛，利于氧及营养物质的吸收和扩散。

钩虫除主要通过皮肤感染人体外，也存在经口感染的可能性，尤以十二指肠钩虫多见。被吞食而未被胃酸杀死的感染期蚴，有可能直接在小肠内发育为成虫。自口腔或食管黏膜侵入血管的丝状蚴，仍需循皮肤感染的途径移行。婴儿感染钩虫则主要是因为使用了被钩蚴污染的尿布，或穿"土裤子"，或睡沙袋等。此外，国内已有多例出生 10~12d 的新生儿即发病的报道，可能是由于母体内的钩蚴经胎盘侵入胎儿体内所致。有学者曾从产妇乳汁中检获美洲钩虫丝状蚴，说明通过母乳也有可能感染。导致婴儿严重感染的多是十二指肠钩虫。

（二）致病机制

两种钩虫的致病作用相似。十二指肠钩蚴引起皮炎者较多，成虫导致的贫血亦较严重，同时十二指肠钩蚴还是引起婴儿钩虫病的主要虫种，因此，十二指肠钩虫较美洲钩虫对人体的危害更大。人体感染钩虫后是否出现临床症状，除与钩蚴侵入皮肤的数量及成虫在小肠寄生的数量有关外，也与人体的健康状况、营养条件及免疫力有密切关系。有的虽在粪便中检获虫卵，但无任何临床症状，称为钩虫感染（Hookworm Infection）。有的尽管寄生虫数不多，却表现出不同程度的临床症状和体征，称为钩虫病（Hookworm Disease）。

1. 幼虫所致病变及症状

（1）钩蚴性皮炎　感染期蚴钻入皮肤后，数十分钟内患者局部皮肤即可有针刺、烧灼和奇痒感，进而出现充血斑点或丘疹，1~2d 内出现红肿及水疱，搔破后可有浅黄色液体流出。若有继发细菌感染则形成脓疱，最后经结痂、脱皮而愈，此过程俗称为"粪毒"。皮炎部位多见于与泥土接触的足趾、手指间等皮肤较薄处，也可见于手、足的背部。

（2）呼吸道症状　钩蚴移行至肺，穿破微血管进入肺泡时，可引起局部出血及炎性病变。患者可出现咳嗽、痰中带血，并常伴有畏寒、发热等全身症状。重者可表现持续性干咳和哮喘。若一次性大量感染钩蚴，则有引起暴发性钩虫性哮喘的可能。

2. 成虫所致病变及症状

（1）消化道病变及症状　成虫以口囊咬附肠黏膜，可造成散在性出血点及小溃疡，有时也可形成片状出血性瘀斑。病变深可累及黏膜下层，甚至肌层。一农民患者消化道大出血，输血 $1.04×10^4$mL，经 3 次服药驱出钩虫 14 907 条后治愈。患者初期主要表现为上腹部不适及隐痛，继而可出现恶心、呕吐、腹泻等症状，食欲多显著增加，而体重却逐渐减轻。有少数患者出现喜食生米、生豆，甚至泥土、煤渣、破布等异常表现，称为"异嗜症"。发生原因可能是一种神经精神变态反应，似与患者体内铁的耗损有关。大多数患者经服铁剂后，此现象可自行消失。

（2）贫血　钩虫对人体的危害主要是由于成虫的吸血活动，致使患者长期慢性失血，铁和蛋白质不断耗损而导致贫血。由于缺铁，血红蛋白的合成速度比细胞新生速度慢，则使红细胞体积变小、着色变浅，故而出现低色素小细胞型贫血。患者出现皮肤蜡黄、黏膜苍白、眩晕、乏力，严重者作轻微活动都会引起心慌气促。部分患者有面部及全身浮肿，尤以下肢为甚，以及胸腔积液、心包积液等贫血性心脏病的表现。肌肉松弛，反应迟钝，最后完全丧失劳动能力。妇女则可引起停经、流产等。

钩虫寄生引起患者慢性失血的原因包括以下几方面：虫体自身的吸血及血液迅速经其消化道排出造成宿主的失血；钩虫吸血时，自咬附部位黏膜伤口渗出血液，其渗血量与虫体吸血量大致相当；虫体更换咬附部位后，原伤口在凝血前仍可继续渗出少量血液。此外，虫体活动造成组织、血管的损伤，也可引起血液的流失。应用放射性同位素^{51}Cr 等标记红细胞或蛋白质，测得每条钩虫每天所致的失血量，美洲钩虫为 0.02~0.10mL；十二指肠钩虫可能因虫体较大，排卵量较多等原因，所致失血量可较美洲钩虫高 6~7 倍。

（3）婴儿钩虫病　最常见的症状为柏油样黑便，腹泻、食欲减退等。体征有皮肤、黏膜苍白，心尖区可有收缩期杂音，肺偶可闻及罗音，肝、脾均有肿大等。此外，婴儿钩虫病还有以下特征：贫血严重，80%病例的红细胞计数在 200 万/mm^{3}以下，嗜酸性粒细胞的比例及直接计数值均有明显增高；患儿发育极差，并发症多（如支气管肺炎、肠出血等）；病死率较高，在国外有报道钩虫引起的严重贫血及急性肠出血是造成 1~5 岁婴幼儿最常见的死亡原因。1 岁以内的婴儿死亡率为 4%，1~5 岁幼儿死亡率可达 7%，应引起高度重视。

七、蛲　虫

（一）病原

蠕形住肠线虫（*Enterobius vermicularis*）简称蛲虫（Pinworm），主要寄生于人体小肠末端、盲肠和结肠，引起蛲虫病（Enterobiasis）。蛲虫病分布遍及全世界，是儿童常见的寄生虫病，常在家庭和幼儿园、小学等儿童集居的群体中传播，也见于其它脊椎动物。雄体长 2~5mm，雌体长 8~13mm。尾端长，如针状（图 5-34）。常寄生于大肠内，有时见于小肠、胃或消化道更高部位内。雌体受精后向肛门移动，并在肛门附近的皮肤上排卵，随即死亡。蛲虫在皮肤上爬动引起痒觉，人搔痒时虫卵粘在指甲缝中，被吞下后入肠，生活周期 15~43d。

图 5-34　蛲虫成虫

蛲虫成虫细小，乳白色，呈线头样。雌虫大小约为（8~13）mm×（0.3~0.5）mm，虫体中部膨大，尾端长直而尖细，常可在新排出的粪便表面见到活动的虫体。雄虫较小，大小约为（2~5）mm×（0.1~0.2）mm，尾端向腹面卷曲，雄虫在交配即死亡，一般不易见到。虫卵无色透明，长椭圆形，两侧不对称，一侧扁平，另一侧稍凸，大小约（50~60）μm×（20~30）μm，卵壳较厚，分为三层，由外到内为光滑的蛋白质膜、壳质层及脂层，但光镜下可见内外两层。刚产出的虫卵内含一蝌蚪期胚胎。

蛲虫成虫寄生于人体肠腔内，主要在盲肠、结肠及回肠下段，重度感染时甚至可达胃和食道，附着在肠黏膜上。成虫以肠腔内容物、组织或血液为食。雌雄交配后，雄虫很快死亡而被排出体外；雌虫子宫内充满虫卵，在肠内温度和低氧环境中，一般不排卵或仅产很少虫卵。当宿主睡眠后，肛门括约肌松弛时，雌虫向下移行至肛门外，产卵于肛门周围和会阴皮肤皱褶处。每条雌虫平均产卵万余个，产卵后雌虫大多自然死亡，但也有少数可返回肠腔，也可误入阴道、子宫、尿道、腹腔等部位，引起异位损害。

黏附在肛门周围和会阴皮肤上的虫卵，在34~36℃，相对湿度90%~100%，氧气充足的条件下，卵胚很快发育，约经6h，卵内幼虫发育为感染期卵。雌虫在肛周的蠕动，刺激肛门周围发痒，当患儿用手搔抓时，感染期卵污染手指，经肛门-手-口方式感染，形成自身感染；感染期虫卵也可散落在衣裤、被褥、玩具、食物上，经口或经空气吸入等方式使其他人感染。

被吞食的虫卵在十二指肠内孵出幼虫，幼虫沿小肠下行，在结肠发育为成虫。从食入感染期卵至虫体发育成熟产卵，需2~4周。雌虫寿命一般约为1个月，很少超过2个月。但儿童往往通过自身感染、食物或环境的污染而出现持续的再感染，使蛲虫病迁延不愈。

（二）致病机制

蛲虫成虫寄生于肠道可造成肠黏膜损伤。轻度感染无明显症状，重度感染可引起营养不良和代谢紊乱。雌虫偶尔穿入肠壁深层寄生，造成出血、溃疡，甚至小脓肿，易被误诊为肠壁脓肿。雌虫在肛管、肛周、会阴处移行、产卵，刺激局部皮肤，引起肛门瘙痒，皮肤搔破可继发炎症。患者常表现为烦躁不安、失眠、食欲减退、夜间磨牙、消瘦。婴幼儿患者常表现为夜间反复哭吵，睡不安宁。长期反复感染，会影响儿童身心健康。

蛲虫虽不是组织内寄生虫，但有异位寄生现象，除侵入肠壁组织外，也可侵入生殖器官，引起阴道炎、子宫内膜炎、输卵管炎，若虫体进入腹腔，可导致蛲虫性腹膜炎和肉芽肿，常被误诊为肿瘤和结核病等。

蛲虫性阑尾炎：成虫寄生在回盲部，成虫容易钻入阑尾引起炎症。根据13 522例急性阑尾炎患儿住院手术的阑尾切除标本病理检查，蛲虫引起的阑尾炎占3.7%，也有报告高达9.2%。阑尾内寄生的虫数为一至数条，曾有报告虫体多达191条者。蛲虫性阑尾炎的特点为疼痛部位不确定，多呈慢性过程。

蛲虫性泌尿生殖系统炎症：雌虫经女性阴道、子宫颈逆行进入子宫、输卵管和盆腔，可引起外阴炎、阴道炎、宫颈炎、子宫内膜炎或输卵管炎。曾有蛲虫卵侵入子宫内膜导致不孕症的报告。国内曾对431名女童采用透明胶纸法于晨起粘拭肛门周围和尿道口，结果蛲虫卵阳性率分别为52.5%和35.3%。蛲虫刺激尿道可致遗尿症（Enuresis），侵入尿道、膀胱可引起尿路感染，出现尿频、尿急、尿痛等尿道刺激症状。虫体偶尔也可侵入男性的尿道、前列腺甚至肾脏。

此外，还有蛲虫感染引起哮喘和肺部损伤等异位损害的报告。

第五节　昆虫对食品安全性的影响

昆虫是影响食品安全性的一个重要因素，它们对粮食、水果和蔬菜等食品的破坏性很大。虫害不仅仅是昆虫能吃多少粮食的问题，而主要是当昆虫侵蚀了食品之后所造成的损害给细菌、酵母和霉菌的侵害提供了可乘之机，从而造成了进一步的损失。还能通过食品广泛传播病原微生物，引起和传播食源性疾病。由于昆虫具有较强的爬行或飞行能力，在污染食品、传播疾病危害中有着特别的作用。常见的有害昆虫有苍蝇、蟑螂、螨虫等。

一、苍　蝇

苍蝇是日常生活中最常见、最主要的传播疾病的媒介昆虫，也是食品卫生中普遍存在的老问题。苍蝇的种类较多，与食品污染有关的主要是家蝇和大头金蝇等。家蝇能侵入任何地方，污染各种食物，传播许多种病原体如病毒、细菌、霉菌和寄生虫等。苍蝇以人的各种食物以及人畜排泄物为食。苍蝇的幼虫则以腐败食物为食。因此，苍蝇或其幼虫体表或内部携带着大量的病原体。当家蝇与食物接触时，它们携带的病原体传播到食物中或转移到苍蝇粪便中。此外，苍蝇只能摄取液体食物，在进食固体时，先将唾液和吸取的液体呕出以便溶解食物，而它们的唾液或呕吐物中含的病原体可以在进食时污染食品、设备、物品及器具。人摄入受苍蝇污染的食物有可能导致食源性疾病。

预防和控制苍蝇危害最为有效的方法就是防止其飞入加工、贮藏、制备及经营食品的区域，从而减少在这些区域中苍蝇的数量。迅速彻底地消除食品加工区域内的废弃物可防止苍蝇的侵入。采用安装纱窗和双道门具有防止苍蝇侵入的作用。为了减少食品企业周围环境对苍蝇的吸引，室外垃圾应尽可能远离门口，垃圾应置于密闭容器中。

二、蟑　螂

蟑螂是全世界食品加工和食品服务部门内最为普遍的一类害虫，学名叫蜚蠊，是食品危害中最大型的害虫，蟑螂的个体一般在 13～60mm，体扩扁平，头小下弯，隐于顿前胸的面部，口器为咀嚼式。蟑螂是夜行性和喜温性的爬行昆虫，喜欢生活在温暖、潮湿、阴暗、不受惊扰、接近水源和食源的地方，一般在 24～35℃最为活跃。其主要特点：见缝就钻、昼伏夜出、耐饥不耐渴、边吃边拉边吐、繁殖速度快等。蟑螂具有较强的耐饥力，在有水条件下，不吃任何食物可存活 40d，不喝水也能存活 7～10d。在 60℃以上或−5℃以下才易死亡。蟑螂羽化后 6～7d，性发育成熟，雌雄蟑螂即可进行交配。雌蟑螂一生只需交配一次，便可终身产卵，繁殖能力极强。它到处乱爬，无所不在，无所不吃，污染食物，可传播多种疾病。研究表明，经蟑螂携带和传播的病原体主要有：①细菌类如副霍乱弧菌、痢疾杆菌、猩红热溶血性链球菌、鼠伤寒沙门氏菌等 40 多种，以肠道菌最为重要；②病毒类如乙肝病毒、脊灰病毒、腺病毒等，以及 SARS 冠状病毒特异性引物扩增可疑阳性；③寄生虫类如钩虫、蛔虫、绦虫、蛲虫、鞭虫等多种寄生虫卵、原虫；④真菌类如黄曲霉菌、黑曲霉菌等，引起多种疾病。

有效防止蟑螂的措施是：①保持环境整洁，清除垃圾、杂物、清扫卫生死角、清除蟑迹；②堵洞抹缝，用水泥将蟑螂藏匿处的孔洞、缝隙堵嵌填平，及时修缮家具缝隙，修缮漏水的水龙头，堵塞各类废弃的开口管道，消除或尽量减少蟑螂的滋生场所；③收藏好食物、饲料，清除散落残存的食物，及时处理潲水泔脚，减少蟑螂可取食的食源和水源；④检查进入室内的货物，发现携带的蟑螂或虫卵应及时清除杀死，防止蟑螂带入。

三、螨　类

属于蛛形纲，蜱螨亚纲的一大类群微小节肢动物。危害食品及影响人类健康的螨类主要是属于粉螨亚目的螨类。因其个体大小恰如一颗散落的面粉，故有"粉螨"之俗称，成螨体长不到 0.5mm，肉眼不易见。一旦在食品仓库里发现螨类，则已经造成了重大的经济损失。在中国，重要的食品螨类有粗脚粉螨、腐食酪螨、纳氏钹皮螨、椭圆食粉螨、家食甜螨、害嗜鳞螨、棕脊足螨、甜果螨、粉尘螨和马六甲肉食螨等。

螨虫主要污染贮藏食品中的食糖、蜜饯、糕点、乳粉、干果及粮食。尤其是在糖的贮存、运输和销售时，容易受到螨虫的污染。有资料显示，在 1kg 受污染的糖内可检出 3 万只螨虫。当人食用受螨虫污染的食品后，螨虫侵入人体肠道，损害肠黏膜并形成溃疡，引起腹痛、腹泻等症状。螨虫侵入肺部可引起肺螨病，可致肺毛细血管破裂而咯血等。预防螨虫污染的措施是保持食品的干燥，保持室内卫生、通风。食用贮存过久的白糖，应先加热处理，以 70℃ 加热 3min 以上，即可杀灭螨虫。

四、甲　虫

危害食品及粮食的重要类群，体长 2~18mm 不等。在全世界，鞘翅目贮藏食品害虫有几百种，但重要的仅 20 多种。它们是玉米象、米象、谷象、咖啡豆象、谷蠹、大谷盗、锯谷盗、米扁虫、锈赤扁谷盗、长角扁谷盗、土耳其扁谷盗、杂拟谷盗、赤拟谷盗、脊胸露尾甲、黄斑露尾甲、日本蛛甲、裸蛛甲、烟草甲、药材甲、白腹皮蠹、黑毛皮蠹、赤足郭公虫、绿豆象、蚕豆象和豌豆象等。

五、蛾　类

成虫翅展可达 20mm。在两对翅上覆有许多由微小鳞片并构成图案。归在鳞翅目中。蛾类成虫不取食，危害食品的是其幼虫：根据织物和食品与包装材料中的蛀洞可以鉴别害虫种类。重要的种类有麦蛾、粉斑螟、烟草螟和印度谷螟等。保持良好的环境卫生、合理存放食品可以有效防止蛾类的危害。

六、书　虱

成虫体长约 2mm，属于啮虫目，全身淡黄色，半透明，常栖息于纸张和古旧书籍中，故有书虱的名称，中国主要的种类有无色书虱和嗜虫书虱等。由于它对贮藏大米的危害严重，有"米虱"之俗称。大米保管不善，贮藏 4 个月后由它所造成的重量损失可达 4%~6%。在欧洲各国书虱是一种家庭害虫，危害食糖和粉状食品。

第六节　藻类毒素对水产品安全性的影响

藻类是一种单细胞低等植物，体内含有叶绿素、叶黄素和胡萝卜素等物质，它通过光合作用吸收二氧化碳和盐类作为养料而生长。海洋、湖泊中有众多的食藻动物，以食藻为生，而藻类为了生存，往往会产生一些使食藻动物毒化的次级代谢产物——化学毒素。由于含有毒素的藻类通过食物链毒化鱼、贝类，人类因摄食被毒化的鱼类、贝类而发生藻类毒素性食物中毒。

此外，毒素也严重地污染各种水体，导致水体环境的恶化，影响渔业的发展以及牲畜和人类健康，如近几年我国和其它国家出现的水体蓝藻事件，对水产养殖业、饮水卫生都是毁灭性的打击，是目前公共卫生领域值得关注的一项重大问题。与藻类毒素性食物中毒有关的藻类主要是能够引起赤潮的甲藻中大部分有毒种类，其次是某些硅藻。另外由蓝藻引起的"水华"及释放的毒素对人和动物引起的危害也不容忽视。

甲藻广泛地分布在全世界的海洋中，是重要的浮游植物类群，是有机物质的初级生产者，是多种水生动物的饵料。但由于多种因素的影响会使某一种或几种藻类过量繁殖，形成赤潮，有120多种甲藻能形成赤潮，近60种为有毒种类。赤潮的形成严重毁坏海区的生物资源，改变生物群落组成，破坏渔场饵料基础；而且有些藻类产生的有毒代谢产物，使鱼、虾、贝等生物大量死亡；或是聚积在一些滤食性的海洋生物如鱼、贝等体内，人类食用了被毒化的鱼、贝等就会引起藻（贝）类毒素性食物中毒，引起外周神经肌肉系统麻痹，如四肢肌肉麻痹，头痛恶心、流涎发烧、皮疹等，阻断细胞钠离子通道，造成神经系统传输障碍而产生麻痹作用（表5-2），赤潮毒素有"海洋癌症"之称。

表5-2　　　　　　　　　主要贝毒素的中毒症状

贝毒	主要毒素	中毒症状
PSP	Saxitoxins（石房蛤毒素）	四肢面部肌肉麻痹
	Neo-Saxitoxins（新石房蛤毒素）	头痛恶心、流涎
	Gonyautoxins（漆沟藻毒素）	视力障碍
		窒息而死
DSP	Okadaic Acid（软海绵酸）	绞痛
	Dinophysis Toxins（鳍藻毒素）	寒战
	Pectenotoxins（蛤毒素）	恶心呕吐腹泻
	Yessotoxins（虾夷扇贝毒素）	肿瘤促生剂
NSP	Brevetoxins（短裸甲藻毒素）	刺激眼睛及鼻腔
		高血压
		体温变化敏感
ASP	Domic Acid（软骨藻酸）	肌肉酸软
		定向障碍
		丧失记忆
CFP	Ciguatoxin（西加鱼毒素）（CTX）	温感颠倒
	Maitotoxin（刺尾鱼毒素）（MTX）	关节疼痛
	Gambiertoxin（鹦嘴鱼毒素）（GTX）	低血压

由毒藻产生的毒素往往经贝类、鱼类等传播媒介造成人类中毒，因此这类毒素通常被称为贝毒、鱼毒，其中常见的危害性较大的几种毒素分别是麻痹性贝毒（Paralytic Shellfish Poisoning，PSP）、腹泻性贝毒（Diarrhetic Shellfish Poisoning，DSP）、神经性贝毒（Neurotoxic Shellfish Poisoning，NSP）、记忆缺失性贝毒（Amnesic Shellfish Poisoning，ASP）、西加鱼毒（Ciguatera Fish Poisoning，CFP），及近年来新发现的氮代螺旋酸贝类中毒（Azaspiracid Shellfish Poisoning，AZP）等。

一、 麻痹性贝毒 （ Paralytic Shellfish Poisoning，PSP ）

导致贝类被麻痹性贝毒毒化的藻种主要是亚历山大藻属 *Alexandrium* 的成员，主要有：北太平洋的链状膝沟藻 （*Alexandrium catenella*）、北大西洋的塔玛膝沟藻 （*Alexandrium tamarensis*）和热带海域的涡鞭毛藻 （*Pyrodinium bahamense*） 等。在美国、加拿大、日本等国引起 PSP 的主要贝类包括：紫贻 （*Mytilus edulis*）、加州贻贝 （*M. califomianus*）、巨石蛤 （*Saxidomus gigan-teus*）、扇贝 （*Chlamys nipponnisis akazara*）、巨蛎 （*Crassostrea gigas*） 等瓣鳃纲的贝类，从腹足纲的波纹蛾螺 （*Buccinum undatum*）、夜光螺 （*Turbo marmorata*）、塔形马蹄螺 （*Testus pyramis*）也曾检出过麻痹性贝类。此外，细菌、蓝藻、红藻的一些种类也可以产生 PSP 毒素。如淡水蓝藻 *Aindrosper mopsis raciborskii*、*Lyngbya wollei* 和 *Aphanazomenon flosaquae* 中均发现了 PSP 毒素。

常见有石房蛤毒素 （Saxitoxins，SXT）、新石房蛤毒素 （Neo-Saxitoxins，NeoSXT）、膝沟藻毒素 （Gonyautoxins，GTX），引起麻痹性贝毒食物中毒 （PSP）。不同有毒藻所产生的 PSP 毒素种类和含量存在差异，同一种有毒藻产生的毒素种类和含量在生物不同生长阶段也有差别，同时毒素产生状况还受到生物因素 （如细菌） 和非生物因素 （如光照、温度、盐度、养等） 的影响。

PSP 毒素是一类神经性毒素，在高温和酸性环境稳定，在碱性环境中不稳定，通常的烹调不能使其破坏，这一点对食品卫生与安全威胁最大。SXT 小分子非蛋白质水溶性化合物，是典型的钠离子通道阻滞剂，通过阻滞 Na$^+$ 通过膜进入细胞内，使失去极化状态，从而阻断神经肌肉的传导。其毒理作用与河豚毒素 （TTX） 基本相同，但化学结构不同，可能不是作用于同一受体。GTX 是一类氨基甲酰类毒素，该毒素为一种水溶性的含双胍基的三环生物碱，也是特异性钠离子通道阻断剂，当它与钠离子通道结合后，使神经传导发生困难，对人的中枢与周围神经系统产生麻痹作用，人或动物因呼吸衰竭而死亡。PSP 主要症状是神经系统受累，发病急骤，潜伏期数分钟至数小时不等。开始唇舌和指尖麻木，继而腿臂和颈部麻木，然后出现运动失调。病人可伴有头痛、头晕、恶心和呕吐，多数患者意识清楚，随着病程的发展，呼吸困难逐渐加重，严重者常在 2~24h 内因呼吸麻痹而死亡。

二、 腹泻性贝毒 （ Diarrhetic Shellfish Poisoning，DSP ）

产生腹泻性贝毒毒素的藻类在全球主要海域中几乎都有分布，主要甲藻有渐尖鳍藻 （*Dinophysis acuminata*）、具尾鳍藻 （*Dinophysis caudata*）、倒卵形鳍藻 （*Dinophysis fortii*）、利玛原甲藻 （*Protoperidinium lima*）、帽状秃顶藻 （*Dinophysis mitra*） 和三角鳍藻 （*Dinophysis tripos*）等。它的很多种类能产生腹泻性贝毒。此类甲藻在中国南海常年有分布。在贝类、鱼类和其它动物的滤食或摄食过程中，海水中产生腹泻性贝毒的藻类作为食物转移到它们的胃或食道中，经胃和肠消化、吸收并导致 DSP 在贝体内的积累。积累这类毒素的贝类有日本栉孔扇贝 （*Chlamys nipponesis akazara*）、凹线蛤蜊 （*Mactra sulcatria*）、沙海螂 （*Mya arenaria*）、紫贻贝 （*Mytilus cdulis*）、牡蛎 （*Ostrea* sp.）、凤螺 （*Strombus* sp.） 和锦蛤 （*Tapes japonica*） 等。

DSP 是几类有毒物质的总称，化学结构是聚醚或大环内酯化合物。根据这些成分的碳骨架结构，可将它们分成三组。①聚醚化合物：包括酸性成分的大田软海绵酸 （Okadaic acid，OA）及其天然衍生物鳍藻毒素 I~Ⅲ （Dinophysistoxin，DTX 1~3）。②大环聚醚内酯化合物：包括中性成分的蛤 （扇贝） 毒素 PTX I~Ⅵ （Pectenotoxin，PTX 1~6）。③磺化毒物：包括虾夷贝毒素 （Yessotoxin，YTX） 及其衍生物 4,5-羟基虾夷贝毒素 （4,5-OH YTX）。它们是由彼此相连的环醚组成的。大田软海绵酸对于一般性的加热烹调处理毒素仍较稳定。已证实 OA 是蛋白磷酸酶 PP1 和 PP2A 的烈性抑制剂，具有强烈的促肿瘤和致癌作用。近年来流行病学和公共卫生学的研究证实，腹泻症状仅由 OA 和 DTX 引起，而且主要作用于消化道部分，OA 主要是通过激活肠道细胞 cAMP 介质系统而引起水样腹泻，结果导致严重的水泻。其中毒症状包括绞痛、寒战、恶心、呕吐、腹泻，PTX 主要毒性作用是损伤肝脏，YTX 主要是损伤心肌。

三、 神经毒素性贝毒 （ Neurotoxic Shellfish Poisoning，NSP ）

此类中毒主要由短裸甲藻毒素（Brevetoxin，BTX 或 Ptychodiscus Brevis Toxin，PbTX）引起，由短裸甲藻（*Gymnodinium breve/Ptychodiscus breve*）产生，目前已分离出 10 多种短裸甲藻毒素（PbTX-1~l0），同时还分离出具有细胞毒性的半短裸甲藻毒素（Hemibrevetoxin A、B、C），该藻形成的赤潮经常造成大量鱼贝类死亡，并使巨蛎和帘蛤（*Venus merecnaria campechiensis*）等贝类被毒化。人食后可引起以神经麻痹为主要临床特征的食物毒，因此被命名为"神经毒素性贝毒中毒"。

PbTX 是一类典型的梯形稠环聚醚海洋生物毒素，性质稳定，在水溶液或有机溶剂中贮存数月仍保持毒性。PbTX 可以在各种滤食生物体内积聚，对鱼类及人类极其有害。可以引起鱼类的大量死亡，当在赤潮区周围吸入含有有毒藻类的气雾时，也会引起气喘、咳嗽和呼吸困难等中毒症状。中毒特点为潜伏期短，一般数分钟至数小时发病，主要表现有唇、舌、喉、头及面部有麻木感与刺痛感，肌肉疼痛、头晕等神经症状及某些消化道症状。病程可持续数日，致死者极罕见。此类中毒对人毒害的途径与麻痹性贝毒相似，只不过其发病率低。

四、 鱼毒素-西加鱼中毒 （ Ciguatera Fish Poisoning，CFP ）

西加鱼毒素中毒（又名雪卡中毒）是热带和亚热带珊瑚礁发达海域有毒鱼类引起的食物中毒。最初因人食用加勒比海一带名为"Cigug"的一种海生软体动物引起中毒而得名，现在此类中毒泛指西加毒素（Ciguatoxin，CTX）、刺尾鱼毒素（Maitotoxin，MTX）和鹦咀鱼毒素（Scaritoxin，STX）引起的中毒，但不包括以河豚中毒为主的鲀形目鱼类中毒。

西加中毒多发生在热带及亚热带地区，导致西加中毒的鱼类具有明显的地域性。有些鱼类在甲地是无毒的，在乙地则成为有毒的；有的仅在生殖期毒性增强；有的幼体无毒，大型个体却有毒。对其毒性的形成，目前较为公认的看法是与鱼类摄食有关。通过对法属波利尼西亚甘比尔群岛鱼的食饵及肠内容物分析发现，具毒甘比甲藻（*Cambierdiscus toxicus*）是导致西加中毒的起因生物。据记载，甘比尔群岛常常发生大量西加中毒的病例。从多方面进行研究的结果表明，此种毒藻在适宜的气候及理化条件下，可以形成"水华"，通过食物链而使鱼类被毒化。迄今已发现有 400 多种鱼类可被此毒藻所毒化，其中多数为底栖鱼类及珊瑚礁鱼类。经常引起中毒的食用鱼有：双棘石斑鱼（Grouper）、梭鱼（Barracuda）、鲷（Red Snapper）及黑鲈（Seabasses）等。被毒化的鱼肝脏、卵巢及性腺的毒性大于肌肉。CTX 死亡率较低，但每年中毒者却高达数万人。

此类中毒的主要症状为神经功能失调，口唇麻木，温度感觉逆转，肌肉及关节痛、呕吐、腹泻，常伴有脉搏变慢，血压下降等循环系统障碍，严重者可出现共济失调，瞳孔散大和呼吸肌麻痹。神经症状持续时间长短不一，长者可达数月或数年之久。不经治疗者自然死亡率为 17%~20%，经积极抢救死亡者不足 1%，死因多为呼吸肌麻痹。有人观察，凡发病后 24h 仍存活者愈后较好。预防 CFP 的最好办法是减少进食珊瑚鱼，每次只吃少量，避免进食珊瑚鱼的卵、肝脏、肠、鱼头或鱼皮；进食珊瑚鱼或已中西加鱼毒时，切忌饮用含酒精的饮品或吃花生或豆类食品；向信誉良好及手续齐全的店铺购买来自安全养殖区的珊瑚鱼。

五、　氨代螺旋酸贝类中毒（Azaspiracid Shellfish Poisoning，AZP）

AZP 是一种新的由于食用了被污染的贝类而导致的人类中毒症状。1995 年，在爱尔兰，人们食用了一种在 Killary 港培育的贻贝（*Mytilus edulis*）并导致至少 8 人患病，其症状与 DSP 极为相似，但所采集的样品中 DSP 毒素的含量却极低，也未观测到任何已知产 DSP 毒素的有机体，而且所产生的神经症状与 DSP 有很大的不同，人们鉴别出毒素成分是氨代螺旋酸（Azaspiracid），产生的中毒症状叫氨代螺旋酸贝类中毒（AZP）。后来又发生了多起 AZP 事件，但关于 Azaspiracid 的起源生物人们却知之甚少。由于 Azaspiracid 结构中富含氧合聚醚结构且呈季节性发生，所以推测其起源生物可能是甲藻。最近的研究资料表明，Protoperidinium 属的 *Protoceratum crassipes* 是 AZP 的起源甲藻，但有关该藻的详细资料很少。

[小结]

本章介绍了真菌、细菌、病毒、寄生虫、昆虫及藻类的污染。可引起人类食品中毒的真菌毒素主要包括：黄曲霉毒素、杂色曲霉毒素、赭曲霉毒素、黄绿青霉素、橘青霉素、岛青霉毒素和伏马菌素等。出现在食品中并可引起食物中毒的细菌主要包括：沙门氏菌、致病性大肠埃希氏菌、副溶血性弧菌、志贺氏菌属、金黄色葡萄球菌、肉毒梭菌、单核细胞增生李斯特氏菌等，重点阐述了细菌的形态及生理特征。病毒污染主要包括诺瓦克病毒、轮状病毒和肠道冠状病毒等，其它病毒不易在食品上繁殖。寄生虫和虫卵主要是通过患者、病畜的粪便间接通过水体或土壤污染食品或直接污染食品的。昆虫污染主要包括粮食中的甲虫、螨类、蛾类以及动物食品和发酵食品中的蝇、蛆等污染。

🔍 思考题

1. 真菌毒素概念及其特点。

2. 常见产毒真菌及其毒素特点。

3. 简述黄曲霉的生长特性、其毒素的理化性质和主要检测方法。

4. 简述沙门氏菌、致病性大肠埃希氏菌、副溶血性弧菌引起食物中毒的原因、中毒症状和预防措施。

5. 食品传播的病毒主要包括哪些？

6. 引起消化道传染病的寄生虫主要包括哪些？

7. 疟原虫的营养代谢方式包括哪些？

8. 试述贝类毒素的分类依据、主要毒素及来源。

参考文献

［1］侯红漫．食品微生物检验技术．北京：中国农业出版社，2010：40-66.

［2］江汉湖．食品微生物学．北京：中国农业出版社，2002：35-44.

［3］何国庆，贾英民．食品微生物学．北京：中国农业大学出版社，2002：126-132.

［4］刘慧．现代食品微生物学．北京：中国轻工业出版社，2004：111-121.

［5］李松涛．食品微生物学检验．北京：中国计量出版社，2005：87-99.

［6］李洪源，王志玉．病毒学检验．北京：人民卫生出版社，2006：46-60.

［7］刘用成．食品检验技术．北京：中国轻工业出版社，2006：102-118.

［8］黎源倩．食品理化检测．北京：人民卫生出版社，2006：20-39.

［9］柳增善．食品病原微生物学．北京：中国轻工业出版社，2007：38-42.

［10］史鹏达．食物中毒．广东：广东科技出版社，1989：68-80.

［11］苏世彦．食品微生物检验手册．北京：中国轻工业出版社，1998：31-39.

［12］张伟，袁耀武．现代食品微生物检测技术．北京：化学工业出版社，2007：70-81.

［13］张维铭．现代分子生物学实验手册．北京：科学出版社，2007：69-90.

［14］赵杰文，孙永海．现代食品检测技术．北京：中国轻工业出版社，2008：88-102.

［15］赵新淮．食品安全检测技术．北京：中国农业出版社，2007：29-39.

［16］柳溪林，余奇．食物中毒性藻类及其毒素．中国医学研究与临床，2007，5（11）：38-47.

［17］陈美．淡水藻类毒素的种类、生物学习性及其检测方法．安徽农业科学，2002，30（5）：821-822.

包装材料和容器
对食品安全性的影响

在日常生活中，食品包装与食品的关系极为密切。无论商场还是超市，处处可见设计精美、方便实用的食品包装。在一定程度上，食品包装已经成为食品不可分割的重要组成部分，很难想象没有包装的食品送到消费者手中，将会是一番怎样的景象。事实上，食品包装就像食品的贴身衣物，它作为现代食品工业的最后一道工序，具有保护食品安全、方便食品贮藏、运输和销售以及宣传的重要作用，对食品质量产生直接或间接的影响。食品包装与食品安全有着密切的关系，食品包装必须保证被包装食品的卫生安全，才能使之成为放心食品。食品包装的安全性不但关系到消费者的身体健康，而且影响到整个食品包装业甚至是食品工业的健康发展。世界上许多国家制定了食品包装材料的限制标准，如英国评价了90多种物质为安全物质，允许作为食品包装物质使用。我国在这方面也做了一定的工作，制定了食品包装材料的卫生标准和市场准入制度。食品用包装、容器、工具等制品市场准入制度，让消费者对食品本身放心的同时也对食品包装的卫生状况有信心，有利于全社会共同努力促进我国食品包装行业朝着安全、卫生、环保的方向发展。

常用的食品包装材料和容器主要有：纸和纸包装容器、塑料和塑料包装容器、金属和金属包装容器、复合材料及其包装容器、组合容器、玻璃、陶瓷容器、木质容器、麻袋、布袋、草、竹等其它包装物。其中，纸、塑料、金属和玻璃已成为包装工业的四大支柱材料。由于包装材料直接和食品接触，很多材料成分可进入到食品中，这一过程一般称为迁移。迁移现象可在玻璃、陶瓷、金属、硬纸板、塑料等包装材料中发生。因此，对于食品包装材料安全性的基本要求，就是不能向食品中释放有害物质，不与食品中成分发生反应。来自食品包装中的化学物质成为食品污染物的问题越来越受到人们的重视。尤其是2011年，中国台湾"塑化剂事件"酿成的重大食品安全风波，双酚A乳瓶的下架，以及某著名品牌不锈钢锅具被检测不合格等一系列事件的发生，引起了人们对食品包装材料和容器安全性的高度重视。

第一节　塑料包装材料及其制品的食品安全性问题

塑料是一种以高分子聚合物树脂为基本成分，再加入一些适量的用来改善性能的各种添加剂制成的高分子材料。根据塑料受热后的变化情况，分为两类。一是热塑性塑料，如聚乙烯和聚丙烯，它们在被加热到一定程度时开始软化，可以吹塑或挤压成型，降温后可重新固化。这一过程可以反复多次。二是热固性塑料，如酚醛树脂和脲醛树脂，这类塑料受热后可变软被塑成一定形状，但在硬化后再加热也不能软化变形。

一、 塑料包装材料的优点

（1）原料来源丰富、成本低廉。

（2）质轻、机械性能好。塑料的相对密度一般为 0.9～2.0，只有钢的 1/8～1/4，铝的 1/3～2/3，玻璃的 1/3～2/3，按材料单位重量计算的强度比较高。在伸强度、刚性、冲击韧性、耐穿刺性等机械性能中，塑料包装材料的某些强度指标较金属、玻璃等包装材料差一些，但比纸包装材料要高得多。

（3）适宜的阻隔性与渗透性。选择合适的塑料材料可以制成阻隔性适宜的包装，包括阻气包装、防潮包装、防水包装、保香包装等，用来包装易因氧气、水分作用而氧化变质、发霉腐败的食品。对于某些蔬菜水果类生鲜食品而言，则要求包装材料具有一定的气体和水分的透过性，以保证蔬菜水果的呼吸作用，用塑料制成的保鲜包装能满足上述要求。

（4）化学稳定性好。塑料对一般的酸、碱、盐等介质均有良好的抗耐能力，足以抵抗来自被包装物（如食品中的酸性成分、油脂等）和包装外部环境的水、O_2、CO_2 及各种化学介质的腐蚀。

（5）光学性能优良。许多塑料包装材料具有良好的透明性，制成包装容器可以清楚地看见内容物，起到良好的展示、促销效果。

（6）卫生性能良好。纯的聚合物树脂几乎是没有毒性的，可以放心地用于食品包装。但个别树脂的单体（如聚氯乙烯的单体氯乙烯等）用做食品包装容器时含量会过高，超过一定浓度，容易迁移到被包装的食品中，随食品进入人体后会产生一定的危害作用。

（7）良好的加工性能和装饰性。塑料包装制品可以用挤出、注射、吸塑等方法成型，能很容易地染上美丽的颜色或印刷上装潢图案。塑料薄膜还可以很方便地在高速自动包装机上自动成型、灌装、热封，生产效率高。

基于以上特点，塑料包装材料受到食品包装业的青睐，成为 40 年来世界上发展最快、用量最大的包装材料。塑料包装材料广泛应用于食品的包装，大量取代了玻璃、金属和纸类等传统包装材料，使食品包装的面貌发生了巨大的改观，体现了现代食品包装形式丰富多样、流通使用方便的发展趋势。塑料用作包装材料是现代包装技术发展的重要标志，但塑料包装用于食品也存在着一些安全性问题。

二、 塑料包装材料中有害物质的来源

塑料包装材料的不安全性主要表现为材料内部残留的有毒有害物质溶出、迁移而导致食品污染，其主要来源有以下几个方面。

（一）树脂本身具有一定毒性

树脂中未聚合的游离单体、裂解物（氯乙烯、苯乙烯、酚类、丁腈胶、甲醛）、降解物及老化产生的有毒物质对食品安全均有影响。美国食品与药物管理局指出，不是聚氯乙烯（PVC）本身而是残存于 PVC 中的氯乙烯（VCM）在经口摄取后有致癌的可能，因而禁止 PVC

制品作为食品包装材料。聚氯乙烯游离单体氯乙烯具有麻醉作用，可引起人体四肢血管的收缩而产生痛感，同时具有致癌、致畸作用。它在肝脏中形成氧化氯乙烯，具有强烈的烷化作用，可与 DNA 结合产生肿瘤。聚苯乙烯中的残留物质苯乙烯、乙苯、甲苯和异丙苯等，也可对食品安全构成危害。苯乙烯可抑制大鼠生育，使肝、肾质量减轻。低相对分子质量的聚乙烯溶于油脂产生腊味，影响产品质量。制作乳瓶用的聚碳酸酯树脂原料可产生苯酚，有一定毒性，产生异味。这些有害物质对食品安全的影响程度，取决于材料中该物质的浓度、结合的紧密性，以及材料接触食物的性质、时间、温度及在食品中的溶解性等因素。

（二）塑料包装容器表面的微尘杂质及微生物污染

因塑料易带电，吸附在塑料包装表面的微生物及微尘杂质可引起食品污染。

（三）塑料制品在制作过程中添加的稳定剂、增塑剂、抗氧化剂、抗静电剂、着色剂等带来的危害

（1）稳定剂用来防止塑料制品在空气中长期受氧和光的作用而变质或在高温下降解。大多数为金属盐类，其中钙、锌盐稳定剂在许多国家被允许使用，但铅、钡、镉盐对人体危害较大，一般不添加于接触食品的工具和容器中。

（2）塑化剂（Plasticizer），又称增塑剂，主要作用是削弱聚合物分子之间的次价键，即范德华力，从而增加了聚合物分子链的移动性，降低了聚合物分子链的结晶性，即增加了聚合物的塑性，表现为聚合物的硬度、软化温度和脆化温度下降，而伸长率、曲挠性和柔韧性提高，起到增加塑料弹性的作用。主要应用于玩具、食品包装材料、医用血袋和胶管、乙烯地板和壁纸、清洁剂、润滑油、个人护理用品的生产中。GB 9685—2016《食品安全国家标准　食品接触材料及制品用添加剂使用标准》对应用于食品包装材料中的塑化剂（主要为邻苯二甲酸酯类）的使用范围、最大使用量、特定迁移量或最大残留量做了明确要求，并规定"仅用于接触非脂肪性食品的材料，不得用于接触婴幼儿食品用材料"。

塑化剂如果在体内长期累积，会引发激素失调，导致人体免疫力下降，最重要的是影响生殖能力，造成孩子性别错乱，包括生殖器变短小、性征不明显、诱发儿童性早熟。特别是尚在母亲体内的男性胎儿可通过孕妇血液摄入邻苯二甲酸酯（DEHP），产生的危害更大。目前虽无法证实塑化剂对人类是否致癌，但对动物明显会产生癌变反应。2011 年发生在台湾的"塑化剂风波"，使"塑化剂"这个专业名词及其对健康的危害作用为普通消费者所熟知。

案例：中国台湾的塑化剂风波

2011 年 4 月，中国台湾卫生部门例行抽验食品时，在一款"净元益生菌"粉末中发现含有 DEHP。追查发现，DEHP 来自台湾某香料公司所供应的起云剂（乳化剂）内。此次污染事件规模之大为历年罕见，在台湾引起轩然大波。台湾多家媒体均对此事进行报道，相关机构持续追查相关食品从业者。台湾某公司被查出将塑化剂 DEHP 当作起云剂的配方长达 30 年之久。

2011 年 6 月，四种方便面的调味粉和酱料在香港被检出含有塑化剂。此次方便面调料中含有塑化剂的报道将台湾塑化剂事件引起的食品安全危机推向了高潮。

台湾塑化剂风波酿成了重大食品安全危机，2011 年 6 月 1 日，卫生部专门为此公布第六批食品中可能违法添加的非食用物质和易滥用的食品添加剂名单，其中包括邻苯二甲酸酯类物质共 17 种。公告指出，此类物质可能添加在乳化剂类食品添加剂、使用乳化剂的其它类食品添加剂或食品中，并明确检验方法为 GB/T 21911—2008《食品中邻苯二甲酸酯的测定》。

2011 年 6 月 10 日，国家认监委开辟绿色通道，紧急批准并委托厦门检验检疫局牵头起草《食品中邻苯二甲酸酯测定》行业标准。6 月 27 日，该标准已经正式通过专家组审订。经中国检验检疫科学院、广东检验检疫局、上海检验检疫局、江苏检验检疫局、厦门市质检院等 5 家实验室验证，可一次性检测 22 种邻苯二甲酸酯，检出限值（0.01～0.5mg/kg）高于国家标准。

2011 年 6 月 23 日，中华人民共和国卫生部办公厅发布了《卫生部办公厅关于通报食品及食品添加剂邻苯二甲酸酯类物质最大残留量的函（卫办监督函〔2011〕551 号）》，其中明确指出"食品容器、食品包装材料中使用邻苯二甲酸酯类物质，应当严格执行《食品容器、包装材料用添加剂使用卫生标准》（GB 9685—2008）规定的品种、范围和特定迁移量或残留量，不得接触油脂类食品和婴幼儿食品，食品、食品添加剂中的邻苯二甲酸酯（DEHP）、邻苯二甲酸二异壬酯（DINP）和邻苯二甲酸二正丁酯（DBP）最大残留量分别为 1.5mg/kg、9.0mg/kg 和 0.3mg/kg"。

2017 年 6 月，GB 5009.271—2016《食品安全国家标准　食品中邻苯二甲酸酯的测定》开始实施，代替了 GB/T 21911—2008《食品中邻苯二甲酸酯的测定》。

塑料种类繁多，常用的有 140 多种，并非每一种都要使用塑化剂。塑化剂有上百种，也并非每一种都会损害人体健康。我国对用于食品包装的塑化剂用量和使用范围有相关限定，但是目前塑化剂产业仍存在诸多问题，需要整顿规范。中国每年的塑化剂产量约为 120 万 t，这些塑化剂的具体流向很难追踪。台湾的"塑化剂事件"为我们敲响了警钟，塑化剂作为塑料食品包装材料中普遍使用的添加剂，应该得到重视，其生产流通中的各个环节均应规范化，以确保食品包装的安全性。

（3）抗氧化剂可使塑料制品表面光滑，并能改进其结构和性质以防止氧化，常用丁基羟基茴香醚（BHA）和二丁基羟基甲苯（BHT），二者毒性很低。

（4）抗静电剂一般为表面活性剂，有阳离子型、阴离子型和非离子型，其中非离子型毒性最低。

（5）塑料着色是塑料加工工艺中的重要环节。绚丽多彩、美艳夺目的塑料制品不仅丰富了市场，也美化了人们的生活，但不合格塑料着色剂的使用或着色剂的不当使用，则可能给消费者的健康安全造成隐患。由着色剂使用导致的品质问题已成为塑料制品安全卫生指标不合格的重要原因之一。目前，欧洲、美国、日本等国家和地区对可用于食品接触制品的着色剂种类和要求等都制定了相应规范，如欧盟 AP（89）1 决议对塑料着色剂质量有明确指标要求，FDA 法规 21CFR178.3297 部分也对塑料制品中允许使用的着色剂及其最高用量做出明确规定。质量规格不符的着色剂可能带来诸多安全卫生隐患，主要包括：致癌物质芳香胺超标、成品脱色试验不合格以及重金属含量超标等。此外，不合格着色剂还可能含多氯联苯等有害物质。

（四）塑料回收再利用时附着的一些污染物和添加的色素可造成食品的污染

塑料材料的回收再利用是大势所趋。国家明确规定聚乙烯回收再生品不得用于制作食品包装材料，而其它回收的塑料材料，往往由于种种原因存在影响食品安全问题。问题主要有以下几个方面：其一，由于回收渠道复杂，回收容器上常残留有害物质，如添加剂、重金属、色素、病毒等，难以保证清洗处理完全，从而对食品造成污染；其二，有的回收品被添加大量涂料以掩盖质量缺陷，导致涂料色素残留大，造成对食品的污染；其三，因监管不当，导致大量的医学垃圾塑料被回收利用，造成食品安全隐患。

（五）油墨污染

油墨大致可分为苯类油墨、无苯油墨、醇性油墨和水性油墨等种类。油墨中主要物质有颜料、树脂、助剂和溶剂。油墨厂家往往考虑树脂和助剂对食品安全性的影响，而忽视颜料和溶剂对食品安全的间接危害。国内的小油墨厂家甚至用染料来代替颜料进行油墨的制作，而染料的迁移会严重影响食品的安全性；另外为提高油墨的附着牢度会添加一些促进剂，如硅氧烷类物质，此类物质基团会在一定的干燥温度下发生键的断裂，生成甲醇等物质，而甲醇会对人的神经系统产生危害。在塑料食品包装袋上印刷的油墨，因为苯等一些有毒物不易挥发，对食品安全的影响更大。近几年来，各地塑料食品包装袋抽检合格率普遍偏低，只有 50%～60%，主要不合格项是苯残留超标，而造成苯超标的主要原因是在塑料包装印刷过程中为了稀释油墨使用含苯类溶剂。

（六）复合薄膜用黏合剂

黏合剂大致可分为聚醚类和聚氨酯类黏合剂。聚醚类黏合剂正逐步被淘汰，而聚氨酯类黏合剂以其良好的黏结强度和耐超低温性能，被广泛地应用于食品复合薄膜。聚氨酯类黏合剂有脂肪族和芳香族两种。黏合剂按照使用类型还可分为水性黏合剂、溶剂型黏合剂和无溶剂型黏合剂。水性黏合剂对食品安全不会产生什么影响，但由于功能方面的局限，在我国还不能广泛应用。我国食品行业主要使用溶剂型黏合剂。对于这种黏合剂的安全性能，绝大多数人认为如果产生的残留溶剂不高就不会对食品安全产生影响，其实这种认识是片面的。我国食品行业使用的溶剂型黏合剂有 99% 是芳香族的黏合剂，其中含有芳香族异氰酸酯，用这种材料袋包装食品后经高温蒸煮，可使芳香族异氰酸酯迁移至食品中，并水解生成致癌物质芳香胺。我国目前没有食品包装用黏合剂的国家标准，各个生产供应商的企业标准中也没有重金属含量的指标，而国外对食品包装中的芳香胺含量有严格的限制。欧盟规定芳香族异氰酸酯迁移量小于 10mg/kg。欧盟（EU）的 2017/752 修订案，对制造复合包装材料用胶和包装袋成品中铅、汞、镉、铬的含量，制定了严格的指标要求。

三、　食品包装常用塑料材料及其安全性

（一）尿素树脂（VR）

尿素树脂（VR）由尿素和甲醛制成。树脂本身光亮透明，可随意着色。但在成型条件欠妥时，将会出现甲醛溶出的现象。即使合格的试验品也不适宜在高温下使用。

（二）酚醛树脂（PR）

酚醛树脂（PR）由苯酚和甲醛缩聚而成。因树脂本身为深褐色，所以可用的颜色受到一定的限制。酚醛树脂一般用来制造箱或盒，盛装用调料煮过的鱼贝类。PR 的溶出物主要来自甲醛、酚以及着色颜料。

（三）三聚氰胺树脂（MF）

三聚氰胺树脂（MF）由三聚氰胺和甲醛制成，在其中掺入填充料及纤维等而成型。三聚氰胺树脂成型温度比尿素树脂高，甲醛的溶出也较少。三聚氰胺树脂一般用来制造带盖的容器，但在食品容器方面的应用要比酚醛树脂少一些。

（四）聚氯乙烯（PVC）

聚氯乙烯（PVC）是由氯乙烯聚合而成的。聚氯乙烯塑料是以聚氯乙烯树脂为主要原料，

再加以增塑剂、稳定剂等加工制成。聚氯乙烯树脂本身是一种无毒聚合物，但其原料单体氯乙烯具有麻醉作用，可引起人体四肢血管的收缩而产生痛感，同时还具有致癌和致畸作用，它在肝脏中可形成氧化氯乙烯，具有强烈的烷化作用，可与DNA结合产生肿瘤。聚氯乙烯塑料的安全性问题主要是残留的氯乙烯单体、降解产物以及添加剂的溶出造成的食品污染。单体氯乙烯对人体安全限量要求小于1mg/kg（以体重计）。中国国产聚氯乙烯树脂单体氯乙烯残留量可控制在3mg/kg以下，成品包装材料已控制在1mg/kg以下。

聚氯乙烯塑料有软质和硬质之分，软质聚氯乙烯塑料中增塑剂含量较大，用于食品包装安全性差，通常不用于直接的食品包装，常用于生鲜水果和蔬菜包装。硬质聚氯乙烯塑料不含或极少含增塑剂，它们安全性好，可用于食品的包装。

氯乙烯与其它塑料不同，多使用重金属化合物作为稳定剂，通称为软质氯乙烯塑料，含有30%~40%的增塑剂。氯乙烯树脂的溶出物以残留的氯乙烯单体、稳定剂和增塑剂为主。PVC中的增塑剂己二酸二（2-乙基）己酯（DEHA）能渗透到食物中，尤其是高脂肪食物，DEHA中含有干扰人体内分泌的物质，会扰乱人体内的激素代谢，影响生殖和发育（见第一节）。表6-1为日本国立卫生试验所发表的聚氯乙烯塑料包装食品在室温贮存8周，氯乙烯单体溶入食品中的试验结果。

表6-1　　　　　　　　　　　聚氯乙烯容器溶入食品中的单体试验

容器	氯乙烯单体含量/（mg/kg）	室温保存8周食品中氯乙烯单体含量/（mg/kg）
食用油容器	2.8	>0.05
威士忌酒容器	1.7	<0.05
酱油容器	5.0	<0.05
醋容器	2.6	<0.05

保鲜膜中的增塑剂使用问题在2005年就被媒体报道过，由于当时大量日韩品牌的PVC保鲜膜中被测出含有DEHA，2005年10月25日，原国家质量监督检验检疫总局禁止企业用DEHA等不符合强制性国家标准规定的物质生产食品保鲜膜，要求食品保鲜膜生产企业，在产品外包装上标明产品的材质和适用范围以及不适宜使用范围，凡是不按要求明示的，一律禁止销售。GB 31604.28—2016《食品安全国家标准　食品接触材料及制品　己二酸二（2-乙基）己酯的测定和迁移量的测定》中规定，PVC膜中DEHA的检测限为0.05%。

由于增塑剂不溶于水，溶于油脂，在与油脂类食品接触时会渗出，渗出或迁移的量与接触的时间及温度有关，从而随着食品进入人体，对人体健康造成威胁。因此，PVC保鲜膜生产企业应在产品外包装上标注使用范围。

（五）聚偏二氯乙烯（PVDC）

聚偏二氯乙烯（PVDC）是由偏氯乙烯单体聚合而成，具有极好的防潮性和气密性，化学性质稳定，并有热收缩性等特点。聚偏二氯乙烯薄膜主要用于制造火腿肠、鱼香肠等灌肠类食品的肠衣。聚偏二氯乙烯中可能有氯乙烯和偏二氯乙烯残留，属中等毒性物质。毒理学试验表明，偏二氯乙烯单体代谢产物为致突变阳性。日本试验结果表明，聚偏二氯乙烯的单体偏二氯乙烯残留量小于6mg/kg时，就不会迁移进入食品中去，因此日本规定偏二氯乙烯残留量应小于6mg/kg。聚偏二氯乙烯塑料所用的稳定剂和增塑剂的安全性问题与聚氯乙烯塑料一样，存在残留危害，聚偏二氯乙烯所添加的增塑剂在包装脂溶性食品时可能溶出，因此添加剂的选择要谨慎，同时要控制残留量。按 GB 4806.6—2016《食品安全国家标准　食品接触用塑料树脂》规定，氯乙烯和偏二氯乙烯残留分别低于 2mg/kg 和 10mg/kg。

（六）聚乙烯（PE）

聚乙烯（PE）为半透明和不透明的固体物质，是乙烯的聚合物。采用不同工艺方法聚合而成的聚乙烯，因其相对分子质量、分布、分子结构和聚集状态不同，形成不同聚乙烯品种，一般分为低密度聚乙烯和高密度聚乙烯两种。低密度聚乙烯主要用于制造食品塑料袋、保鲜膜等；高密度聚乙烯主要用于制造食品塑料容器、塑料管等。

聚乙烯塑料本身是一种无毒材料，它属于聚烯烃类长直链烷烃树脂。聚乙烯塑料的污染物主要包括聚乙烯中的单体乙烯、添加剂残留以及回收制品污染物。其中乙烯有低毒，但由于沸点低，极易挥发，在塑料包装材料中残留量很低，加入的添加剂量又非常少，基本上不存在残留问题，因此，一般认为聚乙烯塑料是安全的包装材料。但低分子质量聚乙烯溶于油脂使油脂具有腊味，从而影响产品质量（表6-2）。聚乙烯塑料回收再生制品存在较大的不安全性，由于回收渠道复杂，回收容器上常残留有害物质，难以保证清洗处理完全，从而造成对食品的污染。有时为了掩盖回收品质量缺陷往往添加大量涂料，导致涂料色素残留污染食品。因此，一般规定聚乙烯回收再生品不能用于制作食品的包装容器。

表6-2　　　　　　　　　　　　聚乙烯在植物油中的溶出情况

相对密度	浸泡条件	溶出量和溶出物
低密度（0.92）	57℃ 17d	2.8%直链脂肪族烃
高密度（0.95）	57℃ 17d	0.3%直链脂肪族烃
高密度（0.95）	常温短时间（常用条件）	0.063%直链脂肪族烃

（七）聚丙烯（PP）

聚丙烯（PP）是由丙烯聚合而成的一类高分子化合物。它主要用于制作食品塑料袋、薄膜、保鲜盒等。聚丙烯塑料残留物主要是添加剂和回收再利用品的残留。由于其易老化，需要加入抗氧化剂和紫外线吸收剂等添加剂，造成添加剂残留污染。其回收再利用品残留与聚乙烯塑料类似。聚丙烯作为食品包装材料一般认为较安全，其安全性高于聚乙烯塑料与聚氯乙烯塑料相类似。

（八）聚苯乙烯（PS）

聚苯乙烯（PS）是由苯乙烯单体聚合而成。聚苯乙烯本身无毒、无味、无臭，不易生长霉菌，可制成收缩膜、食品盒等。其安全性问题主要是苯乙烯单体、甲苯、乙苯和异丙苯等的残留。残留量对大鼠经口的 LD_{50}（半致死量）：苯乙烯单体 5.09g/kg，乙苯 3.5g/kg，甲苯7.0g/kg。苯乙烯单体还能抑制大鼠生育，使肝、肾重量减轻。残留于食品包装材料中的苯乙烯单体对人体最大无作用剂量为 133mg/kg，塑料包装制品中单体残留量应限制在 1%以下。日本用含苯乙烯单体 5020mg/kg 的聚苯乙烯容器装发酵乳及乳酸菌饮料于 5℃、20℃、30℃保存5d、10d 和 20d，发酵乳苯乙烯单体含量为 0.008~0.193mg/kg，乳酸菌饮料中苯乙烯单体含量为 0~0.163mg/kg（表6-3）。

表 6-3　　　　　　　　　　　　　聚苯乙烯食具中苯乙烯转入食品试验

样品	温度/℃	天数/d	乳制品中苯乙烯单体含量/（mg/kg）
发酵乳	5	5	0.008
		10	0.010
		20	0.029
	20	5	0.039
		10	0.044
		20	0.067
	30	5	0.100
		10	0.192
		20	0.193
乳酸菌	5	5	痕量
		10	痕量
		20	0.023
	20	5	痕量
		10	0.010
		20	0.027
	30	5	0.028
		10	0.047
		20	0.163

（九）聚对苯二甲酸乙二醇酯（PET）

由对苯二甲酸或其甲酯和乙二醇缩聚而成的聚对苯二甲酸乙二醇酯（PET），由于具有透明性好、阻气性高的特点，广泛用于液体食品的包装。在美国和西欧作为碳酸饮料容器使用。聚对苯二甲酸乙二醇酯的溶出物可能来自乙二醇与对苯二甲酸的三聚物聚合时的金属催化剂（锑、锗），不过其溶出量非常少。

（十）复合材料

复合薄膜是塑料包装发展的方向，它具有以下特点：可以高温杀菌，延长食品的保存期；密封性能良好，适用于各类食品的包装；防氧气、水、光线的透过，能保持食品的色、香、味；如采用铝箔层，则增加印刷效果。复合薄膜的突出问题是黏合剂。目前采用的黏合方式有两种：一种是采用改性聚丙烯直接复合，它不存在食品安全问题；另一种是采用黏合剂黏合，多数厂家采用聚氨酯型黏合剂，这种黏合剂中含有甲苯二异氰酸酯（TDI），这种复合薄膜袋包装食品经蒸煮后，会使甲苯二异氰酸酯迁移至食品中，并水解产生具有致癌性的 2,4-二氨基甲苯（TDA）。复合薄膜所采用的塑料等材料应符合卫生要求，并根据食品的性质及加工工艺选择合适的材料。此外，复合薄膜各层间应黏合牢固，不应有剥离现象。

四、塑料容器和塑料包装材料的卫生要求

用于食品容器和包装材料的塑料制品本身应纯度高，禁止使用可能游离出有害物质的塑

料。我国对塑料包装材料及其制品的卫生标准也作了规定，见表6-4。对于塑料包装材料中有害物质的溶出残留量的测定，一般采用模拟溶媒溶出试验进行，同时进行毒理试验，评价包装材料毒性，确定有害物的溶出残留限量和某些特殊塑料材料的使用限制条件。溶出试验是在模拟盛装食品条件下选择几种溶剂作为浸泡液，然后测定浸泡液中有害物质的含量。常用的浸泡液有3%~4%的乙酸（模拟食醋）、己烷或庚烷（模拟食用油）以及蒸馏水、乳酸、乙醇、碳酸氢钠和蔗糖水溶液。浸泡液检测项目有单体物质、甲醛、苯乙烯、异丙苯等针对项目，以及重金属、溶出物总量（以高锰酸钾消耗量 mg/L 水浸泡液计）、蒸发残渣（以 mg/L 浸泡液计）。

表6-4　　　　　　　　　我国对几种塑料或塑料制品制定的卫生标准

指标名称	浸泡条件*	聚乙烯	聚丙烯	聚苯乙烯	三聚氰胺	聚氯乙烯
单体残留量/(mg/kg)		—	—	—	—	<1
蒸发残留量/(mg/kg)	4%醋酸	<30	<30	<30	—	<20
	65%乙醇	<30	<30	<30	—	<20
	蒸馏水	—	—	—	<10	<20
	正己烷	<60	<30	—	—	<15
高锰酸钾消耗量/(mg/kg)	蒸馏水	<10	<10	<10	<10	<10
重金属量 （以 Pb 计）/(mg/kg)	4%醋酸	<1	<1	<1	<1	<1
脱色试剂	冷餐油	阴性	阴性	阴性	阴性	阴性
	乙醇	阴性	阴性	阴性	阴性	阴性
	无色油脂	阴性	阴性	阴性	阴性	阴性
甲醛	4%醋酸	—	—	—	—	—

注：*浸泡液接触面积一般按 $2mL/cm^2$。

五、　塑料容器和塑料包装材料引起的食品安全问题的对策和建议

塑料的生产和使用问题一直是食品包装行业的一个重要控制点，能否规范塑料及其添加剂的流通和使用，关系到食品包装行业的发展，更与人们的身体健康密切相关，国际食品包装协会提出了以下建议。

（一）聚氯乙烯保鲜膜政策及标准需持续完善

2011年3月27日，中华人民共和国国家发展与改革委员会公布了《产业结构调整指导目录（2011年本）》（第9号令），并于6月1日起执行。其中"聚氯乙烯食品保鲜包装膜"被列为限制类，"直接接触饮料和食品的聚氯乙烯包装制品"被列为淘汰类。

GB/T 10457—2009《食品用塑料自粘保鲜膜》于2009年4月17日由国家质量监督检验检疫总局和国家标准委共同发布，但被暂缓实施。2021年10月11日国家市场监督管理总局和国家标准化管理委员会发布了《食品用塑料自粘保鲜膜质量通则》（GB/T 10457—2021），并于2022年5月1日开始实施。

目前，聚氯乙烯保鲜膜未被淘汰，也有执行标准，未被列入生产许可市场准入范围，即无法获得生产许可证。因此，现阶段聚氯乙烯食品保鲜膜的国家政策和标准体系仍需进一步更新和完善。

（二）未列入国家准许用于食品容器、包装材料的物质应申报行政许可

2016 年 10 月 19 日，经食品安全国家标准审评委员会审查通过，原国家卫生和计划生育委员会对外发布《食品安全国家标准 食品接触材料及制品通用安全要求》等 53 项食品安全国家标准，于 2017 年实施。

随着科技的进步，添加剂的种类也在不断创新，目前已经公布的可用于食品包装容器、材料的添加剂达 1294 种，但仍不能满足生产需要。因此，对于新的可用于食品容器、包装材料的物质，我国也在不断出台新的政策，鼓励其用于食品包装。

（三）正确认识和使用是关键

消费者要加强自身对食品包装方面的认识，正确使用塑料包装容器和材料，改变日常生活中的一些生活习惯。

（1）尽量不使用一次性塑料餐饮具。在选用食品容器时，应尽量避免使用塑料器材，改用高质量的不锈钢、玻璃和搪瓷容器。

（2）保存食品用的保鲜膜宜选择不添加塑化剂的 PE 材质，并避免将保鲜膜和食品一起加热。而且最好少用保鲜膜、塑料袋等包装和盛放食品。

（3）尽量避免用塑料容器和塑料袋放热水、热汤、茶和咖啡等。

（4）尽量少用塑料容器盛放食品在微波炉中加热，因为微波炉加热时温度相当高，油脂性食品更会加速塑料的溶出。

第二节 橡胶制品的食品安全性问题

橡胶也是高分子化合物，分为天然和合成橡胶两种。天然橡胶是橡胶树上流出的乳胶，由以异戊二烯为主要成分的单体构成的长链、直链高分子化合物，经凝固、干燥等工序加工成弹性固状物。天然橡胶既不被消化酶分解，也不被细菌和霉菌分解，因此也不会被肠道吸收，可以认为是无毒的物质。但因加工需要，往往加入橡胶添加剂，这可能是其毒性的来源。合成橡胶多由二烯类单体聚合而成，可能存在单体和添加剂毒性。

一、合成橡胶的单体

合成橡胶由单体聚合而成，合成橡胶因单体不同分为多种。①硅橡胶：是有机硅氧烷的聚合物，毒性甚小，常制成乳嘴等。②丁二烯橡胶（BR）：是丁二烯的聚合物。以上二烯类单体都具有麻醉作用，但未证明有慢性毒性作用。③丁苯橡胶（SBR）：系由丁二烯和苯乙烯聚合而成，其蒸气有刺激性，但小剂量未发现慢性毒性。④乙丙橡胶：其单体乙烯和丙烯在高浓度时也有麻醉作用，但未发现慢性毒性作用。

二、橡胶添加剂

橡胶添加剂有促进剂、防老剂和填充剂。促进剂促进橡胶的硫化作用，即使直链的橡胶大分子相互发生联系，形成网状结构，以提高其硬度、耐热性和耐浸泡性。常用的橡胶促进剂有氧化钙、氧化镁、氧化锌等无机促进剂和烷基秋兰姆硫化物等。防老化剂可增强橡胶耐热、耐酸、耐臭氧和耐曲折龟裂等性能。适用于食品用橡胶的防老化剂主要为酚类，如 2,6-二叔丁基-4-甲基苯酚（BHT）等。填充剂主要用的是炭黑。炭黑为石油产品，其含有苯并（a）芘，因此炭黑在使用前要用苯类溶剂将苯并（a）芘提取掉。应限制炭黑中苯并（a）芘的含量，法国规定为<0.01%。

三、 橡胶的卫生标准

无论是食品用橡胶制品，还是在其生产过程中加入的各种添加剂，都应按规定的配方和工艺生产，不得随意更改。生产食品用橡胶要单独配料，不能和其它用途橡胶如汽车轮胎等使用同样的原料。我国颁布的《食品安全国家标准 食品接触用橡胶材料及制品》和《食品用橡胶制品卫生管理办法》是对橡胶进行卫生监督的主要依据。标准中规定的感官指标和理化指标，与塑料大致相同。

四、 橡 胶 制 品

天然橡胶是以异戊二烯为主要成分的天然长链高分子化合物，本身不分解也不被人体吸收。加工时常用的添加剂有交联剂、防老化剂、加硫剂、硫化促进剂及填充剂等。天然橡胶的溶出物受原料中天然物质（蛋白质、碳水化合物）的影响较大，而且由于硫化促进剂的溶出使溶出物增多。合成橡胶是用单体聚合而成，使用的防老化剂对溶出物的量有一定影响。单体和添加物的残留对食品安全有一定影响。

我国规定不得将酚醛树脂用于制作食具、容器、生产管道、输送带等直接接触食品的包装材料；氯丁胶不得用于制作食品用橡胶制品，氧化铅、六甲四胺、芳胺类、α-巯基咪唑琳、α-巯醇基苯并噻唑（促进剂 M）、二硫化二甲并噻唑（促进剂 DM）、乙苯-β-萘胺（防老剂 J）、对苯二胺类、苯乙烯代苯酚、防老化剂124等不得在食品用橡胶制品中使用；食品工业中使用的橡胶制品的着色剂只能是氧化铁和钛白粉。在外观上规定红、白两种色泽的橡胶为食品工业用橡胶，强调黑色的橡胶制品为非食品工业用橡胶。橡胶制成的包装材料除乳嘴、瓶盖、垫片、垫圈、高压锅圈等直接接触食品外，食品工业中使用的橡胶管道对食品安全也会有一定的影响。需要注意的是，橡胶制品接触酒精饮料、含油的食品或高压水蒸气有可能溶出有毒物质。

我国规定食品包装材料所用原料必须是无毒无害的，并符合国家卫生标准和卫生要求。有关橡胶制品的卫生质量建议指标见表6-5。

表6-5 我国橡胶制品卫生质量建议指标

名称	高锰酸钾消耗量 /（mg/kg）	蒸发残渣量 /（mg/kg）	铅含量 /（mg/kg）	锌含量 /（mg/kg）
奶嘴	<70	<40（水泡液）	<1	<30
		<120（4%醋酸）		
高压锅圈	<40	<50（水泡液）	<1	<100
		<800（4%醋酸）		
橡皮垫片（圈）	<40	<40（20%乙醇）		
		<2000（4%醋酸）	<1	<20
		<3500（己烷）		

第三节　纸和纸板包装材料的食品安全性问题

纸是从纤维悬浮液中将纤维沉积到适当的成型设备上，经干燥制成的平整均匀的薄页，是一种古老的食品包装材料。随着塑料包装材料的发展，纸质包装曾一度处于低谷。近年来，随着人们对"白色污染"等环保问题的日益关注，纸质包装在食品包装领域的需求和优势越来越明显。有些国家（如爱尔兰、加拿大和卢旺达）规定食品包装一律禁用塑料袋，提倡使用纸制品进行绿色包装。有资料表明，2017 年全球食品直接接触纸和纸板市场规模达 700 亿美元。目前世界上用于食品的纸包装材料种类繁多，性能各异，各种纸包装材料的适应范围不尽相同。

一、　纸包装材料的优点

（1）原料来源丰富，价格较低廉。

（2）纸容器重量较轻，可折叠，具有一定的韧性和抗压强度，弹性良好，有一定的缓冲作用。

（3）纸容器易加工成型，结构多样，印刷装潢性好，包装适应性强。

（4）优异的复合性，加工纸与纸板种类多，性能全面。

（5）无二次环境污染，易回收利用或降解。

纸包装材料因其一系列独特的优点，在食品包装中占有相当重要的地位。纯净的纸是无毒、无害的，但由于原材料受到污染，或经过加工处理，纸和纸板中会有一些杂质、细菌和某些化学残留物，如挥发性物质、农药残留、制浆用的化学残留物、重金属、防油剂、荧光增白剂等，这些残留污染物有可能会迁移到食品中，影响包装食品的安全性，从而危害消费者的健康。

二、　纸中有害物质的来源

（一）造纸原料本身带来的污染

生产食品包装纸的原材料有木浆、草浆等，存在农药残留。有的纸质包装材料使用一定比例的回收废纸制纸。废旧回收纸虽然经过脱色，但只是将油墨颜料脱去，而有害物质铅、铬、多氯联苯等仍可残留在纸浆中；有的采用霉变原料生产，使成品含有大量霉菌。

（二）造纸过程中的添加物

造纸需在纸浆中加入化学品，如防渗剂/施胶剂、填料、漂白剂、染色剂等。纸的溶出物大多来自纸浆的添加剂、染色剂和无机颜料，而这些物质的制作多使用各种金属，这些金属即使在 mg/kg 级以下也能溶出。例如，在纸的加工过程中，尤其是使用化学法制浆，纸和纸板通常会残留一定的化学物质，如硫酸盐法制浆过程残留的碱液及盐类。《中华人民共和国食品安全法》规定，食品包装材料禁止使用荧光染料或荧光增白剂等致癌物。此外，从纸制品中还能溶出防霉剂或树脂加工时使用的甲醛。

（三）油墨污染较严重

我国没有食品包装专用油墨，在纸包装上印刷的油墨，大多是含甲苯、二甲苯的有机溶剂型凹印油墨，为了稀释油墨常使用含苯类溶剂，造成残留的苯类溶剂超标。苯类溶剂在GB 9685—2016《食品安全国家标准　食品接触材料及制品用添加剂使用标准》中禁止使用，但在我国，仍有不法分子在大量使用；其次，油墨中所使用的颜料、染料中，存在重金属（铅、镉、汞、铬等）、苯胺或稠环化合物等物质，容易引起重金属污染，而苯胺类或稠环类染料则是明显的致癌物质。印刷时因相互叠在一起，造成无印刷面也接触油墨，形成二次污染。所以，纸制包装印刷油墨中的有害物质，对食品安全的影响很严重。为了保证食品包装安全，采用无苯印刷将成为发展趋势。

（四）贮存、运输过程中的污染

纸包装物在贮存、运输时表面受到灰尘、杂质及微生物污染，对食品安全造成影响。此外，纸包装材料封口困难，受潮后牢度会下降，受外力作用易破裂。因此，使用纸类作为食品包装材料，要特别注意避免因封口不严或包装破损而引起的食品包装安全问题。

三、　食品包装用纸中的主要有毒有害物质及检测

（一）荧光增白剂

1. 来源

荧光增白剂是能够使纸张白度增加的一种特殊白色染料，它能吸收不可见的紫外光，将其变成可见光，消除纸浆中的黄色，增加纸张的视觉白度。

由于纸浆中的木质素会吸收波长在 $400 \sim 500nm$ 的可见光，所以纸浆纤维一般带有黄色或灰白色，通过在造纸中加入荧光增白剂，可以生产出高白度的纸张。添加荧光增白剂，纸张白度可提高 10% 以上，是纸张增白的重要手段。目前造纸工业使用的荧光增白剂在化学结构上都具有环状的共轭体系，常用的是二苯乙烯型二氨基苯磺酸类荧光增白剂，包括二磺酸、四磺酸和六磺酸三种类型。荧光增白剂被人体吸收后会加重肝脏的负担；如果有伤口，荧光增白剂和伤口处的蛋白质结合，会阻碍伤口的愈合；医学临床实验证明，如过量接触荧光增白剂，可能会成为潜在的致癌因素。

我国颁布的《食品安全国家标准　食品接触材料及制品用添加剂使用标准》中规定，食品包装用原纸禁止添加荧光增白剂等有害助剂。但是，由于世界范围的植物资源短缺和人类对环境保护的日益重视，废纸越来越多地用于制浆造纸工业。特别是在我国，近几年出于环保等方面的原因，许多造纸厂正逐步减少或停止直接用植物纤维原料进行蒸煮制浆的方法，转向用废纸生产脱墨纸浆进行造纸。在这种情况下，一些不法企业为了降低成本，使用废纸来生产食品包装用纸。有一些企业，虽然是用纯木浆生产食品用纸，但是由于木浆质地不好，其自然白度很难达到标准要求，就在生产木浆的过程中加入一定量的增白剂以达到增白的效果。

废纸中的荧光增白剂和纯木浆中添加的荧光增白剂是食品包装用纸荧光增白剂的重要来源。近年来，随着社会对食品包装安全性的关注，用回收废纸+消毒水+荧光增白剂+石灰粉制成的劣质餐巾纸和纸杯引起了各方的注意。这种纸有异味、洞眼、沙眼，并会出现掉毛粉等现象。使用这种劣质的食品包装用纸时，纸中的荧光增白剂会渗透到食品中，进入人体后给人们的健康带来危害。

2. 分析方法

荧光增白剂的分析方法一般有分子荧光光度法、紫外分光光度法、薄层层析法和高效液相色谱法（HPLC）。紫外分光光度法和分子荧光光度法只能测定荧光增白剂的总量，而不能定性。薄层层析法操作复杂，只能半定性定量。高效液相色谱法自动化程度高，操作简便，可很好地对荧光增白剂进行定性定量分析。

目前，还没有毒性学试验表明，食品包装中的荧光增白剂向食品的迁移量达到对人类健康产生危害的程度，亦未见因食品包装中荧光增白剂迁移而引起食物中毒的报道。然而鉴于荧光增白剂对人们健康具有不可忽视的潜在危害，需要对荧光增白剂在食品纸质包装材料中的应用和迁移状况进行监控。

（二）重金属

在金属元素中，毒性较强的是重金属及其化合物，而铅、镉、汞和铬是在生产生活环境中经常遇到的有害重金属。有害重金属污染对环境和人类具有极大的危害，人体无法通过自身的代谢食物链或其它途径排泄累积的有害重金属。

1. 来源

食品包装用纸中重金属的来源主要有两个方面。一方面，是造纸用的植物纤维在生长过程中吸收了自然界存在的重金属。另一方面，由于一些不法企业使用了废纸，废纸中的油墨、填料等可能含有有毒重金属，从而导致食品包装用纸中可能含有大量的有毒重金属，对人们的健康构成了严重威胁。

2. 分析方法

欧盟指令 94/62/EC《包装和包装废弃物法令》及其修正案 2004/12/EC，对包装及其包装废品中的重金属含量提出了限量要求：从 2001 年 6 月 30 日起，各成员国应保证所使用的包装及其材料中，铅、镉、汞、六价铬的总量低于 100mg/kg。该指令适用于市场中用于工业、商业、家用或其它任何用途的所有包装及其包装废品，所规范的包装材料包括玻璃、塑胶、纸板、金属合金及木头等。

目前，国内涉及纸品中重金属检测的国家标准只有 GB 4806.8—2016《食品安全国家标准　食品接触用纸和纸板材料及制品》，其中对铅和砷进行了限量规定：铅 ≤3mg/kg，砷 ≤1mg/kg。以上两者的测定方法见 GB 31604.49—2016《食品安全国家标准　食品接触材料及制品　砷、镉、铬、铅的测定和砷、镉、铬、镍、铅、锑、锌迁移量的测定》。

在 ISO 10775—2013《纸、纸板和纸浆　镉含量的测定　原子吸收光谱法》标准中，采用了高压消解法或微波消解法进行前处理，称取一定量样品于密闭容器中，加入硝酸溶液，在高温高压条件下消解，获得清亮的消解液，经适当稀释后过滤并定容，然后以石墨炉原子吸收法进行分析。一般来说，纸品中的重金属含量很低，所以需采用石墨炉原子吸收法测定。

（三）甲醛

甲醛为较高毒性的物质，在我国有毒化学品优先控制名单上，甲醛高居第一位。甲醛已经被世界卫生组织确定为致癌和致畸物质，是公认的变态反应源，也是潜在的强致突变物之一。

1. 来源

食品用纸包装产品中甲醛的可能来源主要有三个方面：第一，造纸过程中加入的助剂可能带来甲醛，如二聚氰胺甲醛树脂等；第二，部分不法企业使用废纸做原料，废纸中的填料、油墨等可能含有甲醛；第三，食品包装容器在成型时所使用的胶粘剂可能带来甲醛的残留。

2. 分析方法

近年来，食品纸制包装产品已成为人们日常生活中不可缺少的必备品。然而，目前国内对于食品用纸包装中微量甲醛的测定研究相对缺乏。

有资料显示，用乙酰丙酮紫外分光光度法测定食品纸包装中甲醛的分析方法，可用于食品纸包装中甲醛的常规检测。

（四）多氯联苯（PCBs）

多氯联苯易溶于脂肪，极难分解，易在生物体的脂肪内大量富集，很难排出体外。动物毒性试验表明其具有高毒性。表现为：①致癌性，国际癌症研究所已将多氯联苯列为 2A 致癌物，即对动物致癌和人类可能致癌；②生殖毒性，多氯联苯可引起人类精子数量减少、精子畸形；③神经毒性，多氯联苯能抑制脑细胞合成、造成脑损伤，使婴儿发育迟缓、智商降低；④干扰内分泌系统。

1. 来源

我国食品包装用纸中的多氯联苯的来源主要是脱墨废纸。废纸经过脱墨后，虽可将油墨颜料脱去，但是多氯联苯仍可残留在浆中。有些不法企业，为降低成本通常掺入一定比例的废纸，用这些废纸作为食品包装纸时，纸浆中残留的多氯联苯就会污染食品，从而进入人体，对人们的健康带来了很大威胁。因此我国颁布的《食品包装用原纸卫生管理办法》中规定食品包装用原纸不得采用社会回收废纸做原料。

2. 分析方法

目前国内对食品包装用纸中多氯联苯残留量的研究报道较为缺乏。尚未建立快速、灵敏、准确的分析方法及相关标准，有关多氯联苯的痕量分析国外有许多报道，其方法主要包括气相色谱-ECD 检测法和气相色谱-质谱联用法等。其中质谱的方法又有多种，如多级质谱法、选择性离子监测法、多离子监测法和负离子化学电离法等。

（五）二苯甲酮

1. 来源

近年来，随着食品工业的快速发展以及对环境保护要求的提高，要求减少包装材料释放的挥发性有机物，从而使得比较环保的光固油墨以及光固胶黏剂的用量不断增加。光固油墨与传统使用的苯胺油墨不一样，它不含或很少含有有机挥发成分。最常用的光固油墨是紫外光光固油墨，其主要组分是色料、低聚物、单体、光引发剂以及一些助剂。光引发剂的类型比较多，但是最常用的引发剂是二苯甲酮。二苯甲酮价格比较低，而且比较有效。通常，紫外光光固油墨中含有 5%~10% 的光引发剂，在光固化反应的过程中只有少量的光引发剂会被反应掉。没有反应掉的部分就不能结合入交联状的膜中，这部分的光引发剂留在纸张中，最后可能会迁移到被包装的食品中。

2. 分析方法

常用的二苯甲酮类紫外光吸收剂主要是 2-羟基-4-二甲氧基二苯甲酮，一般用高效液相色谱法测定其含量。

（六）芳香族碳水化合物

1. 来源

纸质包装材料中存在的芳香族碳水化合物主要为二异丙基萘同分异构体混合物，用来作为多氯联苯（PCBs）的代替品，作为生产无碳复写纸的染料溶剂。有报道显示，6 种二异丙基萘

（DIPNs）同分异构体很容易从纸张中迁移到干燥的食品中，实验证实这些二异丙基萘同分异构体来自于无碳复写纸。

2. 分析方法

目前国内尚无对食品用纸包装容器及材料中二异丙基萘残留量测定的研究报道。

（七）二噁英

二噁英是一类含有一个或两个氧键联结两个苯环的含氯有机化合物的总称。根据氯原子在 1~9 位的取代位置不同分为两类：一类是有 75 种异构体的多氯代二苯并对二噁英，一类是有 135 种异构体的多氯代二苯并呋喃（PCDF），其中有 17 种（2,3,7,8位被氯原子取代）被认为对人类健康有巨大危害。

1. 来源

制浆造纸中含氯漂白剂的使用，是食品包装用纸中二噁英产生的主要原因。二噁英除了可能由氯漂白时的残余木素引起外，还可能来源于制浆过程使用的消泡剂。由于油基消泡剂中大多存在二苯基呋喃（DBF）和二苯基二噁英（DBD），它们在纸浆氯漂白时会产生2,3,7,8-四氯二苯并对二噁英（TCDD）和四氯二苯基呋喃（TCDF）。

此外，五氯苯酚常用作木材的防腐剂，也是2,3,7,8-四氯二苯并对二噁英（TCDD）的一个重要来源。现在，欧盟已经严禁使用五氯苯酚作为木材原料的防腐剂，但是我国尚无明确的规定。

2. 分析方法

由于二噁英的分析测定要求超微量多组分定量分析，是现代有机分析的难点，分析仪器多采用气相色谱-质谱联用仪（GC/MS），并且需采用分辨率 10 000 以上的高分辨质谱仪（HRMS），我国只有两三家测试机构具备测试的条件。目前，国内尚未颁布有关二噁英分析方法的标准。

（八）防油剂

通过使用有机氟化物对纸和纸板包装材料进行处理，可以使纸张具有防油性，即阻止油和油脂从食品中渗透到纸张中。有些防油剂同时也是很好的防水剂。

常用的防油剂主要是全氟烷基磷酸酯和全氟烷基铵盐。英国研究者对 50 种纸质包装材料（主要是防油纸和烘焙纸）样品中的氟化物在受热时的分解行为做了研究，发现最常用的防油剂是由单铵全氟烷基磷酸盐和二铵氟烷基磷酸盐组成，在受热时形成了全氟辛磺酰胺。已有研究表明，全氟辛磺酰胺是具有中等毒性的肝致癌物，可引起脂肪代谢紊乱、能量代谢障碍、儿童正常骨化延迟和脂质过氧化作用，给人类健康带来潜在危害。

不同纸包装材料使用的原材料具有复杂的天然成分，因而产生的挥发性物质有很大的差别。在纸的加工过程中常加入清洁剂、涂料以及其它的改良剂等物质，也会影响纸包装材料的挥发性物质。如表6-6所示为一些已经证实了的存在于纸和纸板中的化学物质。

由于纸包装材料潜在的不安全性，很多国家对食品包装用纸材料有害物质的限量标准做出了规定。我国食品包装用纸材料卫生标准见表6-7。

为了保障人们的身体健康，减少有害成分进入人体，相关部门应加强对生产食品用纸企业的安全卫生检查力度，杜绝用回收纸浆生产食品包装用纸。2009 年 6 月 1 日开始实施并于 2015 年 4 月 24 日修订的《中华人民共和国食品安全法》将食品包装纳入其范畴，对食品包装提出了明确要求，是食品安全监管方面的一大进步。

表6-6　　　　　　　　　　　　纸和纸板中确定存在的部分化学物质

挥发性成分	溶解提取物
苯甲醛、苯、丁醛、丁二酮、 氯仿、癸烷、二甲苯、壬醛、 庚醛、己醛、正己烷、己烯、 戊醛、2-丙基呋喃、2-戊基呋喃、 2-甲基丙烯、2-丁氧基乙醇	二苯甲酮，二十二烷、 十七烷、十八烷硬脂酸， 三苯基甲烷

表6-7　　　　　　　　　　　　我国食品包装用纸卫生标准

项目	标准
感官指标	色泽正常，无异臭、霉斑或其他污物
铅（以 Pb 计）含量/(mg/kg)	≤3.0
砷（以 As 计）含量/(mg/kg)	≤1.0
甲醛/(mg/dm^3)	≤1.0
荧光性物质（波长为 365nm 及 254nm）	阴性
沙门氏菌/(/50cm^2)	不得检出
大肠菌群/(/50cm^2)	不得检出
霉菌/(CFU/g)	≤50

第四节　金属、玻璃、陶瓷和搪瓷包装材料及其制品的食品安全性问题

一、　金属包装材料对食品安全性的影响

金属包装容器主要是以铁、铝等金属板、片加工成型的桶、罐、管等，以及用金属箔（主要为铝箔）制作的复合材料容器。此外，还有银制品、铜制品和锌制品等。金属制品作为食品容器，在生产效率、流通性、保存性等方面具有优势，在食品包装材料中占有重要地位。

与其它包装材料相比，金属包装材料和容器的优点包括以下几点。①具有优良的阻隔性能。不仅可以阻隔气体，还可阻光，特别是阻隔紫外线，具有良好的保藏性能。这一特点使食品具有较长的货架期。②具有优良的机械性能。主要表现为耐高温、耐湿、耐压、耐虫害、耐有害物质的侵蚀。这一特点使得用金属容器包装的商品便于运输与贮存，使商品的销售半径大为增加。③方便性好。金属包装容器不易破损，携带方便，易开盖，增加了消费者使用的方便

性。④表面装饰性好。金属具有表面光泽，可以通过表面印刷、装饰提供理想的美观商品形象，以吸引消费者，促进销售。⑤废弃物容易处理。金属容器一般可以回炉再生，循环使用，既回收资源、节约能源，又可减少环境污染。⑥加工技术与设备成熟。

金属容器内壁涂层的作用主要是保护金属不受食品介质的腐蚀，防止食品成分与金属材料发生不良反应，或降低其相互粘结能力。用于金属容器内壁的涂料漆成膜后应无毒，不影响内容物的色泽和风味，有效防止内容物对容器内壁的磨损，漆膜附着力好，并应具有一定的硬度。金属罐装罐头经杀菌后，漆膜不能变色、软化和脱落，并具有良好的贮藏性能。金属容器内壁涂料主要有抗酸涂料、抗硫涂料、防粘涂料、快干接缝涂料等。目前，食品金属内壁涂料的发展趋势是：采用价格低廉而且比较稳定的树脂和油类，如采用聚丁二烯作为制造涂料的原料；采用高固体含量的涂料，改善涂料烘干工艺环境条件；以单层涂料代替多层涂料，或开发多种功能和用途的涂料，提高生产效率等。

金属容器外壁涂料主要是彩印涂料，避免了纸制商标的破损、脱落、褪色和容易沾染油污等缺点，还可防止容器外表生锈。下面介绍几种常用的金属制品容器。

（一）铁制食品容器

铁制容器在食品中的应用较广，如烘盘及食品机械中的部件。铁制容器的安全性问题主要有以下两个方面。①白铁皮（俗称铅皮）镀有锌层，接触食品后锌迁移至食品，国内曾有报道用镀锌铁皮容器盛装饮料而发生食品中毒的事件。②铁制工具不宜长期接触食品。

（二）铝制食品容器

目前，铝制容器作为食具已经很普遍，日常生活中用的铝制品分为熟铝制品、生铝制品、合金铝制品三类。它们都含有铅、锌等元素。据报道，一个人如果长期每日摄入铅 0.6mg 以上，锌 15mg 以上，就会造成慢性蓄积中毒，甚至致癌。同时，过量摄入铝元素也将对人体的神经细胞带来危害，如炒菜普遍使用的生铝铲属硬性磨损炊具，会将铝屑过多地通过食物带入人体。因此，在铝制食具的使用上应注意，最好不要将剩菜、剩饭放在铝锅、铝饭盒内过夜，更不能存放酸性食物。这是因为，铝的抗腐蚀性很差，酸、碱、盐均能与铝发生化学反应，析出或生成有害物质。应避免使用生铝制作的炊具。在食品中应用的铝材（包括铝箔）应该采用精铝，不准采用废旧回收铝做原料，因为回收铝来源复杂，常混有铅、锡等有害金属及其它有毒物质。铝的毒性表现为对脑、肝、骨、造血和细胞的毒性。研究表明透析性脑痴呆与铝的摄入有关，长期输入含铝营养液的患者易发生胆汁淤积性肝病。我国规定了金属铝制品包装容器的卫生标准，见表6-8。

表6-8　　　　　　　　　我国金属铝制品包装容器的卫生标准

金属包装容器	项目	指标
铝制食具容器	锌含量（以 Zn 计）/（mg/L）（4%醋酸浸泡液中）	1
	铅含量（以 Pb 计）/（mg/L）（4%醋酸浸泡液中）	
	精铝	≤0.2
	回收铝	≤5
	镉含量（以 Cd 计）/（mg/L）（4%醋酸浸泡液中）	≤0.02
	砷含量（以 As 计）/（mg/L）（4%醋酸浸泡液中）	≤0.04

（三）不锈钢食品容器

随着科学技术的发展，不锈钢食具以其精美、华丽、耐热、耐用等优点，日益受到人们的青睐。不锈钢的基本金属是铁，由于加入了大量的镍元素，能使金属铁及其表面形成致密的抗氧化膜，提高其电极电位，使之在大气和其它介质中不易被锈蚀。但在受高温作用时，镍会使容器表面呈现黑色，同时由于不锈钢食具传热快，温度会短时间升得很高，因而容易使食物中不稳定物质如色素、氨基酸、挥发物质、淀粉等发生糊化、变性等现象，还会影响食物成型后的感官性质。值得提醒的是，烹调食物发生焦煳，不仅使一些营养素遭到不同程度的破坏，使食物的色香味欠佳，还能产生致癌物质。如在咖啡豆中的致癌物质并不多，但在炒焦后致癌物质可增加 20 倍，所以炒焦的豆类最好挑出不吃。

使用不锈钢还应该注意另一个问题，就是不能与乙醇（酒精）接触，以防锡、镍游离。不锈钢食具盛装料酒或烹调使用料酒时，料酒中的乙醇可将镍溶解，容易导致人体慢性中毒。总之，食品与金属制品直接接触会造成金属溶出，因此对某些金属溶出物有控制指标。中国罐头食品中的铅溶出量不超过 1mg/kg，锡不超过 200mg/kg，砷不超过 0.5mg/kg。对铝制品容器的卫生标准规定为 4% 乙酸浸泡液中，锌溶出量不大于 1mg/L，铝溶出量不大于 0.2mg/L，锡溶出量不大于 0.02mg/L，砷溶出量不大于 0.04mg/L。

二、　玻璃包装材料的食品安全性问题

玻璃是由硅酸盐、碱性成分（纯碱、石灰石、硼砂等）、金属氧化物等为原料，在 1000～1500℃ 高温下融化而成的固体物质。玻璃是一种历史悠久的包装材料，其种类很多，根据所用的原材料和化学成分不同，可分为氧化铝硅酸盐玻璃、铅晶体玻璃、钠钙玻璃、硼硅酸玻璃等。

玻璃包装材料具有以下优点：无毒无味，化学稳定性好，卫生清洁，耐气候性好；光亮、透明、美观、阻隔性能好，不透气；原材料来源丰富、价格便宜、成型性好、加工方便，品种形状灵活，可回收及重复使用；耐热、耐压、耐清洗，可高温杀菌，也可低温贮藏。玻璃是一种惰性材料，一般认为玻璃与绝大多数内容物不会发生化学反应而析出有害物质。在发达国家，玻璃制品的人均消费量每年为 70kg 以上，而中国人均消费量每年不到 10kg。在这些发达国家，玻璃装饮料十分流行，而且价格高于易拉罐饮料，这与中国正好相反。

玻璃的最显著的特性是其透明性，但玻璃的高度透明性对某些内容物是不利的，为了防止有害光线对内容物的损害，通常用各种着色剂使玻璃着色。绿色、琥珀色和乳白色称为玻璃的标准三色。玻璃中的迁移物与其它食品包装材料物质相比有不同之处。玻璃中的主要迁移物质是无机盐或离子，从玻璃中溶出的主要物质毫无疑问是二氧化硅（SiO_2）。英国曾作过一个模拟实验，将模拟物贮藏在玻璃容器中 10d，然后用原子吸收分析模拟物中溶出的迁移物。如表 6-9 所示为从玻璃进入水（一种模拟物）中的离子。

表 6-9	从玻璃进入水中的不同类型的迁移离子		单位：mg/kg
迁移物质	白色玻璃	琥珀色玻璃	绿色玻璃
二氧化硅（SiO_2）	12.55	8.84	18.74
铝（Al）	0.08	0.07	0.17

续表

迁移物质	白色玻璃	琥珀色玻璃	绿色玻璃
钙（Ca）	1.07	0.45	1.76
镁（Mg）	0.14	0.07	0.11
钠（Na）	1.57	0.58	0.52
钾（K）	0.07	0.05	0.12
铬（Cr）	<0.05	<0.05	<0.05
铜（Cu）	<0.04	<0.04	<0.04
铁（Fe）	<0.07	<0.07	<0.07
铅（Pb）	<0.10	<0.10	<0.10
锰（Mn）	<0.04	<0.04	<0.04
锌（Zn）	<0.05	<0.05	<0.05

玻璃因其稳定的品质不会与油、醋等调味料发生化学反应，产生影响人们健康的有害物质，用玻璃瓶盛放液态调味料，用玻璃容器调制凉菜、水果沙拉都是不错的选择。而玻璃品种繁多，作为食品容器，最好选择无色透明的玻璃制品。

三、 陶瓷和搪瓷包装材料对食品安全性的影响

我国是使用陶瓷制品历史最悠久的国家。与金属、塑料等包装材料制成的容器相比，陶瓷容器更能保持食品的风味。例如，用陶瓷容器包装的腐乳，质量优于塑料容器包装的腐乳，是因为陶瓷容器具有良好的气密性，而且陶瓷分子间排列并不是十分严密，不能完全阻隔空气，这有利于腐乳的后期发酵。此外，用其包装部分酒类饮料，存放相当长时间不会变质，甚至存放时间越久越醇香，由此产生了"酒是陈的香"这句俗语。陶瓷包装材料的食品卫生安全问题，主要是指上釉陶瓷表面釉层中重金属元素铅或镉的溶出。一般认为陶瓷包装容器是无毒、卫生、安全的，不会与所包装食品发生任何不良反应。但长期研究表明：釉料主要由铅、锌、镉、锑、钡、铜、铬、钴等多种金属氧化物及其盐类组成，多为有害物质。陶瓷在 1000~1500℃下烧制而成，如果烧制温度低，彩釉就不能形成不溶性硅酸盐，在使用陶瓷容器时易使有毒有害物质溶出而污染食品。如在盛装酸性食品（如醋、果汁）和酒时，这些物质容易溶出而迁入食品，引起食品安全问题。国内外对陶瓷包装容器铅、镉溶出量均有限定。陶瓷器安全卫生标准是以 4%乙酸浸泡后铅、镉的溶出量为标准，标准规定铅的溶出量应小于 0.5mg/L。搪瓷是将无机玻璃质材料通过熔融凝于基体金属上，并与金属牢固结合在一起的一种复合材料。搪瓷器安全卫生标准是以铅、镉的溶出量为控制要求，标准规定铅小于 0.1mg/L，镉小于 0.05mg/L。

四、 容器内壁涂料

食品容器、工具及设备为防止腐蚀、耐浸泡等常需在表面涂一层涂料。目前，中国允许使用的食品容器内壁涂料有聚酰胺环氧树脂涂料、过氯乙烯涂料、有机硅防粘涂料、环氧酚醛涂

料等。

（一）聚酰胺环氧树脂涂料

聚酰胺环氧树脂涂料属于环氧树脂类涂料。环氧树脂一般由双酚 A（二酚基苯烷）与环氧氯丙烷聚合而成。聚酰胺作为聚酰胺环氧树脂涂料的固化剂，其本身是一种高分子化合物，未见有毒性报道。聚酰胺环氧树脂涂料的主要问题是环氧树脂的质量（即环氧树脂的环氧值）、固化剂的配比以及固化度。固化度越高，环氧树脂向食品中迁移的未固化物质越少。按照 GB 4806.10—2016《食品安全国家标准　食品接触用涂料及涂层》的规定，聚酰胺环氧树脂涂料在各种溶剂中的蒸发残渣应控制在 1mg/kg 以下。

（二）过氯乙烯涂料

过氯乙烯涂料以过氯乙烯树脂为原料，配以增塑剂、溶剂等助剂，经涂刷或喷涂后自然干燥成膜。过氯乙烯树脂中含有氯乙烯单体，氯乙烯是一种致癌的有毒化合物。成膜后的过氯乙烯涂料中仍可能有氯乙烯的残留，按照 GB 4806.10—2016 的规定，成膜后的过氯乙烯涂料中氯乙烯单体残留量应控制在 1mg/kg 以下。过氯乙烯涂料中所使用的增塑剂、溶剂等助剂必须符合国家的有关规定，不得使用高毒的助剂。

（三）有机硅防粘涂料

有机硅防粘涂料是以含羧基的聚甲基硅氧烷或聚甲基苯基硅氧烷为主要原料，配以一定的助剂，喷涂在铝板、镀锡铁板等食品加工设备的金属表面，具有耐腐蚀、防粘等特性，主要用于面包、糕点等具有防粘要求的食品工具、模具表面，是一种比较安全的食品容器内壁防粘涂料。一般不控制单体残留，主要控制一般杂质的迁移。按照 GB 4806.10—2016 的规定，蒸发残渣应控制在 30mg/L 以下。

（四）环氧酚醛涂料

环氧酚醛涂料为环氧树脂的共聚物，一般喷涂在食品罐头内壁。虽经高温烧结，但成膜后的聚合物中仍可能含有游离酚和甲醛等聚合而成的单体和低分子化合物。与食品接触时可向食品迁移，按照 GB 4806.10—2016 的规定，环氧酚醛涂料迁移总量限量 15mg/kg。

第五节　食品包装材料的痕量污染物

在食品包装或加工操作中通常存在着痕量污染物的潜在危险。在塑料加工过程中用于聚合反应的催化剂残留物可能出现在食品成品中，包装加工机械的润滑剂也可能进入食品中。然而，要想从食品成品中除去它们，难度很大。例如，用于制造塑料的油料中的苯，显然去除这些具有致癌性的苯杂质是相当必要的，至少应该将其残留水平减少到尽可能低的程度，但是难度很大。用于聚合反应中的引发剂，苯甲基过氧化物，潜在的问题更为突出，使用一种替代的引发剂二叔丁基过氧化物则可以清除这种影响。

微生物的影响在食品包装材料中也是一个值得注意的问题。包装材料中的微生物污染主要是真菌在纸包装材料及其制品上的污染，其次是发生在各类软塑料包装材料上的污染。据报道，近年来由于铝箔、塑料薄膜及其复合薄膜等包装原材料被真菌污染而使食品腐败变质的情况特别多。因此要注意各种包装食品的二次污染问题以及导致二次污染的因素。

第六节　食品包装材料化学污染物摄入量评估

由于膳食结构及其变化的复杂性，食品包装材料中化学污染物的摄入量评估是一个复杂而困难的问题。

通常的做法是以包装材料的人均使用量来衡量，即以一个国家用于食品包装的特定材料的总产量除以这个国家的人口数。例如，1987年，英国直接用于和食品相关的聚氯乙烯的总量为13 000t，而当年英国人口数为5500万人，那么聚氯乙烯的平均用量为246g/（人·y）。然而，这是一个很粗略的平均数，并未注意到食品包装物的使用情况，也未考虑到高于聚氯乙烯食品包装的平均数量的消费者的摄入量，或是那些在家庭中大量使用包装材料的消费者。

虽然有几种方法能用来评估一种包装材料的特定化学污染物的摄入量，但立法者总是希望保护那些摄入量高于平均摄入量的消费者。例如，一个特殊的消费者出于对某品牌的信任可能只购买用聚苯乙烯或罐头包装的食品，如果这些消费者的摄入量没有被计算在内，那么这种包装材料摄入量的数据就有可能有局限。因此，评估一种包装材料化学污染物的摄入量需要考虑多方面因素，综合评定以制定出合理的限量标准。人们对食品包装材料化学物质的迁移及食品安全性的研究工作，主要集中在塑料制品上，而对纸、纸板和玻璃等包装制品的研究则较少。在金属包装材料上也有一些研究，但主要关注在某几个领域，如来自罐头焊点铅的迁移引起的食品安全性问题。在包装材料这一领域，研究工作所面临的问题是需要考虑大量的化学物质，尽管在分析方法的开发和应用上，已取得了相当大的突破，这些方法已帮助立法者建立了塑料包装材料的单体污染物迁移控制的基本框架，但还存在许多未知的因素。食品包装中其它化学污染物的迁移及其与食品安全性的关系，都有待于应用这些技术方法作进一步的研究。

目前，我国食品包装的生产、经营、使用、执法皆存在问题，有关政策及标准需完善。国家食品包装协会对食品包装相关政策、标准和使用提出了以下建议。

（1）未列入国家准许用于食品容器、包装材料的物质应申报行政许可。

（2）食品包装用添加剂使用规格和国家检测方法标准应尽快完善。

（3）各种添加剂生产企业应明确产品成分，有完善的标准、检测报告和销售记录。

（4）企业标准要备案。添加剂以及各种原料使用企业应明确使用物质的详细信息及使用要求，如填充母料中荧光增白剂来源及企业自检问题。

（5）食品包装上应当标注食品生产许可证编号，还要注重标识的必要性和重要性，正确指导消费者使用食品包装制品，认准安全环保认证标识CQM（食品包装安全环保认证）。

[小结]

食品包装安全等同食品安全，作为食品的"贴身衣物"，食品包装的安全性直接影响着食品的质量。包装材料与食品直接接触后，很多材料成分可迁移至食品中，从而污染被包装食品，危害消费者身体健康。这些包装材料主要包括：塑料、橡胶制品、纸和纸板、金属、玻璃、搪瓷和陶瓷等。每种包装材料有其自身的优点和适用范围，导致食物污染的污染物也不尽相同。只有制定严格的食品包装材料的限定标准，并且建立快速、灵敏、准确的分析方法，才能保证消费者的健康，使我国食品包装行业朝着安全、卫生、环保的方向发展。

思考题

1. 食品包装材料有哪些？
2. 这些包装材料有哪些独特的优点？
3. 这些包装材料可能导致食品污染的污染物有哪些？怎样去检测？

参考文献

[1] 郑鹏然，周树南．食品卫生手册．北京：人民卫生出版社，1985.

[2] 戴宏民，戴佩华．食品包装安全危害的成因分析及控制对策．中国包装，2011（31）：9-13.

[3] O. G. 皮林格，A. L. 巴纳．食品用塑料包装材料—阻隔功能、传质、品质保证和立法．北京：化学工业出版社，2004.

[4] 吴国华．食品用包装及容器检测．北京：化学工业出版社，2006.

[5] 张露．食品包装．北京：化学工业出版社，2007.

[6] 刘士伟，王木山．食品包装技术．北京：化学工业出版社，2008.

[7] 刘仁庆．复合包装材料．中国包装，2003，23（4）：256.

[8] 董金狮．食品包装的安全与可持续发展．食品工业科技，2011（1）：123.

[9] 张小莺，殷文政．食品安全学（第二版）．北京：科学出版社，2017.

[10] 胡长鹰．食品包装材料及其安全性研究动态．食品安全质量检测学报，2018，12：3025-3026.

第七章

膳食结构中的不安全因素

第一节　人体必需的营养素

人类每天获取各种各样的食物并利用食物的过程称为营养（Nutrition）。食物中能够维持生命活动的物质称为营养素（Nutrients）。人体所必需的营养素有蛋白质、脂类、碳水化合物、维生素、矿物质和水六大类。已知人体必需的营养素有 40 余种。

（一）蛋白质（Protein）

蛋白质是维持生命不可缺少的物质。人体组织、器官由细胞构成，细胞结构的主要成分为蛋白质。蛋白质分子是生物大分子，其基本单位是氨基酸。在构成人体蛋白质的 20 余种氨基酸中，有一部分可以由机体内其它氨基酸转变而来，如果膳食中不含这些氨基酸，不会影响健康和生长，它们被称为非必需氨基酸（Nonessential Amino Acid）；有 9 种氨基酸不能在机体内合成或合成速度不能满足机体的需要，必须由膳食提供，这些氨基酸称为必需氨基酸（Essential Amino Acid），它们分别为赖氨酸、色氨酸、苯丙氨酸、蛋氨酸、苏氨酸、亮氨酸、异亮氨酸、缬氨酸和组氨酸。

食物蛋白质中一种或几种必需氨基酸相对含量较低，导致其它必需氨基酸在体内不能被充分利用而浪费，造成蛋白质营养价值降低，这些含量相对较低的必需氨基酸称为限制氨基酸（Limited Amino Acid）。将多种食物混合食用，使必需氨基酸互相补充，使其模式更接近人体需要，以提高蛋白质的营养价值，称为蛋白质的互补作用。如谷类蛋白质相对缺少赖氨酸和色氨酸，大豆蛋白质相对缺少蛋氨酸，将大豆和谷类混合使用时，两者会有较好的互补作用。另外，在调配膳食时，应遵循三个原则。第一，食物的生物学种属越远越好，如动物性和植物性食物之间的混合比单纯植物性食物之间的混合要好。第二，搭配的种类越多越好。第三，食用时间越近越好，同时食用最好，因为单个氨基酸在血液中停留时间约 4h，然后到达组织器官，再合成组织器官的蛋白质，合成组织器官蛋白质的氨基酸必须同时到达才能实现互补作用。

（二）脂类（Lipids）

脂类是指用非极性溶剂自组织中提取的物质，是脂肪（Fats）和类脂（Lipoids）以及它们的衍生物的总称。脂肪又称甘油三酯,类脂主要包括磷脂和固醇类。脂肪酸是构成脂肪、磷脂及糖脂的基本物质。在天然脂肪中,脂肪酸的种类很多。其中,人体不可缺少而自身又不能合成,必须通过食物供给的脂肪酸,称为必需脂肪酸(Essential Fatty Acids),包括 n-6 系列中的亚油酸和 n-3 系列中的 α-亚麻酸。必需脂肪酸是细胞膜磷脂的重要成分,是合成前列腺素的重要前体物质,参与胆固醇代谢。缺乏必需脂肪酸可引起生长迟缓、生殖障碍、皮肤损伤以及肾脏、肝脏、神经和视觉方面的多种疾病。过多地摄入多不饱和脂肪酸,也可使体内有害的氧化物、过氧化物等增加,同样对身体产生多种危害。

(三)碳水化合物(Carbohydrate)

碳水化合物也称糖类,是自然界存在最多、分布最广的一类有机化合物,可分为单糖、寡糖和多糖。葡萄糖是最常见最重要的单糖,也是碳水化合物中唯一的必需营养素。它在水果、蜂蜜以及多种植物液中常以游离形式存在,是构成多种寡糖和多糖的基本单位,并作为原料和前体参与多种活性物质的生物合成。

碳水化合物具有重要的生理功能。首先,机体需要的能量主要由碳水化合物提供。当膳食中碳水化合物供应不足时,机体为了满足自身对葡萄糖的需要,通过氨基酸等物质的糖原异生作用产生葡萄糖,因此摄入足够量的碳水化合物,能保证不过多地动用蛋白质供能,这也是碳水化合物的节约蛋白质作用。碳水化合物供应充足时,体内有足够的三磷酸腺苷产生,也有利于氨基酸的主动转运。另外,脂肪在体内分解代谢也需要葡萄糖的协同作用。其次,碳水化合物是构成机体组织的重要物质,并参与细胞组成和多种活动。经糖醛酸途径生成的葡萄糖醛酸是体内一种重要的结合解毒剂,在肝脏中能与许多有害物质如细菌毒素、酒精和砷等结合,以消除或减轻这些物质的毒性或生物活性,从而起到解毒作用。非淀粉多糖类如纤维素、果胶、抗性淀粉和功能性低聚糖等抗消化的碳水化合物,是膳食纤维的主要成分,它们对促进肠道健康有重要作用。

(四)维生素(Vitamin)

维生素是一类维持机体正常生理功能及细胞内特异代谢反应所必需的低分子质量有机化合物,是六种必需营养素中最晚发现的一种。维生素种类很多,其化学结构及性质也各不相同。在营养学上,一般按其溶解性将维生素分为脂溶性维生素和水溶性维生素。脂溶性维生素包括维生素 A、维生素 D、维生素 E、维生素 K,其共同特点是化学组成仅含碳、氢、氧;不溶于水而溶于脂肪及有机溶剂(如苯、乙醚及氯仿);在食物中常与脂类共存,吸收过程需要脂肪的参与;主要在肝和脂肪中贮存;摄入过多可引起中毒;摄入量过少使其相应的缺乏症状出现缓慢;不能用尿负荷实验进行营养状况评价。水溶性维生素包括 B 族维生素和维生素 C,与脂溶性维生素不同的是,其化学组成除了含有碳、氢、氧外,有的还含有其它元素(如氮、钴、硫等);溶于水却不溶于脂肪和有机溶剂;在体内有少量贮存,其原形物或代谢物可经尿排出体外;一般无毒性,但摄入量极大也会中毒;如摄入量过少出现缺乏症状较快。

虽然机体对维生素的需求量很小,但是维生素对于维持机体生长、代谢等基本功能是必不可少的。近年来,维生素的生理功能有不少新的发现,并与一些慢性退化性疾病有关。摄入维生素不只是为了预防典型的维生素缺乏病,还可预防某些慢性退化性疾病的发生。如维生素 E、维生素 C、维生素 A 及 β-胡萝卜素,因具有抗氧化性能,亦称为抗氧化维生素,它们与动脉粥样硬化、癌症等慢性病的发生与发展有密切的关系。

（五）矿物质（Minerals）

除碳、氢、氧和氮主要以有机化合物形式存在外，其余的在人体内存在的元素统称为矿物质（无机盐、灰分）。矿物质不能在体内生成，必须通过膳食补充，且除非被排出体外，不能在体内消失。已经发现有 20 多种元素是构成人体组织、维持生理功能及生化代谢所必需。其中，含量大于体重的 0.01% 的矿物质，称为常量元素（Macroelements）。常量元素有 7 种，为钙、磷、钠、钾、氯、镁与硫。人体内含量小于体重 0.01% 的矿物质，称为微量元素（Microelements），又称痕量元素（Trace-elements）。目前，铁、铜、锌、硒、碘、钴、铬和钼被认为是必需微量元素；锰、硅、镍、硼、钒为可能必需微量元素；氟、铅、镉、汞、砷、铝、锡和锂为低剂量可能具有功能，同时具有潜在毒性的微量元素。

我国人群比较容易缺乏的微量元素有钙、铁、锌等，在特殊地理环境或其它特殊条件下，也可能有碘、硒及其它元素的缺乏问题。

（六）水

水是机体中含量最多的组成成分，占人体组成的 50%~80%。水参与人体内新陈代谢，维持体液正常渗透压及电解质平衡，调节体温，还具有润滑作用。

成人每日进出水量为 1900~2500mL，其中从食物中获得 500~1000mL、饮水或饮料 1100mL、体内物质代谢产生 300~400mL；从尿液排出 900~1300mL、肺呼出 300~500mL、非显性出汗 500mL、粪便排出 200mL。

第二节 膳 食 结 构

一、 膳食营养素参考摄入量

膳食营养素参考摄入量（Dietary Reference Intakes，DRIs），是一组每日平均膳食营养素摄入量的参考值。其作用是帮助个体和人群安全地摄入各种营养素，避免可能产生的营养不足或营养过多的危害。

《中国居民膳食营养素参考摄入量》由中国营养学会发布。2013 版包括以下 7 个指标。

（一）平均需要量

平均需要量（Estimated Average Requirement，EAR）是根据个体需要量的研究资料制定的，是可以满足某一特定性别、年龄及生理状况群体中 50% 个体需要量的摄入水平。这一摄入水平不能满足群体中另外 50% 个体对该营养素的需要。EAR 是制定推荐摄入量的基础。

（二）推荐摄入量

推荐摄入量（Recommended Nutrient Intakes，RNI）是可以满足某一特定性别、年龄及生理状况群体中绝大多数个体（97%~98%）需要量的摄入水平。长期以 RNI 水平摄入某种营养素，可以满足机体对该营养素的需要，维持组织中有适当的营养素储备量和保持健康。

RNI 是健康个体膳食营养素的摄入目标，当某个个体的营养素摄入量低于 RNI 时，并不一定表明该个体未达到适宜营养状态。如果个体摄入水平长期达到或超过 RNI，可认为其没有摄入不足的危险。

（三）适宜摄入量

适宜摄入量（Adequate Intakes，AI）是基于对健康人群所进行的观察或实验研究而得出的某种营养素的摄入量。AI 是在缺乏肯定的资料获得 RNI 时的推荐摄入量，它的准确性不如 RNI，可能高于 RNI。AI 可作为个体营养素摄入量的目标。

（四）可耐受最高摄入量

可耐受最高摄入量（Tolerable Upper Intake Levels，UL）指对一般人群中几乎所有个体的健康都无任何损害的某种营养素的每日最高摄入量。目的是为了限制膳食和来自强化食物及膳食补充剂的某一营养素的总摄入量，以防止该营养素引起的不良作用。"可耐受"不表示达到这一水平时是有益的。由于资料有限，许多营养素目前还没有 UL 值，但并不是说它们摄入过多没有任何潜在危险。

（五）宏量营养素可接受范围

宏量营养素可接受范围（Acceptable Macr-Nutrient Distribution Ranges，AMDR）是指脂肪、蛋白质和碳水化合物理想的摄入量范围，该范围可以提供这些必需营养素的需要，并有利于降低慢性病的发生危险，常用占能量摄入量的百分比表示。如果一个个体的摄入量高于或低于推荐的范围，可能引起罹患慢性病的风险增加，或引起必需营养素缺乏的可能性增加。

（六）预防非传染性慢性病的建议摄入量

预防非传染性慢性病的建议摄入量（Proposed Intakes for Preventing Non-communicable Chronic Diseases，PI-NCD），简称建议摄入量（PI），是以非传染性慢性病的一级预防为目标，提出的必需营养素的每日摄入量。当 NCD 易感人群某些营养素的摄入量达到或接近 PI 时，可以降低他们的 NCD 发生风险。2013 版 DRIs 提出了钾、钠和维生素 C 的 PI-NCD。

（七）特定建议值

近几十年中营养素领域的很多研究是观察某些传统营养素以外的食物成分的健康效应。一些营养流行病学资料以及人体干预研究结果，证明了某些食物成分，其中多数属于食物中的植物化合物，具有改善人体生理功能、预防慢性疾病的生物学作用。

特定建议值（Specific Proposed Levels，SPL）专用于营养素以外的其它食物成分，一个人每日膳食中这些食物成分的摄入量达到这个建议水平时，有利于维护人体健康。2013 版 DRIs 提出了膳食纤维、植物甾醇、番茄红素、叶黄素、大豆异黄酮、花色苷和氨基葡萄糖的 SPL。

二、膳食结构

膳食结构（Dietary Pattern）是膳食中各类食物的数量及其比例关系。膳食结构的形成与民族传统文化、生产力发展水平和地区环境资源等多种因素相关。膳食结构的变化一般是比较缓慢的。

根据动物性食物和植物性食物在膳食中的比重，以及能量摄入水平，目前世界各国的膳食模式主要分为三种类型。

（一）以动物性食物为主的发达国家模式

以动物性食物为主的发达国家模式也称富裕型模式，主要以动物性食物为主，膳食特点是高能量、高脂肪和高蛋白。通常人均日摄入肉类约 300g，谷类约 160g，能量达到 3300~3500kcal。

这是一种营养过剩型的膳食结构，发达国家肥胖、心脑血管疾病、糖尿病和肿瘤等发病率高与这种膳食结构有直接关系。

（二）以植物性食物为主的发展中国家模式

以植物性食物为主的发展中国家模式也称温饱模式，主要以植物性食物为主，人均日摄入蛋白质 50g 左右，其中动物性蛋白质仅占 10%~20%，人均每日能量摄入 2000~2400kcal，其中近 90% 由植物性食物提供。

这种膳食模式由于能量摄入较低，膳食纤维充足，心血管疾病发病率较低。但蛋白质、矿物质和维生素的缺乏病是其主要营养问题，会导致体质虚弱，劳动能力下降。

（三）动植物食物均衡的日本模式

日本膳食模式的主要特点是既有以粮食为主的东方膳食的传统特点，也吸取了西方国家膳食的长处。三大供能营养素比例合理，人均每日能量摄入在 2000kcal 左右，人均日摄入谷类为 300~400g，动物性食物约 100~150g，其中海产品约占 50%。人均日摄入蛋白质 75g 左右，动物性蛋白质约占总蛋白的 50%，水产动物蛋白约占动物性蛋白的 50%，既保证了蛋白质的摄入，又避免了脂肪和胆固醇摄入过多。

当前，我国正处在膳食结构变化的关键时期，同时存在着上述三种膳食结构。值得关注的是经济发达地区和部分其它地区出现的向西方膳食结构转变的现实或趋势，随之而来的高血压、糖尿病、肥胖等慢性非传染性疾病已成为影响我国人民健康的主要疾病。据不完全统计，我国每天死于不合理的饮食结构和不健康的生活方式的人数占全部死亡人数的 70% 以上。膳食因素对人体健康的作用，仅次于遗传因素，远大于医疗卫生条件的作用，建立合理的膳食结构对于提高人们的身体素质有着重要意义。

三、 我国的膳食指南

我国的膳食指南（Dietary Guideline）是根据"平衡膳食，营养健康"的原则，结合中华民族的饮食习惯以及不同地区食物可及性等多方面因素，参考其它国家膳食指南制定的科学依据和研究成果，提出的符合我国居民营养健康状况和基本需求的膳食指导建议。目前的膳食指南由中国营养学会于 2022 年发布，由 2 岁以上大众膳食指南、特定人群膳食指南、平衡膳食模式和膳食指南编写说明三部分组成，其中针对 2 岁以上的所有健康人群提出 8 条膳食准则。

（一）食物多样， 谷类为主

每天的膳食应包括谷薯类、蔬菜水果类、畜禽鱼蛋乳类、大豆坚果类等食物。平均每天摄入 12 种以上食物，每周 25 种以上。每天摄入谷薯类食物 250~400g，其中全谷物和杂豆类 50~150g，薯类 50~100g。食物多样、谷类为主是平衡膳食模式的重要特征。

谷类为主是平衡膳食模式的重要特征，也是合理搭配必须坚持的原则之一。营养科学界都更加注重推广健康膳食模式。"食物多样，合理搭配"是膳食指南的核心原则，因为除了喂养 6 月内婴儿的母乳外，没有任何一种天然食物可以满足人体所需的能量及全部营养素，只有通过合理搭配才能满足营养需求。

（二）吃动平衡， 健康体重

各年龄段人群都应天天运动、保持健康体重。食不过量，控制总能量摄入，保持能量平衡。坚持日常身体活动，每周至少进行 5d 中等强度身体活动，累计 150min 以上；主动身体活动最好每天 6000 步。减少久坐时间，每小时起来动一动。

（三）多吃蔬果、乳类、全谷、大豆

蔬菜水果是平衡膳食的重要组成部分，乳类富含钙，大豆富含优质蛋白质。餐餐有蔬菜，保证每天摄入 300~500g 蔬菜，深色蔬菜应占 1/2。天天吃水果，保证每天摄入 200~350g 新鲜水果，果汁不能代替鲜果。吃各种各样的乳制品，相当于每天液态乳 300g。经常吃豆制品，适量吃坚果。

（四）适量吃鱼、禽、蛋、瘦肉

鱼、禽、蛋和瘦肉摄入要适量。每周吃鱼 280~525g，畜禽肉 280~525g，蛋类 280~350g，平均每天摄入总量 120~200g。优先选择鱼和禽。吃鸡蛋不弃蛋黄。少吃肥肉、烟熏和腌制肉制品。

（五）少盐少油、控糖限酒

培养清淡饮食习惯，少吃高盐和油炸食品。成人每天食盐不超过 6g，每天烹调油 25~30g。控制添加糖的摄入量，每天摄入不超过 50g，最好控制在 25g 以下。每日反式脂肪酸摄入量不超过 2g。足量饮水，成年人每天 7~8 杯（1500~1700mL），提倡饮用白开水和茶水；不喝或少喝含糖饮料。儿童少年、孕妇、乳母不应饮酒。成人如饮酒，男性一天饮用酒的酒精量不超过 25g，女性不超过 15g。

（六）规律进餐、足量饮水

进餐不规律的行为可能增加超重肥胖、糖尿病的发生风险。经常在外就餐易导致能量、油、盐等摄入超标，增加超重肥胖发生风险。除食物外，水也是膳食重要组成部分，但容易被忽略。饮水过少会降低认知能力和体能、增加泌尿系统疾病患病风险。含糖饮料消费量呈上升趋势，过多摄入会增加龋齿、超重肥胖、2 型糖尿病、血脂异常的发生风险。

（七）会烹会选、会看标签

食物是人类获取营养、赖以生存和发展的物质基础，在生命的每个阶段都应规划好膳食。人们要了解各类食物的营养特点，挑选新鲜的、营养密度高的食物。学会通过比较食品营养标签，选购较健康的包装食品。

烹饪是合理膳食的重要组成部分。大家要学习烹饪，掌握新工具，传承当地美味佳肴，做好一日三餐，实践平衡膳食，享受营养与美味。在外就餐或选择外卖食品，应按需购买，注意适宜份量和荤素搭配，主动提出健康诉求。

（八）公筷分餐、杜绝浪费

珍惜食物，按需备餐，提倡分餐不浪费。多回家吃饭，享受食物和亲情。传承优良文化，兴饮食文明新风。我们要重视公共卫生和个人卫生，推广健康文明的生活方式。坚持公筷公勺、分餐或份餐等卫生措施，避免食源性疾病的发生和传播，对保障公共健康具有重要意义。

四、中国居民平衡膳食宝塔

中国居民平衡膳食宝塔（图 7-1）是根据中国居民膳食指南结合中国居民的膳食结构特点设计的，提出了一个营养上比较理想的膳食模式。它把平衡膳食的原则转化成各类食物的重量，并以直观的宝塔形式表现出来，便于理解和在日常生活中实行。

（一）平衡膳食宝塔的主要内容

平衡膳食宝塔共分为 5 层，包含每天应吃的主要食物种类。宝塔各层位置和面积不同，在一定程度上反映出各类食物在膳食中的地位和应占的比重。

谷物类食物位居底层，每人每天应吃 250~400g（全谷物和杂豆 50~150g，薯类 50~

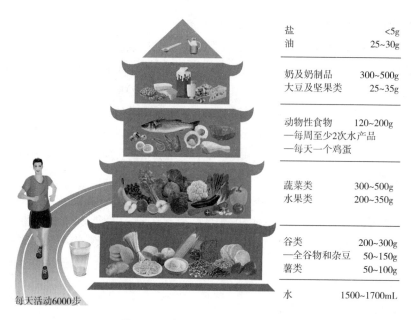

盐	<5g
油	25~30g
奶及奶制品	300~500g
大豆及坚果类	25~35g
动物性食物	120~200g
一每周至少2次水产品	
一每天一个鸡蛋	
蔬菜类	300~500g
水果类	200~350g
谷类	200~300g
一全谷物和杂豆	50~150g
薯类	50~100g
水	1500~1700mL

每天活动6000步

图 7-1　中国居民平衡膳食宝塔

100g）；蔬菜和水果占据第 2 层，每人每天应吃 300~500g 和 200~350g；动物性食物位于第 3 层，每人每天应吃 120~200g（每周至少两次水产品，每天一个鸡蛋）；乳类和豆类食物合占第 4 层，每人每天应吃乳及乳制品 300~500g，大豆及坚果类 25~35g；第五层塔尖是烹调油和食盐，每人每天烹调油为 25~30g，食盐不超过 5g。

宝塔图中有水和身体活动的形象，强调一般情况下成年人每天应饮水 1500~1700mL。目前，我国多数成年人身体活动不足，应养成天天运动的习惯，建议每天进行累计相当于步行 6000 步以上的身体活动，最好在身体状况允许的情况下进行 30min 的中等强度的运动。

（二）宝塔建议的各类食物的摄入量

膳食宝塔建议的各类食物的摄入量是指食物原料可食部分的生重。各类食物的重量不是某一种具体食物的重量，而是一类食物的总量。

膳食宝塔标示的各类食物建议量的能量水平是 1600~2400kcal。

谷类的建议量应折合成面粉量、大米量计算。

蔬菜和水果经常放在一起，因为它们有许多共性。但蔬菜和水果终究是两类食物，各有优势，不能完全相互替代。尤其是儿童，不可只吃水果不吃蔬菜。蔬菜、水果的重量按市售鲜重计算。

畜肉、禽肉及内脏的重量按屠宰清洗后的重量来计算。鱼、虾及其它水产品的重量按购买时的鲜重计算。蛋类建议量相当于半个或一个鸡蛋。

乳类及乳制品建议量相当于鲜乳 300g，酸乳 360g 或乳粉 45g。大豆包括黄豆、黑豆和青豆，推荐量相当于 120g 北豆腐、240g 南豆腐、80g 豆腐干和 650g 豆浆。坚果与大豆蛋白质相似，可吃 5~10g 坚果替代相应量的大豆。

烹调使用酱油和酱类时，应按比例减少食盐用量。一般 20mL 酱油含 3g 食盐，10g 大酱含有 1.5g 食盐。还应注意其它加工食品中含有的食盐。

将膳食宝塔应用于日常膳食时，应首先确定适合自己的能量水平，并依此进行适当的食物摄入量的调整，确定自己的食物需要。应注意同类食物的互换，使膳食丰富多彩。要结合当地资源，因地制宜。要通过养成良好的膳食习惯，并长期坚持，来实现平衡膳食。

2022 年修订的《中国居民膳食指南（2022）》包含 2 岁以上大众膳食指南，以及 9 个特定人群指南。还有《中国居民膳食指南（2022）》科普版可帮助百姓做出有益健康的饮食选择和行为改变。同时还修订的中国居民平衡膳食宝塔（2022）、中国居民平衡膳食餐盘（2022）和儿童平衡膳食算盘（2022）等可视化图形可指导大众在日常生活中进行具体实践。

第三节　与膳食不平衡有关的疾病

一、肥　胖

肥胖是一种营养不良性疾病，以体内过多堆积脂肪为特征。肥胖是能量摄入超过能量消耗而导致的，目前认为是多因素引起的慢性代谢性疾病，易于发生退行性疾病。

一直以来，肥胖在西方发达国家广泛流行。但我国自 20 世纪 80 年代以来，成人超重率始终呈增加趋势，目前，我国体重超重者已达 22.4%，肥胖者占 3.01%，肥胖已成为 21 世纪人类社会医学和公共卫生学最重要的问题之一。

（一）肥胖的判断

常用的判断肥胖的指标是人体测量指标，包括身高、体重、胸围、腰围、臀围、肢体的围度和皮褶厚度等。

1. 体质指数（Body Mass Index，BMI）

BMI 是体重（kg）除以身高（m）的平方，这一指标考虑了身高和体重两个因素，常用于对成人体重过低、超重和肥胖进行分类，不受性别影响。我国的分类标准是 BMI>23.9 为超重，BMI≥28 为肥胖。

BMI 能够比较准确地反映体脂的增加，适用于判定成人肥胖，但不用于判定发育水平。

2. 腰围（Waist Circuit，WC）

腰围测量简便实用，与身高无关，是腹内脂肪量和总体脂的一个近似指标。男性 WC≥85cm、女性 WC≥80cm 为肥胖。

3. 腰臀比（Waist to Hip Ratio，WHR）

腰臀比是腰围和臀围的比值。一般认为 WHR 超过 0.9（男）或 0.8（女）可视为中心性肥胖，但其分界值随年龄、性别、人种不同而不同。

4. 身高标准体重

肥胖度（%）=［实际体重（kg）-身高标准体重（kg）］/身高标准体重（kg）×100%。身高标准体重可用身高（cm）-105，或［身高（cm）-105］×0.9 计算。

肥胖度≥10% 为超重；>20%~29% 为轻度肥胖；>30%~49% 为中度肥胖；≥50% 为重度肥胖。

（二）单纯性肥胖

单纯性肥胖指单纯由于营养过剩而造成的全身性脂肪过度积累，可排除遗传性、代谢性疾病、外伤及其它疾病等原因。95% 的肥胖属于单纯性肥胖。

肥胖发生的原因包括遗传因素和环境因素，有学者认为多数肥胖的发生遗传因素只占30%~

40%，环境因素是更为主要的因素。环境因素包括社会因素、个体的饮食习惯和行为心理因素等。

（三）肥胖的营养治疗

1. 控制能量摄入

肥胖的治疗原则是实现能量负平衡，对肥胖的营养措施首先是控制总能量的摄入，即饮食供给的能量必须低于机体实际消耗的能量，促使长期积存的能量被代谢掉，直至体重恢复到正常水平。

减少能量摄入应循序渐进，绝大多数肥胖人群应注意不低于 1000kcal/d，否则会影响正常的生活和工作，甚至对身体造成损害。

在控制总能量摄入的同时，应保证合理的供能营养素比例，保证蛋白质摄入、限制脂肪摄入和适当减少碳水化合物摄入。需限制动物性脂肪、糖、巧克力及含糖饮料的摄入。

2. 保证维生素、矿物质和膳食纤维的摄入

新鲜蔬菜和水果是维生素、矿物质和膳食纤维的重要来源，且能量较低，应保证摄入。肥胖常伴有高血压等疾病，因此应限制食盐摄入，每天以不超过 6g 为宜。

3. 改正不合理的饮食习惯

改变暴饮暴食、无节制地吃零食、偏食等饮食习惯，一日三餐应定时定量，尤其是控制晚餐不过量。

营养改善不是治疗肥胖的唯一途径，必须结合积极的运动，控制饮食与运动双管齐下才是最佳的选择。

二、糖　尿　病

糖尿病是由多种因素引起的、以慢性高血糖为特征的代谢紊乱性疾病。由于胰岛素分泌和作用缺陷，引起碳水化合物、蛋白质、脂肪、水和电解质代谢紊乱，临床表现为"三多一少"，即多尿、多饮、多食和消瘦乏力。糖尿病的危害往往不在于疾病本身，而是久病之后引起的多系统损害，出现心血管、肾脏、眼、神经等组织的并发症，由此引发的病残、病死率仅次于癌症和心血管疾病。

糖尿病是目前尚未能根治而仅能控制的疾病。目前全世界糖尿病的患病率都在增加，我国糖尿病的患病率正逐年上升。糖尿病及其并发症已经成为严重威胁人类健康的公共卫生问题。

营养治疗是糖尿病五项治疗方法（营养、运动、药物、自我监测与健康教育）中最基本的方法。营养治疗的目标是通过合理的营养供给，减少急性和慢性并发症的发生危险，改进健康状况。基本原则是合理控制总能量，摄入一定的碳水化合物，控制脂肪尤其是饱和脂肪摄入，保证适量的蛋白质，调节矿物质平衡，保证充足的维生素。

糖尿病患者的膳食应因人而异，根据病情特点、血糖和血脂水平等因素进行及时调整，食物选择和烹调方法尽量顾及患者的饮食习惯。

三、心血管疾病

广义的心血管疾病是一组以心脏和血管异常为主的循环系统疾病，包括心脏和血管疾病、肺循环疾病以及脑血管疾病等。当前该组疾病中以动脉粥样硬化性冠心病、高血压、脑卒中对人类健康的危害最为严重。

（一）高血压

高血压是以动脉血压升高为主要表现的心血管疾病，是最常见的心血管疾病之一，是全球

范围内的重大公共卫生问题，不仅患病率高、致残率高，死亡率高，而且可引起心、脑、肾并发症，是冠心病、脑卒中和早死的主要危险因素。

高血压是一种遗传多基因与环境多危险因子交互作用而形成的慢性全身性疾病，一般认为遗传因素大约占 40%，环境因素大约占 60%。环境因素主要与营养膳食有关。

大量研究显示，肥胖和超重是血压升高的重要危险因素，特别是向心性肥胖是高血压的重要指标。引起高血压的膳食因素包括高盐、低钾、低钙、低镁和饱和脂肪酸过多等，其中食盐摄入量与高血压的发生显著正相关。

高血压的营养防治措施包括控制体重、避免肥胖和控制钠盐摄入。控制体重可使高血压的发病率降低，减轻体重一方面要限制能量摄入，另一方面要增加体力活动。在限制能量的范围内，应保证营养平衡。改善膳食结构主要是限制膳食中钠盐的摄入，应注意除食盐外，味精和食品添加剂中的钠盐。高血压患者的食盐摄入量应在 1.5~3.0g，正常成人应在 6g 以内。此外，适当增加钾、钙的摄入，控制脂肪，尤其是饱和脂肪酸及胆固醇的摄入和限制饮酒亦有利于高血压的防治。

（二）高脂血症

高脂血症指血浆中胆固醇或（和）甘油三酯水平升高。高脂血症可由遗传因素引起，也可由膳食因素造成。

血脂的主要成分是甘油三酯和胆固醇。甘油三酯和胆固醇是疏水性物质，不能直接在血液中被转运，也不能直接进入组织细胞。它们必须与特殊的蛋白质和极性类脂一起组成亲水性的球状大分子脂蛋白，才能在血液中被运输，并进入组织细胞。脂蛋白主要由胆固醇、醇、甘油三酯、磷脂和蛋白质组成，绝大多数在肝脏和小肠内合成，并主要经肝脏分解代谢。血浆中的脂蛋白主要是乳糜微粒（CM）、极低密度脂蛋白（VLDL）、低密度脂蛋白（LDL）和高密度脂蛋白（HDL）。

高脂血症是血浆中某一类或几类脂蛋白水平升高的表现，主要根据血浆总胆固醇（TC）、甘油三酯（TG）水平和高密度脂蛋白胆固醇（HDL-C）浓度进行诊断。WHO 建议将高脂血症分为五型，分型不同饮食建议亦不同。

Ⅰ型为先天性脂蛋白酯酶缺乏，对摄入的甘油三酯难以及时清除，血浆中外源性甘油三酯（CM）升高，饮食中要严格限制高甘油三酯食物。

Ⅱ型和Ⅲ型是血胆固醇升高，饮食中首先要严格限制高胆固醇食物。由于高甘油三酯食物亦含有较高的胆固醇，胆固醇消化吸收需要甘油三酯的存在，因此亦应限制高甘油三酯食物。同时还应限制酒精摄入。

Ⅳ型患者近年来增加较多，主要是内源性甘油三酯升高。导致内源性甘油三酯升高的原料是碳水化合物，所以其饮食要求是限制碳水化合物，对酒精和高胆固醇、高甘油三酯食物的限制相对宽松。

Ⅴ型是先天性脂蛋白酯酶缺乏，机体同时出现高胆固醇和高甘油三酯（包括内源性甘油三酯）。饮食要求是限制高甘油三酯、高胆固醇食物，同时严格控制体重，戒烟、戒酒。

对所有高血脂症患者来说，科学的降脂应是一方面加强运动，建立科学的生活方式，另一方面如果非药物治疗无效，则应服用可靠的降脂药物。饮食原则包括少食多餐、多吃蔬菜和水果、少吃高脂肪食物。

（三）冠心病

冠心病全称为动脉粥样硬化性心脏病，又称缺血性心脏病，是动脉粥样硬化导致器官病变最常见的类型，在发达国家被称为头号杀手，是世界范围内的主要死亡原因。我国的动脉粥样硬化呈上升趋势。

冠心病的发生是由于脂质代谢异常，血液中的脂质沉积在原本光滑的动脉内膜上，出现粥样斑块，这些斑块渐渐增多造成动脉腔狭窄，使血流受阻，导致心脏缺血，产生心绞痛。

冠心病的发生发展是一个缓慢渐进的过程，患者从青少年起即开始有血管壁的脂肪条纹形成，至 40 岁左右病变的血管明显变窄，冠状动脉供血减少，并可能发生出血、溃疡、血栓等病改变，导致心绞痛、心肌梗死、冠状动脉猝死等临床症状。

虽然动脉粥样硬化的病因尚不完全清楚，但脂类代谢紊乱与其发病密切相关已是共识。因此其营养防治原则是在平衡膳食的基础上，控制总能量和总脂肪的摄入，限制饱和脂肪酸和胆固醇的摄入，保证摄入充足的膳食纤维和维生素，保证摄入适量的矿物质和抗氧化营养素，饮食清淡，少盐少饮酒。

四、 骨质疏松症

骨质疏松症是一种以低骨量、骨组织微结构破坏为特征，导致骨骼脆性增加和易发生骨折的全身性疾病，分为原发性、继发性、特发性骨质疏松症三大类。女性发病多于男性，而且比男性出现的早，骨量减少的速度更快。骨质疏松的发生与年轻时峰值骨量的高低和年老时骨丢失速率关系密切。此二者均受遗传基因、营养状况、运动负荷及激素调控等因素的影响。

骨质疏松的预防比治疗更重要，我国居民膳食钙的摄入量偏低，提高钙的摄入对预防骨质疏松具有重要意义，应提倡乳制品和蔬菜的摄入。值得注意的是，营养因素只是骨质疏松发病的影响因素之一，运动可以减少钙从骨骼中的丢失速度，还可以得到阳光的照射，利于机体钙的代谢，对预防骨质疏松是必不可少的。

五、 痛 风

痛风是由嘌呤代谢紊乱和（或）持续性血尿酸增高所造成的一组异质性疾病。痛风表现为高尿酸血症、特征性关节炎和痛风石等，严重时可出现关节活动功能障碍和畸形，可因肾功能衰竭而危及生命。

痛风多发于 40 岁以上人群，男性多于女性，脑力劳动者发病率高。痛风患者大多超重和肥胖，特别是腹型肥胖；易并发糖尿病；约 75% 的痛风患者并发高脂血症；高血压患者中痛风发病率为 2%~12%，动脉粥样硬化患者常并发高尿酸血症，因此痛风与营养因素有密切关系。

尿酸是嘌呤代谢的最终产物，可随尿排出体外。人体的尿酸中外源性来源占 20%，来自富含嘌呤或核蛋白食物在体内的代谢，内源性占 80%，由体内合成的核酸分解而来。正常情况下，核酸经多种酶的限速作用，嘌呤产生的量和速度得以调控。这一代谢活动在肝、肾、小肠最活跃。血尿酸增高的主要原因包括肾尿酸排泄减少、尿酸生成增多和继发于其它代谢性疾病。引起这些变化的原因是遗传和先天性多种酶缺乏，影响嘌呤代谢的多个环节，使尿酸在血液中积聚。

痛风营养治疗的目的是减少尿酸生成，增加尿酸排泄，防治急性发作，减轻关节和肾脏损伤。其营养原则是低能量、低嘌呤、低脂肪、低蛋白质和多水分。高嘌呤饮食可以使细胞外液尿酸值迅速增高，诱发痛风的发作。为尽快终止急性关节炎发作，宜选用含嘌呤少的食物，以牛乳及其制品、蛋类、蔬菜、水果、细粮为主；在缓解期，可选用含嘌呤的食物，但应适量，尤其不要在一餐中进肉食过多；不论在急性或缓解期，均应避免含嘌呤高的食物。

六、肿 瘤

肿瘤是细胞失去控制的异常增生而形成的异生物，可发生于许多器官组织，根据对健康和生命的威胁的程度可分为良性和恶性肿瘤。一般所说的癌症，泛指所有的恶性肿瘤。恶性肿瘤是危害人类生命和健康的一种严重疾病，是目前人类三大死亡疾病之一。

肿瘤的病因至今尚未十分清楚，目前的共识是多因素综合影响的结果。大部分的病因与环境因素有关，吸烟因素占30%、饮食因素占35%、生育和性行为因素占7%、职业因素占4%、酒精因素占3%、地理物理因素占3%、污染因素占2%、药物和医疗过程因素占1%，以饮食因素比重最大。

膳食可以影响恶性肿瘤的启动、促进和进展，营养因素是肿瘤预防的重要手段。预计通过合理平衡的膳食可以预防全世界30%~40%的癌症。世界癌症研究会和美国癌症研究所提出了14条预防癌症的营养建议，具体内容包括食物多样化，主要选择植物性食物，如蔬菜、水果、豆类，并选用粗粮；避免体重过轻或过重；坚持体力活动，每天快步走或类似运动1h，每周至少参加活动量较大的运动1h；每天吃谷类、豆类、根茎类600~800g，尽量多吃粗加工的谷类，限制摄入精制糖，鼓励不饮酒；控制肉的摄入量每天在80g以下，最好选用鱼、禽肉替代红肉；限制脂肪含量高，特别是动物性脂肪含量高的食物。选择植物油，尤其是单不饱和脂肪酸含量高、氢化程度低的油；减少腌制食物和食盐摄入量，每天摄入食盐不超过6g；避免食用被真菌毒素污染又在室温下长期贮藏的食物；用冷藏或其它适当方法保持易腐败的食物；控制食物中的食品添加剂、农药及其残留物在安全限量水平以下；不吃烧焦的食物，尽量少吃火焰上直接熏烤的肉和鱼，以及熏制和烟熏的肉和鱼；一般不需要服用营养补充剂。

第四节 营养素的协同与拮抗

食物进入人体后，由于消化液和酶的作用，发生复杂的化学变化，在吸收代谢过程中，各种营养素成分相互联系，又相互作用。相互作用的形式包括协同作用和拮抗作用。协同作用，即一种营养物质促进另一种营养物质在体内吸收或存留，从而减少另一种营养物质的需要量；拮抗作用，即两种营养物质在吸收代谢过程中，一方阻碍另一方的吸收或存留。

一、营养素的协同作用

各种营养物质都来自食物，一种营养素，往往来自多种食物，而每一种食物，往往也包含多种营养物质。

（一）碳水化合物、脂肪、蛋白质之间的协同作用

三大营养物质，碳水化合物、脂肪和蛋白质在体内代谢过程中有着密切的协同关系。

碳水化合物对蛋白质在体内的代谢非常重要。蛋白质在消化过程中被分解为游离氨基酸，氨基酸在体内重新合成为机体需要的蛋白质以及进一步代谢，都需要较多的能量，而这些能量主要由碳水化合物提供。所以摄入蛋白质并同时摄入糖类，可以增加ATP的形成，有利于氨基酸活化与蛋白质的合成。此外，糖可与蛋白质结合成糖蛋白，如某些抗体酶和激素等，共同发挥着重要的生理功能。糖蛋白中的黏蛋白是构成软骨、骨筋、眼球结膜和玻璃体的成分之一。

碳水化合物与脂肪也有密切的协同关系。在三羧酸循环中，脂肪在体内代谢所产生的乙酰

基必须与草酰乙酸结合进入三羧酸循环，才能被彻底氧化燃烧，而草酰乙酸的形成，正是葡萄糖在体内氧化燃烧的结果。糖也可与类脂结合形成糖脂，它既是神经组织的一种组成成分，又是细胞膜上具有识别功能的成分。

蛋白质、脂肪和碳水化合物均可作为机体热能的来源，但作用却有所不同。碳水化合物是最重要的能量来源，供能占比最高，脂肪是最重要的贮存能量的物质，而蛋白质最重要的生理功能是构成机体，不是提供能量。当膳食中供给充足的糖和脂肪时，可使蛋白质免于为供给热量而消耗，用于最需要的地方，这是碳水化合物和脂肪对蛋白质的协同作用。这种情况下，可节约蛋白质，有利于体内的氮平衡，增加体内的氮储留量。若热量供给不足，达不到机体最低需要量，则需更多的蛋白质被作为热量消耗。因此，碳水化合物、脂肪与蛋白质，都必须达到适宜的供应量，相互配合，发挥协同作用，才能有效地为机体提供能量，同时保持氮平衡。

（二）维生素与各营养素的协同作用

在人体中，各种维生素在含量上保持平衡非常重要。维生素之间的协同作用近年来被人们所关注。各种维生素在吸收、体内转化以及发挥生理功能的过程中，常呈现出相互依赖和影响的关系。在吸收时，维生素 E 可以保护维生素 C、维生素 A 和 B 族维生素，β-胡萝卜素可以保护维生素 C，维生素 C 对维生素 A、维生素 E 及部分 B 族维生素起到保护作用，维生素 D 可促进维生素 A 的吸收，B 族维生素之间也存在协同作用；在发挥生理功能上，维生素 E 可以增强维生素 A 的功能，维生素 C 可显著增强维生素 E 的功能，B 族维生素的缺乏通常是复合性缺乏则是其协同作用的另一佐证。

维生素与碳水化合物之间也具有重要的协同作用。在糖类的分解代谢和机体的能量代谢中，有着不可分割的协同关系。碳水化合物在人体内消化后，以葡萄糖的形式被吸收，参与体内的生物氧化，给机体提供能量。在糖的分解代谢中有许多辅酶是由水溶性 B 族维生素组成的，如辅羧化酶由维生素 B_1 参与组成；黄素腺嘌呤二核苷酸由维生素 B_2 参与组成；辅酶 A 由泛酸参与组成等。近年有研究表明，脂肪能节约维生素消耗，如维生素 B_1 的消耗。

（三）矿物质与各营养素的协同作用

矿物质广泛地参与人体的新陈代谢，维持着渗透压和酸碱平衡，在组织细胞的生命活动中发挥着极端重要的作用，这就决定了它们与各营养素之间，存在着密切的协同关系。

矿物质与三大营养素之间的关系，总的来说，还是要从细胞的生命活动中去全面理解。因为蛋白质是生命活动的基本物质，糖与脂肪是能量来源，而宏量元素在细胞内液、细胞外液中发挥着重要作用；微量元素则参与各种酶的合成与激活，在全面的新陈代谢中起着调节和促进作用。矿物质与蛋白质协同维持组织细胞的渗透压，在液体移动和储留过程中起着重要作用。酸性碱性无机离子的适当配合，加上碳酸盐和蛋白质的缓冲作用，维持着机体的酸碱平衡。

二、营养素的拮抗作用

饮食本来是营养身体的，但食物所含的营养物质在吸收代谢过程中有时会发生拮抗作用，一方阻碍另一方的吸收或存留；或者两种（或两种以上）营养素，在消化吸收或代谢过程中产生有害物质或毒素，影响机体健康。因此，了解营养素间的拮抗作用，可以有效地改善营养结构，发挥其协同作用，从而提高营养价值，趋利避害以促进健康。

蛋类含有复杂的蛋白质活性物质，如蛋清中的抗生物素蛋白抗能影响体内生物素的吸收和利用，引起毛发脱落或局部发炎等现象；而蛋黄中存在的卵黄高磷蛋白，可以干扰铁的吸收，从而降低了机体对铁的吸收率。高磷膳食可降低肠道钙的吸收及减少尿钙排泄，显示高磷膳食对钙代谢的影响，虽然磷摄入量高低对钙平衡无明显影响，但高磷摄入可能促进机体与年龄相关的骨丢失；镁缺乏会同时引起低血钙和低血钾，补镁后，钙、钾水平亦恢复正常；钠与钙在肾小管内的重吸收过程发生竞争，钠摄入量高时，会相应减少钙的重吸收，而增加尿钙排泄。因此，高钠膳食对骨丢失的影响是预防骨质疏松症应特别关注的问题。钾可以促进尿钠排泄，高钾低钠膳食可能降低高钠所致高血压的危险；微量元素之间拮抗的作用较为典型的是摄入过量的铁会干扰锌的吸收，临床上曾出现因孕期补铁过量而导致的胎儿发育迟缓的案例；钙对微量元素铁和锌的吸收利用也有影响，钙可明显抑制铁的吸收，并存在剂量反应关系。铁需求量明显增加的特殊人群，必须注意高钙可能影响铁的营养状况。一些研究报告还发现高钙膳食对锌的吸收和平衡有不利影响；锌与铁、锌与钙、铜与钼等的含量在人体中都有一定的比例，比值出现变化，说明对应元素的过量和不足，会导致相应的疾病。

[小结]

　　人体是一个复杂而精密的系统，每一项生理活动或生命过程的完成都需要多种营养物质的共同参与。生命中所需要的蛋白质、脂类、碳水化合物、维生素、矿物质和水等营养素需要从每天的饮食中获得，由于个体差异不同，人体对各种营养素的需要也不相同。

　　营养与人体健康紧密相关，均衡营养是健康之源。均衡膳食的意义不但在于各类食物的多样化，还包括营养素之间合理的比例关系。保持合理的能量和营养素的摄入水平可以有效地预防多种疾病。

Q 思考题

1. 如何认识能量和供能营养素？
2. 何谓膳食营养素参考摄入量，包括哪几个营养指标？
3. 我国膳食指南的主要内容是什么，怎样应用平衡膳食宝塔？
4. 营养相关疾病主要有哪些，如何进行营养预防？
5. 营养素之间存在哪些协同或拮抗关系？

参考文献

[1] B. A. 鲍曼，R. M. 拉塞尔. 现代营养学. 北京：化学工业出版社，2004.

[2] 何志谦. 人类营养学（第二版）. 北京：人民卫生出版社，2008.

[3] 孙长灏. 营养与食品卫生学. 北京：人民卫生出版社，2018.

[4] 金龙飞. 食品与营养学. 北京：中国轻工业出版社，2000.

[5] 中国营养学会. 中国居民膳食营养素参考摄入量. 北京：科学出版社，2016.

[6] 中国营养学会. 中国居民膳食指南2016. 北京：人民卫生出版社，2016.

[7] 蔡美琴. 医学营养学. 上海：上海科技文献出版社，2001.

第八章

CHAPTER

食品质量与保障

8

第一节　食品安全评价指标体系与安全风险分析

一、　食品安全性评价体系

食品的安全性评价是指对食品及其原料进行污染源、污染种类和污染量的定性、定量评定，确定其食用安全性，并制定切实可行的预防措施的过程。其评价体系包括各种检验规程、卫生标准的建立，及其对人体潜在危害性的评估。常用的一些食品卫生指标有安全系数、日许量、最高残留限量、休药期、细菌数量、大肠菌群最近似数、致病性微生物、食品安全风险性评估等，通过这些卫生指标可以有效地评价食品对人体的安全性。

（一）安全系数和日许量

1. 安全系数（Safety Factor）

在对食品进行安全性评价时，由于人类和实验动物对某些化学物质的敏感性有较大的差异，为安全起见，由动物数值换算成人的数值（如以实验动物的无作用剂量来推算人体每日允许摄入量）时，一般要缩小 100 倍，这就是安全系数。它是根据种间毒性的相差约 10 倍、同种动物敏感程度的个体差异相差约 10 倍制定出来的。实际应用中不同的化学物质一般选择不同的安全系数。

2. 日许量（Acceptable Daily Intake，ADI）

ADI 是评价食品、食品添加剂和化学物质毒性和安全性的标志和制定食品添加剂使用卫生标准的依据。ADI 专业上称为每日容许摄入量，是指人类每日摄入某物质直至终生，而不产生可检测到的对健康产生危害的量，即每天摄入都不会造成急性与慢性中毒的量。以每千克体重可摄入的量表示，即 mg/（kg 体重·d）。

（二）最高残留限量（Maximum Residue Limits，MRLs）

最高残留限量又称停药期，指允许在食品中残留的药物或其它化学物质最高量，也称为允许残留量（Tolerance Level）。《动物性食品中兽药最高残留限量》属于国家公布的强制性标准，决定了公众消费的安全性和生产用药的休药期，其重要性是显而易见的。

（三）休药期（Withdrawal Period）

休药期指从停止给药到允许动物屠宰或其产品上市的间隔时间。实际生产中影响休药期或体内残留物达到安全浓度所需时间的因素十分复杂。与药物体内过程有关的各种因素和药物使用条件均影响休药期，如剂型、剂量、给药途径、机体机能状态等。有效掌握用药的休药期及其影响因素是一个现代兽医人员的必备素质，也是良好动物生产规范（Good Animal Husbandry Practice）的重要方面。

（四）细菌数量

天然食品内部没有或仅有很少的细菌，食品中的细菌主要来源于生产、贮藏、运输、销售等各个环节的污染。食品中的细菌数量对食品的卫生质量有极大的影响，食品中细菌数量越多，食品腐败变质的速度就越快，甚至可引起食用者的不良反应。有人认为食品中的细菌数量通常达到 100~1000 万个/g 时，就可能引起食物中毒；而有些细菌数量达到 10~100 个/g 时，就可引起食物中毒，如志贺菌。因此，食品中的细菌数量对食品的卫生质量具有极大的影响，它反映了食品受微生物污染的程度。细菌数量的表示方法因所采用的计数方法不同而有两种：菌落总数和细菌总数。

1. 菌落总数

菌落总数是指一定质量、容积或面积的食物样品，在一定条件下（如样品的处理、培养基种类、培养时间、温度等）进行细菌培养，使适应该条件的每一个活菌必须而且只能形成一个肉眼可见的菌落，然后进行菌落计数所得的菌落数量。通常以 1g 或 1mL 或 1cm² 样品中所含的菌落数量来表示。

2. 细菌总数

细菌总数是指一定质量、容积或面积的食物样品，经过适当的处理（如溶解、稀释、揩拭等）后，在显微镜下对细菌进行直接计数所得的细菌数量。其中包括各种活菌数和尚未消灭的死菌数。细菌总数也称细菌直接显微镜数。通常以 1g 或 1mL 或 1cm² 样品中的细菌数来表示。

在实际运用中，不少国家包括我国多采用菌落总数来评价微生物对食品的污染程度。因显微镜计数不能区分活菌、死菌，菌落总数更能反映实际情况。食品的菌落总数越低，表明该食品被细菌污染的程度越轻，耐放时间越长，食品的卫生质量较好，反之亦然。

（五）大肠菌群最近似数

食品受微生物污染后的危害是多方面的，但其中最重要、最常见的是肠道致病菌的污染。因此，肠道致病菌在食品中的存在与否及其存在的数量是衡量食品卫生质量的标准之一。但是肠道致病菌不止一种，而且各检验方法不同，因此可以选择一种指示菌，并通过该指示菌，来推测和判断食品是否已被肠道致病菌所污染及其被污染的程度，从而判断食品的卫生质量。食品污染程度指示菌应具备以下条件。

（1）和肠道致病菌的来源相同，且在相同的来源中普遍存在及数量甚多，易于检出。

（2）在外界环境中的生存时间与肠道致病菌相当或稍长。

（3）检验方法比较简便。

大肠菌群（Coliform Group）通常作为衡量食品污染程度的指示菌。大肠菌群是指一群在37℃能发酵乳糖、产酸、产气、需氧或兼性厌氧的革兰氏阴性的无芽孢杆菌。从种类上讲，大肠菌群包括许多细菌属，其中有埃希菌属、柠檬酸菌属、肠杆菌属和克雷伯菌属等，以埃希菌属为主。大肠菌群的表示方法有两种，即大肠菌群最近似数和大肠菌群值。

①大肠菌群最近似数（Most Probable Number，MPN）是指在100g（mL）食品检样中所含的大肠菌群的最近似或最可能数。

②大肠菌群值是指在食品中检出一个大肠菌群时所需要的最少样品量。故大肠菌群值越大，表示食品中所含的大肠菌群的数量越少，食品的卫生质量也就越好。

目前国内外普遍采用大肠菌群MPN作为大肠菌群的表示方法，并为我国国家标准采用。

（六）致病性微生物

食品中致病性微生物即可引起食物中毒或其它疾病的微生物很多，根据食品卫生要求和国家食品卫生标准规定，食品中均不能有致病菌存在，即不得检出致病性微生物，这是一项非常重要的卫生质量指标，也是绝对不能缺少的指标。由于食品种类繁多，致病性微生物也有很多种，包括细菌、真菌、病毒及寄生虫等。在实际操作中用少数几种方法将多种致病菌全部检出是不可能的，而且在大多数情况下，污染食品的致病菌数量并不多。所以，在进行食品中致病菌检验时，不可能将所有的病原菌都列为重点，只能根据不同食品的特点，选定某个种类或某些种类致病菌作为检验的重点对象。如蛋类、禽类、肉类食品以沙门菌检验为主，罐头食品以肉毒毒素检验为主，牛乳以检验结核杆菌和布杆菌为主。

（七）风险评估

风险评估是食品安全评价中逐渐被采用的一种重要方式。风险评估是利用现有的科学资料，就食品中某些生物、化学或物理因素的暴露对人体健康产生的不良后果进行识别、确认和定量分析，以此确定某种食品有害物质的风险。食品安全风险评估主要包括3个方面：风险评价或评估、风险管理和风险信息交流。

二、食品安全风险分析

《中华人民共和国食品安全法》规定，国家建立食品安全风险监测和评估制度，对食源性疾病、食品污染以及食品中的有害因素进行监测，对食品、食品添加剂中生物性、化学性和物理性危害进行风险评估。食品安全风险分析是通过对影响食品安全的各种生物、物理和化学危害进行评估，定性或定量描述风险特征，在参考有关因素的前提下，提出和实施风险管理措施，并对有关情况进行交流，它是制定食品安全标准的基础。

（一）食品安全风险分析的基本内容与步骤

1. 风险评估

风险评估就是通过使用毒理学数据、污染物残留数据、统计手段、暴露量及相关参数的评估等系统科学的步骤，确定某种食品有害物质的风险。风险分析通常包含危害识别、危害特征描述、暴露量评估、风险描述四个基本步骤。风险评估是整个风险分析体系的核心和基础。

（1）危害识别　危害识别主要是指识别可能对健康产生不良效果并且可能存在于某种或某类特别食品中的生物、化学和物理因素。食品风险分析危害信息可以通过相关数据资料得到，其资料可以从科学文献以及食品工业、政府机构和相关国际组织的数据库中获得，也可以通过向专家咨询得到。由于资料往往不足，在实际工作中，危害识别一般以毒理学评价试验资料作为依据。

（2）危害特征描述　危害特征描述是对食品中可能存在的与生物、化学和物理因素有关的、对健康产生不良效果的因素的定性或定量评价。危害特征描述一般是由毒理学试验获得的数据计算人体的每日容许摄入量（ADI）。由于食品中受污染的化学物质的实际含量很低，而一般毒理学试验的剂量很高，因此在进行危害描述时，要根据动物试验的结论估计对人类健康的影响。ADI一般以无作用水平除以安全系数100。

（3）暴露量评估　暴露量评估是对于通过食品的摄入或其它有关途径可能暴露于人体或环境的生物、化学和物理因子的定性或定量评价。暴露量评估主要根据膳食调查和各种食品中化学物质暴露水平调查的数据进行，通过计算可以得到人体对于该种化学物质的暴露量。

（4）风险描述　根据危害识别、危害特征描述和暴露量评估，对某一给定人群的已知或潜在健康不良效果发生的可能性和严重程度进行定性或定量的估计，其中包括伴随的不确定性。

通常情况下，危害识别采用的是定性方法，其它三个步骤也可以采用定性方法，但最好采用定量方法。

目前国际上公认的风险评估原则如下所述：①依赖动物模型确立潜在的人体效应。②采用体重进行种间比较。③假设动物和人的吸收大致相同。④采用100倍的安全系数来调整种间和种内可能存在的易感性差异，在特定的情况下允许偏差的存在。⑤对发现属于遗传毒性致癌物的食品添加剂、兽药和农药，不制定ADI，对这些物质，不进行定量的风险评估。实际上，对具有遗传毒性的食品添加剂、兽药和农药残留还没有认可的可接受的风险水平。⑥允许污染物达到"尽可能低的"水平。⑦在等待提交要求的资料期间，对食品添加剂和兽药残留可制定暂定的ADI。

2. 风险管理

风险管理就是根据风险评估的结果，选择和实施适当的管理措施，尽可能有效地控制食品风险。风险管理可以分为四个部分：风险评价、风险管理选择的评价、执行风险管理的决定、监控和回顾。

（1）风险评价　①确认食品安全性问题。②描述风险概况。③就风险评估和风险管理的优先性对危害进行排序。④为进行风险评估制定风险评估政策。⑤进行风险评估。⑥风险评估结果的审议。

（2）风险管理选择评价　①确定现有的管理选项。②选择最佳的管理选项（包括考虑一个合适的安全标准）。③最终的管理决定。

（3）执行风险管理的决定　通常要有规范的食品安全管理措施，这些措施包括HACCP的应用。只要总的计划能够客观地表明可实现既定目标，企业就可以灵活选用一些特殊措施。重要的是对食品安全措施的应用进行持续不断的确认。

（4）监控和回顾　①对实施措施的有效性进行评估。②在必要时对风险管理和（或）评估进行回顾。

（5）食品安全风险管理的一般原则

①在风险管理决策中应首先考虑保护人体健康。对风险的可接受水平应主要根据对人体健康的考虑决定，同时应避免风险水平上的随意性和不合理的差别。在某些风险管理情况下，尤其是决定将采取的措施时，应适当考虑其它因素（如经济费用、效益、技术可行性和社会习

俗）。

②风险管理应采用一个具有结构化的方法（图 8-1）。在某些情况下，并不是所有这些方面都包括在风险管理活动当中。

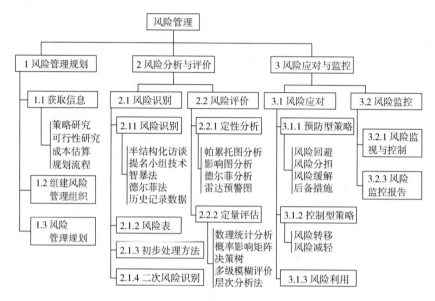

图8-1　食品安全风险管理方法

③风险管理的决策和执行应透明。风险管理应包含风险管理过程（包括决策）所有方面的鉴定和系统文件，从而保证决策和执行的理由对所有有关团体是透明的。

④风险评估政策的决定应该作为一个特殊的组成部分包括在风险管理中。风险评估政策是为价值判断和政策选择制定准则，这些准则将在风险评估的特定决策点上应用，因此最好在风险评估之前，与风险评估人员共同制定。从某种意义上讲，决定风险评估政策往往成为进行风险分析实际工作的第一步。

⑤风险管理和风险评估的功能性分离，目的在于确保风险评估过程的科学完整性，减少风险评估和风险管理之间的利益冲突。但是应该认识到，风险分析是一个循环反复的过程，风险管理人员和风险评估人员之间的相互作用在实际应用中是至关重要的。

⑥风险管理决策应考虑风险评估结果的不确定性。如有可能，风险的估计应包括将不确定性量化，并且以易于理解的形式提交给风险管理人员，以便他们在决策时能充分考虑不确定性的范围。例如，如果风险的估计很不确定，风险管理决策将更加保守。

⑦在风险管理过程中都应与消费者和其它有关团体进行清晰的交流。在所有有关团体之间进行持续的相互交流是风险管理过程的一个组成部分。风险情况交流不仅仅是信息的传播，更重要的功能是将对有效进行风险管理至关重要的信息和意见并入决策的过程。

⑧风险管理应是一个考虑在风险管理决策的评价和审查中所有新产生资料的连续过程。在应用风险管理决定之后，为确定其在实现食品安全目标方面的有效性，应对决定进行定期评价。为进行有效的审查，监控和其它活动可能是必需的。

3. 风险情况交流

风险情况交流就是在风险评估人员、风险管理人员、消费者和其它有关的团体之间就与风险有关的信息和意见进行相互交流。风险情况的交流对象可以包括国际组织（CAC、FAO、WHO 及 WTO 等）、政府机构、企业、消费者和消费者组织、学术界和研究机构以及大众传播媒介。交流对象对风险的性质，利益的性质，风险评估的不确定性以及风险管理的选择进行有效的交流。

（1）风险的性质 危害的特征和重要性，风险的大小和严重程度，情况的紧迫性，风险的变化趋势，危害暴露量的可能性，暴露量的分布，能够构成显著风险的暴露量，风险人群的性质和规模，最高风险人群。

（2）利益的性质 与每种风险有关的实际或者预期利益，受益者和受益方式，风险和利益的平衡点，利益的大小和重要性，所有受影响人群的全部利益。

（3）风险评估的不确定性 评估风险的方法，每种不确定性的重要性，所得资料的缺点或不准确度，估计所依据的假设，估计对假设变化的敏感度，有关风险管理决定估计变化的效果。

（4）风险管理的选择 控制或管理风险的行动，可能减少个人风险的个人行动，选择一个特定风险管理选项的理由，特定选择的有效性，特定选择的利益，风险管理的费用和来源，执行风险管理选择后仍然存在的风险。

需要指出的是，在进行一个风险分析的实际项目时，并非风险分析三个部分的所有具体步骤都必须包括在内，但是某些步骤的省略必须建立在合理的前提之下，而且整个风险分析的总体框架结构应该是完整的。我国《食品安全风险评估管理规定（试行）》的风险评估项目建议书见表 8-1。

表 8-1　国家《食品安全风险评估管理规定（试行）》的风险评估项目建议书

任务名称			
建议单位及地址		联系人及联系方式	
建议评估模式*		非应急评估（ ） 应急评估（ ）	
风险来源和性质	风险名称		
	进入食物链方式		
	污染的食物种类		
	在食物中的含量		
	风险涉及范围		
相关检验数据和结论			
已经发生的健康影响			
国内外已有的管理措施			
其它有关信息和资料		包括信息来源、获得时间、核实情况	

注：*建议采用应急评估应该提供背景情况和理由。

建议单位（签章）：　　　　　　　　　　　　　　　　　　　　　　　日期：

4. 应急评估

发生下列情形，国务院卫生行政部门可以要求国家食品安全风险评估专家委员会立即研究分析，对需要开展风险评估的事项，国家食品安全风险评估专家委员会应该立即成立临时工作组，制定应急评估方案。一般包括以下情况：

①处理重大食品安全事故需要的食品安全事件；

②公众高度关注的食品安全问题需要尽快解答的食品安全事件；

③国务院有关部门监督管理工作需要并提出应急评估建议的食品安全事件；

④处理与食品安全相关的国际贸易争端需要的食品安全事件；

⑤其它需要通过风险评估解决的食品安全事件。

（二）食品安全风险分析模式

食品安全风险分析模式有多种，主要包括食品安全指数评估模式和事态集风险分析模式两种。食品安全指数评估模式用于食品中化学物质污染危险性评估。事态集风险分析模式是通过食物存在和发展的状态的集合体来评价食品中风险存在状态的。

1. 食品安全指数分析模式

Thomas Ross 和 John Sumner 提出了食品安全指数分析模式，根据化学污染物的有害作用与其进入人体的绝对量有关，评价食品安全以人体实际摄入量与安全摄入量相比较更为科学合理。这种理论背景可以用来评价食品中某种化学物质残留对消费者健康影响的食品安全指数（IFS_c）公式：

$$IFS_c = EDI_c \times f / SI_c \times bw \qquad (8-1)$$

式中　C——分析的化学物质，EDI_c 为化学物质 C 的实际日摄入量估计值；

SI_c——安全摄入量，根据不同化学物质可采用 ADI、PTWI（实际周摄入量估算值）或 ARfD（急性参考剂量）数据；

bw——体重，kg；

f——校正因子，如果安全摄入量采用 ADI、ARfD 等日摄入量数据，f 取 1；如果安全摄入量采用 PTWI 等周摄入量数据，f 取 7。

$$EDI_c = \sum (R_i \times F_i \times E_i \times P_i) \qquad (8-2)$$

式中　i——不同食品种类；

R_i——食品 i 中化学物质 C 的残留水平，来自食品供应链数据采集过程，mg/kg；

F_i——食品 i 的估计日消费量，根据不同的食品确定，g/（人·d）；

E_i——食品 i 的可使用部分因子；

P_i——食品 i 的加工处理因子，E_i 和 P_i 根据不同的食品进行确定，一般认为取 1。

应用式（8-1）计算化学物质 C 的食品安全指数，根据计算结果可以得出其对食品安全的影响程度。可以预期的结果是：

$IFS_c \ll 1$，化学物质 C 对食品安全没有影响；

$IFS_c \leq 1$，化学物质 C 对食品安全影响的风险是可以接受的；

$IFS_c \geq 1$，化学物质 C 对食品安全影响的风险超过了可接受的限度，出现这种情况就应该进入风险管理程序了。

有了上述评估指标，就可以建立相应的食品安全指数评估模型，如图 8-2 所示为食品安全指数评估流程。

假设某供应商某一批次的牛乳在成品指标检测中铅量超标，为 1.2mg/kg，该指标的上限和下限分别为 0.5mg/kg 和 0mg/kg。通过销售统计得出消费人群对该牛乳的日消费量 F_i 为 250g/（人·d），E_i 和 P_i 都取 1，bw 取缺省值 60kg，按照 JECFA 的标准，铅的每周允许摄入量 PTWI = 0.025mg/kg，此时的矫正子 f 应为 7，由式（8-1）和式（8-2）可得式（8-3）和式（8-4）。

$$EDI_{铅} = \sum (R_i \times F_i \times E_i \times P_i) = 1.2 \times 0.25 \times 1 \times 1 = 0.3 \ (mg) \tag{8-3}$$

$$IFS_{铅} = EDI_C \times f / SI_C \times bw = 0.3 \times 7 / 0.025 \times 60 = 1.4 \tag{8-4}$$

由于 $IFS_{铅} = 1.4 > 1$，表明铅的过量对食品安全影响的风险超过了可接受的限度，应该采取相应的食品安全风险管理措施。

2. 事态集风险评估模式

事态集是事物存在和发展的状态的集合，通过风险因素集和情景集分析进行风险评估，原理如图 8-3 所示。

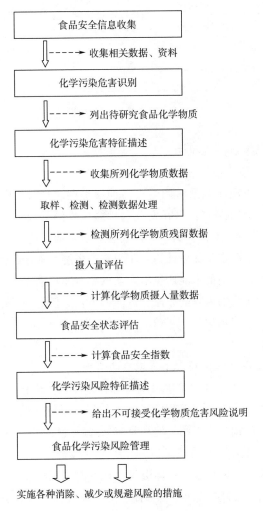

图 8-2　食品安全评估指数流程

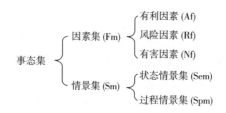

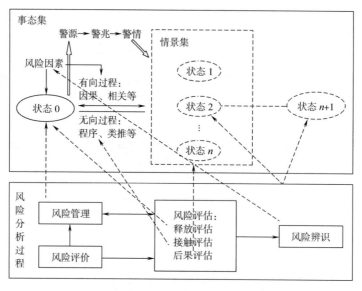

图8-3 事态集风险分析模式

（三）食品安全风险分析的应用

【例1】依据风险评估制定政策和措施。

法国的进口检查常常查出小虾带有副溶血弧菌属细菌。当时，由于副溶血弧菌的病原性（海鲜引起肠胃炎的主要病原之一），已在发现这种微生物的基础上实施了防护措施（整批销毁）。因发现这种细菌发生频率有所上升，风险管理人员责成对这个具体的问题进行风险评估。风险管理人员通过这项评估确定了如下认识：①只有产生溶血素这种毒素的副溶血弧菌菌株才具有致病性；②可用分子技术检测出能产生溶血素的副溶血弧菌。鉴于这些结论，风险管理人员修改了对付副溶血弧菌构成的风险的办法，具体如下：①任何一批小虾，凡受产溶血素基因副溶血弧菌菌株污染的，一律加以销毁；②（查出产溶血素型副溶血弧菌菌株的）其它批次如已上市，坚决加以销毁。

【例2】在没有充分科学证据的情况下采取预防措施。

1999年，比利时的一些饲养场的家禽出现异常临床症状，比利时有关部门进行调查发现，这些症状可能与饲料中存在的二噁英造成家禽中毒有关，并查出了问题的根源，即制备饲料所用油脂的公司和有关动物饲养生产商。比利时当局随后进行了追踪检验，以确定所造成的损害范围，向欧盟委员会及其成员国做了通报，并决定销毁受污染的禽蛋和家禽。考虑到二噁英的致癌作用以及缺乏相关污染程度的具体资料（比利时当局在某些食品中检测到相当于世界卫生组织修订限度700倍的二噁英浓度），因此，即便风险评估在各方面尚不完全，仍必须采取紧急措施。尽管有关危险，即二噁英污染是已知的，但风险尚未确切查明，原因是几乎不具备有关二噁英严重污染情况下，食物中二噁英允许含量的数据，关于风险可能影响范围的评估尚不完全。根据比利时当局提供的资料以及实地研究和为确定二噁英含量而采集的动物产品样本判断，尚不清楚污染的确切程度。在这方面应该指出，检测二噁英残留量是很困难的，分析一份样本就需要 5~6 周时间。欧盟委员会随后采取了下列预防措施：①欧盟委员会通令禁止在共同体内部销售含有原产比利时的乳、蛋、肉和含油脂成分的产品；②在法国市场上禁售并销毁可能受污染的比利时产品；③考虑到法国已使用的两批油脂，涉嫌来自造成问题的饲料所用油脂的比利时公司，有关部门在法国境内进行了一次追溯调查，以查明可能食用了受污染饲料的家禽范围，对可能受污染的家禽实行了限制措施；④禁售并销毁用可能受污染的法国家禽生产的产品。

第二节　食品标准与安全性

一、　食品标准

食品标准是食品行业中的技术规范，它涉及食品领域的各个方面，包括食品产品标准、食品卫生标准、食品工业基础及相关标准、食品包装材料及容器标准、食品添加剂标准、食品检验方法标准、各类食品卫生管理办法等。因此，食品标准全方位地规定了食品的技术要求和品质要求，它与食品安全性有着不可分割的联系，是食品安全的保证。食品标准水平决定食品质量与安全性的高低，食品质量与安全关系到广大人民群众的身体健康和生命安全，关系到经济健康发展和社会稳定，关系到政府和国家的形象。

（一）标准的定义

国家标准 GB/T 2000.1—2002《标准化工作指南　第 1 部分：标准化和相关活动的通用词汇》中关于"标准"的定义是：为了在一定的范围内获得最佳秩序，经协商一致制定并由公认机构批准，共同使用和重复使用的一种规范性文件。标准应以科学、技术的综合成果为基础，以促进最佳的共同效益为目的。这也是 ISO（国际标准化组织）/IEC（国际电工委员会）第 2 号指南中对标准的定义。

世界贸易组织（WTO）《技术性贸易壁垒协定》（简称《TBT 协定》）规定："标准是被公认机构批准的、非强制性的、为了通用或反复使用的目的，为产品或其加工或生产方法提供规则、指南或特性的文件。"

（二）标准的特点

1. 非强制性

《TBT 协定》明确规定了标准的非强制性的特性，非强制性也是标准区别于技术法规的一个重要特点。标准虽是一种规范，但它本身并不具有强制力，即使所谓的强制标准，其强制性质也是法律授予的，如果没有法律支持，它是无法强制执行的。因为标准中不规定行为主体的权利和义务，也不规定不行使义务应承担的法律责任。它与其它法规立法程序完全不同。

2. 应用广泛性和通用性

标准的应用非常广泛，影响面大，涉及各种行业和领域。食品标准中除大量的产品标准外，还有生产方法标准、试验方法标准、术语标准、包装标准、标志或标签标准、卫生安全标准及合格评定标准、制定标准的标准、质量管理标准等，广泛涉及人类生产、生活及消费的各个方面。

3. 标准对贸易的双向作用

对市场贸易而言，标准是把双刃剑。良好的标准可提高生产效率、确保产品质量、促进国际贸易、规范市场秩序，但同时人们也可利用标准技术水平的差异设置国际贸易壁垒、保护本国市场和利益。

标准对产品及其生产过程的技术要求是明确的、具体的，一般都是量化的。因此，其对进入国际贸易的货物的影响也是显而易见的，即显形的贸易壁垒。与之比较，技术法规的技术要求虽然明确，但通常是非量化的，有很大的演绎和延伸的余地。因此，其对进入国际贸易的货物的壁垒作用是隐性的。

4. 标准的制定出于合理目标

除去恶意的，针对特定国家、特定产品制定的歧视性标准外，一般而言，标准的制定是出于保证产品质量，保护人类（或动物、植物）的生命或健康、保护环境、防止欺诈行为等合理目标。

5. 标准对贸易的壁垒作用可以跨越

标准对国际贸易的壁垒作用多是由于各国经济技术发展水平的差异造成的，甚至可以认为是一种"客观"的壁垒。这种壁垒由于其制定初衷的合理性不能"打破"，而只能通过提高产品的技术水平、增加产品的技术含量、改善产品的质量以达到标准的要求等方式予以"跨越"。

（三）标准的功能

1. 获得最佳秩序

标准是以科学性和先进性为基础的。制定标准的过程，就是将科学技术成果与实际积累的先进经验结合起来，经过分析、比较、选择并加以综合，这是一个归纳和提炼的优化过程。由于其为最佳秩序，才使人们无须任何强制力而自愿遵守。

2. 实现规模生产

标准的制定减少了产品种类，使得产品品种呈系列化，促进了专业化生产，实现了产品生产的规模经济，从而降低了生产成本，提高了生产效率。

3. 保证产品质量安全

技术标准不仅对产品性能做出具体要求，还对产品的安全、规格、检验方法及包装和储运条件等做出明确规定，严格按照标准组织生产，依据标准进行检验，产品的质量安全就能得到可靠的保障。标准还是生产需求的正确反映，只有将消费者的功能诉求转化为标准中的质量安全特性，再通过执行标准将质量安全特性转化为产品的固有特性，才能保证产品的质量符合消费者的需求。

4. 促进技术创新

一项科研成果，如新产品、新工艺、新材料和新技术，开始只能在较小的范围内应用，一旦纳入标准，则能迅速得以推广和应用。目前，国际上很重视通过标准来大力推进先进技术。

5. 确保产品的兼容性

许多产品若单独使用没有任何价值，如一台计算机仅有主机，没有显示器、键盘或鼠标、软件等与之匹配的产品将毫无用处。而这些相关产品一般又是由不同的生产商生产的，标准确保了产品与部件的兼容与匹配，使消费者能享用更多的可用产品。

6. 减少市场信息不对称，为消费者提供必要信息

对于产品的属性和质量，消费者掌握信息远少于生产者，由此产生了信息不对称，使消费者在交易前了解和判断产品的质量变得十分困难。但是借助标准，可显示出产品所满足的最低要求，帮助消费者正确认识产品质量，提高消费者对产品的信任度。

7. 降低生产对环境的负面影响

现代工业发展对环境的负面影响越来越大，环境污染也越来越严重。尽管人们已认识到良好环境对提高生存质量和保证可持续发展极其重要，各国政府也纷纷采取多种手段加强对环境相关问题的监管力度，但实践证明标准是降低生产对环境负面影响的有效手段之一。

（四）标准化定义

1. 标准化不是一个孤立的事物，而是一个活动过程

标准化主要是制定、实施进而修订标准的过程。这个过程不是一次就完结，而是一个不断循环、螺旋式上升的运动过程。每完成一个循环，标准的水平就提高一步。标准化作为一门学科，就是研究标准化过程中的规律和方法；标准化作为一项工作，就是根据客观情况的变化，不断地促进这种循环过程的进行和发展。

标准是标准化活动的产物。标准化的目的和作用，都是要通过制定和实施具体的标准来体现的。所以，标准化活动不能脱离制定、修订和实施标准，这是标准化的基本任务和主要内容。

标准化的效果只有当标准在社会实践中实施以后，才能表现出来，绝不是制定一个标准就可以了事的。有了再多、再好的标准，没有被运用，那就什么效果也收不到。因此，在标准化的"全部活动"中，实施标准是个不容忽视的环节，这一环节中断了，标准化循环发展过程也就中断了，那就谈不上标准"化"了。

2. 标准化是一项有目的的活动

标准化可以有一个或更多特定的目的，以使产品、过程或服务具有适用性。这样的目的可能包括品种控制、可用性、兼容性、互换性、健康、安全、环境保护、产品防护、互相理解、经济效益、贸易等。一般来说，标准化的主要作用，除了为达到预期目的改进产品、过程或服务的适用性之外，还包括防止贸易壁垒、促进技术合作等。

3. 标准化活动是建立规范的活动

定义中所说的"条款"，即规范性文件内容的表述方式。标准化活动所建立的规范具有共同使用和重复使用等特征。条款或规范不仅针对当前存在的问题，这是信息时代标准化的一个重大变化和显著特点。

（五）标准化的形式

标准化的形式是标准化内容的存在方式。标准化有很多种形式，每种形式都表现不同的标准化内容，针对不同的标准化任务，达到不同的目的。

标准化的主要形式有简化、统一化、系列化、通用化、组合化、模块化等。

1. 简化

简化就是在一定范围内缩减标准化对象的类型和数目，使之在一定时间内既能满足一般需要，又能达到预期标准化效果的标准化形式。

简化的一般原则是：对客观事物进行简化时，既要对不必要的多样化加以压缩，又要防止过分压缩。对简化方案的论证应以特定的时间、空间范围为前提。简化的结果必须保证在既定的时间内足以满足一般需要，不能因简化而损害消费者的利益。对产品规格的简化要形成系列，其参数组合应尽量符合数值分级制度。

2. 统一化

统一化是把同类事物两种以上的表现形态并归为一种或限定在一个范围内的标准化形式。统一化的实质是使对象的形式、功能（效用）或其它技术特征具有一致性，并把这种一致性通过标准确定下来。统一化的目的是消除由于不必要的多样化而造成的混乱，为人类的正常活动建立共同遵循的秩序。

统一化有两类。一类是绝对统一，不允许有什么灵活性，例如，各种编号、代码、标识、名称、单位、运动方向等。另一类是相对统一，它的出发点或总趋势是统一的，但统一中还有灵活，根据具体情况区别对待。例如，产品的质量标准便是对该产品的质量所进行的统一化，不仅质量指标允许有灵活性（如分级规定、指标上下限、公差范围等），还允许有自由竞争的内容，不能一律强求统一。

统一化的一般原则有以下几方面。

（1）适时原则　所谓适时，就是指统一的时机要选准，既不能过早，也不能过迟。如果统一过早，特别是已经出现的类型并不理想，而新的更优秀的、更适宜的类型正在酝酿时强行统一，就有可能使低劣的类型合法化，不利于优异类型的产生；如果统一过迟，就是说必要的类型早已出现，并且重复的、低效能的类型也已大量产生时才进行统一，这时虽然能选择出较为合适的类型，但在淘汰低劣类型过程中必定会造成较大的经济损失，增加统一化的难度。

（2）适度原则　对客观事物进行的统一化，既要有定性的要求（质的规定），又要有定量的要求。所谓适度，就是要合理地确定统一化的范围和指标水平。例如，在对产品进行统一化（制定产品标准）时，不仅要对哪些方面必须统一、哪些方面不做统一、哪些要在全国范围统一、哪些只在局部进行统一、哪些统一要严格、哪些统一要灵活等做出明确的规定，还必须恰当地规定每项要求的数量界限。在对标准化对象的某一特性做定量规定时，对可以灵活规定的技术特性指标，还要掌握好指标的灵活度。

（3）等效原则　所谓等效指的是把同类事物两种以上的表现形态归并为一种（或限定在某一范围）时，被确定的"一致性"与被取代的事物之间必须具有功能上的可替代性。就是说，当从众多的标准化对象中确定一种而淘汰其余时，被确定的对象所具备的功能应包含被淘汰的对象所具备的必要功能。统一化常常是对原有的各种类型的综合或是在某一较好类型基础上加以改进。但也有从原型中优选的，不过它仍遵守等效原则。

（4）先进性原则　等效原则只是对统一化提出了起码要求，但统一化的目标绝非仅仅为了实现等效替换，而是要使建立起来的统一性具有比被淘汰的对象更高的功能，在生产和使用过程中取得更大的效益。所谓先进性，就是指确定的一致性（或所做的统一规定）应有利于促进生产发展和技术进步，有利于社会需求得到更好的满足。就产品标准来说，就是要能促进质量提高。

3. 系列化

系列化是对同一类产品中的一组产品通盘规划的标准化形式。系列化是通过对同类产品国内外产需发展趋势的预测，结合自己的生产技术条件，经过全面的技术经济比较，将产品的主要参数、型式、功能、基本结构等做出合理的安排与规划，使某一类产品系统的结构优化、功能最佳。工业产品的系列化一般可分为制定产品基本参数系列标准、编制系列型谱和开展系列设计等三方面的内容。

4. 通用化

通用化要以互换性为前提。互换性指的是不同时间、不同地点制造出来的产品或零件，在装配、维修时不必经过修整就能任意替换使用的性质。互换性概念有两层含义：一是指产品的功能可以互换，称为功能互换性；二是尺寸互换性，当两个产品的线性尺寸相互接近到能够保证互换时，就达到了尺寸互换。

这样，可以给通用化下一个广义的定义：在互相独立的系统中，选择和确定具有功能互换性或尺寸互换性的子系统或功能单元的标准化形式称为通用化。

零部件通用化的目的是最大限度地减少零部件再设计和制造过程中的重复劳动，此外还能简化管理，缩短设计试制周期，扩大生产批量，提高专业化水平，为企业带来一系列经济效益。在同一类型不同规格或不同类型的产品或装备之间，总会有相当一部分零部件的用途相同、结构相近，或者用其中的某一种可以完全代替时，经过通用化，使之具有互换性。

5. 组合化

组合化是按照统一化、系列化的原则，设计并制造出若干组通用性较强的单元，根据需要拼合成不同用途的物品的一种标准化形式。

组合化是受积木式玩具的启发而发展起来的，所以也有人称它为"积木化"。组合化的特征是通过统一化的单元组合为物体，这个物体又能重新拆装，组合新的结构，而统一化单元则可以重复利用。

组合化是建立在系统的分解与组合的理论基础上。把一个具有某种功能的产品看作一个系统，这个系统又可以分解为若干功能单元。由于某些功能单元不仅具备特定的功能，还与其它系统的某些功能单元可以通用、互换，于是这类功能单元便可以分离出来，以标准单元或通用单元的形式独立存在，这就是分解。为了满足一定的要求，就把若干个事先准备的标准单元、通用单元和个别的专用单元按照新系统的要求有机地结合起来，组成一个具有新功能的新系统，这就是组合。组合化的过程，既包括分解也包括组合，是分解与组合的统一。

组合化建立在统一化成果多次重复利用的基础上。组合化的优越性和它的效益均取决于组合单元的统一化（包括同类单元的系列化），以及对这些单元的多次重复利用。因此，也可以说组合化就是多次重复使用统一化单元或零部件来构成物品的标准化形式。改变这些单元的连接方法和空间组合，使之适用于各种变化了的条件和要求，创造出具有新功能的系统。

6. 模块化

模块通常是由元件或零部件组合而成的、具有独立功能、可成系列单独制造的标准化单元，通过不同形式的接口与其它单元组成产品，且可分、可合、可互换。

模块化是以模块为基础，综合了通用化、系列化、组合化的特点，解决复杂系统类型多样化、功能多变的一种标准化形式。

模块化的技术经济意义如下。

（1）模块化基础上的新产品开发，实际上就是研制新模块，取代产品中功能落后（不足）的模块，有利于缩短周期、降低开发成本、保证产品的性能和可靠性（基本不变部分占较大比重），为实行大规模定制生产创造了前提。

（2）模块化设计、制造是以最少的要素组合最多产品的方法，它能最大限度地减少不必要的重复，又能最大限度地重复利用标准化成果（模块、标准元件）。

（3）产品维修和更新换代都可通过更换模块来实现，不但快捷方便，而且减少损失，节约资源。

（4）模块化产品的可分解性，模块的兼容性、互换性和可回收再利用等，均属绿色产品的特性。这种产品具有广阔的发展前景和强大的市场竞争力。

（六）标准化活动的基本原则

1. 超前预防的原则

标准化的对象不但要在依存主体的实际问题中选取，而且更应从潜在问题中选取，以避免该对象非标准化造成的损失。

标准的制定是以科学技术与实践经验的成果为基础的，对于复杂问题如安全、卫生和环境方面在制定标准时必须进行综合考虑，以避免造成不必要的人身财产安全问题和经济损失。

2. 协商一致的原则

标准化的成果应建立在相关各方协商一致的基础上。

标准的定义告诉我们，标准在实施过程中有"自愿性"，坚持标准民主性，经过标准使用各方进行充分的协商讨论，最终形成一致的标准，这个标准才能在实际生产和工作中得到顺利的贯彻实施。如许多国际标准对农产品质量的要求虽然很严，但有的国际标准与我国的农业生产实际情况不相符合，因此，许多国际标准并没有被我国采用。

3. 统一有度的原则

在一定范围、一定时期和一定条件下，对标准化对象的特性和特征应做出统一规定，以实现标准化的目的。

这一原则是标准化的技术核心，技术指标反映标准水平，要根据科学技术的发展水平和产品、管理等方面的实际情况来确定技术指标，必须坚持统一有度的原则，如农产品中有毒有害元素的最高限量，农药残留的最高限量，食品营养成分的最低限量的确定等。

4. 动变有序的原则

标准应依据其所处环境的变化，按规定的程序适时修订，才能保证标准的先进性和适用性。

一个标准制定完成之后，绝不是一成不变的，随着科学技术的不断进步和城乡人民生活水平的提高，要适时地对标准进行修订。国家标准一般每五年修订一次，企业标准一般每三年修订一次。标准的制定是一个严肃的工作，在制定的过程中必须谨慎从事，充分论证，并大量实践和试验验证，不允许朝令夕改。

5. 互相兼容的原则

标准应尽可能使不同的产品、过程或服务实现互换和兼容，以扩大标准化经济效益和社会效益。

在制定标准时，必须坚持互相兼容的原则，在标准中要统一计量单位、统一制图符号，对一个活动或同一类的产品在核心技术上应制定统一的技术要求，达到资源共享的目的。如集装箱的外形尺寸应一致，以方便使用。农产品安全质量要求和产地环境条件以及农药残留最大限量等都应有统一的规定，以达到互相兼容的要求。

6. 系列优化的原则

标准化的对象应优先考虑其所依存的主体系统能获得最佳的经济效益。

在标准尤其是系列标准的制定中，如通用检测方法标准、不同等级的产品质量标准和管理标准、工作标准等一定应坚持系列化的原则，减少重复，避免人力、物力、财力和资源的浪费，提高经济效益和社会效益。农产品中农药残留量的测定方法就是一个比较通用的方法，不同种类的食品都可引用该法，也便于测定结果的相互比较，保证农产品质量。食品安全国家标准中食品卫生微生物学检验方法（GB/T 4789.1~35）和食品理化分析检验方法（GB/T 5009.1~203）就是不断完善、优化的系列指标，在食品质量检验工作中具有重要的地位和作用。

7. 阶梯发展的原则

标准化活动过程是一个阶梯状上升发展的过程。

标准的发展是一个阶梯发展的过程。随着科学技术的发展、进步及人们认识水平的提高，对标准化的发展有明显的促进作用，也使得标准的修订不断满足社会生活的要求，标准水平就会像人们攀登阶梯一样不断发展。如我国 GB/T 1.1 标准，即制定标准的标准，已经过了三次大的修订，其发展过程就是最好的例证。

8. 滞阻即废的原则

当标准制约或阻碍依存主体的发展时，应及时进行更正、修订或废止。

任何标准都有两重性，既可促进依存主体的顺利发展而获取标准化效益，也可制约或阻碍依存主体的发展，而带来负效应，因此我们对标准要定时复审，确认其是否适用，如不适用，则应根据其制约或阻碍依存主体的程度、范围等情况立即更正、修订或废止，重新制定标准，以适应社会经济发展的需要。

（七）标准和标准化的基本特性

1. 经济性

标准和标准化的经济性，是由其目的所决定的。因为标准化就是为了获得最佳的全面的经济效果，最佳的秩序和社会效益，并且经济效果应该是"全面"的，而不是"局部"的或"片面"的，如不能仅考虑某一方面的经济效果或某一个部门、某一个企业的经济效果等。在考虑标准化的效果时，经济效果在一些行业是主要的，如电子行业、食品加工行业、纺织行业等。但在某些情况下，如国防的标准化、环境保护标准化、交通运输的标准化、安全卫生的标准化，应该主要考虑最佳的秩序和其它社会效益。

2. 科学性

标准化是科学、技术与试验的综合成果发展的产物。它不仅奠定了当前的基础，还决定了将来的发展，它始终和发展的步伐保持基本一致，这说明标准化活动是以生产实践和科学实验的经验总结为基础的。标准来自实践，反过来又指导实践，标准化奠定了当前生产活动的基础，还促进了未来的发展，可见，标准化活动具有严格的科学性和规律性。

3. 民主性

标准化活动是为了所有有关方面的利益，在所有有关方面的协作下进行的"有秩序的特定活动"，这就充分地体现了标准化的民主性。各方面的不同利益是客观存在的，为了更好地协调各方面的利益，就必须进行协商与相互协作，这是标准化工作最基本的要求。"一言堂"和少数人做决定都不可能制定出符合大多数人认同的标准，缺乏民主性的标准在实际贯彻执行中也很难被社会接受。

4. 法规性

没有明确的规定，就不能成为标准。标准要求对一定的事物（标准化的对象）做出明确的统一的规定，不允许有任何含糊不清的解释。标准不仅有"质"的要求，还有"量"的规定，标准的内容应有严格规定，同时又对形式和生效范围做出明确规定。标准一旦由国家、企业或组织发布实施就必须严格按标准组织生产、产品检验和验收，也会成为合同、契约、协议的条件和仲裁检验的依据，说明标准具有法规性。

（八）食品标准的分类

1. 中国食品标准的分类

（1）级别分类　按《中华人民共和国标准化法》第六条规定的级别来分，标准种类有国家标准、行业标准、地方标准和企业标准四大类。从标准的法律级别上来讲，国家标准高于行业标准，行业标准高于地方标准，地方标准高于企业标准。但从标准的内容上来讲却不一定与级别一致，一般来讲企业标准的某些技术指标应严于地方标准、行业标准和国家标准。

在食品行业，基础性的卫生标准和安全标准一般均为国家标准，而产品标准多为行业标准和企业标准。但无论哪种标准，其中食品卫生和安全指标必须符合国家标准和国际标准要求，或者严于国家标准和国际标准要求。

（2）按性质分类　根据《中华人民共和国标准化法》第七条的规定，国家标准和行业标准按性质可分为强制性标准和推荐性标准两类。但实际上目前许多地方标准也分为强制性标准和推荐性标准。保障人体健康、人身财产安全的标准和法律法规是强制性标准，地方标准在本地区内是强制性标准。如食品卫生的基础标准，关系到人体健康和安全，属于强制性标准，其它食品产品标准是推荐性标准。

国家强制性标准的代号是"GB"，字母"GB"是国标两字汉语拼音首字母的大写；国家推荐性标准的代号是"GB/T"，字母"T"表示"推荐"的意思；推荐性地方标准的代号如陕西省地方标准的代号为"DB61/T"。

我国强制性标准属于技术法规的范畴，其范围与WTO规定的五个方面，即"国家安全""防止欺诈""保护人身健康和安全""保护动物和植物的生命和健康""保护环境"基本上完全一致。强制性标准必须执行，而占国家标准、行业标准总数85%以上的推荐性标准则与国际上的自愿性标准是一致的。

虽然推荐性标准本身并不要求有关各方面遵守该标准，但在一定的条件下，推荐性标准可以转化成强制性标准，具有强制性标准的作用。如以下几种情况：①被行政法规、规章所引用；②被合同、协议所引用；③被使用者声明其产品符合某项标准。

（3）按内容分类　食品标准从内容上来分，主要有食品产品标准、食品卫生标准、食品添加剂标准、食品检验标准、食品包装材料与容器包装、食品工业基础标准及相关标准等。而食品企业卫生规范以国家标准的形式列入食品标准中，但它不同于产品的卫生标准，它是食品企业生产活动和过程的行为规范，主要是围绕预防、控制和消除食品微生物和化学污染，确保产品卫生安全质量，对食品企业的工厂设计、选址和布局、厂房与设施、废水与处理、设备和器具的卫生、工作人员卫生和健康状况、原料卫生、产品的质量检验以及工厂卫生管理等方面提出的具体要求。我国的食品卫生规范主要依据良好操作规范（GMP）和危害分析与关键控制点（HACCP）的原则制定，属于技术法规的范畴。

（4）按形式分类　按标准的形式可分为两类：一类是用文字准确表达的标准，称为标准文件；另一类是实物标准，包括各类计量标准器具、标准样品，如农产品、面粉质量等级的实物标准等。

（5）按标准的作用范围分类

①技术标准（Technical Standard）：对标准化领域中需要协调统一的技术事项所制定的标准称之为技术标准。技术标准是企业标准体系的主体，是企业组织生产的、技术和经营、管理的技术依据。

技术标准是一个大类，可以分成基础技术标准、产品标准、工艺标准、检验测试标准、设备标准、原料标准、半成品标准、安全卫生标准、环境保护标准等。技术标准均应在标准化法律法规、各种相关法规等指导下形成。

②管理标准（Administrative Standard）：对标准化领域或者企业标准领域中需要协调统一的管理事项所制定的标准称之为管理标准。管理标准主要是对管理目标、管理项目、管理程序和管理组织所做的规定。

管理标准也是一个大类，可以分成管理基础标准、技术管理标准、经济管理标准、行政管理标准、生产经营管理标准。对于企业来讲，管理事项主要包括企业管理活动中所涉及的经营管理、设计开发管理与创新管理、质量管理、设备与基础设施管理、人力资源管理、安全管理、职业健康管理、环境管理、信息管理等与技术标准相关的重复性事物和概念。

③工作标准（Duty Standard）：对标准化领域或企业标准化领域中需要协调统一的工作事项所制定的标准称之为工作标准。

工作标准也是一个大类，可以分成决策层工作标准、管理层工作标准和操作人员工作标准。在决策层工作标准中又可分成最高决策层者工作标准和决策层人员工作标准两类。在管理层工作标准中又可分成中层管理人员工作标准和一般管理人员工作标准两类。在操作人员工作标准中又可分成特殊过程操作人员工作标准和一般人员（岗位）工作标准两类。

2. 国际食品标准分类

国际食品标准主要有国际标准、国际食品法典、欧盟食品标准和发达国家食品标准以及有关国际组织协会所制定的标准，这里重点介绍国际标准和国际食品法典。

（1）国际标准　国际标准是由国际标准化组织（International Organization for Standardization，ISO）制定的标准。ISO是一个全球性的非政府组织，是国际标准化领域中一个十分重要的组织。ISO的任务是促进全球范围内的标准化及其有关活动，以利于国际间产品与服务的交流，以及在知识、科学、技术和经济活动中发展国际间的相互合作。它显示了强大的生命力，吸引了越来越多的国家参与其活动。ISO的工作语言是英语、法语和俄语，总部设在瑞士日内瓦。ISO现有成员163个。ISO现有技术委员会（SC）611个，通过这些工作机构，ISO已经发布了17 000多个国际标准。1978年9月1日，我国以中国标准化协会（CAS）的名义参加ISO。1988年起改为以国家技术监督局的名义参加ISO的工作，在2008年10月的第31届国际化标准组织大会上，中国正式成为ISO的常任理事国。

ISO的工作是通过2022个技术团体来开展的，每年大约有来自世界各地的2万名专家参加技术工作。国际标准的制定工作由ISO的技术委员会（Technical Committee，TC）、分支委员会（Sub-Committee，SC）和工作组（Working Group，WG）来进行，平均每个工作日有近10个技术委员会在工作，每年有1万件以上的业务资料在会员之间进行研究讨论。ISO与农产品和食品有关的国际标准技术委员会主要是TC 34（农产品食品）、TC 54（香精油）、TC 122（包装）

和 TC 166（接触食品的陶瓷器皿和玻璃器皿）。

（2）国际食品法典 食品法典委员会（CAC）由联合国粮食与农业组织（FAO）和世界卫生组织（WHO）于 1963 年建立，至今已有包括中国在内的 184 个成员国参加，覆盖全球 98%的人口。食品法典委员会的基本任务是为消费者健康保护和公平食品贸易方法制定国际标准和规范。

CAC 确定了国际食品安全和贸易标准，因此 CAC 对发达国家和发展中国家同样重要。然而，许多发展中国家由于参加会议和人员的费用短缺并没有充分参与到 CAC 中去。食品法典委员会已经成为国际上最重要的食品标准制定组织。

CAC 国际食品法典主要内容包括：产品（包括食品）标准、各种（良好）操作规范、技术法规和准则、各种限量标准、食品的抽样和分析方法以及各种咨询与程序。截至 2011 年底，CAC 共制定标准 326 项。

（九）食品标准的基本内容

食品标准的主要内容为食品安全卫生要求和营养质量要求。但从了解食品标准的全部内容来看还是不够的，人们在选择食品时，卫生和营养质量往往难以用肉眼来辨别，所以了解食品标识、标签和有关食品市场准入、质量认证的标志也是很重要的。因此，食品标准在内容上对食品标识和标签也有明确的规定。无论国际标准，还是国家标准、行业标准、地方标准以及企业标准，从食品产品标准的内容来看，主要包含以下几方面。

1. 卫生与安全

食品安全卫生标准是食品质量标准必须规定的内容。我国食品卫生标准是国务院授权原国家卫生部统一制定的，属于强制性标准。食品卫生标准的内容一般有食品中重金属元素限量指标，食品中农药残留量最大限量指标，食品中有毒有害物质，如黄曲霉毒素和硝酸盐、亚硝酸盐等限量指标，放射性物质的剂量指标，食品微生物，如菌落总数、大肠杆菌和致病菌三项指标以及重金属含量测定方法标准等，必须确保食品卫生与安全的需要。

2. 食品营养

食品营养指标是食品标准必须规定的技术指标，营养水平的高低是食品质量优劣的重要标志，反映产品的实际状况，并对原料选择、加工工艺提出明确的规定。

3. 食品标识、包装、运输与贮藏

食品产品标准除应符合国家规定的产品标准的规定要求外，还必须明确规定产品包装、标识、运输和贮存等条件，确保人们食用的安全，这对食品贸易是十分重要的。

4. 规范性引用文件

一个标准不可能孤立地存在，必然要引用有关技术标准，执行国家有关食品法规。在标准的引用中，有关食品卫生安全、国家法律法规和强制性标准必须贯彻执行有关规定，绝不能根据自己企业的需要而定。

二、 食品标准的制定程序

（一）制定标准的原则

（1）必须遵循《中华人民共和国标准化法》第六条的规定，这是标准制定工作总的指导原则。

（2）必须遵循《标准化工作导则》（GB/T 1.1—2009 等）和相关标准对标准制定的规定。

（3）必须遵循《中华人民共和国计量法》《中华人民共和国食品安全法》等法律法规对标准编修规定要求。

（4）必须遵循经济上合理、技术上先进的原则。

（二）国家标准、行业标准和地方标准的制定程序

制定标准是标准化工作三大任务之一。要使标准制定工作落到实处，那么制定标准就应有计划、有组织地按一定的程序进行。食品产品标准的制定程序一般分为准备阶段、起草阶段、审查阶段、报批阶段和复审阶段。

1. 准备阶段

在准备阶段必须查阅大量的相关技术资料，其中包括国际标准、国家标准和有关企业标准，然后进行样品的收集，进行分析测定，确定控制产品质量的主要指标项目，在技术指标中哪些是关键的指标项目，哪些指标项目是非关键指标项目，都是前期准备工作中需要确定的内容，在准备阶段，大量的试验工作是必须进行的，否则，标准的制定就会因缺乏技术含量而失去科学性。

2. 起草阶段

标准起草阶段的主要工作内容有编制标准草案（征求意见稿）及其编制说明和有关附件，广泛征求意见。在整理汇总意见基础上进一步编制标准草案（预审稿）及其编制说明和有关附件。

3. 审查阶段

产品标准的审查分为预审和终审两个过程。预审由各专业技术委员会组织有关专家进行，对标准的文本、各项技术指标进行严格的审查；同时也审查标准草案是否符合《中华人民共和国标准化法》和标准化工作导则的要求，技术内容是否符合实际和科学技术的发展方向，技术要求是否先进、合理、安全、可靠等。预审通过后按审定意见进行修改，整理出送审稿，报有关标准化工作委员会进行最终审定。

4. 报批阶段

终审通过的标准可以报批，行业标准报行业标准化行政主管部门，国家标准报国家质量技术监督局，批准后进行编号发布、实施。

5. 标准复审

根据标准化法第十三条规定：标准实施后，制定标准的部门应当根据科学技术法的发展和经济建设的需要适时进行复审，以确认现行标准继续有效或者予以修订、废止。在我国标准化实际工作中，国家标准、行业标准和地方标准的复审周期一般不超过五年。标准的确认有效、修改和废止由原标准发布机关审批发布。

产品标准的制定是一项十分严肃的工作，由起草到审批、发布、实施中间需经过几稿的讨论和修改，各项技术指标的确定都是在大量试验的基础上确定的，因此符合标准的食品应该是安全的，质量是可靠的，食品标准是食品质量和安全的保证。

（三）企业标准的制定范围和原则以及程序

1. 企业标准的制定范围

（1）企业生产的产品，没有国家标准、行业标准和地方标准时应制定企业产品标准。

（2）为提高产品质量和促进技术进步，应制定严于国家标准、行业标准和地方标准的企业产品标准。

（3）对国家标准、行业标准的选择或补充的标准。

（4）设计、采购、工艺、包装、半成品等方面的技术标准。

（5）生产、经营活动中的管理标准和工作标准。

2. 制定企业标准的原则

（1）贯彻国家和地方有关的方针、政策、法律、法规，严格执行国家强制性标准。

（2）保证安全、卫生，充分考虑市场需求，保护消费者利益，保护环境。

（3）有利于企业技术进步，保证和提高产品质量，改善经营管理，提高经济效益和社会效益。

（4）积极采用国际标准和国外先进标准。

（5）鼓励采用推荐性国家标准和行业标准。

（6）有利于合理利用国家资源、能源，推广科学技术成果，有利于产品的通用互换，技术先进、经济合理。

（7）有利于对外经济合作和对外贸易。

（8）企业内部的标准应协调一致。

3. 制定企业标准的一般程序

（1）调查研究　收集资料起草单位应针对以下方面进行调查研究和资料收集。

①标准化对象的国内外以及企业自身的现状和发展方向；

②有关的最新科技成果；

③生产和工作实践中积累的技术数据，统计资料；

④国际标准、国外先进标准、技术法规和国内相关标准。

（2）起草标准草案（征求意见稿）　对搜集到的资料进行整理、分析、对比、选优，必要时进行试验验证，然后起草草案（征求意见稿）和编制说明。

（3）征求意见，形成标准送审稿　将标准草案（征求意见稿）分发企业内有关部门（必要时分发企业外有关单位，特别是用户，征求意见），对收到的意见逐一分析研究，决定取舍后形成标准送审稿。

（4）审查标准，形成标准报批稿　根据标准的复杂程度、涉及面大小，分别采取会议审查或者函审的方式审定。审查、审定通过后，起草单位应根据其具体的建议和意见，编写标准报批稿和在进行报批时需呈交的其它材料。

（5）标准的批准、发布与实施　企业标准由企业法人代表或授权的主管领导批准，由企业标准化管理部门编号、发布和实施。

（6）标准的备案　企业产品标准应按各省、自治区、直辖市人民政府的规定备案。

（7）企业标准的复审　标准应定期进行复审，复审周期一般不超过三年。复审工作由企业标准化机构负责组织，复审结果按下列情况分别处理。

①标准内容不做修改，仍然适应当前需要，符合当前科学技术水平的，给予确认。确认的标准，不改变标准的顺序号和年代号，只在标准封面上写明××××年确认字样。

②为完善和充实标准内容，对标准条文、图表做少量修改、补充时，按标准有关修改的规定执行。

③标准的主要规定需要做大的改动才能适应当前生产、使用的需要和科学技术水平的，应作为修订项目。修订标准的工作按制定标准的程序进行。修订后的标准不改变顺序号，但要写

明修改的年号。

④标准内容已不适应当前的需要，或为新标准所替代的标准应予以废止。复审后的企业产品标准必须按有关规定需重新进行备案。

4. 企业标准的备案

企业标准的备案在不同省、市、自治区有不同的规定。如在陕西省内企业应按照《陕西省企业产品执行标准登记备案管理办法》（陕西省人民政府令第 34 号）的规定进行备案，陕西省企业产品标准的备案，需要提供的基本材料和要求如下所示。

（1）企业产品标准（用 A4 纸印刷）5~10 份。

（2）编制说明 5~10 份。企业标准编制说明内容一般要求如下。

①工作简要过程的说明，包括任务来源、工作计划的进展和执行情况等。

②编制的原则和确定标准的主要技术内容，如技术指标参数、性能要求、试验方法等的依据，修订标准时应增加新旧标准水平的对比情况。

③主要试验验证的分析、综合报告、技术经济论证和预期经济效益和社会效益等。

④与国际标准、国外先进标准或国家标准、行业标准、地方标准技术指标和水平的对比情况。

⑤贯彻标准的要求和措施建议，其它重要内容的解释和应予说明的问题。

⑥主要参考资料及文献。

（3）试验验证报告 3 份。一般要求验证报告必须是产品质量监督检验机构的检验报告，在特殊情况下如产品质量监督检验机构无条件检验测定时，大专院校科研单位（必须通过省级以上计量认证）的分析测试报告也可以利用。

（4）审定纪要及专家签名单 3 份。

（5）备案登记表 3 份。

三、 食品安全标准

《中华人民共和国食品安全法》实施之前，食品安全有关的标准主要涉及食用农产品质量安全标准、食品卫生标准、食品质量标准等。随着《中华人民共和国食品安全法》的发布实施，我国将现行食品安全相关标准和有关食品的行业标准中强制执行的标准予以整合统一制定食品安全标准。食品安全国家标准由各相关部门负责草拟，由国家标准化管理委员会统一立项、统一审查、统一编号、统一批准发布。食品安全标准是强制执行的标准。除食品安全标准外，不得制定其它的食品强制性标准。

食品安全标准主要包括下列内容：

（1）食品、食品添加剂、食品相关产品中的致病性微生物、农药残留、兽药残留、重金属、污染物质以及其它危害人体健康物质的限量规定。

（2）食品添加剂的品种、使用范围、用量。

（3）专供婴幼儿和其他特定人群的主辅食品的营养成分要求。

（4）对与卫生、营养等食品安全要求有关的标签、标识、说明书的要求。

（5）食品生产经营过程的卫生要求。

（6）与食品安全有关的质量要求。

（7）食品检验方法与规程。

（8）其它需要制定为食品安全标准的内容。

食品安全国家标准由国务院卫生行政部门会同国务院食品安全监督管理部门制定、公布，国务院标准化行政部门提供国家标准编号。

食品中农药残留、兽药残留的限量规定及其检验方法与规程由国务院卫生行政部门、国务院农业行政部门会同国务院食品安全监督管理部门制定。

屠宰畜、禽的检验规程由国务院农业行政部门会同国务院卫生行政部门制定。

制定食品安全国家标准，应当依据食品安全风险评估结果并充分考虑食用农产品安全风险评估结果，参照相关的国际标准和国际食品安全风险评估结果，并将食品安全国家标准草案向社会公布，广泛听取食品生产经营者、消费者、有关部门等方面的意见。

食品安全国家标准应当经国务院卫生行政部门组织的食品安全国家标准审评委员会审查通过。食品安全国家标准审评委员会由医学、农业、食品、营养、生物、环境等方面的专家以及国务院有关部门、食品行业协会、消费者协会的代表组成，对食品安全国家标准草案的科学性和实用性等进行审查。

对地方特色食品，没有食品安全国家标准的，省、自治区、直辖市人民政府卫生行政部门可以制定并公布食品安全地方标准，报国务院卫生行政部门备案。食品安全国家标准制定后，该地方标准即行废止。

国家鼓励食品生产企业制定严于食品安全国家标准或者地方标准的企业标准，在本企业适用，并报省、自治区、直辖市人民政府卫生行政部门备案。

省级以上人民政府卫生行政部门应当在其网站上公布制定和备案的食品安全国家标准、地方标准和企业标准，供公众免费查阅、下载。对食品安全标准执行过程中的问题，县级以上人民政府卫生行政部门应当会同有关部门及时给予指导、解答。

省级以上人民政府卫生行政部门应当会同同级食品安全监督管理、农业行政等部门，分别对食品安全国家标准和地方标准的执行情况进行跟踪评价，并根据评价结果及时修订食品安全标准。

目前，我国已初步形成了门类齐全、结构相对合理、具有一定配套性和完整性的食品质量安全标准体系。2009 年颁布了《中华人民共和国食品安全法》，2010 年成立的国务院食品安全委员会，2011 年建立了国家食品安全风险评估中心，2013 年成立了国家食品药品监督管理总局。2014 年，《中华人民共和国食品安全法（修订草案）》在中华人民共和国人民代表大会的官方网站公布，开始向全社会公开征集意见，2015 年 10 月 1 日起开始正式实施。2019 年新修订的《中华人民共和国食品安全法》使我国食品安全治理呈现出新面貌。近年来，国家加大了食品国家标准的制订、修订工作力度，各项食品安全国家标准已相当完善，已制订公布了乳品安全标准、真菌毒素、农兽药残留、食品添加剂和营养强化剂使用、预包装食品标签和营养标签通则等食品安全国家标准，覆盖了 6000 余项食品安全指标。

四、 部分食品安全国家标准目录

食品安全国家标准目录包括《食品安全国家标准　食品中真菌毒素限量》《食品安全国家标准　食品中污染物限量》《食品安全国家标准　食品中农药最大残留限量》《食品安全国家标准　食品中致病菌限量》《食品安全国家标准　食品营养强化剂使用标准》等通用标准；《食品安全国家标准　干酪》《食品安全国家标准　乳清粉和乳清蛋白粉》《食品安全国家标准

炼乳》《食品安全国家标准　生乳》等食品产品标准；《食品安全国家标准　婴儿配方食品》《食品安全国家标准　较大婴儿和幼儿配方食品》《食品安全国家标准　婴幼儿谷类辅助食品》等特殊膳食食品标准；《食品安全国家标准　复配食品添加剂通则》《食品安全国家标准　食品用香料通则》《食品安全国家标准　食品用香精》等食品添加剂质量规格及相关标准；《食品安全国家标准　食品营养强化剂　5′-尿苷酸二钠》《食品安全国家标准　食品营养强化剂L-盐酸赖氨酸》《食品安全国家标准　食品营养强化剂　甘氨酸锌》等食品营养强化剂质量规格标准；还包括食品相关产品食品安全国家标准、生产经营规范标准、理化检验方法标准、农药残留检测方法标准等。详见表8-2。

表8-2　　　　　　　　　　　　　　食品安全国家标准目录

序号	标准名称	标准号
	通用标准	
1	食品安全国家标准　食品添加剂使用标准	GB 2760—2014
2	食品安全国家标准　食品中污染物限量	GB 2762—2017
3	食品安全国家标准　食品中农药最大残留限量	GB 2763—2019
4	食品安全国家标准　食品中真菌毒素限量	GB 2761—2017
5	食品安全国家标准　食品中致病菌限量	GB 29921—2013
6	食品安全国家标准　食品接触材料及制品用添加剂使用标准	GB 9685—2016
7	食品安全国家标准　食品营养强化剂使用标准	GB 14880—2012
8	食品安全国家标准　预包装食品标签通则	GB 7718—2011
9	食品安全国家标准　预包装食品营养标签通则	GB 28050—2011
10	食品安全国家标准　预包装特殊膳食用食品标签	GB 13432—2013
11	食品安全国家标准　食品添加剂标识通则	GB 29924—2013
	食品产品安全标准	
1	食品安全国家标准　干酪	GB 5420—2010
2	食品安全国家标准　乳清粉和乳清蛋白粉	GB 11674—2010
3	食品安全国家标准　炼乳	GB 13102—2010
4	食品安全国家标准　生乳	GB 19301—2010
5	食品安全国家标准　发酵乳	GB 19302—2010
6	食品安全国家标准　乳粉	GB 19644—2010
7	食品安全国家标准　巴氏杀菌乳	GB 19645—2010
8	食品安全国家标准　稀奶油、奶油和无水奶油	GB 19646—2010

续表

序号	标准名称	标准号
	食品产品安全标准	
9	食品安全国家标准　灭菌乳	GB 25190—2010
10	食品安全国家标准　调制乳	GB 25191—2010
11	食品安全国家标准　再制干酪	GB 25192—2010
12	食品安全国家标准　蜂蜜	GB 14963—2011
13	食品安全国家标准　速冻面米制品	GB 19295—2011
14	食品安全国家标准　食用盐碘含量	GB 26878—2011
15	食品安全国家标准　蒸馏酒及其配制酒	GB 2757—2012
16	食品安全国家标准　发酵酒及其配制酒	GB 2758—2012
17	食品安全国家标准　面筋制品	GB 2711—2014
18	食品安全国家标准　豆制品	GB 2712—2014
19	食品安全国家标准　酿造酱	GB 2718—2014
20	食品安全国家标准　食用菌及其制品	GB 7096—2014
21	食品安全国家标准　巧克力、代可可脂巧克力及其制品	GB 9678.2—2014
22	食品安全国家标准　水产调味品	GB 10133—2014
23	食品安全国家标准　食糖	GB 13104—2014
24	食品安全国家标准　淀粉糖	GB 15203—2014
25	食品安全国家标准　保健食品	GB 16740—2014
26	食品安全国家标准　膨化食品	GB 17401—2014
27	食品安全国家标准　包装饮用水	GB 19298—2014
28	食品安全国家标准　坚果与籽类食品	GB 19300—2014
29	食品安全国家标准　淀粉制品	GB 2713—2015
30	食品安全国家标准　酱腌菜	GB 2714—2015
31	食品安全国家标准　味精	GB 2720—2015
32	食品安全国家标准　食用盐	GB 2721—2015
33	食品安全国家标准　腌腊肉制品	GB 2730—2015
34	食品安全国家标准　鲜、冻动物性水产品	GB 2733—2015
35	食品安全国家标准　蛋与蛋制品	GB 2749—2015
36	食品安全国家标准　冷冻饮品和制作料	GB 2759—2015

续表

序号	标准名称	标准号
	食品产品安全标准	
37	食品安全国家标准　罐头食品	GB 7098—2015
38	食品安全国家标准　糕点、面包	GB 7099—2015
39	食品安全国家标准　饼干	GB 7100—2015
40	食品安全国家标准　饮料	GB 7101—2015
41	食品安全国家标准　动物性水产制品	GB 10136—2015
42	食品安全国家标准　食用动物油脂	GB 10146—2015
43	食品安全国家标准　胶原蛋白肠衣	GB 14967—2015
44	食品安全国家标准　食用油脂制品	GB 15196—2015
45	食品安全国家标准　食品工业用浓缩液（汁、浆）	GB 17325—2015
46	食品安全国家标准　方便面	GB 17400—2015
47	食品安全国家标准　果冻	GB 19299—2015
48	食品安全国家标准　食用植物油料	GB 19641—2015
49	食品安全国家标准　干海参	GB 31602—2015
50	食品安全国家标准　鲜（冻）畜、禽产品	GB 2707—2016
51	食品安全国家标准　粮食	GB 2715—2016
52	食品安全国家标准　熟肉制品	GB 2726—2016
53	食品安全国家标准　蜜饯	GB 14884—2016
54	食品安全国家标准　食品加工用粕类	GB 14932—2016
55	食品安全国家标准　糖果	GB 17399—2016
56	食品安全国家标准　冲调谷物制品	GB 19640—2016
57	食品安全国家标准　藻类及其制品	GB 19643—2016
58	食品安全国家标准　食品加工用植物蛋白	GB 20371—2016
59	食品安全国家标准　花粉	GB 31636—2016
60	食品安全国家标准　食用淀粉	GB 31637—2016
61	食品安全国家标准　酪蛋白	GB 31638—2016
62	食品安全国家标准　食品加工用酵母	GB 31639—2016
63	食品安全国家标准　食用酒精	GB 31640—2016
64	食品安全国家标准　植物油	GB 2716—2018

续表

序号	标准名称	标准号
食品产品安全标准		
65	食品安全国家标准　酱油	GB 2717—2018
66	食品安全国家标准　食醋	GB 2719—2018
67	食品安全国家标准　饮用天然矿泉水	GB 8537—2018
68	食品安全国家标准　乳糖	GB 25595—2018
69	食品安全国家标准　复合调味料	GB 31644—2018
70	食品安全国家标准　胶原蛋白肽	GB 31645—2018
特殊膳食食品标准		
1	食品安全国家标准　婴儿配方食品	GB 10765—2010
2	食品安全国家标准　较大婴儿和幼儿配方食品	GB 10767—2010
3	食品安全国家标准　婴幼儿谷类辅助食品	GB 10769—2010
4	食品安全国家标准　婴幼儿罐装辅助食品	GB 10770—2010
5	食品安全国家标准　特殊医学用途婴儿配方食品通则	GB 25596—2010
6	食品安全国家标准　特殊医学用途配方食品通则	GB 29922—2013
7	食品安全国家标准　辅食营养补充品	GB 22570—2014
8	食品安全国家标准　运动营养食品通则	GB 24154—2015
9	食品安全国家标准　孕妇及乳母营养补充食品	GB 31601—2015
食品添加剂质量规格及相关标准		
1	食品安全国家标准　复配食品添加剂通则	GB 26687—2011
2	食品安全国家标准　食品用香料通则	GB 29938—2013
3	食品安全国家标准　食品用香精	GB 30616—2014
4	食品安全国家标准　食品添加剂　碳酸钠	GB 1886.1—2015
5	食品安全国家标准　食品添加剂　碳酸氢钠	GB 1886.2—2015
6	食品安全国家标准　食品添加剂　磷酸氢钙	GB 1886.3—2016
7	食品安全国家标准　食品添加剂　六偏磷酸钠	GB 1886.4—2015
8	食品安全国家标准　食品添加剂　硝酸钠	GB 1886.5—2015
9	食品安全国家标准　食品添加剂　硫酸钙	GB 1886.6—2016
10	食品安全国家标准　食品添加剂　焦亚硫酸钠	GB 1886.7—2015
11	食品安全国家标准　食品添加剂　亚硫酸钠	GB 1886.8—2015

续表

序号	标准名称		标准号
	食品添加剂质量规格及相关标准		
12	食品安全国家标准	食品添加剂 盐酸	GB 1886.9—2016
13	食品安全国家标准	食品添加剂 冰乙酸（又名冰醋酸）	GB 1886.10—2015
14	食品安全国家标准	食品添加剂 亚硝酸钠	GB 1886.11—2016
15	食品安全国家标准	食品添加剂 丁基羟基茴香醚（BHA）	GB 1886.12—2015
16	食品安全国家标准	食品添加剂 高锰酸钾	GB 1886.13—2015
17	食品安全国家标准	食品添加剂 没食子酸丙酯	GB 1886.14—2015
18	食品安全国家标准	食品添加剂 磷酸	GB 1886.15—2015
19	食品安全国家标准	食品添加剂 香兰素	GB 1886.16—2015
20	食品安全国家标准	食品添加剂 紫胶红（又名虫胶红）	GB 1886.17—2015
21	食品安全国家标准	食品添加剂 糖精钠	GB 1886.18—2015
22	食品安全国家标准	食品添加剂 红曲米	GB 1886.19—2015
23	食品安全国家标准	食品添加剂 氢氧化钠	GB 1886.20—2016
24	食品安全国家标准	食品添加剂 乳酸钙	GB 1886.21—2016
25	食品安全国家标准	食品添加剂 柠檬油	GB 1886.22—2016
26	食品安全国家标准	食品添加剂 小花茉莉浸膏	GB 1886.23—2015
27	食品安全国家标准	食品添加剂 桂花浸膏	GB 1886.24—2015
28	食品安全国家标准	食品添加剂 柠檬酸钠	GB 1886.25—2016
29	食品安全国家标准	食品添加剂 石蜡	GB 1886.26—2016
30	食品安全国家标准	食品添加剂 蔗糖脂肪酸酯	GB 1886.27—2015
31	食品安全国家标准	食品添加剂 D-异抗坏血酸钠	GB 1886.28—2016
32	食品安全国家标准	食品添加剂 生姜油	GB 1886.29—2015
33	食品安全国家标准	食品添加剂 可可壳色	GB 1886.30—2015
34	食品安全国家标准	食品添加剂 对羟基苯甲酸乙酯	GB 1886.31—2015
35	食品安全国家标准	食品添加剂 高粱红	GB 1886.32—2015
36	食品安全国家标准	食品添加剂 桉叶油（蓝桉油）	GB 1886.33—2015
37	食品安全国家标准	食品添加剂 辣椒红	GB 1886.34—2015
38	食品安全国家标准	食品添加剂 山苍子油	GB 1886.35—2015
39	食品安全国家标准	食品添加剂 留兰香油	GB 1886.36—2015

续表

序号	标准名称		标准号
		食品添加剂质量规格及相关标准	
40	食品安全国家标准	食品添加剂 环己基氨基磺酸钠（又名甜蜜素）	GB 1886.37—2015
41	食品安全国家标准	食品添加剂 薰衣草油	GB 1886.38—2015
42	食品安全国家标准	食品添加剂 山梨酸钾	GB 1886.39—2015
43	食品安全国家标准	食品添加剂 L-苹果酸	GB 1886.40—2015
44	食品安全国家标准	食品添加剂 黄原胶	GB 1886.41—2015
45	食品安全国家标准	食品添加剂 *dl*-酒石酸	GB 1886.42—2015
46	食品安全国家标准	食品添加剂 抗坏血酸钙	GB 1886.43—2015
47	食品安全国家标准	食品添加剂 抗坏血酸钠	GB 1886.44—2016
48	食品安全国家标准	食品添加剂 氯化钙	GB 1886.45—2016
49	食品安全国家标准	食品添加剂 低亚硫酸钠	GB 1886.46—2015
50	食品安全国家标准	食品添加剂 天门冬酰苯丙氨酸甲酯（又名阿斯巴甜）	GB 1886.47—2016
51	食品安全国家标准	食品添加剂 玫瑰油	GB 1886.48—2015
52	食品安全国家标准	食品添加剂 D-异抗坏血酸	GB 1886.49—2016
53	食品安全国家标准	食品添加剂 2-甲基-3-疏基呋喃	GB 1886.50—2015
54	食品安全国家标准	食品添加剂 2，3-丁二酮	GB 1886.51—2015
55	食品安全国家标准	食品添加剂 植物油抽提溶剂（又名己烷类溶剂）	GB 1886.52—2015
56	食品安全国家标准	食品添加剂 己二酸	GB 1886.53—2015
57	食品安全国家标准	食品添加剂 丙烷	GB 1886.54—2015
58	食品安全国家标准	食品添加剂 丁烷	GB 1886.55—2015
59	食品安全国家标准	食品添加剂 1-丁醇（正丁醇）	GB 1886.56—2015
60	食品安全国家标准	食品添加剂 单辛酸甘油酯	GB 1886.57—2016
61	食品安全国家标准	食品添加剂 乙醚	GB 1886.58—2015
62	食品安全国家标准	食品添加剂 石油醚	GB 1886.59—2015
63	食品安全国家标准	食品添加剂 姜黄	GB 1886.60—2015
64	食品安全国家标准	食品添加剂 红花黄	GB 1886.61—2015
65	食品安全国家标准	食品添加剂 硅酸镁	GB 1886.62—2015
66	食品安全国家标准	食品添加剂 膨润土	GB 1886.63—2015
67	食品安全国家标准	食品添加剂 焦糖色	GB 1886.64—2015

续表

序号	标准名称		标准号
		食品添加剂质量规格及相关标准	
68	食品安全国家标准　食品添加剂	单，双甘油脂肪酸酯	GB 1886.65—2015
69	食品安全国家标准　食品添加剂	红曲黄色素	GB 1886.66—2015
70	食品安全国家标准　食品添加剂	皂荚糖胶	GB 1886.67—2015
71	食品安全国家标准　食品添加剂	二甲基二碳酸盐（又名维果灵）	GB 1886.68—2015
72	食品安全国家标准　食品添加剂	天门冬酰苯丙氨酸甲酯乙酰磺胺酸	GB 1886.69—2016
73	食品安全国家标准　食品添加剂	沙蒿胶	GB 1886.70—2015
74	食品安全国家标准　食品添加剂	1，2-二氯乙烷	GB 1886.71—2015
75	食品安全国家标准　食品添加剂	聚氧乙烯聚氧丙烯胺醚	GB 1886.72—2016
76	食品安全国家标准　食品添加剂	不溶性聚乙烯聚吡咯烷酮	GB 1886.73—2015
77	食品安全国家标准　食品添加剂	柠檬酸钾	GB 1886.74—2015
78	食品安全国家标准　食品添加剂	L-半胱氨酸盐酸盐	GB 1886.75—2016
79	食品安全国家标准　食品添加剂	姜黄素	GB 1886.76—2015
80	食品安全国家标准　食品添加剂	罗汉果甜苷	GB 1886.77—2016
81	食品安全国家标准　食品添加剂	番茄红素（合成）	GB 1886.78—2016
82	食品安全国家标准　食品添加剂	硫代二丙酸二月桂酯	GB 1886.79—2015
83	食品安全国家标准　食品添加剂	乙酰化单、双甘油脂肪酸酯	GB 1886.80—2015
84	食品安全国家标准　食品添加剂	月桂酸	GB 1886.81—2015
85	食品安全国家标准　食品添加剂	铵磷脂	GB 1886.83—2016
86	食品安全国家标准　食品添加剂	巴西棕榈蜡	GB 1886.84—2015
87	食品安全国家标准　食品添加剂	冰乙酸（低压羰基化法）	GB 1886.85—2016
88	食品安全国家标准　食品添加剂	刺云实胶	GB 1886.86—2015
89	食品安全国家标准　食品添加剂	蜂蜡	GB 1886.87—2015
90	食品安全国家标准　食品添加剂	富马酸一钠	GB 1886.88—2015
91	食品安全国家标准　食品添加剂	甘草抗氧化物	GB 1886.89—2015
92	食品安全国家标准　食品添加剂	硅酸钙	GB 1886.90—2015
93	食品安全国家标准　食品添加剂	硬脂酸镁	GB 1886.91—2016
94	食品安全国家标准　食品添加剂	硬脂酰乳酸钠	GB 1886.92—2016
95	食品安全国家标准　食品添加剂	乳酸脂肪酸甘油酯	GB 1886.93—2015

续表

序号	标准名称	标准号
食品添加剂质量规格及相关标准		
96	食品安全国家标准 食品添加剂 亚硝酸钾	GB 1886.94—2016
97	食品安全国家标准 食品添加剂 聚甘油蓖麻醇酸酯（PGPR）	GB 1886.95—2015
98	食品安全国家标准 食品添加剂 松香季戊四醇酯	GB 1886.96—2016
99	食品安全国家标准 食品添加剂 5′-肌苷酸二钠	GB 1886.97—2015
100	食品安全国家标准 食品添加剂 乳糖醇（又名 4-β-D 吡喃半乳糖-D-山梨醇）	GB 1886.98—2016
101	食品安全国家标准 食品添加剂 L-α-天冬氨酰-N-（2，2，4，4-四甲基-3-硫化三亚甲基）-D-丙氨酰胺（又名阿力甜）	GB 1886.99—2015
102	食品安全国家标准 食品添加剂 乙二胺四乙酸二钠	GB 1886.100—2015
103	食品安全国家标准 食品添加剂 硬脂酸（又名十八烷酸）	GB 1886.101—2016
104	食品安全国家标准 食品添加剂 硬脂酸钙	GB 1886.102—2016
105	食品安全国家标准 食品添加剂 微晶纤维素	GB 1886.103—2015
106	食品安全国家标准 食品添加剂 喹啉黄	GB 1886.104—2015
107	食品安全国家标准 食品添加剂 辣椒橙	GB 1886.105—2016
108	食品安全国家标准 食品添加剂 罗望子多糖胶	GB 1886.106—2015
109	食品安全国家标准 食品添加剂 柠檬酸一钠	GB 1886.107—2015
110	食品安全国家标准 食品添加剂 偶氮甲酰胺	GB 1886.108—2015
111	食品安全国家标准 食品添加剂 羟丙基甲基纤维素（HPMC）	GB 1886.109—2015
112	食品安全国家标准 食品添加剂 天然苋菜红	GB 1886.110—2015
113	食品安全国家标准 食品添加剂 甜菜红	GB 1886.111—2015
114	食品安全国家标准 食品添加剂 聚氧乙烯木糖醇酐单硬脂酸酯	GB 1886.112—2015
115	食品安全国家标准 食品添加剂 菊花黄浸膏	GB 1886.113—2015
116	食品安全国家标准 食品添加剂 紫胶（又名虫胶）	GB 1886.114—2015
117	食品安全国家标准 食品添加剂 黑豆红	GB 1886.115—2015
118	食品安全国家标准 食品添加剂 木糖醇酐单硬脂酸酯	GB 1886.116—2015
119	食品安全国家标准 食品添加剂 羟基香茅醛	GB 1886.117—2015
120	食品安全国家标准 食品添加剂 杭白菊花浸膏	GB 1886.118—2015
121	食品安全国家标准 食品添加剂 1，8-桉叶素	GB 1886.119—2015

续表

序号	标准名称			标准号
	食品添加剂质量规格及相关标准			
122	食品安全国家标准	食品添加剂	己酸	GB 1886.120—2015
123	食品安全国家标准	食品添加剂	丁酸	GB 1886.121—2015
124	食品安全国家标准	食品添加剂	桃醛（又名 γ-十一烷内酯）	GB 1886.122—2015
125	食品安全国家标准	食品添加剂	α-己基肉桂醛	GB 1886.123—2015
126	食品安全国家标准	食品添加剂	广藿香油	GB 1886.124—2015
127	食品安全国家标准	食品添加剂	肉桂醇	GB 1886.125—2015
128	食品安全国家标准	食品添加剂	乙酸芳樟酯	GB 1886.126—2015
129	食品安全国家标准	食品添加剂	山楂核烟熏香味料 I号、II号	GB 1886.127—2016
130	食品安全国家标准	食品添加剂	甲基环戊烯醇酮（又名 3-甲基-2-羟基-2-环戊烯-1-酮）	GB 1886.128—2015
131	食品安全国家标准	食品添加剂	丁香酚	GB 1886.129—2015
132	食品安全国家标准	食品添加剂	庚酸乙酯	GB 1886.130—2015
133	食品安全国家标准	食品添加剂	α-戊基肉桂醛	GB 1886.131—2015
134	食品安全国家标准	食品添加剂	己酸烯丙酯	GB 1886.132—2015
135	食品安全国家标准	食品添加剂	枣子酊	GB 1886.133—2015
136	食品安全国家标准	食品添加剂	γ-壬内酯	GB 1886.134—2015
137	食品安全国家标准	食品添加剂	苯甲醇	GB 1886.135—2015
138	食品安全国家标准	食品添加剂	丁酸苄酯	GB 1886.136—2015
139	食品安全国家标准	食品添加剂	十六醛（又名杨梅醛）	GB 1886.137—2015
140	食品安全国家标准	食品添加剂	2-乙酰基吡嗪	GB 1886.138—2015
141	食品安全国家标准	食品添加剂	百里香酚	GB 1886.139—2015
142	食品安全国家标准	食品添加剂	八角茴香油	GB 1886.140—2015
143	食品安全国家标准	食品添加剂	d-核糖	GB 1886.141—2016
144	食品安全国家标准	食品添加剂	α-紫罗兰酮	GB 1886.142—2015
145	食品安全国家标准	食品添加剂	γ-癸内酯	GB 1886.143—2015
146	食品安全国家标准	食品添加剂	γ-己内酯	GB 1886.144—2015
147	食品安全国家标准	食品添加剂	δ-癸内酯	GB 1886.145—2015
148	食品安全国家标准	食品添加剂	δ-十二内酯	GB 1886.146—2015

续表

序号	标准名称		标准号
	食品添加剂质量规格及相关标准		
149	食品安全国家标准	食品添加剂 二氢香芹醇	GB 1886.147—2015
150	食品安全国家标准	食品添加剂 芳樟醇	GB 1886.148—2015
151	食品安全国家标准	食品添加剂 己醛	GB 1886.149—2015
152	食品安全国家标准	食品添加剂 甲酸香茅酯	GB 1886.150—2015
153	食品安全国家标准	食品添加剂 甲酸香叶酯	GB 1886.151—2015
154	食品安全国家标准	食品添加剂 辛酸乙酯	GB 1886.152—2015
155	食品安全国家标准	食品添加剂 乙酸 2-甲基丁酯	GB 1886.153—2015
156	食品安全国家标准	食品添加剂 乙酸丙酯	GB 1886.154—2015
157	食品安全国家标准	食品添加剂 乙酸橙花酯	GB 1886.155—2015
158	食品安全国家标准	食品添加剂 乙酸松油酯	GB 1886.156—2015
159	食品安全国家标准	食品添加剂 乙酸香叶酯	GB 1886.157—2015
160	食品安全国家标准	食品添加剂 异丁酸乙酯	GB 1886.158—2015
161	食品安全国家标准	食品添加剂 异戊酸 3-己烯酯	GB 1886.159—2015
162	食品安全国家标准	食品添加剂 正癸醛（又名癸醛）	GB 1886.160—2015
163	食品安全国家标准	食品添加剂 棕榈酸乙酯	GB 1886.161—2015
164	食品安全国家标准	食品添加剂 2，6-二甲基-5-庚烯醛	GB 1886.162—2015
165	食品安全国家标准	食品添加剂 2-甲基-4-戊烯酸	GB 1886.163—2015
166	食品安全国家标准	食品添加剂 2-甲基丁酸 2-甲基丁酯	GB 1886.164—2015
167	食品安全国家标准	食品添加剂 2-甲基丁酸 3-己烯酯	GB 1886.165—2015
168	食品安全国家标准	食品添加剂 γ-庚内酯	GB 1886.166—2015
169	食品安全国家标准	食品添加剂 大茴香脑	GB 1886.167—2015
170	食品安全国家标准	食品添加剂 γ-十二内酯	GB 1886.168—2015
171	食品安全国家标准	食品添加剂 卡拉胶	GB 1886.169—2016
172	食品安全国家标准	食品添加剂 5′-鸟苷酸二钠	GB 1886.170—2016
173	食品安全国家标准	食品添加剂 5′-呈味核苷酸二钠（又名呈味核苷酸二钠）	GB 1886.171—2016
174	食品安全国家标准	食品添加剂 迷迭香提取物	GB 1886.172—2016
175	食品安全国家标准	食品添加剂 乳酸	GB 1886.173—2016

续表

序号	标准名称		标准号
	食品添加剂质量规格及相关标准		
176	食品安全国家标准 食品添加剂	食品工业用酶制剂	GB 1886.174—2016
177	食品安全国家标准 食品添加剂	亚麻籽胶（又名富兰克胶）	GB 1886.175—2016
178	食品安全国家标准 食品添加剂	异构化乳糖液	GB 1886.176—2016
179	食品安全国家标准 食品添加剂	D-甘露糖醇	GB 1886.177—2016
180	食品安全国家标准 食品添加剂	聚甘油脂肪酸酯	GB 1886.178—2016
181	食品安全国家标准 食品添加剂	硬脂酰乳酸钙	GB 1886.179—2016
182	食品安全国家标准 食品添加剂	β-环状糊精	GB 1886.180—2016
183	食品安全国家标准 食品添加剂	红曲红	GB 1886.181—2016
184	食品安全国家标准 食品添加剂	异麦芽酮糖	GB 1886.182—2016
185	食品安全国家标准 食品添加剂	苯甲酸	GB 1886.183—2016
186	食品安全国家标准 食品添加剂	苯甲酸钠	GB 1886.184—2016
187	食品安全国家标准 食品添加剂	琥珀酸单甘油酯	GB 1886.185—2016
188	食品安全国家标准 食品添加剂	山梨酸	GB 1886.186—2016
189	食品安全国家标准 食品添加剂	山梨糖醇和山梨糖醇液	GB 1886.187—2016
190	食品安全国家标准 食品添加剂	田菁胶	GB 1886.188—2016
191	食品安全国家标准 食品添加剂	3-环己基丙酸烯丙酯	GB 1886.189—2016
192	食品安全国家标准 食品添加剂	乙酸乙酯	GB 1886.190—2016
193	食品安全国家标准 食品添加剂	柠檬醛	GB 1886.191—2016
194	食品安全国家标准 食品添加剂	苯乙醇	GB 1886.192—2016
195	食品安全国家标准 食品添加剂	丙酸乙酯	GB 1886.193—2016
196	食品安全国家标准 食品添加剂	丁酸乙酯	GB 1886.194—2016
197	食品安全国家标准 食品添加剂	丁酸异戊酯	GB 1886.195—2016
198	食品安全国家标准 食品添加剂	己酸乙酯	GB 1886.196—2016
199	食品安全国家标准 食品添加剂	乳酸乙酯	GB 1886.197—2016
200	食品安全国家标准 食品添加剂	α-松油醇	GB 1886.198—2016
201	食品安全国家标准 食品添加剂	天然薄荷脑	GB 1886.199—2016
202	食品安全国家标准 食品添加剂	香叶油（又名玫瑰香叶油）	GB 1886.200—2016
203	食品安全国家标准 食品添加剂	乙酸苄酯	GB 1886.201—2016

续表

序号	标准名称			标准号
	食品添加剂质量规格及相关标准			
204	食品安全国家标准	食品添加剂	乙酸异戊酯	GB 1886.202—2016
205	食品安全国家标准	食品添加剂	异戊酸异戊酯	GB 1886.203—2016
206	食品安全国家标准	食品添加剂	亚洲薄荷素油	GB 1886.204—2016
207	食品安全国家标准	食品添加剂	d-香芹酮	GB 1886.205—2016
208	食品安全国家标准	食品添加剂	l-香芹酮	GB 1886.206—2016
209	食品安全国家标准	食品添加剂	中国肉桂油	GB 1886.207—2016
210	食品安全国家标准	食品添加剂	乙基麦芽酚	GB 1886.208—2016
211	食品安全国家标准	食品添加剂	正丁醇	GB 1886.209—2016
212	食品安全国家标准	食品添加剂	丙酸	GB 1886.210—2016
213	食品安全国家标准	食品添加剂	茶多酚（又名维多酚）	GB 1886.211—2016
214	食品安全国家标准	食品添加剂	酪蛋白酸钠（又名酪朊酸钠）	GB 1886.212—2016
215	食品安全国家标准	食品添加剂	二氧化硫	GB 1886.213—2016
216	食品安全国家标准	食品添加剂	碳酸钙（包括轻质和重质碳酸钙）	GB 1886.214—2016
217	食品安全国家标准	食品添加剂	白油（又名液体石蜡）	GB 1886.215—2016
218	食品安全国家标准	食品添加剂	氧化镁（包括重质和轻质）	GB 1886.216—2016
219	食品安全国家标准	食品添加剂	亮蓝	GB 1886.217—2016
220	食品安全国家标准	食品添加剂	亮蓝铝色淀	GB 1886.218—2016
221	食品安全国家标准	食品添加剂	苋菜红铝色淀	GB 1886.219—2016
222	食品安全国家标准	食品添加剂	胭脂红	GB 1886.220—2016
223	食品安全国家标准	食品添加剂	胭脂红铝色淀	GB 1886.221—2016
224	食品安全国家标准	食品添加剂	诱惑红	GB 1886.222—2016
225	食品安全国家标准	食品添加剂	诱惑红铝色淀	GB 1886.223—2016
226	食品安全国家标准	食品添加剂	日落黄铝色淀	GB 1886.224—2016
227	食品安全国家标准	食品添加剂	乙氧基喹	GB 1886.225—2016
228	食品安全国家标准	食品添加剂	海藻酸丙二醇酯	GB 1886.226—2016
229	食品安全国家标准	食品添加剂	吗啉脂肪酸盐果蜡	GB 1886.227—2016
230	食品安全国家标准	食品添加剂	二氧化碳	GB 1886.228—2016
231	食品安全国家标准	食品添加剂	硫酸铝钾（又名钾明矾）	GB 1886.229—2016

续表

序号	标准名称	标准号
	食品添加剂质量规格及相关标准	
232	食品安全国家标准　食品添加剂　抗坏血酸棕榈酸酯	GB 1886.230—2016
233	食品安全国家标准　食品添加剂　乳酸链球菌素	GB 1886.231—2016
234	食品安全国家标准　食品添加剂　羧甲基纤维素钠	GB 1886.232—2016
235	食品安全国家标准　食品添加剂　维生素 E	GB 1886.233—2016
236	食品安全国家标准　食品添加剂　木糖醇	GB 1886.234—2016
237	食品安全国家标准　食品添加剂　柠檬酸	GB 1886.235—2016
238	食品安全国家标准　食品添加剂　丙二醇脂肪酸酯	GB 1886.236—2016
239	食品安全国家标准　食品添加剂　植酸（又名肌醇六磷酸）	GB 1886.237—2016
240	食品安全国家标准　食品添加剂　改性大豆磷脂	GB 1886.238—2016
241	食品安全国家标准　食品添加剂　琼脂	GB 1886.239—2016
242	食品安全国家标准　食品添加剂　甘草酸一钾	GB 1886.240—2016
243	食品安全国家标准　食品添加剂　甘草酸三钾	GB 1886.241—2016
244	食品安全国家标准　食品添加剂　甘草酸铵	GB 1886.242—2016
245	食品安全国家标准　食品添加剂　海藻酸钠（又名褐藻酸钠）	GB 1886.243—2016
246	食品安全国家标准　食品添加剂　紫甘薯色素	GB 1886.244—2016
247	食品安全国家标准　食品添加剂　复配膨松剂	GB 1886.245—2016
248	食品安全国家标准　食品添加剂　滑石粉	GB 1886.246—2016
249	食品安全国家标准　食品添加剂　碳酸氢钾	GB 1886.247—2016
250	食品安全国家标准　食品添加剂　稳定态二氧化氯	GB 1886.248—2016
251	食品安全国家标准　食品添加剂　4-己基间苯二酚	GB 1886.249—2016
252	食品安全国家标准　食品添加剂　植酸钠	GB 1886.250—2016
253	食品安全国家标准　食品添加剂　氧化铁黑	GB 1886.251—2016
254	食品安全国家标准　食品添加剂　氧化铁红	GB 1886.252—2016
255	食品安全国家标准　食品添加剂　羟基硬脂精（又名氧化硬脂精）	GB 1886.253—2016
256	食品安全国家标准　食品添加剂　刺梧桐胶	GB 1886.254—2016
257	食品安全国家标准　食品添加剂　活性炭	GB 1886.255—2016
258	食品安全国家标准　食品添加剂　甲基纤维素	GB 1886.256—2016
259	食品安全国家标准　食品添加剂　溶菌酶	GB 1886.257—2016

续表

序号	标准名称		标准号
	食品添加剂质量规格及相关标准		
260	食品安全国家标准 食品添加剂	正己烷	GB 1886.258—2016
261	食品安全国家标准 食品添加剂	蔗糖聚丙烯醚	GB 1886.259—2016
262	食品安全国家标准 食品添加剂	橙皮素	GB 1886.260—2016
263	食品安全国家标准 食品添加剂	根皮素	GB 1886.261—2016
264	食品安全国家标准 食品添加剂	柚苷（柚皮甙提取物）	GB 1886.262—2016
265	食品安全国家标准 食品添加剂	玫瑰净油	GB 1886.263—2016
266	食品安全国家标准 食品添加剂	小花茉莉净油	GB 1886.264—2016
267	食品安全国家标准 食品添加剂	桂花净油	GB 1886.265—2016
268	食品安全国家标准 食品添加剂	红茶酊	GB 1886.266—2016
269	食品安全国家标准 食品添加剂	绿茶酊	GB 1886.267—2016
270	食品安全国家标准 食品添加剂	罗汉果酊	GB 1886.268—2016
271	食品安全国家标准 食品添加剂	黄芥末提取物	GB 1886.269—2016
272	食品安全国家标准 食品添加剂	茶树油（又名互叶白千层油）	GB 1886.270—2016
273	食品安全国家标准 食品添加剂	香茅油	GB 1886.271—2016
274	食品安全国家标准 食品添加剂	大蒜油	GB 1886.272—2016
275	食品安全国家标准 食品添加剂	丁香花蕾油	GB 1886.273—2016
276	食品安全国家标准 食品添加剂	杭白菊花油	GB 1886.274—2016
277	食品安全国家标准 食品添加剂	白兰花油	GB 1886.275—2016
278	食品安全国家标准 食品添加剂	白兰叶油	GB 1886.276—2016
279	食品安全国家标准 食品添加剂	树兰花油	GB 1886.277—2016
280	食品安全国家标准 食品添加剂	椒样薄荷油	GB 1886.278—2016
281	食品安全国家标准 食品添加剂	洋茉莉醛（又名胡椒醛）	GB 1886.279—2016
282	食品安全国家标准 食品添加剂	2-甲基戊酸乙酯	GB 1886.280—2016
283	食品安全国家标准 食品添加剂	香茅醛	GB 1886.281—2016
284	食品安全国家标准 食品添加剂	麦芽酚	GB 1886.282—2016
285	食品安全国家标准 食品添加剂	乙基香兰素	GB 1886.283—2016
286	食品安全国家标准 食品添加剂	覆盆子酮（又名悬钩子酮）	GB 1886.284—2016
287	食品安全国家标准 食品添加剂	丙酸苄酯	GB 1886.285—2016

续表

序号	标准名称		标准号
	食品添加剂质量规格及相关标准		
288	食品安全国家标准　食品添加剂	丁酸丁酯	GB 1886.286—2016
289	食品安全国家标准　食品添加剂	异戊酸乙酯	GB 1886.287—2016
290	食品安全国家标准　食品添加剂	苯甲酸乙酯	GB 1886.288—2016
291	食品安全国家标准　食品添加剂	苯甲酸苄酯	GB 1886.289—2016
292	食品安全国家标准　食品添加剂	2-甲基吡嗪	GB 1886.290—2016
293	食品安全国家标准　食品添加剂	2，3-二甲基吡嗪	GB 1886.291—2016
294	食品安全国家标准　食品添加剂	2，3，5-三甲基吡嗪	GB 1886.292—2016
295	食品安全国家标准　食品添加剂	5-羟乙基-4-甲基噻唑	GB 1886.293—2016
296	食品安全国家标准　食品添加剂	2-乙酰基噻唑	GB 1886.294—2016
297	食品安全国家标准　食品添加剂	2，3，5，6-四甲基吡嗪	GB 1886.295—2016
298	食品安全国家标准　食品添加剂	柠檬酸铁铵	GB 1886.296—2016
299	食品安全国家标准　食品添加剂	碳酸氢铵	GB 1888—2014
300	食品安全国家标准　食品添加剂	二丁基羟基甲苯（BHT）	GB 1900—2010
301	食品安全国家标准　食品添加剂	硫磺	GB 3150—2010
302	食品安全国家标准　食品添加剂	苋菜红	GB 4479.1—2010
303	食品安全国家标准　食品添加剂	柠檬黄	GB 4481.1—2010
304	食品安全国家标准　食品添加剂	柠檬黄铝色淀	GB 4481.2—2010
305	食品安全国家标准　食品添加剂	日落黄	GB 6227.1—2010
306	食品安全国家标准　食品添加剂	明胶	GB 6783—2013
307	食品安全国家标准　食品添加剂	栀子黄	GB 7912—2010
308	食品安全国家标准　食品添加剂	甜菊糖苷	GB 8270—2014
309	食品安全国家标准　食品添加剂	葡萄糖酸锌	GB 8820—2010
310	食品安全国家标准　食品添加剂	β-胡萝卜素	GB 8821—2011
311	食品安全国家标准　食品添加剂	松香甘油酯和氢化松香甘油酯	GB 10287—2012
312	食品安全国家标准　食品添加剂	山梨醇酐单硬脂酸酯（司盘60）	GB 13481—2011
313	食品安全国家标准　食品添加剂	山梨醇酐单油酸酯（司盘80）	GB 13482—2011
314	食品安全国家标准　食品添加剂	维生素A	GB 14750—2010
315	食品安全国家标准　食品添加剂	维生素B_1（盐酸硫胺）	GB 14751—2010

续表

序号	标准名称		标准号
	食品添加剂质量规格及相关标准		
316	食品安全国家标准	食品添加剂 维生素 B_2（核黄素）	GB 14752—2010
317	食品安全国家标准	食品添加剂 维生素 B_6（盐酸吡哆醇）	GB 14753—2010
318	食品安全国家标准	食品添加剂 维生素 C（抗坏血酸）	GB 14754—2010
319	食品安全国家标准	食品添加剂 维生素 D_2（麦角钙化醇）	GB 14755—2010
320	食品安全国家标准	食品添加剂 维生素 E（$dl\text{-}\alpha\text{-}$醋酸生育酚）	GB 14756—2010
321	食品安全国家标准	食品添加剂 烟酸	GB 14757—2010
322	食品安全国家标准	食品添加剂 咖啡因	GB 14758—2010
323	食品安全国家标准	食品添加剂 牛磺酸	GB 14759—2010
324	食品安全国家标准	食品添加剂 新红	GB 14888.1—2010
325	食品安全国家标准	食品添加剂 新红铝色淀	GB 14888.2—2010
326	食品安全国家标准	食品添加剂 硅藻土	GB 14936—2010
327	食品安全国家标准	食品添加剂 叶酸	GB 15570—2010
328	食品安全国家标准	食品添加剂 葡萄糖酸钙	GB 15571—2010
329	食品安全国家标准	食品添加剂 赤藓红	GB 17512.1—2010
330	食品安全国家标准	食品添加剂 赤藓红铝色淀	GB 17512.2—2010
331	食品安全国家标准	食品添加剂 L–苏糖酸钙	GB 17779—2010
332	食品安全国家标准	食品添加剂 三氯蔗糖	GB 25531—2010
333	食品安全国家标准	食品添加剂 纳他霉素	GB 25532—2010
334	食品安全国家标准	食品添加剂 果胶	GB 25533—2010
335	食品安全国家标准	食品添加剂 红米红	GB 25534—2010
336	食品安全国家标准	食品添加剂 结冷胶	GB 25535—2010
337	食品安全国家标准	食品添加剂 萝卜红	GB 25536—2010
338	食品安全国家标准	食品添加剂 乳酸钠（溶液）	GB 25537—2010
339	食品安全国家标准	食品添加剂 双乙酸钠	GB 25538—2010
340	食品安全国家标准	食品添加剂 双乙酰酒石酸单双甘油酯	GB 25539—2010
341	食品安全国家标准	食品添加剂 乙酰磺胺酸钾	GB 25540—2010
342	食品安全国家标准	食品添加剂 聚葡萄糖	GB 25541—2010
343	食品安全国家标准	食品添加剂 甘氨酸（氨基乙酸）	GB 25542—2010

续表

序号	标准名称		标准号
	食品添加剂质量规格及相关标准		
344	食品安全国家标准	食品添加剂 L-丙氨酸	GB 25543—2010
345	食品安全国家标准	食品添加剂 DL-苹果酸	GB 25544—2010
346	食品安全国家标准	食品添加剂 L（+）-酒石酸	GB 25545—2010
347	食品安全国家标准	食品添加剂 富马酸	GB 25546—2010
348	食品安全国家标准	食品添加剂 脱氢乙酸钠	GB 25547—2010
349	食品安全国家标准	食品添加剂 丙酸钙	GB 25548—2010
350	食品安全国家标准	食品添加剂 丙酸钠	GB 25549—2010
351	食品安全国家标准	食品添加剂 L-肉碱酒石酸盐	GB 25550—2010
352	食品安全国家标准	食品添加剂 山梨醇酐单月桂酸酯（司盘 20）	GB 25551—2010
353	食品安全国家标准	食品添加剂 山梨醇酐单棕榈酸酯（司盘 40）	GB 25552—2010
354	食品安全国家标准 酯（吐温 60）	食品添加剂 聚氧乙烯（20）山梨醇酐单硬脂酸	GB 25553—2010
355	食品安全国家标准 （吐温 80）	食品添加剂 聚氧乙烯（20）山梨醇酐单油酸酯	GB 25554—2010
356	食品安全国家标准	食品添加剂 L-乳酸钙	GB 25555—2010
357	食品安全国家标准	食品添加剂 酒石酸氢钾	GB 25556—2010
358	食品安全国家标准	食品添加剂 焦磷酸钠	GB 25557—2010
359	食品安全国家标准	食品添加剂 磷酸三钙	GB 25558—2010
360	食品安全国家标准	食品添加剂 磷酸二氢钙	GB 25559—2010
361	食品安全国家标准	食品添加剂 磷酸二氢钾	GB 25560—2010
362	食品安全国家标准	食品添加剂 磷酸氢二钾	GB 25561—2010
363	食品安全国家标准	食品添加剂 焦磷酸四钾	GB 25562—2010
364	食品安全国家标准	食品添加剂 磷酸三钾	GB 25563—2010
365	食品安全国家标准	食品添加剂 磷酸二氢钠	GB 25564—2010
366	食品安全国家标准	食品添加剂 磷酸三钠	GB 25565—2010
367	食品安全国家标准	食品添加剂 三聚磷酸钠	GB 25566—2010
368	食品安全国家标准	食品添加剂 焦磷酸二氢二钠	GB 25567—2010
369	食品安全国家标准	食品添加剂 磷酸氢二钠	GB 25568—2010

续表

序号	标准名称		标准号
	食品添加剂质量规格及相关标准		
370	食品安全国家标准	食品添加剂 磷酸二氢铵	GB 25569—2010
371	食品安全国家标准	食品添加剂 焦亚硫酸钾	GB 25570—2010
372	食品安全国家标准	食品添加剂 活性白土	GB 25571—2011
373	食品安全国家标准	食品添加剂 氢氧化钙	GB 25572—2010
374	食品安全国家标准	食品添加剂 过氧化钙	GB 25573—2010
375	食品安全国家标准	食品添加剂 次氯酸钠	GB 25574—2010
376	食品安全国家标准	食品添加剂 氢氧化钾	GB 25575—2010
377	食品安全国家标准	食品添加剂 二氧化硅	GB 25576—2010
378	食品安全国家标准	食品添加剂 二氧化钛	GB 25577—2010
379	食品安全国家标准	食品添加剂 硫酸锌	GB 25579—2010
380	食品安全国家标准	食品添加剂 亚铁氰化钾（黄血盐钾）	GB 25581—2010
381	食品安全国家标准	食品添加剂 硅酸钙铝	GB 25582—2010
382	食品安全国家标准	食品添加剂 硅铝酸钠	GB 25583—2010
383	食品安全国家标准	食品添加剂 氯化镁	GB 25584—2010
384	食品安全国家标准	食品添加剂 氯化钾	GB 25585—2010
385	食品安全国家标准	食品添加剂 碳酸氢三钠（倍半碳酸钠）	GB 25586—2010
386	食品安全国家标准	食品添加剂 碳酸镁	GB 25587—2010
387	食品安全国家标准	食品添加剂 碳酸钾	GB 25588—2010
388	食品安全国家标准	食品添加剂 亚硫酸氢钠	GB 25590—2010
389	食品安全国家标准	食品添加剂 硫酸铝铵	GB 25592—2010
390	食品安全国家标准	食品添加剂 N，2，3-三甲基-2-异丙基丁酰胺	GB 25593—2010
391	食品安全国家标准	食品添加剂 二十二碳六烯酸油脂（发酵法）	GB 26400—2011
392	食品安全国家标准	食品添加剂 花生四烯酸油脂（发酵法）	GB 26401—2011
393	食品安全国家标准	食品添加剂 碘酸钾	GB 26402—2011
394	食品安全国家标准	食品添加剂 特丁基对苯二酚	GB 26403—2011
395	食品安全国家标准	食品添加剂 赤藓糖醇	GB 26404—2011
396	食品安全国家标准	食品添加剂 叶黄素	GB 26405—2011
397	食品安全国家标准	食品添加剂 叶绿素铜钠盐	GB 26406—2011

续表

序号	标准名称			标准号
		食品添加剂质量规格及相关标准		
398	食品安全国家标准	食品添加剂	核黄素 5'-磷酸钠	GB 28301—2012
399	食品安全国家标准	食品添加剂	辛，癸酸甘油酯	GB 28302—2012
400	食品安全国家标准	食品添加剂	辛烯基琥珀酸淀粉钠	GB 28303—2012
401	食品安全国家标准	食品添加剂	可得然胶	GB 28304—2012
402	食品安全国家标准	食品添加剂	乳酸钾	GB 28305—2012
403	食品安全国家标准	食品添加剂	L-精氨酸	GB 28306—2012
404	食品安全国家标准	食品添加剂	麦芽糖醇和麦芽糖醇液	GB 28307—2012
405	食品安全国家标准	食品添加剂	植物炭黑	GB 28308—2012
406	食品安全国家标准	食品添加剂	酸性红（偶氮玉红）	GB 28309—2012
407	食品安全国家标准	食品添加剂	β-胡萝卜素（发酵法）	GB 28310—2012
408	食品安全国家标准	食品添加剂	栀子蓝	GB 28311—2012
409	食品安全国家标准	食品添加剂	玫瑰茄红	GB 28312—2012
410	食品安全国家标准	食品添加剂	葡萄皮红	GB 28313—2012
411	食品安全国家标准	食品添加剂	辣椒油树脂	GB 28314—2012
412	食品安全国家标准	食品添加剂	紫草红	GB 28315—2012
413	食品安全国家标准	食品添加剂	番茄红	GB 28316—2012
414	食品安全国家标准	食品添加剂	靛蓝	GB 28317—2012
415	食品安全国家标准	食品添加剂	靛蓝铝色淀	GB 28318—2012
416	食品安全国家标准	食品添加剂	庚酸烯丙酯	GB 28319—2012
417	食品安全国家标准	食品添加剂	苯甲醛	GB 28320—2012
418	食品安全国家标准	食品添加剂	十二酸乙酯（月桂酸乙酯）	GB 28321—2012
419	食品安全国家标准	食品添加剂	十四酸乙酯（肉豆蔻酸乙酯）	GB 28322—2012
420	食品安全国家标准	食品添加剂	乙酸香茅酯	GB 28323—2012
421	食品安全国家标准	食品添加剂	丁酸香叶酯	GB 28324—2012
422	食品安全国家标准	食品添加剂	乙酸丁酯	GB 28325—2012
423	食品安全国家标准	食品添加剂	乙酸己酯	GB 28326—2012
424	食品安全国家标准	食品添加剂	乙酸辛酯	GB 28327—2012
425	食品安全国家标准	食品添加剂	乙酸癸酯	GB 28328—2012

续表

序号		标准名称		标准号
食品添加剂质量规格及相关标准				
426	食品安全国家标准	食品添加剂	顺式-3-己烯醇乙酸酯（乙酸叶醇酯）	GB 28329—2012
427	食品安全国家标准	食品添加剂	乙酸异丁酯	GB 28330—2012
428	食品安全国家标准	食品添加剂	丁酸戊酯	GB 28331—2012
429	食品安全国家标准	食品添加剂	丁酸己酯	GB 28332—2012
430	食品安全国家标准	食品添加剂	顺式-3-己烯醇丁酸酯（丁酸叶醇酯）	GB 28333—2012
431	食品安全国家标准	食品添加剂	顺式-3-己烯醇己酸酯（己酸叶醇酯）	GB 28334—2012
432	食品安全国家标准	食品添加剂	2-甲基丁酸乙酯	GB 28335—2012
433	食品安全国家标准	食品添加剂	2-甲基丁酸	GB 28336—2012
434	食品安全国家标准	食品添加剂	乙酸薄荷酯	GB 28337—2012
435	食品安全国家标准	食品添加剂	乳酸 l-薄荷酯	GB 28338—2012
436	食品安全国家标准	食品添加剂	二甲基硫醚	GB 28339—2012
437	食品安全国家标准	食品添加剂	3-甲硫基丙醇	GB 28340—2012
438	食品安全国家标准	食品添加剂	3-甲硫基丙醛	GB 28341—2012
439	食品安全国家标准	食品添加剂	3-甲硫基丙酸甲酯	GB 28342—2012
440	食品安全国家标准	食品添加剂	3-甲硫基丙酸乙酯	GB 28343—2012
441	食品安全国家标准	食品添加剂	乙酰乙酸乙酯	GB 28344—2012
442	食品安全国家标准	食品添加剂	乙酸肉桂酯	GB 28345—2012
443	食品安全国家标准	食品添加剂	肉桂醛	GB 28346—2012
444	食品安全国家标准	食品添加剂	肉桂酸	GB 28347—2012
445	食品安全国家标准	食品添加剂	肉桂酸甲酯	GB 28348—2012
446	食品安全国家标准	食品添加剂	肉桂酸乙酯	GB 28349—2012
447	食品安全国家标准	食品添加剂	肉桂酸苯乙酯	GB 28350—2012
448	食品安全国家标准	食品添加剂	5-甲基糠醛	GB 28351—2012
449	食品安全国家标准	食品添加剂	苯甲酸甲酯	GB 28352—2012
450	食品安全国家标准	食品添加剂	茴香醇	GB 28353—2012
451	食品安全国家标准	食品添加剂	大茴香醛	GB 28354—2012
452	食品安全国家标准	食品添加剂	水杨酸甲酯（柳酸甲酯）	GB 28355—2012
453	食品安全国家标准	食品添加剂	水杨酸乙酯（柳酸乙酯）	GB 28356—2012

续表

序号	标准名称		标准号
		食品添加剂质量规格及相关标准	
454	食品安全国家标准	食品添加剂　水杨酸异戊酯（柳酸异戊酯）	GB 28357—2012
455	食品安全国家标准	食品添加剂　丁酰乳酸丁酯	GB 28358—2012
456	食品安全国家标准	食品添加剂　乙酸苯乙酯	GB 28359—2012
457	食品安全国家标准	食品添加剂　苯乙酸苯乙酯	GB 28360—2012
458	食品安全国家标准	食品添加剂　苯乙酸乙酯	GB 28361—2012
459	食品安全国家标准	食品添加剂　苯氧乙酸烯丙酯	GB 28362—2012
460	食品安全国家标准	食品添加剂　二氢香豆素	GB 28363—2012
461	食品安全国家标准	食品添加剂　2-甲基-2-戊烯酸（草莓酸）	GB 28364—2012
462	食品安全国家标准	食品添加剂　4-羟基-2，5-二甲基-3(2H)呋喃酮	GB 28365—2012
463	食品安全国家标准	食品添加剂　2-乙基-4-羟基-5-甲基-3（2H）-呋喃酮	GB 28366—2012
464	食品安全国家标准	食品添加剂　4-羟基-5-甲基-3（2H）呋喃酮	GB 28367—2012
465	食品安全国家标准	食品添加剂　2，3-戊二酮	GB 28368—2012
466	食品安全国家标准	食品添加剂　磷脂	GB 28401—2012
467	食品安全国家标准	食品添加剂　普鲁兰多糖	GB 28402—2012
468	食品安全国家标准	食品添加剂　瓜尔胶	GB 28403—2012
469	食品安全国家标准	食品添加剂　氨水	GB 29201—2012
470	食品安全国家标准	食品添加剂　氮气	GB 29202—2012
471	食品安全国家标准	食品添加剂　碘化钾	GB 29203—2012
472	食品安全国家标准	食品添加剂　硅胶	GB 29204—2012
473	食品安全国家标准	食品添加剂　硫酸	GB 29205—2012
474	食品安全国家标准	食品添加剂　硫酸铵	GB 29206—2012
475	食品安全国家标准	食品添加剂　硫酸镁	GB 29207—2012
476	食品安全国家标准	食品添加剂　硫酸锰	GB 29208—2012
477	食品安全国家标准	食品添加剂　硫酸钠	GB 29209—2012
478	食品安全国家标准	食品添加剂　硫酸铜	GB 29210—2012
479	食品安全国家标准	食品添加剂　硫酸亚铁	GB 29211—2012
480	食品安全国家标准	食品添加剂　羰基铁粉	GB 29212—2012

续表

序号	标准名称			标准号
	食品添加剂质量规格及相关标准			
481	食品安全国家标准	食品添加剂	硝酸钾	GB 29213—2012
482	食品安全国家标准	食品添加剂	亚铁氰化钠	GB 29214—2012
483	食品安全国家标准	食品添加剂	植物活性炭（木质活性炭）	GB 29215—2012
484	食品安全国家标准	食品添加剂	丙二醇	GB 29216—2012
485	食品安全国家标准	食品添加剂	环己基氨基磺酸钙	GB 29217—2012
486	食品安全国家标准	食品添加剂	甲醇	GB 29218—2012
487	食品安全国家标准	食品添加剂	山梨醇酐三硬脂酸酯（司盘65）	GB 29220—2012
488	食品安全国家标准 食品添加剂 聚氧乙烯（20）山梨醇酐单月桂酸酯（吐温20）			GB 29221—2012
489	食品安全国家标准 食品添加剂 聚氧乙烯（20）山梨醇酐单棕榈酸酯（吐温40）			GB 29222—2012
490	食品安全国家标准	食品添加剂	脱氢乙酸	GB 29223—2012
491	食品安全国家标准	食品添加剂	凹凸棒粘土	GB 29225—2012
492	食品安全国家标准	食品添加剂	天门冬氨酸钙	GB 29226—2012
493	食品安全国家标准	食品添加剂	丙酮	GB 29227—2012
494	食品安全国家标准	食品添加剂	醋酸酯淀粉	GB 29925—2013
495	食品安全国家标准	食品添加剂	磷酸酯双淀粉	GB 29926—2013
496	食品安全国家标准	食品添加剂	氧化淀粉	GB 29927—2013
497	食品安全国家标准	食品添加剂	酸处理淀粉	GB 29928—2013
498	食品安全国家标准	食品添加剂	乙酰化二淀粉磷酸酯	GB 29929—2013
499	食品安全国家标准	食品添加剂	羟丙基淀粉	GB 29930—2013
500	食品安全国家标准	食品添加剂	羟丙基二淀粉磷酸酯	GB 29931—2013
501	食品安全国家标准	食品添加剂	乙酰化双淀粉己二酸酯	GB 29932—2013
502	食品安全国家标准	食品添加剂	氧化羟丙基淀粉	GB 29933—2013
503	食品安全国家标准	食品添加剂	辛烯基琥珀酸铝淀粉	GB 29934—2013
504	食品安全国家标准	食品添加剂	磷酸化二淀粉磷酸酯	GB 29935—2013
505	食品安全国家标准	食品添加剂	淀粉磷酸酯钠	GB 29936—2013
506	食品安全国家标准	食品添加剂	羧甲基淀粉钠	GB 29937—2013

续表

序号	标准名称	标准号
	食品添加剂质量规格及相关标准	
507	食品安全国家标准 食品添加剂 琥珀酸二钠	GB 29939—2013
508	食品安全国家标准 食品添加剂 柠檬酸亚锡二钠	GB 29940—2013
509	食品安全国家标准 食品添加剂 脱乙酰甲壳素（壳聚糖）	GB 29941—2013
510	食品安全国家标准 食品添加剂 维生素 E（dl-α-生育酚）	GB 29942—2013
511	食品安全国家标准 食品添加剂 棕榈酸视黄酯（棕榈酸维生素 A）	GB 29943—2013
512	食品安全国家标准 食品添加剂 N-［N-（3，3-二甲基丁基）］-L-α-天门冬氨-L-苯丙氨酸 1-甲酯（纽甜）	GB 29944—2013
513	食品安全国家标准 食品添加剂 槐豆胶（刺槐豆胶）	GB 29945—2013
514	食品安全国家标准 食品添加剂 纤维素	GB 29946—2013
515	食品安全国家标准 食品添加剂 萜烯树脂	GB 29947—2013
516	食品安全国家标准 食品添加剂 聚丙烯酸钠	GB 29948—2013
517	食品安全国家标准 食品添加剂 阿拉伯胶	GB 29949—2013
518	食品安全国家标准 食品添加剂 甘油	GB 29950—2013
519	食品安全国家标准 食品添加剂 柠檬酸脂肪酸甘油酯	GB 29951—2013
520	食品安全国家标准 食品添加剂 γ-辛内酯	GB 29952—2013
521	食品安全国家标准 食品添加剂 δ-辛内酯	GB 29953—2013
522	食品安全国家标准 食品添加剂 δ-壬内酯	GB 29954—2013
523	食品安全国家标准 食品添加剂 δ-十一内酯	GB 29955—2013
524	食品安全国家标准 食品添加剂 δ-突厥酮	GB 29956—2013
525	食品安全国家标准 食品添加剂 二氢-β-紫罗兰酮	GB 29957—2013
526	食品安全国家标准 食品添加剂 l-薄荷醇丙二醇碳酸酯	GB 29958—2013
527	食品安全国家标准 食品添加剂 d，l-薄荷酮甘油缩酮	GB 29959—2013
528	食品安全国家标准 食品添加剂 二烯丙基硫醚	GB 29960—2013
529	食品安全国家标准 食品添加剂 4，5-二氢-3（2H）噻吩酮（四氢噻吩-3-酮）	GB 29961—2013
530	食品安全国家标准 食品添加剂 2-巯基-3-丁醇	GB 29962—2013
531	食品安全国家标准 食品添加剂 3-巯基-2-丁酮（3-巯基-丁-2-酮）	GB 29963—2013
532	食品安全国家标准 食品添加剂 二甲基二硫醚	GB 29964—2013

续表

序号	标准名称	标准号
	食品添加剂质量规格及相关标准	
533	食品安全国家标准　食品添加剂　二丙基二硫醚	GB 29965—2013
534	食品安全国家标准　食品添加剂　烯丙基二硫醚	GB 29966—2013
535	食品安全国家标准　食品添加剂　柠檬酸三乙酯	GB 29967—2013
536	食品安全国家标准　食品添加剂　肉桂酸苄酯	GB 29968—2013
537	食品安全国家标准　食品添加剂　肉桂酸肉桂酯	GB 29969—2013
538	食品安全国家标准　食品添加剂　2，5-二甲基吡嗪	GB 29970—2013
539	食品安全国家标准　食品添加剂　苯甲醛丙二醇缩醛	GB 29971—2013
540	食品安全国家标准　食品添加剂　乙醛二乙缩醛	GB 29972—2013
541	食品安全国家标准　食品添加剂　2-异丙基-4-甲基噻唑	GB 29973—2013
542	食品安全国家标准　食品添加剂　糠基硫醇（咖啡醛）	GB 29974—2013
543	食品安全国家标准　食品添加剂　二糠基二硫醚	GB 29975—2013
544	食品安全国家标准　食品添加剂　1-辛烯-3-醇	GB 29976—2013
545	食品安全国家标准　食品添加剂　2-乙酰基吡咯	GB 29977—2013
546	食品安全国家标准　食品添加剂　2-己烯醛（叶醛）	GB 29978—2013
547	食品安全国家标准　食品添加剂　氧化芳樟醇	GB 29979—2013
548	食品安全国家标准　食品添加剂　异硫氰酸烯丙酯	GB 29980—2013
549	食品安全国家标准　食品添加剂　N-乙基-2-异丙基-5-甲基-环己烷甲酰胺	GB 29981—2013
550	食品安全国家标准　食品添加剂　δ-己内酯	GB 29982—2013
551	食品安全国家标准　食品添加剂　δ-十四内酯	GB 29983—2013
552	食品安全国家标准　食品添加剂　四氢芳樟醇	GB 29984—2013
553	食品安全国家标准　食品添加剂　叶醇（顺式-3-己烯-1-醇）	GB 29985—2013
554	食品安全国家标准　食品添加剂　6-甲基-5-庚烯-2-酮	GB 29986—2013
555	食品安全国家标准　食品添加剂　胶基及其配料	GB 29987—2014
556	食品安全国家标准　食品添加剂　海藻酸钾（褐藻酸钾）	GB 29988—2013
557	食品安全国家标准　食品添加剂　对羟基苯甲酸甲酯钠	GB 30601—2014
558	食品安全国家标准　食品添加剂　对羟基苯甲酸乙酯钠	GB 30602—2014
559	食品安全国家标准　食品添加剂　乙酸钠	GB 30603—2014

续表

序号	标准名称		标准号
	食品添加剂质量规格及相关标准		
560	食品安全国家标准	食品添加剂　甘氨酸钙	GB 30605—2014
561	食品安全国家标准	食品添加剂　甘氨酸亚铁	GB 30606—2014
562	食品安全国家标准	食品添加剂　酶解大豆磷脂	GB 30607—2014
563	食品安全国家标准	食品添加剂　DL-苹果酸钠	GB 30608—2014
564	食品安全国家标准	食品添加剂　聚氧乙烯聚氧丙烯季戊四醇醚	GB 30609—2014
565	食品安全国家标准	食品添加剂　乙醇	GB 30610—2014
566	食品安全国家标准	食品添加剂　异丙醇	GB 30611—2014
567	食品安全国家标准	食品添加剂　聚二甲基硅氧烷及其乳液	GB 30612—2014
568	食品安全国家标准	食品添加剂　磷酸氢二铵	GB 30613—2014
569	食品安全国家标准	食品添加剂　氧化钙	GB 30614—2014
570	食品安全国家标准	食品添加剂　竹叶抗氧化物	GB 30615—2014
571	食品安全国家标准	食品添加剂　决明胶	GB 31619—2014
572	食品安全国家标准	食品添加剂　β-阿朴-8'-胡萝卜素醛	GB 31620—2014
573	食品安全国家标准	食品添加剂　杨梅红	GB 31622—2014
574	食品安全国家标准	食品添加剂　硬脂酸钾	GB 31623—2014
575	食品安全国家标准	食品添加剂　天然胡萝卜素	GB 31624—2014
576	食品安全国家标准	食品添加剂　二氢茉莉酮酸甲酯	GB 31625—2014
577	食品安全国家标准	食品添加剂　水杨酸苄酯（柳酸苄酯）	GB 31626—2014
578	食品安全国家标准	食品添加剂　香芹酚	GB 31627—2014
579	食品安全国家标准	食品添加剂　高岭土	GB 31628—2014
580	食品安全国家标准	食品添加剂　聚丙烯酰胺	GB 31629—2014
581	食品安全国家标准	食品添加剂　聚乙烯醇	GB 31630—2014
582	食品安全国家标准	食品添加剂　氯化铵	GB 31631—2014
583	食品安全国家标准	食品添加剂　镍	GB 31632—2014
584	食品安全国家标准	食品添加剂　氢气	GB 31633—2014
585	食品安全国家标准	食品添加剂　珍珠岩	GB 31634—2014
586	食品安全国家标准	食品添加剂　聚苯乙烯	GB 31635—2014

续表

序号	标准名称		标准号
	食品添加剂质量规格及相关标准		
587	食品安全国家标准 食品添加剂	聚氧丙烯甘油醚	GB 1886.297—2018
588	食品安全国家标准 食品添加剂	聚氧丙烯氧化乙烯甘油醚	GB 1886.298—2018
589	食品安全国家标准 食品添加剂	冰结构蛋白	GB 1886.299—2018
590	食品安全国家标准 食品添加剂	离子交换树脂	GB 1886.300—2018
591	食品安全国家标准 食品添加剂	半乳甘露聚糖	GB 1886.301—2018
	食品营养强化剂质量规格标准		
1	食品安全国家标准 食品营养强化剂	5′-尿苷酸二钠	GB 1886.82—2015
2	食品安全国家标准 食品营养强化剂	L-盐酸赖氨酸	GB 1903.1—2015
3	食品安全国家标准 食品营养强化剂	甘氨酸锌	GB 1903.2—2015
4	食品安全国家标准 食品营养强化剂	5′-单磷酸腺苷	GB 1903.3—2015
5	食品安全国家标准 食品营养强化剂	氧化锌	GB 1903.4—2015
6	食品安全国家标准 食品营养强化剂	5′-胞苷酸二钠	GB 1903.5—2016
7	食品安全国家标准 食品营养强化剂	维生素 E 琥珀酸钙	GB 1903.6—2015
8	食品安全国家标准 食品营养强化剂	葡萄糖酸锰	GB 1903.7—2015
9	食品安全国家标准 食品营养强化剂	葡萄糖酸铜	GB 1903.8—2015
10	食品安全国家标准 食品营养强化剂	亚硒酸钠	GB 1903.9—2015
11	食品安全国家标准 食品营养强化剂	葡萄糖酸亚铁	GB 1903.10—2015
12	食品安全国家标准 食品营养强化剂	乳酸锌	GB 1903.11—2015
13	食品安全国家标准 食品营养强化剂	L-硒-甲基硒代半胱氨酸	GB 1903.12—2015
14	食品安全国家标准 食品营养强化剂	左旋肉碱（L-肉碱）	GB 1903.13—2016
15	食品安全国家标准 食品营养强化剂	柠檬酸钙	GB 1903.14—2016
16	食品安全国家标准 食品营养强化剂	醋酸钙（乙酸钙）	GB 1903.15—2016
17	食品安全国家标准 食品营养强化剂	焦磷酸铁	GB 1903.16—2016
18	食品安全国家标准 食品营养强化剂	乳铁蛋白	GB 1903.17—2016
19	食品安全国家标准 食品营养强化剂	柠檬酸苹果酸钙	GB 1903.18—2016
20	食品安全国家标准 食品营养强化剂	骨粉	GB 1903.19—2016
21	食品安全国家标准 食品营养强化剂	硝酸硫胺素	GB 1903.20—2016
22	食品安全国家标准 食品营养强化剂	富硒酵母	GB 1903.21—2016

续表

序号		标准名称		标准号
		食品营养强化剂质量规格标准		
23	食品安全国家标准	食品营养强化剂	富硒食用菌粉	GB 1903.22—2016
24	食品安全国家标准	食品营养强化剂	硒化卡拉胶	GB 1903.23—2016
25	食品安全国家标准	食品营养强化剂	维生素C磷酸酯镁	GB 1903.24—2016
26	食品安全国家标准	食品营养强化剂	D-生物素	GB 1903.25—2016
27	食品安全国家标准	食品营养强化剂	1,3-二油酸-2-棕榈酸甘油三酯	GB 30604—2015
28	食品安全国家标准	食品营养强化剂	酪蛋白磷酸肽	GB 31617—2014
29	食品安全国家标准	食品营养强化剂	棉子糖	GB 31618—2014
30	食品安全国家标准	食品营养强化剂	硒蛋白	GB 1903.28—2018
31	食品安全国家标准	食品营养强化剂	葡萄糖酸镁	GB 1903.29—2018
32	食品安全国家标准	食品营养强化剂	醋酸视黄酯（醋酸维生素A）	GB 1903.31—2018
33	食品安全国家标准	食品营养强化剂	D-泛酸钠	GB 1903.32—2018
34	食品安全国家标准	食品营养强化剂	氯化锌	GB 1903.34—2018
35	食品安全国家标准	食品营养强化剂	乙酸锌	GB 1903.35—2018
36	食品安全国家标准	食品营养强化剂	氯化胆碱	GB 1903.36—2018
37	食品安全国家标准	食品营养强化剂	柠檬酸铁	GB 1903.37—2018
38	食品安全国家标准	食品营养强化剂	琥珀酸亚铁	GB 1903.38—2018
39	食品安全国家标准	食品营养强化剂	海藻碘	GB 1903.39—2018
40	食品安全国家标准	食品营养强化剂	葡萄糖酸钾	GB 1903.41—2018
		食品相关产品安全标准		
1	食品安全国家标准	洗涤剂		GB 14930.1—2015
2	食品安全国家标准	消毒剂		GB 14930.2—2012
3	食品安全国家标准	食品接触材料及制品迁移试验通则		GB 31604.1—2015
4	食品安全国家标准	食品接触材料及制品通用安全要求		GB 4806.1—2016
5	食品安全国家标准	奶嘴		GB 4806.2—2015
6	食品安全国家标准	搪瓷制品		GB 4806.3—2016
7	食品安全国家标准	陶瓷制品		GB 4806.4—2016
8	食品安全国家标准	玻璃制品		GB 4806.5—2016
9	食品安全国家标准	食品接触用塑料树脂		GB 4806.6—2016

续表

序号		标准名称	标准号
		食品相关产品安全标准	
10	食品安全国家标准	食品接触用塑料材料及制品	GB 4806.7—2016
11	食品安全国家标准	食品接触用纸和纸板材料及制品	GB 4806.8—2016
12	食品安全国家标准	食品接触用金属材料及制品	GB 4806.9—2016
13	食品安全国家标准	食品接触用涂料及涂层	GB 4806.10—2016
14	食品安全国家标准	食品接触用橡胶材料及制品	GB 4806.11—2016
15	食品安全国家标准	消毒餐（饮）具	GB 14934—2016
		生产经营规范标准	
1	食品安全国家标准	食品生产通用卫生规范	GB 14881—2013
2	食品安全国家标准	食品经营过程卫生规范	GB 31621—2014
3	食品安全国家标准	乳制品良好生产规范	GB 12693—2010
4	食品安全国家标准	粉状婴幼儿配方食品良好生产规范	GB 23790—2010
5	食品安全国家标准	特殊医学用途配方食品良好生产规范	GB 29923—2013
6	食品安全国家标准	食品接触材料及制品生产通用卫生规范	GB 31603—2015
7	食品安全国家标准	罐头食品生产卫生规范	GB 8950—2016
8	食品安全国家标准	蒸馏酒及其配制酒生产卫生规范	GB 8951—2016
9	食品安全国家标准	啤酒生产卫生规范	GB 8952—2016
10	食品安全国家标准	食醋生产卫生规范	GB 8954—2016
11	食品安全国家标准	食用植物油及其制品生产卫生规范	GB 8955—2016
12	食品安全国家标准	蜜饯生产卫生规范	GB 8956—2016
13	食品安全国家标准	糕点、面包卫生规范	GB 8957—2016
14	食品安全国家标准	畜禽屠宰加工卫生规范	GB 12694—2016
15	食品安全国家标准	饮料生产卫生规范	GB 12695—2016
16	食品安全国家标准	谷物加工卫生规范	GB 13122—2016
17	食品安全国家标准	糖果巧克力生产卫生规范	GB 17403—2016
18	食品安全国家标准	膨化食品生产卫生规范	GB 17404—2016
19	食品安全国家标准	食品辐照加工卫生规范	GB 18524—2016
20	食品安全国家标准	蛋与蛋制品生产卫生规范	GB 21710—2016
21	食品安全国家标准	发酵酒及其配制酒生产卫生规范	GB 12696—2016

续表

序号	标准名称		标准号
	生产经营规范标准		
22	食品安全国家标准	原粮储运卫生规范	GB 22508—2016
23	食品安全国家标准	水产制品生产卫生规范	GB 20941—2016
24	食品安全国家标准	肉和肉制品经营卫生规范	GB 20799—2016
25	食品安全国家标准	航空食品卫生规范	GB 31641—2016
26	食品安全国家标准	酱油生产卫生规范	GB 8953—2018
27	食品安全国家标准	包装饮用水生产卫生规范	GB 19304—2018
28	食品安全国家标准	速冻食品生产和经营卫生规范	GB 31646—2018
29	食品安全国家标准	食品添加剂生产通用卫生规范	GB 31647—2018
	理化检验方法标准		
1	食品安全国家标准	食品相对密度的测定	GB 5009.2—2016
2	食品安全国家标准	食品中水分的测定	GB 5009.3—2016
3	食品安全国家标准	食品中灰分的测定	GB 5009.4—2016
4	食品安全国家标准	食品中蛋白质的测定	GB 5009.5—2016
5	食品安全国家标准	食品中脂肪的测定	GB 5009.6—2016
6	食品安全国家标准	食品中还原糖的测定	GB 5009.7—2016
7	食品安全国家标准	食品中果糖、葡萄糖、蔗糖、麦芽糖、乳糖的测定	GB 5009.8—2016
8	食品安全国家标准	食品中淀粉的测定	GB 5009.9—2016
9	食品安全国家标准	食品中总砷及无机砷的测定	GB 5009.11—2014
10	食品安全国家标准	食品中铅的测定	GB 5009.12—2017
11	食品安全国家标准	食品中铜的测定	GB 5009.13—2017
12	食品安全国家标准	食品中锌的测定	GB 5009.14—2017
13	食品安全国家标准	食品中镉的测定	GB 5009.15—2014
14	食品安全国家标准	食品中锡的测定	GB 5009.16—2014
15	食品安全国家标准	食品中总汞及有机汞的测定	GB 5009.17—2014
16	食品安全国家标准	食品中黄曲霉毒素 B 族和 G 族的测定	GB 5009.22—2016
17	食品安全国家标准	食品中黄曲霉毒素 M 族的测定	GB 5009.24—2016
18	食品安全国家标准	食品中杂色曲霉素的测定	GB 5009.25—2016
19	食品安全国家标准	食品中 N-亚硝胺类化合物的测定	GB 5009.26—2016

续表

序号	标准名称		标准号
		理化检验方法标准	
20	食品安全国家标准	食品中苯并（a）芘的测定	GB 5009.27—2016
21	食品安全国家标准	食品中苯甲酸、山梨酸和糖精钠的测定	GB 5009.28—2016
22	食品安全国家标准	食品中对羟基苯甲酸酯类的测定	GB 5009.31—2016
23	食品安全国家标准	食品中9种抗氧化剂的测定	GB 5009.32—2016
24	食品安全国家标准	食品中亚硝酸盐与硝酸盐的测定	GB 5009.33—2016
25	食品安全国家标准	食品中二氧化硫的测定	GB 5009.34—2016
26	食品安全国家标准	食品中合成着色剂的测定	GB 5009.35—2016
27	食品安全国家标准	食品中氰化物的测定	GB 5009.36—2016
28	食品安全国家标准	食盐指标的测定	GB 5009.42—2016
29	食品安全国家标准	味精中麸氨酸钠（谷氨酸钠）的测定	GB 5009.43—2016
30	食品安全国家标准	食品中氯化物的测定	GB 5009.44—2016
31	食品安全国家标准	食品添加剂中重金属限量试验	GB 5009.74—2014
32	食品安全国家标准	食品添加剂中铅的测定	GB 5009.75—2014
33	食品安全国家标准	食品添加剂中砷的测定	GB 5009.76—2014
34	食品安全国家标准	食品中维生素 A、D、E 的测定	GB 5009.82—2016
35	食品安全国家标准	食品中胡萝卜素的测定	GB 5009.83—2016
36	食品安全国家标准	食品中维生素 B_1 的测定	GB 5009.84—2016
37	食品安全国家标准	食品中维生素 B_2 的测定	GB 5009.85—2016
38	食品安全国家标准	食品中抗坏血酸的测定	GB 5009.86—2016
39	食品安全国家标准	食品中磷的测定	GB 5009.87—2016
40	食品安全国家标准	食品中膳食纤维的测定	GB 5009.88—2014
41	食品安全国家标准	食品中烟酸和烟酰胺的测定	GB 5009.89—2016
42	食品安全国家标准	食品中铁的测定	GB 5009.90—2016
43	食品安全国家标准	食品中钾、钠的测定	GB 5009.91—2017
44	食品安全国家标准	食品中钙的测定	GB 5009.92—2016
45	食品安全国家标准	食品中硒的测定	GB 5009.93—2017
46	食品安全国家标准	植物性食品中稀土元素的测定	GB 5009.94—2012
47	食品安全国家标准	食品中赭曲霉毒素 A 的测定	GB 5009.96—2016

续表

序号	标准名称		标准号
		理化检验方法标准	
48	食品安全国家标准	食品中环己基氨基磺酸钠的测定	GB 5009.97—2016
49	食品安全国家标准 测定	食品中脱氧雪腐镰刀菌烯醇及其乙酰化衍生物的	GB 5009.111—2016
50	食品安全国家标准	食品中 T-2 毒素的测定	GB 5009.118—2016
51	食品安全国家标准	食品中丙酸钠、丙酸钙的测定	GB 5009.120—2016
52	食品安全国家标准	食品中脱氢乙酸的测定	GB 5009.121—2016
53	食品安全国家标准	食品中铬的测定	GB 5009.123—2014
54	食品安全国家标准	食品中氨基酸的测定	GB 5009.124—2016
55	食品安全国家标准	食品中胆固醇的测定	GB 5009.128—2016
56	食品安全国家标准	食品中锑的测定	GB 5009.137—2016
57	食品安全国家标准	食品中镍的测定	GB 5009.138—2017
58	食品安全国家标准	饮料中咖啡因的测定	GB 5009.139—2014
59	食品安全国家标准	食品中诱惑红的测定	GB 5009.141—2016
60	食品安全国家标准	植物性食品中游离棉酚的测定	GB 5009.148—2014
61	食品安全国家标准	食品中栀子黄的测定	GB 5009.149—2016
62	食品安全国家标准	食品中红曲色素的测定	GB 5009.150—2016
63	食品安全国家标准	食品中植酸的测定	GB 5009.153—2016
64	食品安全国家标准	食品中维生素 B_6 的测定	GB 5009.154—2016
65	食品安全国家标准	食品接触材料及制品迁移试验预处理方法通则	GB 5009.156—2016
66	食品安全国家标准	食品有机酸的测定	GB 5009.157—2016
67	食品安全国家标准	食品中维生素 K_1 的测定	GB 5009.158—2016
68	食品安全国家标准	食品中脂肪酸的测定	GB 5009.168—2016
69	食品安全国家标准	食品中牛磺酸的测定	GB 5009.169—2016
70	食品安全国家标准	食品中三甲胺的测定	GB 5009.179—2016
71	食品安全国家标准	食品中丙二醛的测定	GB 5009.181—2016
72	食品安全国家标准	食品中铝的测定	GB 5009.182—2017
73	食品安全国家标准	食品中展青霉素的测定	GB 5009.185—2016
74	食品安全国家标准	食品中米酵菌酸的测定	GB 5009.189—2016

续表

序号	标准名称		标准号
		理化检验方法标准	
75	食品安全国家标准	食品中指示性多氯联苯含量的测定	GB 5009.190—2016
76	食品安全国家标准	食品中氯丙醇及其脂肪酸酯含量的测定	GB 5009.191—2016
77	食品安全国家标准	贝类中失忆性贝类毒素的测定	GB 5009.198—2016
78	食品安全国家标准	食用油中极性组分（PC）的测定	GB 5009.202—2016
79	食品安全国家标准	食品中丙烯酰胺的测定	GB 5009.204—2014
80	食品安全国家标准	食品中二噁英及其类似物毒性当量的测定	GB 5009.205—2013
81	食品安全国家标准	水产品中河豚毒素的测定	GB 5009.206—2016
82	食品安全国家标准	食品中生物胺的测定	GB 5009.208—2016
83	食品安全国家标准	食品中玉米赤霉烯酮的测定	GB 5009.209—2016
84	食品安全国家标准	食品中泛酸的测定	GB 5009.210—2016
85	食品安全国家标准	食品中叶酸的测定	GB 5009.211—2014
86	食品安全国家标准	贝类中腹泻性贝类毒素的测定	GB 5009.212—2016
87	食品安全国家标准	贝类中麻痹性贝类毒素的测定	GB 5009.213—2016
88	食品安全国家标准	食品中有机锡的测定	GB 5009.215—2016
89	食品安全国家标准	食品中桔青霉素的测定	GB 5009.222—2016
90	食品安全国家标准	食品中氨基甲酸乙酯的测定	GB 5009.223—2014
91	食品安全国家标准	大豆制品中胰蛋白酶抑制剂活性的测定	GB 5009.224—2016
92	食品安全国家标准	酒中乙醇浓度的测定	GB 5009.225—2016
93	食品安全国家标准	食品中过氧化氢残留量的测定	GB 5009.226—2016
94	食品安全国家标准	食品中过氧化值的测定	GB 5009.227—2016
95	食品安全国家标准	食品中挥发性盐基氮的测定	GB 5009.228—2016
96	食品安全国家标准	食品中酸价的测定	GB 5009.229—2016
97	食品安全国家标准	食品中羰基价的测定	GB 5009.230—2016
98	食品安全国家标准	水产品中挥发酚残留量的测定	GB 5009.231—2016
99	食品安全国家标准	水果、蔬菜及其制品中甲酸的测定	GB 5009.232—2016
100	食品安全国家标准	食醋中游离矿酸的测定	GB 5009.233—2016
101	食品安全国家标准	食品中铵盐的测定	GB 5009.234—2016
102	食品安全国家标准	食品中氨基酸态氮的测定	GB 5009.235—2016

续表

序号	标准名称		标准号
		理化检验方法标准	
103	食品安全国家标准	动植物油脂水分及挥发物的测定	GB 5009.236—2016
104	食品安全国家标准	食品 pH 值的测定	GB 5009.237—2016
105	食品安全国家标准	食品水分活度的测定	GB 5009.238—2016
106	食品安全国家标准	食品酸度的测定	GB 5009.239—2016
107	食品安全国家标准	食品中伏马毒素的测定	GB 5009.240—2016
108	食品安全国家标准	食品中镁的测定	GB 5009.241—2017
109	食品安全国家标准	食品中锰的测定	GB 5009.242—2017
110	食品安全国家标准	高温烹调食品中杂环胺类物质的测定	GB 5009.243—2016
111	食品安全国家标准	食品中二氧化氯的测定	GB 5009.244—2016
112	食品安全国家标准	食品中聚葡萄糖的测定	GB 5009.245—2016
113	食品安全国家标准	食品中二氧化钛的测定	GB 5009.246—2016
114	食品安全国家标准	食品中纽甜的测定	GB 5009.247—2016
115	食品安全国家标准	食品中叶黄素的测定	GB 5009.248—2016
116	食品安全国家标准	铁强化酱油中乙二胺四乙酸铁钠的测定	GB 5009.249—2016
117	食品安全国家标准	食品中乙基麦芽酚的测定	GB 5009.250—2016
118	食品安全国家标准	食品中 1，2-丙二醇的测定	GB 5009.251—2016
119	食品安全国家标准	食品中乙酰丙酸的测定	GB 5009.252—2016
120	食品安全国家标准	动物源性食品中全氟辛烷磺酸（PFOS）和全氟辛酸（PFOA）的测定	GB 5009.253—2016
121	食品安全国家标准	动植物油脂中聚二甲基硅氧烷的测定	GB 5009.254—2016
122	食品安全国家标准	食品中果聚糖的测定	GB 5009.255—2016
123	食品安全国家标准	食品中多种磷酸盐的测定	GB 5009.256—2016
124	食品安全国家标准	食品中反式脂肪酸的测定	GB 5009.257—2016
125	食品安全国家标准	食品中棉子糖的测定	GB 5009.258—2016
126	食品安全国家标准	食品中生物素的测定	GB 5009.259—2016
127	食品安全国家标准	食品中叶绿素铜钠的测定	GB 5009.260—2016
128	食品安全国家标准	贝类中神经性贝类毒素的测定	GB 5009.261—2016
129	食品安全国家标准	食品中溶剂残留量的测定	GB 5009.262—2016

续表

序号	标准名称		标准号
		理化检验方法标准	
130	食品安全国家标准	食品中阿斯巴甜和阿力甜的测定	GB 5009.263—2016
131	食品安全国家标准	食品中乙酸苄酯的测定	GB 5009.264—2016
132	食品安全国家标准	食品中多环芳烃的测定	GB 5009.265—2016
133	食品安全国家标准	食品中甲醇的测定	GB 5009.266—2016
134	食品安全国家标准	食品中碘的测定	GB 5009.267—2016
135	食品安全国家标准	食品中多元素的测定	GB 5009.268—2016
136	食品安全国家标准	食品中滑石粉的测定	GB 5009.269—2016
137	食品安全国家标准	食品中肌醇的测定	GB 5009.270—2016
138	食品安全国家标准	食品中邻苯二甲酸酯的测定	GB 5009.271—2016
139	食品安全国家标准	食品中磷脂酰胆碱、磷脂酰乙醇胺、磷脂酰肌醇的测定	GB 5009.272—2016
140	食品安全国家标准	水产品中微囊藻毒素的测定	GB 5009.273—2016
141	食品安全国家标准	水产品中西加毒素的测定	GB 5009.274—2016
142	食品安全国家标准	食品中硼酸的测定	GB 5009.275—2016
143	食品安全国家标准	食品中葡萄糖酸-δ-内酯的测定	GB 5009.276—2016
144	食品安全国家标准	食品中双乙酸钠的测定	GB 5009.277—2016
145	食品安全国家标准	食品中乙二胺四乙酸盐的测定	GB 5009.278—2016
146	食品安全国家标准	食品中木糖醇、山梨醇、麦芽糖醇、赤藓糖醇的测定	GB 5009.279—2016
147	食品安全国家标准	婴幼儿食品和乳品中乳糖、蔗糖的测定	GB 5413.5—2010
148	食品安全国家标准	婴幼儿食品和乳品中不溶性膳食纤维的测定	GB 5413.6—2010
149	食品安全国家标准	婴幼儿食品和乳品中维生素 B_{12} 的测定	GB 5413.14—2010
150	食品安全国家标准	婴幼儿食品和乳品中维生素 C 的测定	GB 5413.18—2010
151	食品安全国家标准	婴幼儿食品和乳品中胆碱的测定	GB 5413.20—2013
152	食品安全国家标准	婴幼儿食品和乳品溶解性的测定	GB 5413.29—2010
153	食品安全国家标准	乳和乳制品杂质度的测定	GB 5413.30—2016
154	食品安全国家标准	婴幼儿食品和乳品中脲酶的测定	GB 5413.31—2013
155	食品安全国家标准	婴幼儿食品和乳品中反式脂肪酸的测定	GB 5413.36—2010
156	食品安全国家标准	生乳冰点的测定	GB 5413.38—2016
157	食品安全国家标准	乳和乳制品中非脂乳固体的测定	GB 5413.39—2010

续表

序号	标准名称		标准号
	理化检验方法标准		
158	食品安全国家标准	婴幼儿食品和乳品中核苷酸的测定	GB 5413.40—2016
159	食品安全国家标准	饮用天然矿泉水检验方法	GB 8538—2016
160	食品安全国家标准	食品中放射性物质检验　总则	GB 14883.1—2016
161	食品安全国家标准	食品中放射性物质氢-3 的测定	GB 14883.2—2016
162	食品安全国家标准	食品中放射性物质锶-89 和锶-90 的测定	GB 14883.3—2016
163	食品安全国家标准	食品中放射性物质钷-147 的测定	GB 14883.4—2016
164	食品安全国家标准	食品中放射性物质钋-210 的测定	GB 14883.5—2016
165	食品安全国家标准	食品中放射性物质镭-226 和镭-228 的测定	GB 14883.6—2016
166	食品安全国家标准	食品中放射性物质天然钍和铀的测定	GB 14883.7—2016
167	食品安全国家标准	食品中放射性物质钚-239、钚-240 的测定	GB 14883.8—2016
168	食品安全国家标准	食品中放射性物质碘-131 的测定	GB 14883.9—2016
169	食品安全国家标准	食品中放射性物质铯-137 的测定	GB 14883.10—2016
170	食品安全国家标准	含脂类辐照食品鉴定 2-十二烷基环丁酮的气相色谱-质谱分析法	GB 21926—2016
171	食品安全国家标准	干酪及加工干酪制品中添加的柠檬酸盐的测定	GB 22031—2010
172	食品安全国家标准	食品中三氯蔗糖（蔗糖素）的测定	GB 22255—2014
173	食品安全国家标准	辐照食品鉴定　筛选法	GB 23748—2016
174	食品安全国家标准	保健食品中 α-亚麻酸、二十碳五烯酸、二十二碳五烯酸和二十二碳六烯酸的测定	GB 28404—2012
175	食品安全国家标准	婴幼儿食品和乳品中左旋肉碱的测定	GB 29989—2013
176	食品安全国家标准	食品接触材料及制品　高锰酸钾消耗量的测定	GB 31604.2—2016
177	食品安全国家标准	食品接触材料及制品　树脂干燥失重的测定	GB 31604.3—2016
178	食品安全国家标准	食品接触材料及制品　树脂中挥发物的测定	GB 31604.4—2016
179	食品安全国家标准	食品接触材料及制品　树脂中提取物的测定	GB 31604.5—2016
180	食品安全国家标准	食品接触材料及制品　树脂中灼烧残渣的测定	GB 31604.6—2016
181	食品安全国家标准	食品接触材料及制品　脱色试验	GB 31604.7—2016
182	食品安全国家标准	食品接触材料及制品　总迁移量的测定	GB 31604.8—2016
183	食品安全国家标准	食品接触材料及制品　食品模拟物中重金属的测定	GB 31604.9—2016

续表

序号	标准名称	标准号
	理化检验方法标准	
184	食品安全国家标准　食品接触材料及制品　2，2-二（4-羟基苯基）丙烷（双酚A）迁移量的测定	GB 31604.10—2016
185	食品安全国家标准　食品接触材料及制品　1，3-苯二甲胺迁移量的测定	GB 31604.11—2016
186	食品安全国家标准　食品接触材料及制品　1，3-丁二烯的测定和迁移量的测定	GB 31604.12—2016
187	食品安全国家标准　食品接触材料及制品　11-氨基十一酸迁移量的测定	GB 31604.13—2016
188	食品安全国家标准　食品接触材料及制品　1-辛烯和四氢呋喃迁移量的测定	GB 31604.14—2016
189	食品安全国家标准　食品接触材料及制品　2，4，6-三氨基-1，3，5-三嗪（三聚氰胺）迁移量的测定	GB 31604.15—2016
190	食品安全国家标准　食品接触材料及制品　苯乙烯和乙苯的测定	GB 31604.16—2016
191	食品安全国家标准　食品接触材料及制品　丙烯腈的测定和迁移量的测定	GB 31604.17—2016
192	食品安全国家标准　食品接触材料及制品　丙烯酰胺迁移量的测定	GB 31604.18—2016
193	食品安全国家标准　食品接触材料及制品　己内酰胺的测定和迁移量的测定	GB 31604.19—2016
194	食品安全国家标准　食品接触材料及制品　醋酸乙烯酯迁移量的测定	GB 31604.20—2016
195	食品安全国家标准　食品接触材料及制品　对苯二甲酸迁移量的测定	GB 31604.21—2016
196	食品安全国家标准　食品接触材料及制品　发泡聚苯乙烯成型品中二氟二氯甲烷的测定	GB 31604.22—2016
197	食品安全国家标准　食品接触材料及制品　复合食品接触材料中二氨基甲苯的测定	GB 31604.23—2016
198	食品安全国家标准　食品接触材料及制品　镉迁移量的测定	GB 31604.24—2016
199	食品安全国家标准　食品接触材料及制品　铬迁移量的测定	GB 31604.25—2016
200	食品安全国家标准　食品接触材料及制品　环氧氯丙烷的测定和迁移量的测定	GB 31604.26—2016
201	食品安全国家标准　食品接触材料及制品　塑料中环氧乙烷和环氧丙烷的测定	GB 31604.27—2016

续表

序号	标准名称		标准号
		理化检验方法标准	
202	食品安全国家标准	食品接触材料及制品　己二酸二（2-乙基）己酯的测定和迁移量的测定	GB 31604.28—2016
203	食品安全国家标准	食品接触材料及制品　甲基丙烯酸甲酯迁移量的测定	GB 31604.29—2016
204	食品安全国家标准	食品接触材料及制品　邻苯二甲酸酯的测定和迁移量的测定	GB 31604.30—2016
205	食品安全国家标准	食品接触材料及制品　氯乙烯的测定和迁移量的测定	GB 31604.31—2016
206	食品安全国家标准	食品接触材料及制品　木质材料中二氧化硫的测定	GB 31604.32—2016
207	食品安全国家标准	食品接触材料及制品　镍迁移量的测定	GB 31604.33—2016
208	食品安全国家标准	食品接触材料及制品　铅的测定和迁移量的测定	GB 31604.34—2016
209	食品安全国家标准	食品接触材料及制品　全氟辛烷磺酸（PFOS）和全氟辛酸（PFOA）的测定	GB 31604.35—2016
210	食品安全国家标准	食品接触材料及制品　软木中杂酚油的测定	GB 31604.36—2016
211	食品安全国家标准	食品接触材料及制品　三乙胺和三正丁胺的测定	GB 31604.37—2016
212	食品安全国家标准	食品接触材料及制品　砷的测定和迁移量的测定	GB 31604.38—2016
213	食品安全国家标准	食品接触材料及制品　食品接触用纸中多氯联苯的测定	GB 31604.39—2016
214	食品安全国家标准	食品接触材料及制品　顺丁烯二酸及其酸酐迁移量的测定	GB 31604.40—2016
215	食品安全国家标准	食品接触材料及制品　锑迁移量的测定	GB 31604.41—2016
216	食品安全国家标准	食品接触材料及制品　锌迁移量的测定	GB 31604.42—2016
217	食品安全国家标准	食品接触材料及制品　乙二胺和己二胺迁移量的测定	GB 31604.43—2016
218	食品安全国家标准	食品接触材料及制品　乙二醇和二甘醇迁移量的测定	GB 31604.44—2016
219	食品安全国家标准	食品接触材料及制品　异氰酸酯的测定	GB 31604.45—2016
220	食品安全国家标准	食品接触材料及制品　游离酚的测定和迁移量的测定	GB 31604.46—2016

续表

序号	标准名称	标准号
	理化检验方法标准	
221	食品安全国家标准　食品接触材料及制品　纸、纸板及纸制品中荧光增白剂的测定	GB 31604.47—2016
222	食品安全国家标准　食品接触材料及制品　甲醛迁移量的测定	GB 31604.48—2016
223	食品安全国家标准　食品接触材料及制品　砷、镉、铬、铅的测定和砷、镉、铬、镍、铅、锑、锌迁移量的测定	GB 31604.49—2016
224	食品安全国家标准　辐照食品鉴定　电子自旋共振波谱法	GB 31642—2016
225	食品安全国家标准　含硅酸盐辐照食品的鉴定　热释光法	GB 31643—2016
	微生物检验方法标准	
1	食品安全国家标准　食品微生物学检验　总则	GB 4789.1—2016
2	食品安全国家标准　食品微生物学检验　菌落总数测定	GB 4789.2—2016
3	食品安全国家标准　食品微生物学检验　大肠菌群计数	GB 4789.3—2003
4	食品安全国家标准　食品微生物学检验　沙门氏菌检验	GB 4789.4—2016
5	食品安全国家标准　食品微生物学检验　志贺氏菌检验	GB 4789.5—2012
6	食品安全国家标准　食品微生物学检验　致泻大肠埃希氏菌检验	GB 4789.6—2016
7	食品安全国家标准　食品微生物学检验　副溶血性弧菌检验	GB 4789.7—2013
8	食品安全国家标准　食品微生物学检验　小肠结肠炎耶尔森氏菌检验	GB 4789.8—2016
9	食品安全国家标准　食品微生物学检验　空肠弯曲菌检验	GB 4789.9—2014
10	食品安全国家标准　食品微生物学检验　金黄色葡萄球菌检验	GB 4789.10—2016
11	食品安全国家标准　食品微生物学检验　β 型溶血性链球菌检验	GB 4789.11—2014
12	食品安全国家标准　食品微生物学检验　肉毒梭菌及肉毒毒素检验	GB 4789.12—2016
13	食品安全国家标准　食品微生物学检验　产气荚膜梭菌检验	GB 4789.13—2012
14	食品安全国家标准　食品微生物学检验　蜡样芽孢杆菌检验	GB 4789.14—2014
15	食品安全国家标准　食品微生物学检验　霉菌和酵母计数	GB 4789.15—2016
16	食品安全国家标准　食品微生物学检验　常见产毒霉菌的形态学鉴定	GB 4789.16—2016
17	食品安全国家标准　食品微生物学检验　乳与乳制品检验	GB 4789.18—2010
18	食品安全国家标准　食品微生物学检验　商业无菌检验	GB 4789.26—2013
19	食品安全国家标准　食品微生物学检验　培养基和试剂的质量要求	GB 4789.28—2013
20	食品安全国家标准　食品微生物学检验　单核细胞增生李斯特氏菌检验	GB 4789.30—2016

续表

序号	标准名称	标准号
微生物检验方法标准		
21	食品安全国家标准 食品微生物学检验 沙门氏菌、志贺氏菌和致泻大肠埃希氏菌的肠杆菌科噬菌体诊断检验	GB 4789.31—2013
22	食品安全国家标准 食品微生物学检验 双歧杆菌的鉴定	GB 4789.34—2016
23	食品安全国家标准 食品微生物学检验 乳酸菌检验	GB 4789.35—2016
24	食品安全国家标准 食品微生物学检验 大肠埃希氏菌 O157：H7/NM 检验	GB 4789.36—2016
25	食品安全国家标准 食品微生物学检验 大肠埃希氏菌计数	GB 4789.38—2012
26	食品安全国家标准 食品微生物学检验 粪大肠菌群计数	GB 4789.39—2013
27	食品安全国家标准 食品微生物学检验 克罗诺杆菌属（阪崎肠杆菌）检验	GB 4789.40—2016
28	食品安全国家标准 食品微生物学检验 肠杆菌科检验	GB 4789.41—2016
29	食品安全国家标准 食品微生物学检验 诺如病毒检验	GB 4789.42—2016
30	食品安全国家标准 食品微生物学检验 微生物源酶制剂抗菌活性的测定	GB 4789.43—2016
毒理学检验方法与规程标准		
1	食品安全国家标准 食品安全性毒理学评价程序	GB 15193.1—2014
2	食品安全国家标准 食品毒理学实验室操作规范	GB 15193.2—2014
3	食品安全国家标准 急性经口毒性试验	GB 15193.3—2014
4	食品安全国家标准 细菌回复突变试验	GB 15193.4—2014
5	食品安全国家标准 哺乳动物红细胞微核试验	GB 15193.5—2014
6	食品安全国家标准 哺乳动物骨髓细胞染色体畸变试验	GB 15193.6—2014
7	食品安全国家标准 小鼠精原细胞或精母细胞染色体畸变试验	GB 15193.8—2014
8	食品安全国家标准 啮齿类动物显性致死试验	GB 15193.9—2014
9	食品安全国家标准 体外哺乳类细胞 DNA 损伤修复（非程序性 DNA 合成）试验	GB 15193.10—2014
10	食品安全国家标准 果蝇伴性隐性致死试验	GB 15193.11—2015
11	食品安全国家标准 体外哺乳类细胞 HGPRT 基因突变试验	GB 15193.12—2014
12	食品安全国家标准 90 天经口毒性试验	GB 15193.13—2015
13	食品安全国家标准 致畸试验	GB 15193.14—2015

续表

序号	标准名称	标准号
毒理学检验方法与规程标准		
14	食品安全国家标准 生殖毒性试验	GB 15193. 15—2015
15	食品安全国家标准 毒物动力学试验	GB 15193. 16—2014
16	食品安全国家标准 慢性毒性和致癌合并试验	GB 15193. 17—2015
17	食品安全国家标准 健康指导值	GB 15193. 18—2015
18	食品安全国家标准 致突变物、致畸物和致癌物的处理方法	GB 15193. 19—2015
19	食品安全国家标准 体外哺乳类细胞 TK 基因突变试验	GB 15193. 20—2014
20	食品安全国家标准 受试物试验前处理方法	GB 15193. 21—2014
21	食品安全国家标准 28 天经口毒性试验	GB 15193. 22—2014
22	食品安全国家标准 体外哺乳类细胞染色体畸变试验	GB 15193. 23—2014
23	食品安全国家标准 食品安全性毒理学评价中病理学检查技术要求	GB 15193. 24—2014
24	食品安全国家标准 生殖发育毒性试验	GB 15193. 25—2014
25	食品安全国家标准 慢性毒性试验	GB 15193. 26—2015
26	食品安全国家标准 致癌试验	GB 15193. 27—2015
兽药残留检测方法标准		
1	食品安全国家标准 牛奶中左旋咪唑残留量的测定 高效液相色谱法	GB 29681—2013
2	食品安全国家标准 水产品中青霉素类药物多残留的测定 高效液相色谱法	GB 29682—2013
3	食品安全国家标准 动物性食品中对乙酰氨基酚残留量的测定 高效液相色谱法	GB 29683—2013
4	食品安全国家标准 水产品中红霉素残留量的测定 液相色谱-串联质谱法	GB 29684—2013
5	食品安全国家标准 动物性食品中林可霉素、克林霉素和大观霉素多残留的测定 气相色谱-质谱法	GB 29685—2013
6	食品安全国家标准 猪可食性组织中阿维拉霉素残留量的测定 液相色谱-串联质谱法	GB 29686—2013
7	食品安全国家标准 水产品中阿苯达唑及其代谢物多残留的测定 高效液相色谱法	GB 29687—2013
8	食品安全国家标准 牛奶中氯霉素残留量的测定 液相色谱-串联质谱法	GB 29688—2013
9	食品安全国家标准 牛奶中甲砜霉素残留量的测定 高效液相色谱法	GB 29689—2013

续表

序号	标准名称	标准号
	兽药残留检测方法标准	
10	食品安全国家标准 动物性食品中尼卡巴嗪残留标志物残留量的测定 液相色谱-串联质谱法	GB 29690—2013
11	食品安全国家标准 鸡可食性组织中尼卡巴嗪残留量的测定 高效液相色谱法	GB 29691—2013
12	食品安全国家标准 牛奶中喹诺酮类药物多残留的测定 高效液相色谱法	GB 29692—2013
13	食品安全国家标准 动物性食品中常山酮残留量的测定 高效液相色谱法	GB 29693—2013
14	食品安全国家标准 动物性食品中 13 种磺胺类药物多残留的测定 高效液相色谱法	GB 29694—2013
15	食品安全国家标准 水产品中阿维菌素和伊维菌素多残留的测定 高效液相色谱法	GB 29695—2013
16	食品安全国家标准 牛奶中阿维菌素类药物多残留的测定 高效液相色谱法	GB 29696—2013
17	食品安全国家标准 动物性食品中地西泮和安眠酮多残留的测定 气相色谱-质谱法	GB 29697—2013
18	食品安全国家标准 奶及奶制品中 17β-雌二醇、雌三醇、炔雌醇多残留的测定 气相色谱-质谱法	GB 29698—2013
19	食品安全国家标准 鸡肌肉组织中氯羟吡啶残留量的测定 气相色谱-质谱法	GB 29699—2013
20	食品安全国家标准 牛奶中氯羟吡啶残留量的测定 气相色谱-质谱法	GB 29700—2013
21	食品安全国家标准 鸡可食性组织中地克珠利残留量的测定 高效液相色谱法	GB 29701—2013
22	食品安全国家标准 水产品中甲氧苄啶残留量的测定 高效液相色谱法	GB 29702—2013
23	食品安全国家标准 动物性食品中呋喃苯烯酸钠残留量的测定 液相色谱-串联质谱法	GB 29703—2013
24	食品安全国家标准 动物性食品中环丙氨嗪及代谢物三聚氰胺多残留的测定 超高效液相色谱-串联质谱法	GB 29704—2013
25	食品安全国家标准 水产品中氯氰菊酯、氰戊菊酯、溴氰菊酯多残留的测定 气相色谱法	GB 29705—2013

续表

序号	标准名称	标准号
	兽药残留检测方法标准	
26	食品安全国家标准　动物性食品中氨苯砜残留量的测定　液相色谱-串联质谱法	GB 29706—2013
27	食品安全国家标准　牛奶中双甲脒残留标志物残留量的测定　气相色谱法	GB 29707—2013
28	食品安全国家标准　动物性食品中五氯酚钠残留量的测定　气相色谱-质谱法	GB 29708—2013
29	食品安全国家标准　动物性食品中氮哌酮及其代谢物多残留的测定　高效液相色谱法	GB 29709—2013
	农药残留检测方法标准	
1	食品安全国家标准　除草剂残留量检测方法　第1部分：气相色谱-质谱法测定　粮谷及油籽中酰胺类除草剂残留量	GB 23200.1—2016
2	食品安全国家标准　除草剂残留量检测方法　第2部分：气相色谱-质谱法测定　粮谷及油籽中二苯醚类除草剂残留量	GB 23200.2—2016
3	食品安全国家标准　除草剂残留量检测方法　第3部分：液相色谱-质谱/质谱法测定　食品中环己酮类除草剂残留量	GB 23200.3—2016
4	食品安全国家标准　除草剂残留量检测方法　第4部分：气相色谱-质谱/质谱法测定　食品中芳氧苯氧丙酸酯类除草剂残留量	GB 23200.4—2016
5	食品安全国家标准　除草剂残留量检测方法　第5部分：液相色谱-质谱/质谱法测定　食品中硫代氨基甲酸酯类除草剂残留量	GB 23200.5—2016
6	食品安全国家标准　除草剂残留量检测方法　第6部分：液相色谱-质谱/质谱法测定　食品中杀草强残留量	GB 23200.6—2016
7	食品安全国家标准　蜂蜜、果汁和果酒中497种农药及相关化学品残留量的测定　气相色谱-质谱法	GB 23200.7—2016
8	食品安全国家标准　水果和蔬菜中500种农药及相关化学品残留量的测定　气相色谱-质谱法	GB 23200.8—2016
9	食品安全国家标准　粮谷中475种农药及相关化学品残留量的测定　气相色谱-质谱法	GB 23200.9—2016
10	食品安全国家标准　桑枝、金银花、枸杞子和荷叶中488种农药及相关化学品残留量的测定　气相色谱-质谱法	GB 23200.10—2016

续表

序号	标准名称	标准号
	农药残留检测方法标准	
11	食品安全国家标准 桑枝、金银花、枸杞子和荷叶中413种农药及相关化学品残留量的测定 液相色谱-质谱法	GB 23200.11—2016
12	食品安全国家标准 食用菌中440种农药及相关化学品残留量的测定 液相色谱-质谱法	GB 23200.12—2016
13	食品安全国家标准 茶叶中448种农药及相关化学品残留量的测定 液相色谱-质谱法	GB 23200.13—2016
14	食品安全国家标准 果蔬汁和果酒中512种农药及相关化学品残留量的测定 液相色谱-质谱法	GB 23200.14—2016
15	食品安全国家标准 食用菌中503种农药及相关化学品残留量的测定 气相色谱-质谱法	GB 23200.15—2016
16	食品安全国家标准 水果和蔬菜中乙烯利残留量的测定 液相色谱法	GB 23200.16—2016
17	食品安全国家标准 水果和蔬菜中噻菌灵残留量的测定 液相色谱法	GB 23200.17—2016
18	食品安全国家标准 蔬菜中非草隆等15种取代脲类除草剂残留量的测定 液相色谱法	GB 23200.18—2016
19	食品安全国家标准 水果和蔬菜中阿维菌素残留量的测定 液相色谱法	GB 23200.19—2016
20	食品安全国家标准 食品中阿维菌素残留量的测定 液相色谱-质谱/质谱法	GB 23200.20—2016
21	食品安全国家标准 水果中赤霉酸残留量的测定 液相色谱-质谱/质谱法	GB 23200.21—2016
22	食品安全国家标准 坚果及坚果制品中抑芽丹残留量的测定 液相色谱法	GB 23200.22—2016
23	食品安全国家标准 食品中地乐酚残留量的测定 液相色谱-质谱/质谱法	GB 23200.23—2016
24	食品安全国家标准 粮谷和大豆中11种除草剂残留量的测定 气相色谱-质谱法	GB 23200.24—2016
25	食品安全国家标准 水果中噁草酮残留量的检测方法	GB 23200.25—2016
26	食品安全国家标准 茶叶中9种有机杂环类农药残留量的检测方法	GB 23200.26—2016
27	食品安全国家标准 水果中4,6-二硝基邻甲酚残留量的测定 气相色谱-质谱法	GB 23200.27—2016
28	食品安全国家标准 食品中多种醚类除草剂残留量的测定 气相色谱-质谱法	GB 23200.28—2016

续表

序号	标准名称		标准号
	农药残留检测方法标准		
29	食品安全国家标准	水果和蔬菜中唑螨酯残留量的测定　液相色谱法	GB 23200.29—2016
30	食品安全国家标准	食品中环氟菌胺残留量的测定　气相色谱-质谱法	GB 23200.30—2016
31	食品安全国家标准	食品中丙炔氟草胺残留量的测定　气相色谱-质谱法	GB 23200.31—2016
32	食品安全国家标准	食品中丁酰肼残留量的测定　气相色谱-质谱法	GB 23200.32—2016
33	食品安全国家标准	食品中解草嗪、莎稗磷、二丙烯草胺等110种农药残留量的测定　气相色谱-质谱法	GB 23200.33—2016
34	食品安全国家标准	食品中涕灭砜威、吡唑醚菌酯、嘧菌酯等65种农药残留量的测定　液相色谱-质谱/质谱法	GB 23200.34—2016
35	食品安全国家标准	植物源性食品中取代脲类农药残留量的测定　液相色谱-质谱法	GB 23200.35—2016
36	食品安全国家标准	植物源性食品中氯氟吡氧乙酸、氟硫草定、氟吡草腙和噻唑烟酸除草剂残留量的测定　液相色谱-质谱/质谱法	GB 23200.36—2016
37	食品安全国家标准	食品中烯啶虫胺、呋虫胺等20种农药残留量的测定　液相色谱-质谱/质谱法	GB 23200.37—2016
38	食品安全国家标准	植物源性食品中环己烯酮类除草剂残留量的测定　液相色谱-质谱/质谱法	GB 23200.38—2016
39	食品安全国家标准	食品中噻虫嗪及其代谢物噻虫胺残留量的测定　液相色谱-质谱/质谱法	GB 23200.39—2016
40	食品安全国家标准	可乐饮料中有机磷、有机氯农药残留量的测定　气相色谱法	GB 23200.40—2016
41	食品安全国家标准	食品中噻节因残留量的检测方法	GB 23200.41—2016
42	食品安全国家标准	粮谷中氟吡禾灵残留量的检测方法	GB 23200.42—2016
43	食品安全国家标准	粮谷及油籽中二氯喹磷酸残留量的测定　气相色谱法	GB 23200.43—2016
44	食品安全国家标准	粮谷中二硫化碳、四氯化碳、二溴乙烷残留量的检测方法	GB 23200.44—2016
45	食品安全国家标准	食品中除虫脲残留量的测定　液相色谱-质谱法	GB 23200.45—2016
46	食品安全国家标准	食品中嘧霉胺、嘧菌胺、腈菌唑、嘧菌酯残留量的测定　气相色谱-质谱法	GB 23200.46—2016
47	食品安全国家标准	食品中四螨嗪残留量的测定　气相色谱-质谱法	GB 23200.47—2016

续表

序号	标准名称		标准号
	农药残留检测方法标准		
48	食品安全国家标准	食品中野燕枯残留量的测定　气相色谱-质谱法	GB 23200.48—2016
49	食品安全国家标准 谱法	食品中苯醚甲环唑残留量的测定　气相色谱-质	GB 23200.49—2016
50	食品安全国家标准 谱/质谱法	食品中吡啶类农药残留量的测定　液相色谱-质	GB 23200.50—2016
51	食品安全国家标准 谱法	食品中呋虫胺残留量的测定　液相色谱-质谱/质	GB 23200.51—2016
52	食品安全国家标准	食品中嘧菌环胺残留量的测定　气相色谱-质谱法	GB 23200.52—2016
53	食品安全国家标准	食品中氟硅唑残留量的测定　气相色谱-质谱法	GB 23200.53—2016
54	食品安全国家标准 气相色谱-质谱法	食品中甲氧基丙烯酸酯类杀菌剂残留量的测定	GB 23200.54—2016
55	食品安全国家标准 谱法	食品中21种熏蒸剂残留量的测定　顶空气相色	GB 23200.55—2016
56	食品安全国家标准	食品中喹氧灵残留量的检测方法	GB 23200.56—2016
57	食品安全国家标准	食品中乙草胺残留量的检测方法	GB 23200.57—2016
58	食品安全国家标准 谱/质谱法	食品中氯酯磺草胺残留量的测定　液相色谱-质	GB 23200.58—2016
59	食品安全国家标准	食品中敌草腈残留量的测定　气相色谱-质谱法	GB 23200.59—2016
60	食品安全国家标准	食品中炔草酯残留量的检测方法	GB 23200.60—2016
61	食品安全国家标准	食品中苯胺灵残留量的测定　气相色谱-质谱法	GB 23200.61—2016
62	食品安全国家标准	食品中氟烯草酸残留量的测定　气相色谱-质谱法	GB 23200.62—2016
63	食品安全国家标准 质谱法	食品中噻酰菌胺残留量的测定　液相色谱-质谱/	GB 23200.63—2016
64	食品安全国家标准 谱法	食品中吡丙醚残留量的测定　液相色谱-质谱/质	GB 23200.64—2016
65	食品安全国家标准	食品中四氟醚唑残留量的检测方法	GB 23200.65—2016
66	食品安全国家标准	食品中吡螨胺残留量的测定　气相色谱-质谱法	GB 23200.66—2016
67	食品安全国家标准 谱法	食品中炔苯酰草胺残留量的测定　气相色谱-质	GB 23200.67—2016
68	食品安全国家标准	食品中啶酰菌胺残留量的测定　气相色谱-质谱法	GB 23200.68—2016
69	食品安全国家标准 谱-质谱/质谱法	食品中二硝基苯胺类农药残留量的测定　液相色	GB 23200.69—2016

续表

序号	标准名称		标准号
	农药残留检测方法标准		
70	食品安全国家标准	食品中三氟羧草醚残留量的测定　液相色谱/质谱法	GB 23200.70—2016
71	食品安全国家标准	食品中二缩甲酰亚胺类农药残留量的测定　气相色谱-质谱法	GB 23200.71—2016
72	食品安全国家标准	食品中苯酰胺类农药残留量的测定　气相色谱-质谱法	GB 23200.72—2016
73	食品安全国家标准	食品中鱼藤酮和印棟素残留量的测定　液相色谱-质谱/质谱法	GB 23200.73—2016
74	食品安全国家标准	食品中井冈霉素残留量的测定　液相色谱-质谱/质谱法	GB 23200.74—2016
75	食品安全国家标准	食品中氟啶虫酰胺残留量的检测方法	GB 23200.75—2016
76	食品安全国家标准	食品中氟苯虫酰胺残留量的测定　液相色谱-质谱/质谱法	GB 23200.76—2016
77	食品安全国家标准	食品中苄螨醚残留量的检测方法	GB 23200.77—2016
78	食品安全国家标准	肉及肉制品中巴毒磷残留量的测定　气相色谱法	GB 23200.78—2016
79	食品安全国家标准	肉及肉制品中吡菌磷残留量的测定　气相色谱法	GB 23200.79—2016
80	食品安全国家标准	肉及肉制品中双硫磷残留量的检测方法	GB 23200.80—2016
81	食品安全国家标准	肉及肉制品中西玛津残留量的检测方法	GB 23200.81—2016
82	食品安全国家标准	肉及肉制品中乙烯利残留量的检测方法	GB 23200.82—2016
83	食品安全国家标准	食品中异稻瘟净残留量的检测方法	GB 23200.83—2016
84	食品安全国家标准	肉品中甲氧滴滴涕残留量的测定　气相色谱-质谱法	GB 23200.84—2016
85	食品安全国家标准	乳及乳制品中多种拟除虫菊酯农药残留量的测定　气相色谱-质谱法	GB 23200.85—2016
86	食品安全国家标准	乳及乳制品中多种有机氯农药残留量的测定　气相色谱-质谱/质谱法	GB 23200.86—2016
87	食品安全国家标准	乳及乳制品中噻菌灵残留量的测定　荧光分光光度法	GB 23200.87—2016
88	食品安全国家标准	水产品中多种有机氯农药残留量的检测方法	GB 23200.88—2016
89	食品安全国家标准	动物源性食品中乙氧喹啉残留量的测定　液相色谱法	GB 23200.89—2016
90	食品安全国家标准	乳及乳制品中多种氨基甲酸酯类农药残留量的测定　液相色谱-质谱法	GB 23200.90—2016

续表

序号	标准名称	标准号
农药残留检测方法标准		
91	食品安全国家标准　动物源性食品中9种有机磷农药残留量的测定　气相色谱法	GB 23200.91—2016
92	食品安全国家标准　动物源性食品中五氯酚残留量的测定　液相色谱–质谱法	GB 23200.92—2016
93	食品安全国家标准　食品中有机磷农药残留量的测定　气相色谱–质谱法	GB 23200.93—2016
94	食品安全国家标准　动物源性食品中敌百虫、敌敌畏、蝇毒磷残留量的测定　液相色谱–质谱/质谱法	GB 23200.94—2016
95	食品安全国家标准　蜂产品中氟胺氰菊酯残留量的检测方法	GB 23200.95—2016
96	食品安全国家标准　蜂蜜中杀虫脒及其代谢产物残留量的测定　液相色谱–质谱/质谱法	GB 23200.96—2016
97	食品安全国家标准　蜂蜜中5种有机磷农药残留量的测定　气相色谱法	GB 23200.97—2016
98	食品安全国家标准　蜂王浆中11种有机磷农药残留量的测定　气相色谱法	GB 23200.98—2016
99	食品安全国家标准　蜂王浆中多种氨基甲酸酯类农药残留量的测定　液相色谱–质谱/质谱法	GB 23200.99—2016
100	食品安全国家标准　蜂王浆中多种菊酯类农药残留量的测定　气相色谱法	GB 23200.100—2016
101	食品安全国家标准　蜂王浆中多种杀螨剂残留量的测定　气相色谱–质谱法	GB 23200.101—2016
102	食品安全国家标准　蜂王浆中杀虫脒及其代谢产物残留量的测定　气相色谱–质谱法	GB 23200.102—2016
103	食品安全国家标准　蜂王浆中双甲脒及其代谢产物残留量的测定　气相色谱–质谱法	GB 23200.103—2016
104	食品安全国家标准　肉及肉制品中2甲4氯及2甲4氯丁酸残留量的测定　液相色谱–质谱法	GB 23200.104—2016
105	食品安全国家标准　肉及肉制品中甲萘威残留量的测定　液相色谱–柱后衍生荧光检测法	GB 23200.105—2016
106	食品安全国家标准　肉及肉制品中残杀威残留量的测定　气相色谱法	GB 23200.106—2016
107	食品安全国家标准　植物源性食品中草铵膦残留量的测定　液相色谱–质谱联用法	GB 23200.108—2018

续表

序号	标准名称	标准号
	农药残留检测方法标准	
108	食品安全国家标准　植物源性食品中二氯吡啶酸残留量的测定　液相色谱–质谱联用法	GB 23200.109—2018
109	食品安全国家标准　植物源性食品中氯吡脲残留量的测定　液相色谱–质谱联用法	GB 23200.110—2018
110	食品安全国家标准　植物源性食品中唑嘧磺草胺残留量的测定　液相色谱–质谱联用法	GB 23200.111—2018
111	食品安全国家标准　植物源性食品中9种氨基甲酸酯类农药及其代谢物残留量的测定　液相色谱–柱后衍生法	GB 23200.112—2018
112	食品安全国家标准　植物源性食品中208种农药及其代谢物残留量的测定　气相色谱–质谱联用法	GB 23200.113—2018
113	食品安全国家标准　植物源性食品中灭瘟素残留量的测定　液相色谱–质谱联用法	GB 23200.114—2018
114	食品安全国家标准　鸡蛋中氟虫腈及其代谢物残留量的测定　液相色谱–质谱联用法	GB 23200.115—2018

第三节　食品生产中的安全性与质量控制

随着人们生活水平的提高，食品的安全卫生状况成为消费者关注的焦点。但是，近年来国际上发生的禽流感、新城疫、李斯特氏菌、二噁英、口蹄疫、疯牛病等影响食品安全的问题层出不穷，动摇了公众对食品工业的信心，已成为各国政府非常重视的问题。许多政府已将食品安全作为最优先考虑的问题之一。越来越多的人认识到，加强"从农场到餐桌"的安全卫生控制，是保证食品安全卫生的必要手段，而作为非常重要的中间环节的食品生产者，则理应对食品安全负有主要责任。

加入世界贸易组织后，提高我国食品工业质量总体水平，是我国经济发展新阶段的客观要求，我们必须努力提高我国食品工业的质量水平，因为质量问题已经取代数量问题上升到首要位置，其意义越来越重要。

（1）我国居民的消费方式和观念发生了很大变化，卖方市场已经变为买方市场，消费需求正由以增加数量为主转变为以提高质量为主。

（2）提高食品工业质量的总体水平也是提高我国国际竞争力、发展对外贸易的要求。在现代国际贸易中，竞争基本是以质量为中心的，而目前我国产品质量的总体水平与国际先进水平相比差距甚大，是影响我国国际经济地位和对外发展的一个关键因素。

要实现上述目的，加快推行国际标准 HACCP 是一个见效快的好方法。

一、良好操作规范体系

（一）良好操作规范的产生与发展

良好操作规范（Good Manufacturing Practice，GMP）是美国首创的一种保障产品质量的管理方法。1963 年美国食品与药物管理局（FDA）制定了药品 GMP，并于 1964 年开始实施。1969 年世界卫生组织（WHO）要求各会员国家政府制定实施药品 GMP 制度，以保证药品质量。同年，美国公布了《食品制造、加工、包装贮存的现行良好操作规范》，简称 CGMP 或食品 FGMP（GMP）基本法（1986 年修订后的 CGMP 将 Part 128 改为 Part 110）。事后世界上许多国家相继采用 GMP 对食品企业进行质量管理，取得了显著的社会和经济效益。很快 GMP 得到 FAO/WHO 的联合国食品卫生法典委员会（CAC）采纳，并收集研究了各种食品的卫生操作规范或 GMP 及其它各种规范作为国际规范推荐给 CAC 各成员国家政府，从而促进了 GMP 的实施和发展。

（二）我国食品良好生产规范（GMP）的主要内容

GMP 适用于所有食品企业，是常识性的生产卫生要求。GMP 基本上涉及的是与食品卫生质量有关的硬件设施的维护和人员卫生管理。我国食品卫生生产规范属于具有法律效力的 GMP 法规，并以强制性国家标准规定来实行。《食品安全国家标准　食品生产通用卫生规范》（GB 14881—2013）规定了我国食品企业在加工过程、原料采购、运输、贮存、工厂设计与设施等方面的基本卫生要求及管理准则，它适用于食品生产、经营的企业和工厂，并作为制定各类食品厂的专业卫生规范的依据。根据《食品安全国家标准　食品生产通用卫生规范》，我国的食品良好生产规范包括了原材料采购和运输的卫生要求、工厂设计与设施的卫生要求、工厂的卫生管理、生产过程的卫生要求、卫生和质量检验的管理、成品贮存运输的卫生要求、个人卫生与健康的要求等 7 方面的内容。

1. 原材料采购和运输的卫生要求

（1）采购

①采购原材料应按该种原材料质量卫生标准或卫生要求进行。

②购入的原料，应具有一定的新鲜度，具有该品种应有的色、香、味和组织形态特征，不含有毒有害物，也不应受有毒有害物污染。

③某些农、副产品原料在采收后，为便于加工、运输和贮存而采取的简易加工应符合卫生要求，不应造成对食品的污染和潜在危害，否则不得购入。

④采购人员应具有简易鉴别原材料质量、卫生的知识和技能。

⑤盛装原材料的包装物或容器，其材质应无毒无害，不受污染，符合卫生要求。

⑥重复使用的包装物或容器，其结构应便于清洗、消毒。要加强检验，有污染者不得使用。

（2）运输

①运输工具（车厢、船舱）等应符合卫生要求，应备有防雨防尘设施，根据原料特点和卫生需要，还应具备保温、冷藏、保鲜等设施。

②运输作业应防止污染，操作要轻拿轻放，不使原料受损伤，不得与有毒、有害物品同时装运。

③建立卫生制度，定期清洗、消毒、保持洁净卫生。

（3）贮存

①应设置与生产能力相适应的原材料场地和仓库。②新鲜果、蔬原料应贮存于遮阳、通风良好的场地，地面平整，有一定坡度，便于清洗、排水。及时剔除腐败、霉烂原料，将其集中到指定地点，按规定方法处理，防止污染食品和其它原料。③各类冷库，应根据不同要求，按规定的温、湿度贮存。④其它原材料场地和仓库，应地面平整，便于通风换气，有防鼠、防虫设施。⑤原料场地和仓库应设专人管理，建立管理制度，定期检查质量和卫生情况，按时清扫、消毒、通风换气。⑥各种原材料应按品种分类分批贮存，每批原材料均有明显标志，同一库内不得贮存相互影响风味的原材料。⑦原材料应离地、离墙并与屋顶保持一定距离，垛与垛之间也应有适当间隔。⑧先进先出，及时剔除不符合质量和卫生标准的原料，防止污染。

2. 工厂设计与设施的卫生要求

（1）设计

①凡新建、扩建和改建的工程项目，有关食品卫生部分均应按本规范和该类食品厂卫生规范的有关规定，进行设计和施工。

②各类食品厂应将本厂的总平面布置图，原材料、半成品、成品的质量和卫生标准，生产工艺规程以及其它有关资料，报当地食品卫生监督机构备查。

（2）选址

①要选择地势干燥、交通方便、有充足水源的地区，厂区不应设于受污染河流的下游。

②厂区周围不得有粉尘、有害气体、放射性物质和其它扩散性污染源；不得有昆虫大量滋生的潜在场所，避免危及产品卫生。

③厂区要远离有害场所。生产区建筑物与外缘公路或道路应有防护地带，其距离可根据各类食品厂的特点由各类食品厂卫生规范另行规定。

（3）总平面布置（布局）

①各类食品厂应根据本厂特点制订整体规划。

②要合理布局，划分生产区和生活区，生产区应在生活区的下风向。

③建筑物、设备布局与工艺流程三者衔接合理，建筑结构完善，并能满足生产工艺和质量卫生要求；原料与半成品和成品、生原料与熟食品均应杜绝交叉污染。

④建筑物和设备布置还应考虑生产工艺对温度、湿度和其工艺参数的要求，防止比邻车间受到干扰。

⑤厂区道路应通畅，便于机动车通行，有条件的工厂应修环形路且便于消防车辆到达各车间。厂区道路应采用便于清洗的混凝土、沥青及其它硬质材料铺设，防止积水及尘土飞扬。

⑥厂房之间，厂房与外缘公路或道路应保持一定距离，中间设绿化带。厂区内各车间的裸露地面应进行绿化。

⑦给排水系统应能适应生产需要，设施应合理有效，经常保持畅通，有防止污染水源和鼠类、昆虫通过排水管道潜入车间的有效措施。生产用水必须符合 GB 5749—2006 的规定。污水排放必须符合国家规定的标准，必要时应采取净化设施达标后才可排放。净化和排放设施不得位于生产车间主风向的上方。

⑧污物（加工后的废弃物）存放应远离生产车间，且不得位于生产车间上风向。污物存

放设施应密闭或带盖，要便于清洗、消毒。

⑨锅炉烟筒高度和排放粉尘量应符合 GB 13271—2014 的规定，烟道出口与引风机之间需设置除尘装置。其它排烟、除尘装置也应达标后再排放，防止污染环境。排烟除尘装置应设置在主导风向的下风向。季节性生产厂应设置在季节风向的下风向。

⑩实验动物和待加工禽畜饲养区应与生产车间保持一定距离，且不得位于主导风向的上风向。

（4）设备、工具、管道

①凡接触食品物料的设备、工具、管道，必须用无毒、无味、抗腐蚀、不吸水、不变形的材料制作。

②设备、工具、管道的表面要清洁，边角圆滑，无死角，不易积垢，不漏隙，便于拆卸、清洗和消毒。

③设备设置应根据工艺要求，布局合理。上、下工序衔接要紧凑。各种管道、管线尽可能集中走向。冷水管不宜在生产线和设备包装台上方通过，防止冷凝水滴入食品。其它管线和阀门也不应设置在暴露原料和成品的上方。

④安装应符合工艺卫生要求，与屋顶（天花板）、墙壁等应有足够的距离，设备一般应用脚架固定，与地面应有一定的距离。传动部分应有防水、防尘罩，以便于清洗和消毒。各类料液输送管道应避免死角或盲端，设排污阀或排污口，便于清洗、消毒，防止堵塞。

（5）建筑物和施工

①生产厂房的高度应能满足工艺、卫生要求，以及设备安装、维护、保养的需要。

②生产车间人均占地面积（不包括设备占位）不能少于 $1.5m^2$，高度不低于 3m。

③生产车间地面应使用不渗水、不吸水、无毒、防滑材料（如耐酸砖、水磨石、混凝土等）铺砌，应有适当坡度，在地面最低点设置地漏，以保证不积水。其它厂房也要根据卫生要求进行。地面应平整、无裂隙、略高于道路路面，便于清扫和消毒。

④屋顶或天花板应选用不吸水、表面光洁、耐腐蚀、耐温、浅色材料覆涂或装修，要有适当的坡度，在结构上减少凝结水滴落，防止虫害和霉菌滋生，以便于洗刷、消毒。

⑤生产车间墙壁要用浅色、不吸水、不渗水、无毒材料覆涂，并用白瓷砖或其它防腐蚀材料装修高度不低于 1.5m 的墙裙。墙壁表面应平整光滑，其四壁和地面交界面要呈漫弯形，防止污垢积存，并便于清洗。

⑥门、窗、天窗要严格不变形，防护门要能两面开，设置位置适当，并便于卫生防护设施的设置。窗台要设于地面 1m 以上，内侧要下斜 45°。非全年使用空调的车间、门、窗应有防蚊蝇、防尘设施，纱门应便于拆下洗刷。

⑦通道要宽畅，便于运输和卫生防护设施的设置。楼梯、电梯传送设备等处要便于维护和清扫、洗刷和消毒。

⑧生产车间、仓库应有良好通风，采用自然通风时通风面积与地面积之比应小于 1：16，采用机械通风时换气量不应小于每小时换气三次。机械通风管道进风口要距离地面 2m 以上，并远离污染源和排风口，开口处应设防护罩。饮料、熟食、成品包装等生产车间或工序必要时应增设水幕、风幕或空调设备。

⑨车间或工作地应有充足的自然采光或人工照明。车间采光系数不应低于标准Ⅳ级；检验场所工作面混合照度不应低于 540lx；加工场所工作面不应低于 220lx；其它场所一般不应低于

110lx。位于工作台、食品和原料上方的照明设备应加防护罩。

⑩建筑物及各项设施应根据生产工艺卫生要求和原材料贮存等特点，相应设置有效的防鼠、防蚊蝇、防尘、防飞鸟、防昆虫的侵入、隐藏和滋生的设施，防止受其危害和污染。

（6）卫生设施

①洗手设施应分别设置在车间进口处和车间内适当的地点。要配备冷热水混合器，其开关应采用非手动式，每班人数在 200 以内者，龙头设置按每 10 人 1 个，200 人以上者每增加 20 人增设 1 个。洗手设施还应包括干手设备（热风、消毒干毛巾、消毒纸巾等）；根据生产需要，有的车间、部门还应配备消毒手套，同时还应配备足够量的指甲刀、指甲刷和洗涤剂、消毒液等。生产车间入口，必要时还应设有工作靴鞋消毒池（卫生监督部门认为无须穿靴鞋消毒的车间可免设）。消毒池壁内侧与墙体呈 45° 坡形，其规格尺寸应根据情况，以使工作人员通过消毒池才能进入为目的的。

②更衣室应设储衣柜或衣架、鞋箱（架），衣柜之间要保持一定距离，离地面 20cm 以上，如采用衣架应另设个人物品存放柜。更衣室还应备有穿衣镜，供工作人员自检用。

③淋浴室可分散或集中设置，淋浴器按每班工作人员计，每 20~25 人设置 1 个。淋浴室应设置天窗或通风排气孔和采暖设备。

④厕所设置应有利于生产和卫生，其数量和便池坑位应根据生产需要和人员情况适当设置。生产车间的厕所应设置在车间外侧，并一律为水冲式，备有洗手设施和排臭装置，其出入口不得正对车间门，要避开通道；其排污管道应与车间排水管道分设。设置坑式厕所时，应距生产车间 25m 以上，并应便于清扫、保洁，还应设置防蚊、防蝇设施。

3. 工厂的卫生管理

（1）机构

①食品厂必须建立相应的卫生管理机构，对本单位的食品卫生工作进行全面管理。

②管理机构应配备经专业培训的专职或兼职的食品卫生管理人员。

（2）职责（任务）

①宣传和贯彻食品卫生法规和有关规章制度，监督、检查在本单位的执行情况，定期向食品卫生监督部门报告。

②制定和修改本单位的各项卫生管理制度和规划。

③组织卫生宣传教育工作，培训从业人员。

④定期进行本单位从业人员的健康检查，并做好善后处理工作。

（3）维修保养工作

①建筑物和各种机械设备、装置、设施、给排水系统等均应保持良好状态，确保正常运行和整齐洁净，不污染食品。

②建立健全维修保养制度，定期检查、维修，杜绝隐患，防止污染食品。

（4）清洗和消毒工作

①应制定有效的清洗及消毒方法和制度，以确保所有场所清洁卫生，防止污染食品。

②使用清洗剂和消毒剂时，应采取适当措施，防止人身、食品受到污染。

（5）除虫、灭害的管理

①厂区应定期或在必要时进行除虫灭害工作，要采取有效措施防止鼠类、蚊、蝇、昆虫等的聚集和滋生。对已经发生的场所，应采取紧急措施加以控制和消灭，防止蔓延和对食品的

污染。

②使用各类杀虫剂或其它药剂前，应做好对人身、食品、设备工具的污染和中毒的预防措施，用药后将所有设备、工具彻底清洗，消除污染。

（6）有毒有害物管理

①清洗剂、消毒剂、杀虫剂以及其它有毒有害物品，均应有固定包装，并在明显处标示"有毒品"字样，贮存于专门库房或柜橱内，加锁并由专人负责保管，建立管理制度。

②使用时应由经过培训的人员按照使用方法进行，防止污染和人身中毒。

③除卫生和工艺需要外，均不得在生产车间使用和存放可能污染食品的任何种类的药剂。

④各种药剂的使用品种和范围，需经省（自治区、直辖市）卫生监督部门同意。

（7）饲养动物的管理

①场内除实验动物和待加工禽畜外，一律不得饲养家禽、家畜。

②应加强对实验动物和待加工禽畜的管理，防止污染食品。

（8）污水、污物的管理

①污水排放应符合国家规定标准，不符合标准者应采取净化措施，达标后排放。

②厂区设置的污物收集设施，应为密闭式或带盖，要定期清洗、消毒，污物不得外溢，应于 24h 之内运出厂区处理。做到污物日产日清，防止有害动物集聚滋生。

（9）副产品的管理

①副产品（加工后的下脚料和废弃物）应及时从生产车间运出，按照卫生要求贮存于副产品仓库。废弃物则收集于污物设施内，及时运出厂区处理。

②使用的运输工具和容器应经常清洗、消毒，保持清洁卫生。

（10）卫生设施的管理

洗手、消毒池，靴、鞋消毒池，更衣室、淋浴室、厕所等卫生设施，应有专人管理，建立管理制度，责任到人，应经常保持良好状态。

（11）工作服的管理

①工作服包括淡色工作衣、裤、帽、鞋、靴等，某些工序（种）还应配备口罩、围裙、套袖等卫生防护用品。

②工作服应有清洗保洁制度。凡直接接触食品的工作人员必须每日更换，其他人员也应定期更换，保持清洁。

（12）健康管理

①食品厂全体工作人员，每年至少进行一次体检，没有取得卫生监督机构颁发的体检合格证者，一律不得从事食品生产工作。

②对直接接触入口食品的人员还需进行粪便培养和病毒性肝炎带毒试验。

③凡体检确认患有肝炎（病毒性肝炎和带毒者）、活动性肺结核、肠伤寒和肠伤寒带菌者，细菌性痢疾和痢疾带菌者，化脓性或渗出性脱屑性皮肤病、其它有碍食品卫生的疾病或疾患的人员，均不得从事食品生产工作。

4. 生产过程的卫生要求

（1）管理制度

①应按产品品种分别建立生产工艺和卫生管理制度，明确各车间、工序、个人的岗位职责，并定期检查、考核。具体办法在各类食品厂的卫生规范中分别制定。

②各车间和有关部门应配备专职或兼职的工艺卫生管理人员、按照管理规范，做好监督、检查、考核等工作。

（2）原材料的卫生要求

①进厂的原材料应符合采购质量标准的规定。

②原材料必须经过检验、化验，合格者方可使用，不符合质量卫生标准和要求的，不得投产使用，要与合格品严格区分开，防止混淆和污染食品。

（3）生产过程的卫生要求

①按生产工艺的先后次序和产品特点，应将原料处理、半成品处理以及加工、包装材料和容器的清洗、消毒，成品包装盒检验、成品贮存等工序分开设置，防止前后工序相互交叉污染。

②各项工艺操作应在良好的情况下进行，防止变质和受到腐败微生物及有毒有害物的污染。

③生产设备、工具、容器、场地等在试验前后均应彻底清洗、消毒、维修、检查设备时不得污染食品。

④成品应有固定包装，经检验合格后方可包装；包装应在良好的状态下进行，防止异物带入食品。使用的包装容器和材料，应完好无损，符合国家卫生标准。包装上的标签应按GB 7718—2011 的有关规定执行。

⑤成品包装完毕，按批次入库、贮存，防止差错。

⑥生产过程的各项原始记录（包括工艺规程中各个关键因素的检查结果）应妥善保存，保存期应较该产品的商品保存期延长 6 个月。

（4）卫生和质量检验的管理

①食品厂应设立与生产能力相适应的卫生和质量检验室，并配备经专业训练、考核合格的检验人员，从事卫生、质量的检验工作。

②卫生和质量检验室应具备所需的仪器、设备，并有健全的检验制度和检验方法。原始记录应齐全，并应妥善保存，以备直接查核。

③应按国家规定的卫生标准和检验方法进行检验，要逐批次对投产前的原材料、半成品和出厂前的成品进行检验，并签发检验结果单。

④对检验结果如有争议，应由卫生监督机构仲裁。

⑤检验用的仪器、设备、应按期检查，及时维修，使之经常处于良好状态，以保证检验数据的准确。

（5）成品贮存、运输的卫生要求

①经检验合格包装的成品应贮存于成品库，其容量应与生产能力相适应。按品种、批次分类存放，防止相互混杂。成品库不得贮存有毒、有害物品或其它易腐、易燃品。

a. 成品码放时，与地面、墙壁应有一定距离，便于通风。要留出通道，便于人员、车辆通行；要设有温、湿度监测装置，定期检查和记录。

b. 要有防鼠、防虫等设施，定期清扫、消毒，保持卫生。

②运输工具（包括车厢、船舱和各种容器等）应符合卫生要求。要根据产品特点配备防雨、防尘、冷藏、保温等设施。

a. 运输作业应避免强烈震荡、撞击，轻拿轻放，防止损伤成品外形，且不得与有毒有害物品混装、混运。作业终了，搬运人员应撤离工作场地，防止污染食品。

b. 生鲜食品的运输，应根据产品的质量和卫生要求，另行制订办法，由专门的运输工具进行。

（6）个人卫生与健康的要求

①食品厂的从业人员（包括临时工）应接受健康检查，取得体检合格证者，方可参加食品生产。

②从业人员上岗前，要先经过卫生培训教育，方可上岗。

③上岗时，要做好个人卫生，防止污染食品。

a. 进车间前，必须穿戴整齐划一的工作服、帽、靴、鞋，工作服应盖住外衣，头发不得露于帽外，并要把双手洗净。

b. 直接与原料、半成品和成品接触的人员不准戴耳环、戒指、手镯、项链、手表，不准浓艳化妆、染指甲、喷洒香水进入车间。

c. 手接触脏物、进厕所、吸烟、用餐后，都必须把双手洗净才能进行工作。

d. 上班前不准酗酒，工作时不准吸烟、饮酒、吃食物及做其它有碍食品卫生的活动。

e. 操作人员手部受到外伤，不得接触食品或原料，经过包扎治疗戴上防护手套后，方可参加不直接接触食品的工作。

f. 不准穿工作服、鞋进厕所或离开生产加工场所。

g. 生产车间不得带入或存放个人生活用品，如衣物、食品、烟酒、药品、化妆品等。

h. 进入生产加工车间的其他人员（包括参观人员）均应遵守本规范的规定。

二、　危害与关键控制点体系

（一）危害与关键控制点简介

危害分析与关键控制点（Hazard Analysis Critical Control Point，HACCP）是一个预防性体系，是动态的可变化的体系。它是一项国际认可的技术体系，主要以预防食品安全问题为基础，是防止食品引起疾病的有效方法。生产商可以通过此体系来界定在食品生产过程中的监控点，通过控制来预防"危机"产生，从而降低甚至防止各类食品污染（包括微生物、化学和物理三方面），是目前国际上应用最广泛的监控食品安全的有效防范体系。

HACCP 体系运用食品工艺学、微生物学、化学和物理学、质量控制和危险性评价等方面的原理与方法，对整个食品链（从食品原料的种植、饲养、收获、加工、流通至消费过程）中实际存在的和潜在的危害进行危险性评价，找出对终产品的安全（甚至可以包括质量）有重大影响的关键控制点（CCP），并采取相应的预防/控制措施以及纠正措施，在危害发生之前就控制它，从而最大限度地减少那些对消费者具有危害性的不合格产品出现的风险，实现对食品安全、卫生（及质量）的有效控制。

HACCP 体系提供了一种系统、科学、结构严谨、适应性强的控制食品的生物性、化学性和物理性危害的手段。这种管理手段提供了比传统的检验和质量控制程序更为有效的方法，它具有鉴别还未发生过问题的潜在领域的能力。通过使用 HACCP 体系，控制方法从仅仅是最终产品的检验转变为对食品设计和生产的控制（预防不合格）。因此，HACCP 体系是代替传统管理方法的食品安全预防系统，与一般的传统管理方法相比较，它具有较高的经济效益和社会效益，是世界公认的保障食品卫生安全的最有效、最可靠的管理方法。

1. HACCP 发展史

HACCP 体系的建立已有 60 多年，可分为创立和应用两个阶段。20 世纪 50—90 年代初为创立阶段，20 世纪 90 年代后进入应用阶段。

HACCP 起源于 20 世纪 50 年代美国宇航食品的安全控制。1959 年美国的 Pillsbury 公司和航天局（NASA）纳蒂克（Natick）实验室联合开发宇航食品时，为保障宇航员的食物安全而提出 HACCP 概念。20 世纪 70 年代美国食品工业界提出 HACCP 原理。1973 年美国食品与药物管理局（FDA）将 HACCP 原理成功应用于低酸罐头类食品生产，并制定了相应的法规，这是 HACCP 首次应用于美国联邦法规。同时，日本也推荐并采用多种食品加工的 HACCP 体系，保证产品的安全性。20 世纪 80 年代后，HACCP 体系在应用中得到充分发展和不断完善。

20 世纪 90 年代 HACCP 进入实质性应用阶段，美国和欧盟对水产品的 HACCP 实行了强制性管理。美国批准了肉禽类加工的 HACCP 法规，同时还将 HACCP 体系应用到其它食品生产中。日本、加拿大、新西兰也积极提出了肉禽、蛋品、罐头食品加工的 HACCP 体系应用模式。有些企业还把 HACCP 扩大到食品的质量管理以取得更好的经济效益。

60 多年来，大量事实说明 HACCP 体系是保证食品安全最经济和最有效的方法，因此许多国家政府已将 HACCP 列入食品加工的强制性行为。中国是食品出口大国，为使食品顺利出口，自从 1988 年 HACCP 概念引入中国后，政府有关部门积极采取措施促进 HACCP 体系在食品加工领域应用。1991 年原国家商检局组织全国商检系统开展出口食品安全工程研究，制定了冻猪肉、冻鸡肉、冻对虾、活鳗和烤鳗、蘑菇罐头、竹笋罐头、速冻春卷、蜂蜜和柑橘 10 种出口食品的 HACCP 应用模式；1994 年原天津、山东商检局分别研究了出口冻鳕鱼块和贝类的 HACCP 体系；1997 年原国家商检局把出口美国、欧盟的水产品加工企业的 HACCP 培训评审作为最紧迫的任务。现在，HACCP 体系已成为中国食品安全控制的基本政策，原国家质量监督检验检疫总局计划建立与美国、欧盟等发达国家和地区相对等的食品安全和品质管理体系。原卫生部食品卫生监督检验所等单位对 HACCP 在乳制品、熟肉及饮料等食品中的应用进行了较为深入的研究。如今，我国有 80% 以上的出口企业建立了 HACCP 体系，为了提高我国食品安全与卫生状况，实现从"农田/饲养场到餐桌"的全程质量管理，在我国农业/畜牧业、食品加工业、食品服务业等相关部门全面实施 HACCP 体系将是必然的发展趋势。

2. HACCP 七项基本原理

HACCP 是指对某一特定食品生产工序或操作有关风险（发生的可能性及严重性）的鉴定、评估以及对其中的微生物、化学、物理危害进行控制的体系性方法，是一个预防性策略。它的基础是食品生产者制定出一个方案来预测食品安全危害，并鉴别出在生产工序中可能造成危害、产生或允许危害存在的失误点，这些点称为关键控制点（Critical Control Point，CCP）。

在 HACCP 体系下，对已经鉴定的关键控制点进行体系的监督，并保留有关监督的记录。当对某个 CCP 失去控制时要采取纠偏措施，包括对那段时期内生产的食品的妥善处理，这些措施都要记录在文件内。

食品工业使用 HACCP 体系将会强化食品业持续预防问题和解决问题的行为，而不必仅依靠政府管理机构对传统设施进行检查来检验是否失去控制。HACCP 为控制有效性评估提供了实时监督程序。每个 HACCP 方案都反映了某食品的专一性特性及其加工方法和制造设施。

HACCP 的特点是对生产各环节实施控制，它主要包括两个层次的意义，即危害分析（HA）和关键控制点（CCP）。HACCP 原理经过实际应用和修改，已被联合国食品法典委员会确认,由以下七个基本原理组成。

(1) 危害分析 确定与食品生产各阶段有关的潜在危害,包括原料生产、食品加工制造过程、产品储运、消费等各环节。危害分析不仅要分析其可能发生的危害及危害的程度,也要有防护措施来控制危害。

(2) 确定关键控制点 CCP 是可以控制的点、步骤或方法,经过控制可以使食品潜在的危害得以防止、排除或降至可接受的水平。可以是食品生产的任一步骤,包括原材料收购、生产、收获、运输、产品配方以及加工储运各环节。

(3) 确定关键限值 保证 CCP 受控制,对每个 CCP 点需要确定一个标准值,以确保将每个 CCP 限制在安全值以内。这些关键限值常是一些保藏手段的参数,如温度、时间、物理性能(如张力)、水分、水分活度、pH 及有效氯等。每个 CCP 都必须有一个或多个关键限值(CL)。

(4) 确定监控 CCP 的措施 监控是有计划有顺序的观察或测定,以判定 CCP 是否在监控中,并有准确记录,可用于将来的评估。应尽可能通过各种理化方法对 CCP 进行连续的监控。若无法连续监控关键限值,应有足够的频率来观察测定 CCP 的变化特性,以确保 CCP 在监控中。凡是与 CCP 有关的记录和文件都要有监控员的签名。

(5) 确立纠偏措施 当监控显示偏离关键限值时,要采取纠偏措施。虽然 HACCP 系统已有计划防止偏差,但从总的保护措施来说,应在每个 CCP 点都有合适的纠偏措施,以便发生偏差时能有适当的手段来恢复或纠正出现的问题,并有维护纠偏措施的记录。纠偏措施应在制定 HACCP 计划时预先确定,其功能包括:①决定是否销毁失控状态下生产的食品;②纠正或消除导致失控的原因;③保留纠偏措施的执行记录。

(6) 建立审核程序 由此证明 HACCP 系统是在正确运行中,包括审核关键限值,从而控制确定危害,保证 HACCP 计划正常执行。审核所有文件记录,计划在任何点上的执行情况,随时可以被检查出来。虽然经过了危害分析,实施 CCP 监控、纠偏并保持有效记录,但并不等于 HACCP 体系的建立和运行能确保食品的安全,关键在于:①验证各个 CCP 是否都按照 HACCP 计划严格执行;②确定整个 HACCP 计划的全面性和有效性;③验证 HACCP 体系是否处于正常和有效运行的状态。

(7) 确立有效的记录保持程序 要求把列有确定的危害物质、CCP、CL 的书面 HACCP 计划的准备,执行,监控,记录保持和其它措施等与执行 HACCP 计划有关的信息、数据记录和文件完整保存下来。需要保留的记录有:①HACCP 计划的目的和范围;②产品描述和识别;③加工流程图;④危害分析;⑤HACCP 审核表;⑥确定关键限值的依据;⑦对关键限值的验证;⑧监控记录,包括关键限值的偏离;⑨纠偏措施;⑩验证活动的记录;校验记录;清洁记录;产品标识与可追溯性;害虫控制;培训记录;合格供应商记录;产品回收记录;审核记录;对 HACCP 体系的修改、复审材料和记录。

在实际应用中,记录为加工过程的调整、防止 CCP 失控提供了一种有效的监控手段。因此,记录是 HACCP 计划成功实施的重要组成部分。

3. HACCP 实施的前提条件

实施 HACCP 体系的目的是预防和控制所有与食品相关的安全危害,因此,HACCP 不是一个独立的程序,而是全面质量控制体系的一部分,HACCP 体系必须以良好生产规范(Good Manufacture Practice,GMP)和卫生标准操作程序(Sanitation Standard Operating Procedure,SSOP)为基础,通过这两个程序的有效实施确保食品生产设施等基本条件满足要求以及对食品生产环境的卫生进行控制。没有良好的卫生环境或生产条件无法满足要求，就有可能导致不安全食品的生产。因此，没有 GMP 和 SSOP 的支持，HACCP 将成为空中楼阁，起不到预防和控制食品安全的作用。此外，食品生产单位在实施 HACCP 计划前还需要满足一些基本条件，这些条件也是 HACCP 体系建立和有效实施的基础。

（1）GMP　GMP 体系主要对食品加工过程中的产品质量和安全性进行控制和管理。GMP 要求从原料接收到成品出厂的整个过程中，进行完善的质量控制和管理，保证产品的质量。GMP 的特点是以科学为基础，将各项技术性标准规定得非常具体。几十年的实践证明，GMP 是保证生产出高质量产品的有效工具。

具体而言，GMP 体系主要包括以下内容：①原材料采购、运输的卫生要求；②工厂设计与实施的卫生要求；③工厂的卫生管理；④生产过程的卫生要求；⑤卫生和质量检验的管理；⑥成品贮存、运输的卫生要求；⑦个人卫生与健康的要求。

（2）SSOP　FDA 颁布的于 1997 年 12 月 18 日生效的海产品法规 21CFR123 部分《水产品 HACCP 法规》中强调要求加工者采取有效的卫生控制程序，充分保证达到 GMP 的要求。同时为使海产品企业有效落实 GMP，法规中推荐了 8 项关键卫生条件和操作规范，使加工者按照 8 项条件结合自己企业的产品和加工条件起草一个卫生操作控制文件，即《卫生标准操作程序》（SSOP），并加以实施，以消除与卫生有关的危害。

SSOP 应至少包括以下 8 个内容的卫生控制：①与食品接触或与食品接触物表面接触的水（冰）的安全；②与食品接触的表面（包括设备、手套、工作服）的清洁度；③防止发生交叉污染；④手的清洗与消毒间、厕所设施的维护与卫生保持；⑤防止食品被污染物污染；⑥有毒化学物质的标记、贮存和使用；⑦雇员的健康与卫生控制；⑧虫害的防治。

（3）产品标识、可追溯和召回程序

①产品标识。产品必须有标识，这样不但能使消费者知道有关这些产品的信息，而且能减少错误或减少不正确运输和使用产品的可能性。产品的标识内容至少应该包括产品描述、级别、规格、包装日期、最佳食用期或保质期、批号、生产商和生产地址等。

②产品可追溯性。产品的可追溯性包括两个基本要素：a. 能够确定生产过程的输入（例如杀虫剂、除草剂、化肥、成分、包装、设备等）以及这些输入的来源；b. 能够确定成品已发往的位置。

③产品回收控制。所有食品企业都应该制定一套能够完全、快速回收任何一批食品的回收系统。这类回收系统包括以下几个方面的内容：规定涉及产品回收程序的人员；描述实施回收时采取的程序；利用传媒向消费者传达回收信息；建立对已回收产品的控制措施；回收步骤，即发现问题、投诉评估、启动回收。

已经退回的产品和存放于库存中尚未发出的产品，都要按照涉及的危害性质提出处理意见。

④模拟回收建立。模拟回收程序，定期执行模拟回收程序，以演练、评估和验证回收程序的有效性。

⑤回收计划的实施。生产者准备实施回收计划时要立即通报给当地的政府主管部门，通知的内容包括：回收的原因；回收产品的类别，即名称、编号和批号、公司注册号（国内和国外）、生产日期、进出口的日期（适用时）等；与回收有关的产品数量，至少包括以下内容：公司原拥有的被回收的产品数量、在回收产品的区域分布情况、被回收产品在公司的剩余数

量；被回收产品的区域分布，即按销售地点、城市（如果是出口的，按出口国别）列明批发商和零售商的名称和地址；任何可能受同种危害影响的其它产品的信息。

（4）设施设备维护程序

①目的：保证设备正常运行、控制潜在的危害、确保生产的食品安全性；保证监视设备的准确性。

②内容：设备维护保养，即设备的预防性维护、计量器具的预防性维护、设备的定期维护；监视装置的校准；设备的检修；设备事故；计量监视设备的校准程序。

（5）人员培训计划

①目的：对从事食品生产加工的所有员工进行必要的培训，使其满足相应岗位的要求，胜任自己的工作。

②各部门职责：办公室负责编制培训计划并监督实施，品管部负责基础教育培训，各部门具体负责本职范围内的培训。

③内容：各岗位培训要求；根据各岗位要求制定年度培训实施计划；每次培训后填写相关记录；建立员工培训档案。

（6）原料安全控制计划

①目的：对原辅料采购进行控制，确保所采购的产品符合规定要求。

②各部门职责：主管部门按要求对原辅料供应商进行评定，编制合格供方名单，建立供方档案；供销部负责制定原辅料采购计划，并实施采购；品管部按要求对采购产品实施验证。

③内容：采购产品分类；供方评价；采购计划编制和审批；采购实施；采购产品的验证。

（7）应急准备和响应程序

①目的：规定对各类潜在的与食品安全相关的停水、停电、设备故障、安全事故、供水故障等突发事件的预防和在紧急情况下的应急措施，以最大限度地消除、降低或控制相应的与食品安全相关的潜在危害。

②各部门职责：HACCP 小组负责制定和修改《危急准备和响应管理程序》；应急小组组长负责应急现场的统一指挥和调度工作；当在正常生产期间发生停水、停电、设备故障、安全事故、供水故障等紧急突发情况时，各车间（部门）员工有责任立刻通知应急小组组长，并在紧急情况下按《应急准备和响应管理程序》采取相应措施。

③工作程序：应急小组组成包括厂长（组长）、生产部经理、品控经理、工程部经理、仓储部经理；应急小组细分为抢修组和产品处置组；抢修组职责为：在紧急情况发生时，在确保安全的前提下，尽快恢复发生故障的电气、机械或其它设备，防止引起进一步的破坏，另外负责同对外相关部门的联系，尽快恢复水、电、气的供应；产品处置组职责为：隔离所涉及的原料、半成品、产品，按应急方案妥善处置，并评估其安全性。

4. HACCP 建立的步骤

不同国家有不同的 HACCP 计划，即使在同一个国家，不同管理部门在不同食品生产过程中推行的 HACCP 计划也不同。美国食品和饮料研究协会的第 38 号技术手册中介绍了开展 HACCP 研究的 13 个步骤：①成立 HACCP 小组；②产品描述；③确定产品用途及消费对象；④绘制流程图；⑤现场验证流程图；⑥危害分析；⑦确定 CCP 点；⑧确定各 CCP 点的关键限值；⑨建立各 CCP 点的监控系统；⑩建立纠偏措施；⑪建立审核措施；⑫建立记录保存制度；⑬验证 HACCP 的实施情况。

（1）成立 HACCP 小组（Assemble HACCP Team）　　成立 HACCP 小组是建立 HACCP 计划的重要步骤，该小组成员应该由不同专业的人员组成，如产品研发、生产管理、质量控制、卫生控制、设备维修、化验、生产操作的人员等，实施 HACCP 计划应该全员参与。HACCP 小组的职责是制定 HACCP 计划，修改、验证监督和实施 HACCP 计划，书写 SSOP 文本和对全体人员进行培训。小组成员应该有较强的责任心和认真、实事求是的态度。

（2）产品描述（Describe Product）　　产品描述为说明产品特性、规格和分销办法，如产品名称、成分表、重要的产品性质（如水分活度、pH、含盐量等）、消费对象（一般公众、老人、小孩、病患者等）、分销方法、食用方法（即食还是加热后使用等）、包装、销售点、标签说明、特殊储运要求等。因为不同产品以及不同生产方式，其存在的危害和预防措施不同。对产品进行详细描述，便于进行危害分析，确定 CCP 点。

（3）确定产品及消费对象（Identify Intended Use）　　对于不同的用途和消费者，食品的安全保证程度不同。对即食食品，某些病原体的存在可能是显著的危害；而对食用前需要加热的食品，这种病原体是不显著的危害。同样，不同的消费者对食品安全要求也是不同的。还要特别标注特殊人群是否适合食用，如糖尿病患者。

（4）描绘流程图（Construct Flow Diagram）　　认真绘制所研究产品的工艺流程图对于危害分析至关重要。流程图应该反映工艺的每一步，无论是原料的选择、加工、发售、零售还是消费使用，都必须按照层次清楚地描述出来，还需要提供足够的数据以便研究。需要包括的数据类型（但不仅限这些）有：①所采用原材料、辅料及包装材料的生物、化学和物理数据资料；②原辅料进入生产的工艺步骤和顺序；③工艺控制内容；④原材料、产物的温度、时间；⑤产品循环或再利用路线；⑥设备设计特征；⑦高低危害区分隔；⑧人员进出路线；⑨潜在的交叉污染路线；⑩清洁与消毒步骤的有效性。

（5）现场确认流程图（Confirm Flow Diagram）　　这是一个将生产流程图与实际操作过程进行比较的过程，在不同操作时间检验生产工艺，以确保该流程图是有效的，如果发现问题应该及时修改流程图。

（6）危害分析（Hazard Analysis）　　危害是指一切可能造成食品不安全消费，引起消费者疾病和伤害的生物的、化学的、物理的污染。危害分析是 HACCP 最重要的环节。以流程图为指南，HACCP 小组应该列出各步骤可能会发生的所有危害，小组还应该考虑到流程图中尚未包括在工艺管理中实际可能会发生的事，如延迟加工、临时贮存等。

应该注意，在这里先不要确定 CCP 点，以保证所有可想到的危害都可能被挖掘出来。这里所确认的危害必须有控制措施，以排除或减少危害出现，使其达到可接受水平。有时可以有几种方法来控制某一个危害，有时几个危害可以用一个方法来控制，如烹饪。

美国微生物标准咨询委员会将食品的潜在危害程度分为 6 类。

a 类：专门用于非杀菌产品和专门用于特殊人群（婴儿、老人、体弱和免疫缺陷者）消费的食品。

b 类：产品含有对微生物繁殖有利的成分，如乳粉、鲜肉等水分含量高的食物。

c 类：生产过程缺乏可控制的步骤，以便有效杀灭有害微生物，如碎肉过程、分割、破碎等无热处理过程。

d 类：产品在加工后，包装前会遭受污染的食品，如大批量杀菌后再包装的食品。

e 类：在运输、批发和消费过程中，易造成消费者操作不当而存在潜在危害的产品，如应冷藏的食品却在常温或高温下放置。

f类：包装后或在家里食用时不再加热处理的食品，如即食食品等。

危害分析时，在评价食品危害程度上，习惯将微生物造成的危害程度分为7级：最高潜在危害性食品为a类特殊食品；其次为含b~f类所有特征的食品；含b~f类所有特征中4项的食品；含b~f类所有特征中3项的食品；含b~f类所有特征中2项的食品；含b~f类所有特征中1项的食品；不含b~f类任何特征的食品。

（7）确定关键控制点（Determine CCP）　这是一个决定可被控制、食品安全危害可被防止、排除或减少到可被接受水平的点、步骤和过程。CCP的多少，取决于产品或生产工艺的复杂性、性质和研究过程。最常用的是判断树。CCP常常是危害介入的那一点，但也需要注意远离显著危害介入点的几个加工步骤的点，只要对这些点有预防、消除或降低危害到可接受水平的措施，也属于CCP。一种危害可由几个CCP点来控制，几个危害也可以由一个CCP点来控制。

（8）确定每个关键点的关键限值（Establish Critical Limits for Each CCP）　在确定了工艺过程中所有CCP后，接下来就是决定如何控制了。首先必须建立确定产品安全还是不安全的指标，以便将整个工艺控制在安全标准以内。CCP的绝对允许极限，即用来区分安全与不安全的分界点，就是所谓的关键限值。如果超过这个限值就表明这个CCP失控，产品可能存在潜在危害。

关键限值是保证食品安全性的绝对允许限量，是CCP的控制标准。在生产过程中必须针对各CCP采取相应的预防措施，使加工过程符合这一标准。

关键限值应直观、易于监控和可连续监控，一般不用微生物做指标，常用物理、化学参数，这些参数包括温度、时间、流速、水分含量以及水分活度、pH、盐度等，这些关键限值都应该有辅助证明可以获得控制，基于主观决定的数据（如观察）应该有明确说明，什么是可以接受的，什么是不可以接受的。

（9）确定每个关键控制点的监控系统（Establish a Monitoring System for Each CCP）　监控程序是一个有计划的连续检测或观察的过程，用于评估一个CCP是否受控，并为将来验证时使用，因此它是保证安全生产的关键措施。

监控的方法有在线监控和终端检测。监控的频率需要小组根据实际情况合理制定。辅助监控的人员必须具备一定的知识和能力，需要接受有关HACCP的培训，充分理解监控的重要性，能及时进行监控活动，准确报告每次监控结果，及时报告异常情况并采取纠偏措施。监控人员可以是流水线上的人员、设备操作者、监督员、维修员、质量保证人员。一般流水线上的人员和设备操作者比较合适，因为这些人需要连续观察产品和设备，能比较容易从一般情况中发现问题甚至微小变化。

（10）建立纠偏措施（Establish Corrective Action Plan）　当某个CCP点出现一个极限偏差时采取的纠正行为。纠偏行为包括纠正和消除偏离的原因、重建加工控制。问题产品应有相应措施进行处理。

纠偏措施应该包括：采取的纠偏行动能保证CCP已经在控制极限内；纠偏动作受到威胁部门认可；有缺陷产品及时处理；纠偏实施后，CCP一旦恢复控制，有必要对这一系统进行审核；授权给操作者，当出现偏差时停止生产，保留所有不合格产品并告知质量管理人员。无论采取什么纠偏措施，均应保留记录。记录内容包括被确定的偏差、保留产品原因、保留的时间和日期、涉及的产量、产品的处理与隔离、做出处理的决定人、防止偏离再发生的措施。

（11）建立审核措施（Establish Verification Procedure）　审核是为了确保 HACCP 系统是否处于正确的工作状态。审核工作由 HACCP 小组负责，应特别重视监督中的频率、方法、手段或实验方法的可靠性，包括对 HACCP 计划、所采用文件或记录的审查、偏差和纠偏结果评论、中间及终产品的微生物检测、CCP 记录、现场检查 CCP 控制是否正常、不合格产品的淘汰记录、HACCP 修正记录、顾客对产品消费意见总结等。

审核的目的要明确：HACCP 是否按计划运行、原定计划是否适合目前的生产实际。审核措施应确保 CCP 的确定，监控措施和关键极限是合适的，纠偏措施是有效的。

（12）文件记录的保存措施（Establish Documentation）　HACCP 需要建立有效的记录管理程序，以便使 HACCP 体系文件化。记录是采取措施的书面证据，文件记录的保存是有效执行 HACCP 的基础。保存的文件应包括：说明 HACCP 系统的各种措施或手段；用于危害分析采用的数据；HACCP 执行小组会议上的报告及决议；监控方法、记录以及签名；偏差及纠偏记录；审定报告；HACCP 计划表；危害分析工作表等表格。

所有 HACCP 记录应包括如下信息：①标题与文件控制号码；②记录产生的日期；③检验人员的签名；④产品识别，如产品名称、批号、保质期；⑤所用的材料及设备；⑥关键限值；⑦需要采取的纠偏措施及负责人；⑧记录审核人签名处。

记录应有序的存放在安全、固定的场所，便于内审和外审的取阅，并方便利用记录研讨问题和进行趋势分析。需要保存的记录有：①HACCP 计划及支持文件，包括 HACCP 计划研究目的和范围；②产品描述和识别；③生产流程图；④危害分析；⑤HACCP 审核表；⑥确定关键限值的依据；⑦验证关键限值；⑧监控记录，包括关键限值的偏离；⑨纠偏措施；⑩验证活动的结果；⑪校准记录；⑫清洁记录；⑬产品标识与可追溯记录；⑭害虫控制记录；⑮培训记录；⑯供应商认可记录；⑰产品回收记录；⑱审核记录；⑲HACCP 体系的修改记录。

（13）HACCP 计划的验证（HACCP Plan Should be Severed）　HACCP 小组应建立体系用于验证 HACCP 操作程序是否在正确运行，验证时应反复检查整个 HACCP 体系及其记录。验证包括两方面内容：①原来应有的 HACCP 操作程序是否还适合产品或工艺危害？②是否规定的监控制度和改正行为仍在被适当应用？

HACCP 小组应规定验证操作程序的方法和频率，验证方法包括：①内部审查体系；②对中间产品样品和最终产品的微生物检验；③在选出的 CCP 点上进行更多的彻底/强化检验；④调查市场供应中与产品有关的卫生问题和消费者使用产品的数据。

另外在下列项目发生变化时，应该自动启动对 HACCP 的回顾：①原料/产品配方发生变化；②加工体系发生变化；③工厂布局和环节发生变化；④加工设备改进；⑤清洁和消毒方案改变；⑥包装、储运和发售体系改变；⑦人员等级和（或）职责发生变化；⑧假设消费者使用发生变化；⑨从市场供应上获得的信息表明有关产品有风险。

对 HACCP 验证的所有资料都必须保存。

（二）HACCP 体系的审核

1. 审核的目的和意义

在 HACCP 体系中，审核是除监控手段之外，用于确定并验证企业是否按 HACCP 运作所使用的方法、步骤或检测手段。审核与监控的区别在于，监控提供了正在进行的生产过程中实际情况的信息，审核是检查整个 HACCP 体系是否确保生产出符合规定、安全、高质量的食品，

HACCP 计划所列的各项控制措施是否得到贯彻执行。通过审核所得到的信息可用于改进和完善 HACCP 体系。

HACCP 体系审核的意义在于：①有助于强化全体员工的质量意识及其对质量体系的理解；②了解管理体系运转的情况；③进行独立和客观的审查；④保证 HACCP 体系的可靠性；⑤确定改进的方向；⑥清除过时的文件；⑦通过定期审核，不断取得进步。

总之，HACCP 体系审核可以确保整个体系的有效性，并确证体系的实际运作完全符合既定计划。因此，审核的频率必须足以保证所生产的食品始终能达到安全卫生的要求。

2. 审核的基本原理

（1）审核的基本概念　ISO 9000：2005 和 ISO 19011：2016 标准给出了与质量管理体系和审核有关的定义，并为审核员开展质量和环境体系审核提供了指南，同时也为 HACCP 体系等其它管理和控制体系提供了技术支持。根据 ISO 9000：2005《质量管理体系的基本原理和术语》，ISO 19011《质量和环境审核的指南》有如下概念。

①审核：为获得审核（Audit）证据并对其进行客观的评价，以确定满足审核准则的程度所进行的系统的、独立形成文件的过程。

注：内部审核，有时称第一方审核，用于内部目的，由组织自己或以组织的名义进行，可作为组织自我合格声明的基础。

外部审核包括通常所说的"第二方审核"和"第三方审核"。

第二方审核组织的相关方（如顾客）或由其他人员以相关方的名义进行。第三方审核由外部独立的组织进行，这类组织提供符合要求（如 GB/T 19001—2016 和 GB/T 24001—2016）的认证或注册。

当质量和环境管理体系被一起审核时，这种情况称为"一体化审核"。

当两个或两个以上审核机构合作，共同审核一个受审核方时，这种情况称为"联合审核"。

②审核准则：审核准则（Audit Criteria）是用做依据的一组方针、程序或要求。

③审核证据：与审核准则有关的并且能够证实的记录、事实陈述或其它信息。

注：审核证据（Audit Evidence）可以是定性的或定量的。

④审核发现：审核发现（Audit Finding）是就收集到的审核证据对照准则进行评价的结果。

⑤审核结论：审核结论（Audit Conclusion）是审核组考虑了审核证据和所有审核后得出的最终审核结果。

⑥审核员：审核员（Auditor）是有能力实施审核的人员。

⑦审核组：实施审核的一名或多名审核员。

注 1：通常任命一名审核员为审核组长。

注 2：审核组（Audit Team）可包含实习审核员。在需要时可包含技术专家。

注 3：观察员可以随同审核组，但不作为其成员。

⑧技术专家（审核）：提供关于被审核对象的特定知识或技术的人员。

注 1：特定知识或技术包括关于被审核的组织、过程或活动的知识或技术，以及语言或文化指导。

注 2：在审核组中，技术专家（Technical Expert）不作为审核员。

⑨审核方案：审核方案（Audit Program）为在计划的时间框架内要进行的一组（一次或多

次）审核。

⑩审核员资格（Audit Qualification）：审核员应具备的教育、培训、工作和审核的综合要求。

⑪评审：为确定主题事项达到规定目标的适宜性、充分性和有效性所进行的活动。

注：评审（Review）也可包括确定效率。

（2）审核的基本原则　审核的基本原则包括：①审核是被授权的活动；②审核的核心原则是客观性、独立性和系统性；③审核结论应具有可信性；④审核应保持公正性；⑤彼此独立的审核组对同一对象的审核应得出类似的结论；⑥审核应由具备相应工作能力的人员操作和管理；⑦审核的范围、目的和审核准则应事先被明确，并达成一致意见；⑧审核是一种信任活动。

（3）HACCP 的审核简介　从之前所述的概念中可以看出，审核和评审都可以作为验证的手段。审核分为内部审核和外部审核。内部审核又称为第一方审核，外部审核又称为第二方审核或第三方审核。所谓第三方是指独立于第一方（组织本身）和第二方（顾客）之外的一方，与第一方和第二方既无行政的隶属关系也无经济上的利害关系。第三方的审核是为了确保审核的公正性，是认证的重要前提。

内部审核和外部审核的比较：①都属体系审核的范畴；②都要遵循质量和环境审核指南（ISO 19011）的要求；③都可以将有关的法律、法规、标准作为审核准则；④都由独立于受审核方的审核员进行；⑤都用来确定体系的符合性和有效性；⑥整个审核的组织安排大体相当；⑦第二方审核有理由将特定的要求向供方提出；⑧审核员在不同审核中扮演的角色不同；⑨在审核目的、审核重点、审核依据的先后次序，提建议的能力大小，对受审方的影响力及审核时间等方面，存在着一定的差别。

3. 内审的程序和要求

（1）食品生产企业内审的目的

①贯彻企业方针，是针对食品安全控制和相应法律、法规要求的符合性审核。

②验证一个良好的 HACCP 体系已经被建立和保持，包括确认危害分析合理，对应于所识别的 CCP 制定的监控措施有效，监控、记录保持和验证活动实施有效。

③验证产品的设计和加工的特殊要求是适宜的，并能持续达到预期目的的。

④对建立和保持 HACCP 体系的人员的知识、意识和能力进行评估。其它的一些目的，例如：进行对比分析，评估企业目前的现状和期望达到的目标之间的差距；识别改进要求；正视问题（和相关的投诉及相应的调查审核）；增强 HACCP 培训；评估供应商的质量保证能力（通过评估供应商的 HACCP 体系）；获取生产现场的实际情况以应用于管理和获得信息。

食品企业还有一些其它的要求和标准，例如《良好操作规范》（GMP）、CAC、SSOP、HACCP 计划构成 HACCP 体系。这些基础在文件上可以相对独立，也可以在 HACCP 计划中描述，对生产和工艺调整时不需要再评估 GMP 和 SSOP。

（2）审核的策划和准备

①确定审核范围按产品；按生产线和（或）生产地点；按食物链中的位置。

②组成审核组可以由一个或多个审核员组成，由一个审核组长领导。审核组长应具备的条件：具有相当的管理能力和经验，具有较强的组织协调能力和处理审核活动中各种有关问题的能力；应具备相应的专业知识及广泛的相关技术知识；了解相关的食品安全法律、法规要求，能判断企业自身对法律、法规的符合性；了解审核准则的要求；审核组员应具备的条件：具有

相应的专业知识；具备审核工作所必需的个人素质和能力，例如：表达能力、判断能力等。

（3）评审的频次和时间 是否内审应根据企业的审核计划确定，审核计划中所规定的HACCP体系内审的频率和时间取决于许多因素，如：①法律、法规的要求；②产品、工艺、配方改变；③对HACCP培训的跟踪；④企业/第三方要求证明时；⑤前一次审核没有达到要求。

审核的时间根据范围、目的和企业规模、生产产品种类而定。一般的，可以是1天至1个星期。HACCP体系审核时间可以是整个管理体系审核总时间的一部分，如果企业同时按照ISO 9001质量管理标准建立质量管理体系，常常是合并审核。

（4）文件审核 文件审核的目的是评审HACCP体系文件化的规定是否科学、合理。通常，在进行文件审核时，审核组长应安排现场访问，结合现场评审：①产品的生产工艺流程是否准确、合理；②HACCP计划是否完整，材料是否齐全；③各HACCP的关键限值是否适当，能否控制危害；④HACCP计划中是否对CCP适当监控；⑤该HACCP计划是否有验证程序；⑥基础GMP、SSOP文件化程序的科学性、合理性；⑦HACCP计划何时完成，执行多久。

文件审核被确认后，审核组长安排现场审核。

（5）现场审核准备

①审核计划。现场审核前，审核组长负责编制审核计划。审核计划的编制要有系统性，时间上的安排要合理，现场面积大的、涉及安全因子的、管理职能大的区域、部门要安排较长的时间，审核顺序的安排要有连贯性，不仅仅是时间、责任人、条款的堆积。

②核查表。审核员应按照审核计划的安排编制核查表。

a. 核查表的作用：明确所需审核的主要条款及要求；使审核程序规范化、系统化，在不同的审核员之间保持一致性，保持评审过程的透明度；使审核员在现场审核中始终保持明确的审核目标，帮助、确保审核完成；作为重要的审核记录存档。

b. 现场审核核查表的基本内容：接受审核的部门、审核时间、审核员的姓名；审核依据栏：标明本项审核内容所依据的审核准则中的条款要求（或HACCP体系文件的要求）；检查事项及检查方式栏：在本栏填写本项检查的内容及检查方式。包括提问的问题、检查记录及文件的内容；检查及跟踪记录栏：在现场审核中作为审核结果的记录，或跟踪审核的记录；必须将审核观察到的符合/不符合事项加以详细记录。

c. 如何编写现场核查表：编制现场核查表是一项技术性较强的工作，很难用简单的文字概括其编制技巧。一般情况下，审核员编写时应考虑下列因素：依据审核准则和HACCP体系文件中的职责和要求来编写；核查表应明确审核目标，体现抽样的内容、方式和抽样量。内容：突出重要管理职能、HACCP的管理和改进、GMP和SSOP的实施。方式：面谈、提问、现场观察、查询记录、文件。审核组长应在审核实施前确认各审核员编制的核查表，综合掌握核查表是否在整体上体现出充分性和深度以及各条款间的内在联系。核查表的现场审核记录必须充分，为审核总结和以后审核工作的展开提供依据。

（6）见面会（首次会议）

①会议出席人员签到。

②见面会参加人员：审核组全体人员及企业体系负责人和被审核部门的负责人。

③双方相互介绍，审核组组长介绍审核组成员，并介绍审核的目的、范围、依据和方法，介绍审核的顺序、时间和计划，说明不符合项的分类和处理方法。

④见面会还应确定的事项：确认审核计划。

⑤见面会一般进行约 30min 或更长时间。

（7）审核实施　审核组按照审核计划，以核查表为工具，实施现场审核，收集客观证据。

（8）不符合项报告　对现场审核中发现的问题，诸如违反 HACCP 体系审核准则、合同、HACCP 手册、程序、作业指导书以及有关法规等，将以不符合项报告的方式提交给受审核方和 CQC，并以此做出对受审核方 HACCP 体系有效性的评价。

①不符合项报告的内容、写法和要求：不符合项报告简单明了，只陈述客观事实，不进行分析、评判，内容应包括人物、地点、所发现的客观事实和违反的规定要求，既反映出问题，又使受审方容易接受。因为受审核方最终要以不符合项报告为依据分析问题出现的原因、制定纠正措施。所以，不符合项报告应保证未参加审核的人员都能看懂，并有助于受审方采取纠正措施。

②不符合项报告的内容和要求：应写明在什么时间发现的问题；在哪里发现的问题；什么问题（只陈述客观事实，不做任何分析、评判）；谁说的或谁做的（一般只写工作职务，不写姓名）；规定所要求的具体内容；对应的 HACCP 体系标准条款号和内容；使用受审方的术语（便于受审方理解）；必要的细节，使之可追溯（如合同号、设备号、校准证书号、标准/手册/程序/作业指导书的名称和章节号等）。

③在编写不符合项报告时应注意的问题：对受审方有帮助（让受审方容易看出问题出在哪里，便于分析原因，采取纠正措施）；简明清晰，便于阅读、理解。一般来说，不符合项报告应有受审方授权人员的签字。

（9）确认审核发现　审核组内部要对所有的审核发现进行评审，与受审方的有关负责人共同确认，并对体系的建立和实施的有效性进行判断。

（10）总结会　总结会是对审核工作做出结论的会议，向被审核方报告审核的结果。总结会由审核组长主持，按预定时间进行。会议参加人员一般与见面会相同，要求签到。审核组组长首先感谢被审核方在工作和生活方面的协助，然后重申审核的目的、范围、依据、方法和抽样声明，肯定被审核方在有关工作中的成绩和优点，宣读不符合项和观察项报告，宣读审核报告和审核结论，重申保密承诺。征求被审核方的意见，被审核方在审核报告上签字确认。与被审核方商定未尽事宜。审核组长代表审核组宣布现场审核结论。

（11）跟踪评审　对不符合项的纠正措施必须在充分分析原因的基础上制定，针对性和可操作性强，通过跟踪审核确定其有效性。

不符合项的纠正措施应包括以下内容：①立即解决目前存在的问题；②组织有关人员调查问题发生的原因；③拟定整改措施；④实施整改措施；⑤监控整改措施的效果。

被审核方应在规定的时间内将纠正措施及改进情况报告给审核组。由审核组依规定选定文件审核或以现场审核方式进行跟踪审核，来验证不符合项是否被有效地纠正。

（12）审核报告　审核报告应包括下列内容：①企业的基本情况；②企业的 HACCP 体系概述；③文件审核概括；④现场审核概括；⑤审核总结；⑥企业的 HACCP 体系与审核准则的符合情况；⑦企业的 HACCP 体系实施情况和实施的有效性；⑧体系存在的主要问题，发现的不符合项，以及不符合项的纠正情况；⑨审核结论。

4. 审核的技术

（1）审核途径（图 8-4）

①顺流（或逆流）追溯：审核员对审核企业从原料、加工、检验检疫、包装发运、服务等实际工作流程进行正向或逆向审核。

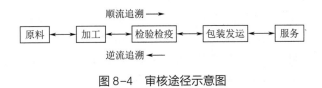

图 8-4 审核途径示意图

②按要素审核：评审员以卫生或安全要求的某一要素为审核内容，到各有关部门审核该要素的执行情况。

③按部门审核：审核员以某一部门的职责所涉及的有关要素为审核内容，到该部门一次审核完所有相关要素的执行情况。

（2）抽样技术　指审核时一种抽样调查活动，审核员在有限的审核时间内，通过抽取代表性样品，来获得足够的客观证据，得出正确的审核结论。

①抽样应有代表性：应对每一类质量活动都抽样品。例如，审核员审查培训记录时，应对管理人员、操作人员和验证工作人员各抽取一定样品。

②抽取适当数量的样品：审核员应根据审核时间抽取适量的样品，对每一次的质量审核活动，一般抽取定量样品。抽样数量过少，会使审核判断的可信度降低；抽样数量过多，审核时间增加，获得的可能是重复的同类型的证据。

③扩大抽样：扩大抽样以判断是否为偶然、孤立的事件。审核员在抽样中发现某一不符合的客观证据时，有时为判断其是普遍性问题，还是一种偶然、孤立事件时，需要进一步扩大抽样。

④抽样注意事项：抽样应避免不断抽样，直到发现问题才罢休，这种抽样有失公正。对熟悉的活动随意多抽样，这种样品缺乏可靠性。

⑤抽样方法举例：在 1997 年国家商检局翻译的 FDA 水产品 HACCP 管理官员培训教材中推荐了记录审查的一种抽样方法。首先，确定生产目的天数及具体日期，可以从最后一次检查算起，也可以从有关该产品的 HACCP 计划开始执行之日算起。要注意的是：对冷藏产品记录必须保存两年。其次，将生产日期的天数开平方根，作为所选取审核记录的生产天数，注意所选天数不得少于 12d。再次，所选择的天数应当分配到生产的各个月。从 1 个月中挑选的日期尽量与生产天数呈正比，也就是说，高产量的月份多选几天，低产量的月份少选几天。最后，在同一个月中，有选择地选取不良状况下的生产日期，如季节性停工或情况发生变化后再开工；HACCP 计划修订后；设备变更后；人员变更后；生产高峰期，特别当生产量超过设计能力时；加班或劳动时间过长时；在假期或周末时。如果企业在以上条件下正常地进行生产，那么在更为理想的条件下，它就可能运行得更好。如果遇到了重大的问题，应该从发现问题期间多选取记录，直到确定了问题所涉及的范围为止。

（3）提问方式和技巧　在审核现场，审核员要运用多种提问方式和技巧与有关的人员交流，才能获得有用的信息。审核员发现有关信息的能力，取决于所提的问题恰当与否。

①开放式提问：用"什么—what""为什么—why""何时—when""何地—where""谁—who""怎样—how"这些词提问叫开放式提问（5W1H 提问法）。对开放式提问，被审企业人员必须回答许多内容，审核员能获得很多信息。但审核员应注意：不能让被审人员泛泛而谈，或回答许多无关内容。

②封闭式提问：可用"是或否"回答的问题，叫封闭式问题，审核员提封闭式问题不能得到更多信息。因此，需将开放式问题和封闭式问题相结合，以便从被审核企业人员得到明确回答。但审核员可以就某一关心事项先提出一些开放式问题，从中得到大量的有用信息，之后再提一些封闭式问题，可以进一步核实其中的一些不明确的内容或一些重要信息。

③主题性提问：当审核员希望被审核企业人员紧紧围绕某一主题问题回答时，可以提主动性问题。如关于某食品加工原料的质量把关，你们是如何进行的？被审核企业人员必须紧紧围绕这一主题回答。

④假设性提问：若审核员想了解被审核企业对付某些意外情况时的紧急处理或纠正能力，可以提一些假设性问题。如当食品加工过程中突然发生质量控制偏离关键限值时，加工是否能正常进行？

⑤提问顺序：

a. 了解有关部门的机构设置、人员职责和权限，提一些开放式问题。

b. 针对该部门有关主要职责，逐个进行主题性提问，对该部门的回答，不时提出"让我看看相关记录"，加以验证。

c. 提出一些假设性问题，了解一下卫生质量体系一旦出现问题后企业的纠正能力。

d. 在审核结束时，提一些封闭式问题，以获得被审核企业对某些不符合事实的确认。

（4）查阅文件记录　文件和记录的查阅是开展审核工作和查找客观证据的主要途径。在查阅文件和记录时要尽量细心，对标题、栏目、数字应仔细阅读，有横向和纵向追溯性地审核。

现场审核时，可先查阅其余的安全卫生质量体系文件，了解安全卫生质量活动是否有文件规定并了解这些规定，为验证工作做好准备。与文件查阅有关的问题包括：①是否缺少标准或缺少实际工作所需要的指导文件；②没有很好地执行文件；③未经授权的文件更改；④没有及时从发放和使用现场撤出失效或作废文件。

对于记录，应检查有无进行规定的工作，是否存在不真实的记录。同时应注意的是，虽然查阅质量记录是审核员收集证据的重要手段，但是不应花费过多的时间，以防把现场审核变成桌面审核。

（5）现场观察　现场观察也是审核员收集证据的重要手段，审核员应将大部分的精力用于现场审核中，深入工作现场第一线，观察实际的生产工作状况，应通过观察来确定卫生质量文件的规定是否得到执行，执行是否有效，另外在做卫生监控审核时还要注意一些偏僻角落和隐蔽的东西，它会暴露企业的实际面貌。

（6）对已完成的工作进行重复验证　在现场审核中可有目的地抽取已完成的工作进行重复的操作，并在重复验证过程中要求讲解或演示工作的主要环节和注意事项。必要时，对过程和产品进行现场抽样检测。通过重复的验证工作可以有说服力地证明体系的有效性和适合性。

（7）HACCP体系中几个要求的审核

①法律、法规符合性审核。法律法规要求主要指与产品有关的要求，通常应明确所适用的法律、法规中的具体条款和所要求的内容。

受审核方应确定适用法律、法规的要求，审核员应了解受审核方通过何种方法或手段获得并识别适用的法律、法规要求，以及如何跟踪法律、法规的修改和变化。

审核员应对受审方是否达到适用的法律、法规要求的能力进行审核，并保留审核结果及审核所引发的措施的记录。

　　具体审核时还应结合不同品种食品生产的行业特点及其具体的法律、法规进行审核。我国目前在出口食品生产上还有特定的卫生要求，对内销食品的生产也有相关的国家标准要求。审核员还应了解受审方是否发生过违反法律、法规要求的事件，若有则应进一步了解其处理的情况及结果，如纠正、预防措施，法定管理部门的意见等。

　　②对管理层承诺的审核。管理层对 HACCP 体系的重视是不容易审核的，以下几点可以表明管理层对食品安全及 HACCP 体系正常运行的重视程度：组织以往的运行情况；食品卫生方面的培训和应用情况；对组织的有关食品生产专业技术的支持；有关食品安全卫生文件化的程序是否完备等。

　　③对 HACCP 计划制定情况的审核。HACCP 计划制定情况的审核包括：产品和加工情况的说明，以及预期用途是否准确，加工流程图是否准确，是在何时由何人又是如何确认它是准确的；组织使用了哪些专业知识和科技资料、试验数据来制定 HACCP 计划等。

　　审核员应掌握组织所有的 HACCP 的支持性材料以便于审核。审核员在审核时可以根据现场观察的情况做出自己的加工流程图。当流程图不一致时，应认真听取受审核方的意见，仔细讨论以达成一致。

　　④审核危害分析。审核员应审核组织的危害分析，以确定所有的显著危害都得以回避，从而有效地保证食品的安全卫生。在审核危害分析时，审核员可以使用和受审核方完全一致的方法进行自己的危害分析，并将其与受审核方的危害分析进行比较。危害分析应识别存在的特定危害，而不只是危害类别。例如，"微生物危害"这样的描述是不够的，因为肉毒梭状芽孢杆菌和金黄色葡萄球菌是不一样的，需要不同的预防措施。

　　审核员的危害分析可能和组织的危害分析不一致，这时应确定不一致的理由，应和组织进行充分的交流，看这些理由是否符合审核员自身的经验、专家的经验、有关的专业技术资料。应尽力消除危害分析的差异。有的组织因有完备的卫生控制计划，所以它将一些危害判断为非 HACCP 控制的危害也是合理的。

　　但是无论如何，危害不能由于预防控制措施的存在而被确定为非显著危害。比如一些危害可以由独立于 HACCP 计划的 SSOP 来控制。审核员一开始就应该考虑到卫生控制计划，确定哪些危害由 SSOP 来控制，将它们划出去，剩下的由 HACCP 计划进行控制。组织的 SSOP 计划和卫生控制记录能显示这些危害处于受控就可以了。如果经审核员确认这种控制是不充分的，组织的危害分析就有可能不完善，这将导致 HACCP 计划的不完善。

　　可能组织的危害或关键控制点与审核员的不一致，如果组织多加了一些危害，审核员应确认它们是否和食品安全有关，也许组织的控制和品种有关，审核员这时可以不必进行评价，要将精力集中在有关食品安全的危害和关键控制点上。也许组织识别了一些审核员没有考虑到的危害或者审核员认为是和食品安全无关的显著危害，这时审核员应和组织仔细讨论，以便理解组织多加控制的理由。如果审核员认为组织的决定是合理的，就应开始收集任何支持组织观点的客观证据。如果组织识别的危害和关键控制点比审核员的少，审核员应要求组织说明理由，审核员可以利用自己的专业知识、技术资料或向技术专家咨询，以最终做出判断和决定。

　　⑤审核最终的 HACCP 计划及其控制措施的有效性。审核员要评价 HACCP 计划上各关键控制点的控制措施能否将显著危害控制在可接受水平。审核员应审核：HACCP 计划是否列明了

所有的关键控制点；各关键控制点上的关键限值是否合适，是否可以保证食品安全，并审核与此相关的支持性材料；对关键控制点的监控是否交代，监控程序在方式和频率上合适与否；相关人员的培训是否适当；监控设备是否适宜；对纠正措施程序是否交代，程序是否适用，能否保证对不安全食品的有效控制以及应防止其被销售给消费者等。

⑥审核组织的验证程序。审核员应审核组织的验证程序在何时、何处由何人如何完成以及这些工作是否足够和有效。这些审核工作可能包括对参数有效性的确认、样品的检测、组织内部和外部的定期和不定期的审核、检测设备的校准等情况的审核。审核员同时也要审核HACCP 的变化情况、新的危害的产生等情况，受审核组织的相应的变化是否及时和充分，对组织 HACCP 的变化情况也要认真审核。

⑦审核有关 HACCP 体系的文件管理。组织的 HACCP 文件应使用现行有效版本，并经过相关责任人批准。所有的有关记录应按规定记录和保存。如果组织使用电子媒体保持记录，应特别注意对未授权的修改是否进行了严格控制。一般来讲以下文件是必须要审核的：产品描述和预期用途；加工流程图以及表明的 CCP 和相关参数；HACCP 危害分析工作单，应包括注明的危害、控制措施、关键控制点；HACCP 计划表，应包括关键控制点、关键限值、监控程序纠偏措施、记录和验证；按照 HACCP 计划进行监控、纠偏记录和验证的结果记录；HACCP 计划的支持性文件。应审核这些文件的现行有效性和准确性。

⑧审核计划执行的符合性。审核员应审核组织制定的 HACCP 计划是否得到了有效的执行和适当维护。

⑨卫生监控的审核。被审核的对象是企业的是否建立了"卫生标准操作规范"，以及是否有效实施。标准卫生操作规范应纳入企业的 HACCP 体系中。

[小结]

食品安全性评价是依据国家相关的法规制定的安全性评价体系，评价体系包括安全系数和日许量、最高残留限量、休药期、菌落数量、大肠菌群最近似数、致病性微生物和风险评估体系。

标准是为了在一定范围内获得最佳秩序，经协商一致制定并由公认机构批准，共同使用和重复使用的一种规范性文件。其特点是非强制性，应用的广泛性和通用性，标准对贸易的双向作用，标准的制度出于合理目标，标准对贸易的壁垒作用可以跨越。我国食品标准按级别、性质、内容、形式、标准的作用范围来分类。国际食品标准主要包括国际标准、国际食品法典、欧盟食品标准和发达国家食品标准以及有关国际组织协会所制定的标准。

良好操作规范（GMP）是一种保障产品质量的管理方法。危害分析与关键控制点（HACCP）是一个预防性体系，是动态的可变化的体系。它是一项国际认可的技术体系，主要以预防食品安全问题为基础，是防止食品引起疾病的有效方法。

🔍 **思考题**

1. 食品安全评价体系包括哪些内容？包含哪些深层含义？
2. 食品安全风险评估的基本内容有哪些？
3. 简述我国食品标准体系。
4. 什么是标准和标准化？标准和标准化的主要区别是什么？
5. 食品标准通常可以分成哪几类？其制定程序和原则是什么？
6. 食品安全卫生标准体系包括哪几方面？
7. 食品良好生产规范的主要内容包括哪些？
8. 何谓 HACCP？
9. 简述 HACCP 的基本原理？
10. 如何建立 HACCP？

参考文献

［1］ 柳增善. 兽医公共卫生学. 北京：中国轻工业出版社，2010.

［2］ 姚卫蓉，钱和. 食品安全指南. 北京：中国轻工业出版社，2005.

［3］ 陈炳卿，刘志诚，王茂起. 现代食品卫生学. 北京：人民卫生出版社，2001.

［4］ 吴永宁. 现代食品安全科学. 北京：化学工业出版社，2003.

［5］ 宋怿. 食品风险分析理论与实践. 北京：中国标准出版社，2005.

［6］ 韩占江，王伟华. 食品安全性评价的关键因素. 广东农业科学，2008（2）：104-106.

［7］ Nigel Perkins，Mark Stevenson. 动物及动物产品风险分析培训手册. 王承芳，译. 北京：中国农业出版社，2004.

［8］ 张建新，陈宗道. 食品标准与法规. 北京：中国轻工业出版社，2008.

［9］ 刘梅森，何唯平. 食品安全管理与产品标准化. 北京：科学出版社，2008：137-152.

［10］ 张建新. 食品质量安全技术标准法规. 北京：科学技术文献出版社，2004：47-71.

［11］ 李波. 食品安全控制技术. 北京：中国计量出版社，2007：68-82.

［12］ 刘长虹，钱和. HACCP 体系内部审核的策划与实施. 北京：化学工业出版社，2006：99-121.

转基因食品的安全性评价与检测技术

目前世界上许多国家将生物技术、信息技术和新材料技术作为三大重中之重技术，而生物技术又分为传统生物技术、工业生物发酵技术和现代生物技术。现在人们常说的生物技术实际上就是现代生物技术，现代生物技术主要包括基因工程、蛋白质工程、细胞工程、酶工程和发酵工程五大工程技术，其中基因工程技术是现代生物技术的核心。

转基因技术自20世纪70年代诞生以来，在短短的几十年时间里带给了我们巨大的震撼，并且开始为越来越多的人所关注。一些学者更是声称我们很快将会迎来继工业革命、计算机与电力革命、信息技术革命之后，以转基因技术为标志的第四次科技革命。近年来，随着转基因技术的蓬勃发展，其研究成果开始向应用领域推广。转基因技术逐步进入与人们生活息息相关的食品行业，使食品的概念从农业食品、工业食品发展到转基因食品。转基因食品以全新的面貌成为庞大的食品家族中的一名新成员。然而，转基因食品的迅速发展，也引起了人们关于其安全性的争论。

第一节　转基因食品的安全性问题

一、　基因工程技术

基因工程技术是指利用载体系统的重组DNA技术以及利用物理化学与生物等方法把重组DNA导入有机体的技术。即在体外条件下，利用基因工程工具酶将目的基因片段和载体DNA分子进行"剪切"后，重新"拼接"形成一个基因重组体。然后将其导入受体（宿主）生物的细胞内，使基因重组体得到无性繁殖（复制）。并可使目的基因在细胞内表达（转录、翻译），产生人类所需要的基因产物或改造、创造新的生物类型。

基因工程的核心技术是DNA的重组技术，也就是基因克隆技术。以重组DNA技术为代表的生物技术是21世纪最重要的高新技术之一。应用转基因技术构建的生物称为转基因生物，包括转基因植物、转基因动物和转基因微生物。因此，转基因食品（Transgenic Food or Genetically Changed Food）是利用现代分子生物技术，将某些生物（动物、植物或微生物）的基因转移到其它物种中去，通过对生物基因的改造，改变生物的某些特性，使其在性状、营养品质、消费品质等方面向人们所需要的目标转变，这种以转基因生物为食物或为原料加工生产的食品就是转基因食品。通俗地讲，转基因食品就是用转基因生物生产和加工的食品。转基因食品根据来源，分为植物源转基因食品、动物源转基因食品和微生物源转基因食品。植物源转基因食品涉及的食品或食品原料包括大豆、玉米、番茄、马铃薯、油菜、番木瓜、甜椒、西葫芦等。在转基因食品中，发展最快的是转基因植物食品。虽然中国、美国和加拿大对快速生长的转基因鱼的研究已经取得了突破性进展，但是，迄今为止，全世界还没有转基因动物食品获准上市。在国外，将转基因细菌和真菌生产的酶用于食品生产和加工已经比较普遍，但是用于面包、啤酒、酸乳等食品和饮料的转基因酵母菌和其它微生物还没有获准进入市场应用。因此，目前市场上的转基因食品基本上只有转基因植物食品。经过自1980年以来30多年的努力，目前我国在以转基因植物为先导的现代生物技术的产业化发展领域已处于发展中国家的前列。我国政府已经批准番木瓜进行种植，抗病毒番茄、耐贮藏番茄、抗病毒甜椒3种转基因食品作物曾经在中国种植，现在已被淘汰；批准进口用作加工原料的转基因作物4种，分别为大豆、玉米、油菜和甜菜。但我国与美欧先进国家相比还有很大差距，尤其在对转基因技术及食品安全性的认识方面。

二、 转基因食品的发展现状

20世纪80年代初，美国最早对转基因生物进行研究。首例转基因生物（Genetically Modified Organism，GMO）于1983年问世，1986年转基因作物获准进行田间试验，1993年延熟保鲜番茄（Calgene公司生产）在美国获准上市，开创了转基因植物商业应用的先例。此后转基因食品发展极为迅速，经历了1996—2014年连续19年的快速增长，已成为现今世界上应用最为迅速的作物技术。2014年全世界有8个发达国家和20个发展中国家种植了转基因作物，种植面积高达1.815亿 hm^2，2015年种植面积为1.797亿 hm^2，较2014年减少了约1%，但这一波动主要是由于粮食低价格因素所导致的。20年来，全世界种植转基因作物面积累计达到20亿 hm^2，其中，转基因大豆、玉米、棉花和油菜排在前4位，种植面积分别达到10亿 hm^2、6亿 hm^2、3亿 hm^2、1亿 hm^2，美国、巴西、阿根廷、印度和加拿大排在前5位，2015年这5个国家转基因作物种植面积分别达到7090亿 hm^2、4420亿 hm^2、2450亿 hm^2、1160亿 hm^2、1100万 hm^2。

目前，全球被批准商业化种植或食用的转基因产品共24种，其中，水稻、小麦和玉米是主要的转基因粮食作物；转基因蔬菜作物主要有番茄、西葫芦、马铃薯、甜椒等；经济作物主要包括棉花、烟草、亚麻、甜菜；水果作物主要包括李子、甜瓜和番木瓜等。随着转基因生物的发展，近来在全球范围内引起一场转基因生物和转基因食品安全性的争论，支持和反对两派针锋相对。

支持方认为，转基因农作物的安全性主要体现在以下几个方面。①转基因遗传工程与传统育种方式没有过多的差别，同样都是基因的组合与延伸。除此之外，转基因工程能够更加准确直接的将有用的基因移植到农作物之中，从而快速增强其生物性能。②在安全性问题上，支持者认为转基因食品对人体是否具有危害现在尚未明确，但值得注意的是，世界上还没有出现因使用转基因食品而造成疾病的案例。由此至少可以推论转基因食品对人体是没有过大影响的。除此之外，对于食品安全性问题，支持者从"多数食品都存在安全隐患"（譬如未成熟的马铃薯、未加工熟的豆角含毒）这一角度阐明了"没有百分之百安全的食品"的观点。③在食品安全性问题上，支持者也列举了我国获批的转基因水稻在历时十余年的安全性评价中均完全符合食品安全标准，且某些转基因农作物的食品安全评价指标甚至高于国际标准，这即可说明转基因食品是相对安全的。

反对方认为，转基因育种手法虽然和传统育种极为相似但是也有所差异，其最为突出的差异即是转基因技术能够实现跨物种的基因组合，这违背了自然遗传进化规律，其危害性是不可估量的。此外，转基因农作物的反对者还支持，大量的转基因农作物的出现会造成严重的基因污染，破坏自然生态的和谐性，从对人类后续的发展造成巨大影响，如美国就出现过转基因玉米污染普通玉米而造成食品安全性问题的案例。

自 20 世纪 80 年代我国对转基因产品进行研究以来，转基因技术的研发及转基因产品的商业化推广也在逐步开展，我国政府非常重视转基因技术的研发与应用。《国家中长期科学和技术发展规划纲要（2006—2020）》表明，发展新的转基因作物品种被认为是一个很重要的农业发展项目（中华人民共和国国务院，2006）。2007 年，中央一号文件中第一次出现了"转基因"一词，到 2015 年这 9 年间"转基因"一词在中央一号文件中共出现了 6 次。2017 年的中央一号文件，不仅提出要加强对农业转基因生物技术的管理和研究，更强调了转基因技术及产品的科学普及工作（中华人民共和国农业部，2017）。近年来，我国加强了对农业转基因生物的安全监管，并采取、制定了一系列配套措施：一是由国务院牵头，颁布了《农业转基因生物安全管理条例》，对转基因生物进行法制管理；二是组建了农业转基因生物安全委员会，该委员会由 64 位各技术领域的专家构成，加强并支撑了转基因生物的安全性评价；三是建立农业转基因生物安全管理部级联席会议制度，涉及 12 个相关部门，初步建立了转基因生物安全监管体系；四是《农业转基因生物标签的标识》的发布，强化了我国转基因生物的强制标识管理政策（中华人民共和国农业部，2016）。

三、 转基因食品的优点

（一）提高农作物产量， 减少环境污染

盐碱、干旱、病虫害是造成农作物绝收、减产的主要原因之一，利用 DNA 重组技术、细胞融合技术等基因工程技术将多种抗病毒、抗虫害、抗干旱、耐盐碱的基因导入农作物体内，获得具有优良性状的转基因新品系，大大降低了生产成本，提高了产量。同时，转基因技术的应用，可以减少或避免使用农药、化肥，极大地减少了农药、化肥所造成的环境污染、人畜伤亡等事故。

（二）延长果蔬产品的保鲜期

蔬菜、水果传统的保鲜技术如冷藏、涂膜、气调保鲜等，在贮藏费用、期限、保鲜效果等方面均存在严重不足，常常导致软化、过熟、腐烂变质，造成巨大损失。通过转基因工程技术可直接生产耐贮果蔬。

（三）改善食品的口味和品质

传统的食品通过添加剂来改变口味，加入防腐剂延长食品的保质期，然而添加剂和防腐剂中都含有有害成分，转基因技术可以较好地解决上述不足。通过转变或转移某些能表达某种特性的基因，从而改变食品的风味、营养成分和防腐功能。如利用外源基因导入或基因替换技术可以改善牛乳的成分，生产适合特定人群的牛乳。

（四）垄断性

转基因食品的生产技术具有独特的垄断性，能够享受比较优势，带来巨大的经济利益。

（五）提高生产效率

转基因食品的生产技术还能提高生产效率，增加食品供应，并带动相关产业发展。

四、 转基因食品的安全性

随着越来越多的转基因食品进入我们的生活和商品化生产，转基因食品的安全性成为人们关注的热点。大多数人对转基因食品了解甚少，虽然人们普遍预期转基因食品在营养价值、提高安全性及降低成本方面都有优势。但也有一些消费者认为食用转基因食品会对人类健康产生危害，如可能对身体产生副作用，或食品可能产生潜在的过敏反应，以及在是否危害农业生产、是否破坏生态平衡等方面心存疑虑。此外，国内的一些知名品牌产品对转基因产品拉起了"红色警报"，引发了公众对转基因食品的恐慌。绿色协会及其它环境组织也不断地警示关于转基因食品的潜在风险。因此有必要加强对转基因食品安全性的评估和管理，并制定相应对策，规范检测手段，正确引导转基因产品的开发和利用，确保转基因食品的食用安全和生态环境的安全。

转基因技术是一门新兴的技术，因为使用了特殊的现代分子生物学技术，从而产生了转入遗传物质的食品是否安全的问题。就在转基因食品的研究和应用深入发展的同时，关于转基因食品有无毒性、过敏性及抗生素抗性等安全性问题成为人们关注的焦点。目前对转基因食品的安全性讨论主要集中在两个方面：一是食用安全性，二是环境安全性。

（一）转基因食品的食用安全性

目前转基因技术可以准确地将 DNA 分子切断和拼接，进行基因重组，但是由于新插入的基因是随机的，插入基因后产生的产物也许是迄今为止人类没有充分认识到的新的产物，如致癌物、激素、过敏原等。转基因食品的食用安全性包括以下几个方面。

1. 是否产生毒素和增加食品毒素含量

导入的基因并非原来亲本动植物所有，有些甚至来自不同类、种或属的其它生物，包括各种细菌、病毒和生物体。一些研究学者认为，转基因食品里转入一些含有病毒、毒素、细菌的基因，在达到人们想达到的某些效果的同时，也可能增加其中原有的微量毒素的含量。

2. 营养成分是否改变

有人认为由于外源基因的来源、导入位点的不同，以及具有的随机性，极有可能产生基因缺失、错码等突变，使所表达的蛋白质产物的性状、数量及部位与期望值不符。这将导致营养成分构成的改变和产生不利营养因素。

英国伦理和毒性中心的试验报告表明，在耐除草剂的转基因大豆中，具有防癌功能的异黄酮含量减少了，与普通大豆相比，两种转基因大豆中的异黄酮含量分别减少了 12% 和 14%；而且一味地提高转基因食品的营养成分，也可能打破整个食物的营养平衡。

3. 是否会引起人体过敏反应

导入基因的来源及序列或其表达的蛋白质的氨基酸序列与已知的致敏原有没有同源性？甚至有没有产生出新的致敏原？从科学的角度看，转基因食品一般不会比传统食品含有更多的过敏物质。这主要是因为科学家一般会尽量避免将已知的过敏物质的基因转入到目标食品中。但是，不能排除转入的新的物质在目标生物体中产生新的过敏物质的可能性，从而引起某些消费者的过敏反应。

对转基因食品安全性的诸多试验都是以老鼠为试验对象开展的，还有少量试验以哺乳动物中的猪、牛等为试验对象。研究对象包括转基因马铃薯、玉米、大豆、水稻、番茄、甜椒、黄瓜、豌豆等。绝大多数研究结果显示，与用传统非转基因食物喂养相比，用转基因作物、蔬菜、水果等饲喂老鼠等实验动物对其体重的增加、食物的摄入、身体发育等均无显著影响；对血液学、血清生物化学、免疫学及病理学等方面也没有明显的副效应。但也有一些不同的报道：2007 年，法国基因工程信息与研究独立委员会指出，孟山都公司的 MON863 转基因玉米可能会对实验鼠的代谢系统造成危害；用转入甜蛋白基因的转基因黄瓜饲喂老鼠后发现，老鼠对蛋白质及粗纤维等营养成分的消化能力受到影响。很少有检测转基因食品毒性方面的研究，偶有研究也只是进行急性口服毒性试验。华中农业大学农业微生物学国家重点开放实验室用经济发展合作组织（Organization for Economic Cooperation and Development，OECD）推荐的最大花粉量饲喂老鼠，没有检测到急性及亚急性毒性反应。目前还没有转基因食品致癌性、致畸性、致突变性的报道，但是这种潜在的风险通过目前所采用的短期试验（一般为 13 个星期，最长至104 个星期）是无法确认的。

4. 人体是否会对某些药物产生抗药性

目前在基因工程中选用的载体多数为抗生素抗性标记，抗生素抗性通过转移或遗留转入食物而进入食物链，是否可能产生耐药性的细菌或病毒？在转基因的过程中，常使用具有抵抗临床治疗用抗生素的基因作为标记基因。一般来讲，转基因植物中的标记基因在肠道中水平转移的可能性较小。但是，当人体的体质很弱或抵抗力下降时，标记基因在肠道中水平转移的可能性会增大，从而使人体产生抗药性，影响抗生素治疗的效果。这种风险是否存在，其可能性到底有多大，也是人们关心的一个重要问题。2002 年，英国《自然》和美国《科学》杂志陆续报道：纽卡斯尔的研究人员发现转基因食品中的 DNA 片段可以进入人体肠道中的细菌体内，并可能使肠道的菌群对抗生素产生抗性。

5. 转基因食品中外源 DNA 的降解

转基因食品中外源 DNA 的降解与代谢以及转基因食品经加工、烹调和消化道作用后 DNA能否完整保存，维持的时间如何，有无生物学活性值得关注。大量研究发现，食品加工过程中的热、压力和酸碱等物理或化学因素都能使 DNA 产生一定的降解，不同加工方式对 DNA 的降解程度不同。一般认为外源大分子物质，如核酸和蛋白质，在进入人类小肠后将被完全降解。但研究发现，大部分 DNA 在动物胃肠道中被消化降解，有一些 DNA 片段可能在胃肠道、血液及其它组织和器官存留比较长的时间。随着微量 DNA 提取、检测技术的发展，人们对转基因作物被加工成食品后，其中的 DNA 最终能降解到什么程度将会有更深入的认识。世界卫生组织（WHO）及其它一些国际组织认为现有转基因食品直接产生毒性或通过基因转移、DNA 的功能重组等产生副作用的可能性很小。

（二）转基因食品的环境安全性

转基因作物到田间后，是否将转基因移到野生植物中，是否会破坏自然生态环境，打破原有生物种群的动态平衡。在许多基因改良品种中含有从杆菌提取出来的细菌基因。这种基因会产生一种对昆虫和害虫有毒的蛋白质。那些不在改良范围之内的其它物种有可能成为改良物种的受害者。转基因食品的环境安全性包括：①转基因作物演变成农田杂草的可能性；②是否会破坏生物多样性；③目标生物体是否会对药物产生抗性；④转移基因是否可以通过重组产生新的病毒。

用转基因作物和转基因动物作为食品或以它们为原料加工成食品，不能排除食品成分的非预期改变对食用者的健康产生的危害。抗病毒的转基因作物中含有病毒外壳蛋白基因是否会对人体造成危害；抗虫的转基因作物是否含有残留的抗昆虫毒素；抗除草剂的转基因作物中是否残留除草剂等化学成分；转基因作物中是否含有过敏原；转基因动物中的特殊基因是否引起跨物种感染；一味地提高某种营养成分是否打破人的营养平衡等，这些情况都需验证。而且，转基因食品可能引起跨物种感染，跨物种感染的一个重要问题是动物身上的病毒或细菌感染人，使人患上疾病。转基因食品为基因的跨物种感染提供了通道，这不排除人食用了转基因食品而引起跨物种感染的可能性。现在，许多转基因作物和转基因食品含有动物的基因。例如，番茄里含有鱼的基因，小米里含有蝎子的基因，烟草里含有萤火虫的基因。转基因食品的安全性关系到人的健康以及人的生命，它对人类健康的潜在风险引起了公众的广泛关注和深深忧虑。如果控制不当，转基因食品对生态环境的威胁是巨大的。我们应该采取积极主动的态度，严格控制转基因食品的来源基因，减少转基因食品的风险源。

五、 转基因食品的相关条例

对于转基因这个敏感话题，政府给予了极大的关注。同时，我国转基因食品检测取得重大突破，已完成数百项深加工食品原料转基因检测方法的研究，填补了国内空白。目前，我国可以准确地从大豆、玉米、番茄、马铃薯、小麦等食物原料中检测出转基因成分，可以准确地从豆制品类、乳粉类、营养早餐类、爆玉米花类、马铃薯制品类、膨化食品类、速食面类、番茄制品类、速冻食品类、罐头食品类、食用油类、雪糕类、苹果与菠萝等水果派类、蔬菜比萨派类等一大批深加工食品中检测出转基因成分。我国的相关实验室在技术方面已居领先地位。应该说，从技术发展的角度讲，未来的转基因食品可能比常规食品更安全。

为了防范风险，除了积极探讨转基因食品的负面影响并努力消除外，有关部门还从技术和行政监督执法上进行安全把关。国家于 2011 年修订了 GB 7718—2011《食品安全国家标准　预包装食品标签通则》，其第 4.1.11.2 条规定："转基因食品的标示应符合相关法律、法规的规定。"这些规定是指：国务院令第 588 号（2017 年 10 月 23 日）公布的《农业转基因生物安全管理条例》、原中华人民共和国农业部发布的《农业转基因生物标识管理办法》（2017 年 11 月 30 日修订）和原中华人民共和国卫生部令第 56 号发布的《新资源食品管理办法》。

其中涉及转基因食品标识的有：《农业转基因生物安全管理条例》第二十七条，在中华人民共和国境内销售列入农业转基因生物目录的农业转基因生物，应当有明显的标识；列入农业转基因生物目录的农业转基因生物，由生产、分装单位和个人负责标识，未标识的，不得销售；经营单位和个人在进货时，应当对货物和标识进行核对；经营单位和个人拆开原包装进行销售的，应当重新标识。第二十八条，农业转基因生物标识应当载明产品中含有转基因成分的主要原料名称；有特殊销售范围要求的，还应当载明销售范围，并在指定范围内销售。

此外，《农业转基因生物标识管理办法》第六条，规定了标识的标注方法：①转基因动植物（含种子、种畜禽、水产苗种）和微生物，转基因动植物、微生物产品，含有转基因动植物、微生物或者其产品成分的种子、种畜禽、水产苗种、农药、兽药、肥料和添加剂等产品，直接标注"转基因××"；②转基因农产品的直接加工品，标注为"转基因××加工品（制成品）"或者"加工原料为转基因××"；③用农业转基因生物或用含有农业转基因生物成分的产品加工制成的产品，但最终销售产品中已不再含有或检测不出转基因成分的产品，标注为"本产品为转基因××加工制成，但本产品中已不再含有转基因成分"或者标注为"本产品加工原料中有转基因××，但本产品已不再含有转基因成分"。第七条，规定农业转基因生物标识应当醒目，并和产品的包装、标签同时设计和印制：难以在原有包装、标签上标注农业转基因生物标识的，可采用在原有包装、标签的基础上附加转基因生物标识的办法进行标注，但附加标识应当牢固、持久。

第二节 转基因食品的安全性评价与管理

一、 转基因食品的安全性评价与管理

传统育种已有100多年的历史，但只限于种内或近缘种间有性杂交，从来没有人提出生物安全性评价问题。之所以对转基因作物提出生物安全性评价是有其本质原因的。因为转基因作物是通过基因工程的方法，按照人的意图和目的而设计作物的性状，显然不同于传统的有性杂交方法。另外，基因工程方法所用基因可来源于任何生物，生物种（类）之间的界限被完全打破。对出现的新组合和性状在不同遗传背景下的表达，对环境和人类的影响还缺乏认识，有些甚至是一无所知，因此在使用转基因作物之前对其进行生物安全性评价是十分必要的。

转基因食品实现了基因在动物、植物和微生物之间的转移，所以大多数人认为对其进行安全性评估是必要的，但是对于转基因食品的安全性评估很复杂，所需时间较长，并且传统的安全评估方法和体系已经不能完全适用于转基因食品的安全性评估，因此转基因食品的安全性评价需要建立特定的方法和体系。国际上对转基因食品安全性评价已经初步达成一致，提出转基因食品的安全性应从宿主、载体、插入基因、重组DNA、基因表达产物和对食品营养成分的影响等几个方面考虑，已制定相关法规的国家主要着重于对消费者健康的风险评估。

经济发展合作组织（OECD）于1993年提出了"实质等同性"（Substantial Equivalence）原则，这一原则是由19个OECD国家的约60位专家共同研究制定的。在OECD的倡议下，欧盟、美国、加拿大、澳大利亚等国都采用"实质等同性"的概念来构建自己国家的转基因食品安全性评估程序。转基因食品与传统食品的实质等同性比较，包括表型性状、分子特性、关键营养成分及有毒物质或过敏原等内容。

根据"实质等同性"原则的程度，可以把转基因食品的安全评估分为三类。第1类是实质完全等同的食品，例如，用转基因大豆生产的食用油；第2类是除引入特性其它实质等同的食品，如引入抗虫基因的植物；第3类是非实质等同的食品。第一种情况，也就是转基因食品或食品成分能证明与传统食品或食品成分具有实质等同性，可以认为该食品与传统食品具有相同的安全性，所以不需要进一步的专门评价。第二种情况，即转基因食品除了某一插入的特定性状的差异外，转基因食品或食品成分与来自传统食品或食品成分具有实质等同性，这时应主要考虑插入片段带来的食品的特定性状，并且着重检查插入片段是否含有有毒物质或过敏原。如果经过营养学、毒理学及免疫学实验证实该转基因食品与传统食品对生物的影响无显著差异，就认为转基因食品与传统食品具有实质等同性。第三种情况则要对新产品的性质和特征进行逐

一评价，使转基因食品与传统食品之间的差异能进行充分的认定。这三类转基因食品的安全评估的方式有基因特性鉴定、蛋白质安全评估及营养研究（图9-1）。

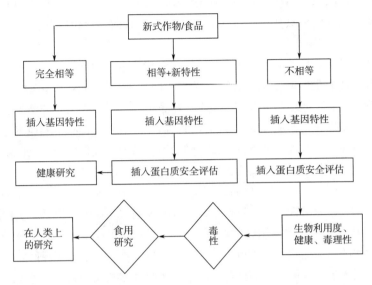

图9-1 建立在实质等同基础上的转基因食品供应的安全评估实例

（一）实质等同性原则

当在相同的自然和地理环境下外观和组成相同，将起作用的数量和人们的消耗量相同时，我们可以认为这些植物是实质等同的。外观分析方面主要是植物生态的和农业的特性，例如生长率、单位体积产品的数量、对病虫害的抵抗力、对土壤成分（酸、盐、矿物质）的耐受力、耐除草剂性及感官特性。实质等同最详细部分是植物的成分分析，这项化学分析要求转基因食品与其传统作物都生长在相同土壤和环境条件的生态环境中，然后比较转基因植物和传统植物的成分数据。对植物更具体的分析是对其自然毒性如植物雌性激素（大豆）、香豆素（芹菜）和茄碱（马铃薯）；过敏原如甘氨酸（大豆）和28-清蛋白（三角形巴西胡桃）；维生素如维生素C、维生素D、β-胡萝卜素（南瓜）及特殊碳水化合物如葡萄糖、蔗糖和果糖（南瓜）的分析。

（二）基因特性鉴定

基因特性鉴定是三种新式食品安全评估的一个重要部分。它使食品供应者认识到质粒基因的哪一部分被从菌体转移到宿主植物及怎样插入植物基因中。必须在注册档案中提供如下基本数据：基因转移技术的描述、插入DNA序列的位置和种类、插入数量、复制数、插入基因的表达水平及基因繁殖几代后的稳定性。

（三）蛋白质安全评估

插入蛋白质的安全评估是转基因食品安全评估的一个基石，它包括对已存在的蛋白质的鉴定及种族确定，以及毒性和过敏性测定。

插入蛋白质的定性主要是通过其氨基酸序列，3D结构及糖基化程度来决定。另外，蛋白质的作用和某种酶作用的特异性也是很重要的。既然插入蛋白质在转基因食品中的浓度是非常低的（约百万分之一个数量级），则在大部分情况下，转基因食品的微组织（如带耐磷酸盐基因的大肠杆菌）必须进一步扩增以完成特性鉴定与安全测试。

插入蛋白质安全测试的另一个方面是确定它与食物和环境中常出现的蛋白质及人类已充分了解的蛋白质的同族关系。同族关系的确定是以比较转基因蛋白质和自然蛋白质的氨基酸序列为基础的。例如，当这两种氨基酸序列有50%相似，同时证实有50%相同则可以认为他们是同族的。

插入蛋白质与已知毒性的氨基酸序列的同族关系检测也作为毒性评估的一部分。通常，插入蛋白质和已知毒性的蛋白质之间并无同族关系。同族关系试验仅是毒性评估的一个微小部分，仅仅能得到没有氨基酸序列既存在于蛋白质中也存在于毒性物质中的结果。这并不意味着蛋白质没有毒性，所以要进行更多的测试，如蛋白质在低酸和消化酶中的稳定性；在食品加工过程中的稳定性及在哺乳动物中的毒性测试。转基因食品加工过程中插入蛋白质对温度的敏感性是转基因食品安全评估的一种重要手段，耐磷酸盐的蛋白质被加热到65℃，15min就会完全失活，大豆粗粉加热到66~107℃，58min其插入蛋白质就会完全失活。插入蛋白质毒性测试的最后部分是对老鼠的剧烈毒性测试，这也是最大致死量测试。在这个测试中蛋白质被强行注入10只老鼠体内，注入量是人类食用含同样蛋白质的转基因食品的每天最大消耗量的1000倍。然后主要观察动物的临床症状、体重得失、食品消耗量、死亡率及总病理性变化。

转基因食品插入蛋白质的过敏测试与国际食品生物技术委员会/国际生命科学学会（ILSI/IFBC）提供的标准相同。

（四）营养研究

营养研究也称为健康研究，不作为亚剧毒研究。健康研究主要是建立在检测转基因食品的营养价基因组织的过敏性质基础上的。观察8种氨基酸对特异性抗原决定簇的反应性。当观察到氨基酸序列中有反应时，含蛋白质的转基因食品将进一步对其原料组织进行过敏性测试，当氨基酸序列对已知过敏物无反应时，在人工胃肠液及升温条件下测试插入蛋白质的稳定性；当原料组织是过敏性的，则要进行最精密的测试。由于所用血清的不同则常见过敏物（如树果、花生、大豆、小麦、鱼、蛋、乳）与不常见过敏物（如苹果、桃、大米、巴西树果）也不同。测试方法有E抗原免疫印迹技术检测和ELISA技术等。当常见过敏物的免疫印迹反应结果呈阴性时，在决定该转基因食品是过敏物之前还要进行更多的测试，这些测试有皮刺测试和食物与安慰剂对照的双盲测试（Double Blind Placebo-Controlled Food Challenge，DBPCFC）。只有当这两种测试结果都呈阳性时，才能认为这种转基因食品是过敏物。尽管有这些严格的测试，我们还是应该认为后来的人类调控是进一步保证转基因食品安全性的重要措施，可作为与原料作物实质等同的一个补充的检测方式。通常这些测试是用在实验动物（如鼠）和大的家畜（如牛、绵羊、山羊）上，食物变化引起成长变化比较敏感的其它动物也可以作为试验对象（如小鸡、鲶鱼）。试验记录的常数主要有总临床试验条件、食物消化时间、体重变化、验尸后的变化及各器官质量的变化。对反刍动物，转基因食品对其消化过程的影响也要考虑。在这些测试中，当食品被转基因食品替代（约35%）后，保持基本营养物的摄入量是非常重要的。这些试验的难点是实验动物对不属于食物的一些成分的耐受力。例如：用洋葱喂养导致猫和狗的贫血；食入高浓度改性淀粉导致老鼠的巨结肠症；食用红辣椒和胡椒粉导致老鼠十二指肠黏膜的破坏等。

"实质等同性"的概念已经被众多国家所采用，用来指导有关管理机构对转基因食品的安全性做出评估。但是"实质等同性"原则也受到了一些科学家的怀疑，认为其有局限性，因为它片面地强调了转基因食品与传统食品在化学成分上的比较，所以"实质等同性"原则不利于转基因食品的安全性评价。英国的 MillStone 等认为"实质等同性"概念界定不清楚，易起误导作用。

为了平息人们对"实质等同性"的怀疑与批评，联合国粮农组织和世界卫生组织的专家解释说"实质等同性"只是一个原则，用来指导安全评估。Peter Keams 等认为"它不仅是个有用的工具，还是一个指导原则，它强调一个安全评估应该表明一个转基因品种应和它的传统相似物一样安全"。2005 年 5 月在瑞士日内瓦举行的专家协商会议认为"实质等同性"是一个实用的概念，且在现阶段没有可替代的战略，该概念的运用只是安全评价的开始而非终点。

二、 转基因食品安全性评价与管理体系的基本范畴

转基因食品的安全问题受到了世界各国政府和公众的普遍关注，已经不仅仅是一个单纯的科学问题，而是演变成了一个社会问题。根据转基因食品安全问题不同的内涵和外延，形成了如下的两种认识。

（一） 自然科学意义的转基因食品安全问题

当前生物技术专家既难以证明转基因食品与传统食品具有同等的安全性，也同样难以证明转基因食品是不安全的。自然科学意义的转基因食品安全问题极为复杂，它是指转基因食品对人体健康的影响，以及现有的管理体系是否可以将危害消除或降低到人体所能够耐受的程度。问题虽然复杂，但可以将其概括为如下三个方面：一是转基因食品本身是否安全，比如有没有毒素、过敏原、抗药性，营养物质是否有损失等；二是人体的生理机制，比如人体的消化系统如何消化、个体体质和耐受性的差异等；三是食品与人体相互作用的中介系统，例如加工方法对食品安全有什么影响，是否有足够的安全检验措施保证消费者在食用转基因食品时处于安全状态等。

（二） 社会科学意义的转基因食品安全问题

其实，真正了解转基因食品是否安全的人可以说是寥寥无几，但不同的人却会对转基因食品安全问题持有不同的态度，或者看待问题的角度、认识的深度不同，对转基因食品安全问题持有的态度也不尽相同。其原因是多方面的，除了受个人的素质、知识、认识能力和主体地位决定外，同时也受到公众舆论特别是新闻媒体的影响。在这个基础上，加上其它一些理性和非理性影响因素的不平衡，不同主体会采取不同的行为来表现出自己的态度和观点。即使在对自然科学意义上的转基因食品安全问题有相同的认识，不同主体特别是利益相关者，也会在经过各种权衡后采取不同的态度和措施，以求得对自身最为有利的结果。因此，各种相关利益集团（主要是转基因食品的研发和生产部门，相应的传统食品生产部门、生物安全科研人员等）会通过各种途径对舆论施加影响，期望消费者站在自己一边；他们也会对政府施加影响，期望政府今后制定的转基因食品安全管理制度对自身有利，特别是在转基因食品的法律法规、安全审核、市场准入与监管等方面。

三、 转基因食品安全性评价与管理体系的基本要素

转基因食品安全性评价与管理体系的基本构成包含自然科学意义和社会科学意义两部分的内容，其基本要素包括以下几个方面。

（一）技术规范

在转基因作物商品化之前，必须进行一系列研究，包括实验室封闭试验、中间试验和田间试验，评估其对生态环境、农业生产和人体健康的潜在危害，保证只有安全无害的转基因作物才能进行商品化生产。转基因食品的安全性评价必须是一套可操作的技术规范，我国卫生部门对转基因食品安全性评价提出如下8条基本原则。

（1）转基因食品的安全和营养质量必须符合《中华人民共和国食品安全法》及其有关的法规、标准的要求。不得对人体造成急性、慢性或潜在性的危害，并且不得影响人体正常营养状况。

（2）应全面综合地评价转基因食品的安全性，包括转基因食品、修饰基、基因供体、基因受体等的安全性。

（3）转基因食品的评价应考虑预期作用和非预期作用。

（4）转基因食品的安全性评价采用危险性分析、实质等同、个案处理等原则。

（5）实质等同性是转基因食品评价的基本原则。转基因食品与传统对等物差异的评价是评价的主要内容，即出现新的或改变了的危害以及关键营养素的改变与人类健康的关系，而不是针对食品每种成分的安全性进行评价。

（6）应采用实致性的原则来评价转基因食品的安全性，即在评价方法和安全性的可接受水平上应与传统对等物保持一致。

（7）转基因食品评价的数据和资料可以来源于多种途径。综合全面的资料来判断转基因食品的安全性。

（8）随着科学技术的发展，不断将新的方法和技术运用于转基因食品的评价。当出现新的安全相关科学信息时，应对原有的安全评价结果重新予以审查，以确保转基因食品的食用安全性。

（二）法制建设

转基因食品安全性的确定是转基因食品能否存在与发展的前提。因此，其安全性评价与管理必须按国家相关的法律法规进行，在法规的管制下进行转基因食品的安全评价、申报、审批、市场管理等工作。在制定和健全生物安全管理法规的基础上，需要完善一系列与生物安全相关的管理制度，其中包括转基因作物与非转基因作物的区隔，不同用途转基因作物之间的区隔。国家相应职能部门依照有关规定，在各自的职责范围内负责转基因生物环境释放、商品化生产、包装、标识、运输、销售和越境转移等全过程的监督管理。

（三）能力建设

转基因食品安全评估与管理的能力建设是保证转基因食品安全的重要基础。构建转基因食品风险评估和风险管理的技术体系，完善转基因食品的管理机构、档案制度和跟踪制度，建立转基因食品的检测体系，培养生物安全技术管理人才，加强安全管理的科学研究等都会直接影响转基因食品安全性的能力建设。

（四）公众参与

对于转基因活生物体的环境释放，有必要事先将相关情况告知当地居民和当地社会团体。公众获取有关现代生物技术与生物安全的信息，有利于提高公众的生物安全知识和安全防范意识。让公众充分认识转基因食品，提高转基因食品安全性评价的透明度，有利于消费者接受具有安全性的转基因食品，从而推动转基因食品的发展。

四、 转基因食品安全性评价与管理体系的基本框架及其运作概要

（一）转基因食品安全评价与管理体系的基本框架

建立转基因食品安全评价与管理体系应做到科学、完整、系统、可操作，并与国际接轨，必须根据转基因作物在严格试验室研究、半开放性试验研究、限制性田间试验和商品化生产四个阶段可能带来的各种危害，制定相应有效的安全性检测和评价方法体系，把危害限制在最低程度之内，同时促进现代生物科学技术发展，使生物技术成果能够造福广大消费者。这个完整的安全性评价与管理体系应当包括转基因作物环境影响评价、安全监管评价、转基因食品安全性评价、跟踪反馈、档案制度、公众参与制度等，它们之间的关系如图 9-2 所示。

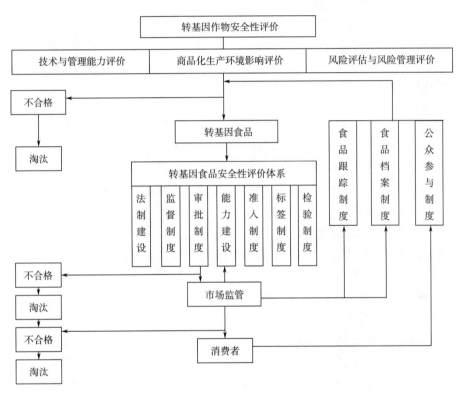

图 9-2　转基因食品安全性评价与管理体系的基本框架图

（二）转基因食品安全性评价与管理体系运作概要

1. 转基因作物的环境影响评价

当前，绝大多数转基因食品源于转基因作物，在投入商品化生产之前，必须进行转基因作物的环境影响评价，主要包括以下几方面内容。

（1）加强生产部门技术与管理能力评价。通过生产部门自身技术与能力建设，提高对转基因作物的研究与管理水平，从客观上保证转基因作物生产的安全性。

（2）对转基因作物的商品化生产进行环境影响评价。主要通过源分析、现状评价或受体分析、影响预测、不确定性分析以及采取环境保护措施等评价内容，以保证对环境影响的安全性。该评价的重点在决策和开发活动开始前，体现出环境影响评价的预防功能，决策或开发活

动开始后，通过实施环境监测计划和持续性研究，延续环境影响评价，不断验证其评价结论，并反馈给决策者或开发者，进一步修改和完善其决策和开发活动。

（3）对商品化之前的转基因作物进行风险评估和风险管理。运用合理的风险评估方法，进行科学有效的风险判断和风险监测，为转基因作物的商品化生产提供安全保证。

2. 转基因食品安全性评价与管理关注的事项

在转基因作物进行商品化生产后，进入产品（转基因食品）的安全监管阶段，根据安全性评价与管理体系的内容对其进行评价，以确保其安全性，主要应关注如下事项。

（1）评价相关法律法规体系是否健全，是否建立行之有效的监管制度和有力的监管机构。应该有一整套完善的法律体系和管理制度，使转基因食品的安全性评价与管理能够有法可依，透明、公平、科学、有效地进行。

（2）评价是否制定和履行严格的申报和审批程序，生产者提供的转基因食品的技术资料是否齐全，审批是否公开、透明，是否达到国家相关职能部门对转基因产品的要求。

（3）评价转基因食品安全性评价的能力建设水平，包括管理与检验机构的人员素质是否能够胜任所在职位和从事的工作。

（4）评价转基因食品的市场准入制度，是否符合《生物安全议定书》规定和 WTO 规则，是否符合我国政府有关的法律法规。

（5）评价是否建立和实施国家规定的标签制度，是否对市场上出售的转基因产品实行有效的监管，是否保证了消费者的知情权和选择权。

（6）评价转基因食品的检验制度是否健全，检验方法和数据处理是否规范。技术人员的水平是否合格，仪器设备等硬件是否达标。

3. 建立转基因食品跟踪和档案制度

通过对转基因食品从试验、生产到消费过程中对人体和环境的种种影响进行长期跟踪监测，建立起全面、有效的转基因食品资料档案制度。及时发现任何与转基因食品有关的过敏原和疾病，长期跟踪转基因食品对人体健康的影响。并建立各类转基因作物的风险监测数据库，直接为风险管理提供决策依据。

4. 建立完善、合理的公众参与制度

采取必要的宣传和教育手段，传播转基因食品的科普知识，使公众能了解转基因食品为何物，保证广大消费者的知情权和选择权。同时建立适宜的公众参与机制，使公众成为生物安全监督的重要力量。这在转基因食品从试验到生产，尤其在商品化过程中有重要作用，可与食品跟踪和档案制度相配合，成为行之有效的反馈机制。

（三）转基因食品安全性评价与管理体系的不足

转基因食品安全评价与管理体系在制定和运作实施过程中，也具有如下的不足。

1. 评价与管理体系制定过程复杂，运行成本高

转基因食品安全评价体系必须对转基因食品进行严密的、全面的评价，以防止出现漏洞，造成严重后果。这就决定了安全评价体系的制定过程是一个十分复杂、成本很高的过程。

在生物技术研究上，必须有足够的投入，进行长期研究，提出科学、合理、安全、可靠的评价原则。国家主管部门必须对生产部门的技术和管理能力进行评价，制定完整的商品化生产环境影响评价体系，进行风险评估和风险管理。建立有力的安全性监管体系，构建有效的监管制度和监管机构，实施科学的审批制度，加强生物安全的能力建设，制定合理安全的准入制

度，实施与国际相接轨的标签制度，进行严格有效的市场管理。还必须建立完整可靠的食品跟踪制度与档案制度，实行公众参与制度，扩大生物安全的知识宣传，让公众了解转基因食品等。整个过程的实施需要耗费巨大的人力、物力和财力。

2. 安全性评价时间长、程序复杂，对生物技术的发展和推广有双重作用

由于转基因食品的特殊性和复杂性，对转基因食品的安全性评价不可能如传统食品一样，在安全评价中所经历的程序会更复杂，所使用的时间会更长。这对确保转基因食品的安全性，使大多数消费者放心食用具有重大的意义，而在一定程度上会影响转基因食品生产部门和企业的积极性，也有可能增加消费者乃至媒体等大众舆论的疑虑，从而限制了生物技术的正面宣传、发展和推广。

3. 各国对安全性评价的标准、方法等争议较大，对国际贸易有一定影响

由于受国家利益、公众态度、媒体炒作以及评价机构本身等众多原因的影响，再加上转基因食品出现的时间较短，没有足够的实证作为客观依据，对转基因食品安全评价的标准与方法等在世界各国存在较大争议。即使是被世界多数国家所采用的公认的标准也常常受到质疑。例如，实质等同性原则虽然目前已被许多国家所采用，并已经演化为一系列的决策系统，以指导监管当局对转基因食品在不同的评估阶段做出合理的结论，但是，这一原则还是没有得到所有人士的公认，而且经常有专业人士对其局限性与应用范围等提出质疑。

美国对转基因食品的管理最为宽松，而欧盟及其成员国则以严格著称，于是便形成了两种对立的管理模式：欧洲国家通过新的立法来管理转基因食品，强调过程评估；而美国则依靠已有的法律，立足于最终产品的评估。在这两种态度之间，各国对转基因食品的评价标准、方法、管理模式等，都或多或少的存在着差异。在经济全球化的大背景下，为了维护国家的贸易利益、经济利益和保护农民的利益，转基因产品的出口国与进口国会对某些转基因产品的安全性持不同的态度，而评价标准与方法等的差异给各国之间的贸易带来许多困难与障碍，甚至会引发贸易战。转基因食品安全性评价标准等的争议，对转基因食品在世界范围内的推广和国际间的转基因食品贸易具有一定影响。

第三节　转基因食品的检测方法

近几年，随着转基因食品的快速发展，转基因食品的安全性受到广泛关注，虽然迄今为止尚未发现有证据表明转基因食品对健康和环境存在危害，但由于转基因食品的安全性评价具有累积性和潜在性特点，并与社会、文化及伦理等多方面因素互为影响，所以需要多方位长期系统的监测才能对其安全性做出较为客观的评价，其中转基因食品的检测技术尤为重要。转基因食品的安全性检验，第一步是对受检产品进行鉴定，以区别转基因食品与非转基因食品，筛选出在遗传分化过程中已失去转基因特性的产品；第二步是对受检产品中导入的基因重组体构成的变异情况进行检测，以确定其表达的忠实性及外源基因对受体生物原基因组表达的影响。当前，国际社会对转基因食品检测采用的技术路线主要有两条：针对外源 DNA 和针对外源蛋白质进行检测。检测要求已从定性检测提高到定量检测。

一、 核酸水平的检测

目前人们日常生活中的转基因食品主要是转基因植物食品。转基因植物所采用的外源启动子主要为来源于菜花叶病毒的 CaMV35S 启动子和根瘤农杆菌的 nos 启动子以及玄参花叶病毒的 FMV35S 启动子；广泛应用的外源终止子有来源于根瘤农杆菌的 nos 终止子和菜花叶病毒的 CaMV 终止子以及新霉素磷酸转移酶 NPtII 终止子。针对这些基因的检测可涵盖绝大部分转基因植物。

（一）核酸的提取

对食品中转基因成分的核酸检测先要进行核酸的提取。由于食品成分复杂，除含有多种原料组分外，还含有盐、糖、油、色素等食品添加剂。另外，食品加工过程会使原料中的 DNA 会受到不同程度的破坏，因此食品中转基因成分的核酸提取尤其是 DNA 的提取具有其特殊性，并且其提取效果受转基因食品的种类和加工工艺等影响。选择适宜的核酸提取方法是进行转基因食品核酸检测的首要条件。

（二）定性筛选 PCR 技术

聚合酶链式反应（Polymease Chain Reaction，PCR）是体外酶促合成特异 DNA 片段的一种方法，由高温变性、低温退火及适温延伸等几步反应组成一个周期，循环进行，使目的 DNA 得以迅速扩增，具有特异性强、灵敏度高、操作简便、省时等特点。它不仅可用于基因分离、克隆和核酸序列分析等基础研究，还可用于疾病的诊断或任何有 DNA、RNA 的地方。

PCR 定性检测是高灵敏度的 DNA 水平检测，但常伴有各种假性结果出现：①DNA 提取时产生的各种反应抑制因子，使 PCR 呈假阴性；②产品深加工时核酸被破坏成碎片，含量极低，使 PCR 呈假阴性；③当作物受到菜花叶病毒的感染而带有 35S 启动子或因农杆菌感染而带有 nos 终止子时，PCR 呈假阳性；④实验室的残留污染使检测结果呈假阳性；⑤在收获、运输或加工过程中转基因食品与非转基因食品产生交叉污染也会使检测结果不准确。

（三）实时荧光定量 PCR 法

实时荧光 PCR 技术最早在 1996 年由美国 Applied Biosystems 公司推出，是指在常规 PCR 基础上添加了一条标记了两个荧光基团的探针，利用荧光信号积累实时监测整个 PCR 进程，最后通过标准曲线对未知模板进行定量的方法。

目前应用于实时定量 PCR 检测体系中的荧光探针主要有三种：分子信标探针、TaqMan 探针和杂交双探针。实时定量 PCR 检测的灵敏度至少是竞争 PCR 的 10 倍，它可以检测到每克样品中含 2pg 转基因的 DNA 量。对加工、未加工和混合样品都可以进行检测。

（四）基因芯片检测法

基因芯片检测技术是 20 世纪 90 年代由美国的 Affymetrix 公司首先发展起来的，该公司曾在 1996 年制造出世界上第一块商品化基因芯片。迄今为止，应用于转基因食品检测的前沿技术当属基因芯片技术，其实质就是高度集成化的反向斑点杂交技术。探针分子固定在载体上，待测基因经过 PCR、末端标记等操作，成为标记有荧光染料或同位素的核酸分子，然后与固定的探针杂交。依据标记方法的不同，通过放射自显影、激光共聚焦显微镜或 CCD 相机读出每个斑点信号的强度，计算机对杂交信号进行处理，得到杂交谱。

（五）多重连接依赖的探针扩增（MLPA）

作为转基因多重定量检测的最新进展，此法最初是由荷兰的 Schouten 于 2002 年发表的应用于医学检测目的高度灵敏的相对定量技术。其利用简单的杂交、连接、PCR 扩增反应，于单一反应管内同时检测最多 40 个不同的核苷酸序列的拷贝数变化。MLPA 方法是针对不同检测序列设计多组专一的探针组，对探针组进行扩增的检测方法。每组探针组总长度不同，可与目标序列杂交黏合。所有探针的 5′端都有通用引物结合区 PBS（Primer Binding Sites），5′端都有与待扩增目标序列结合区，在 PBS 区与目标序列结合区之间插入不同长度的寡核苷酸，由此形成长度不一样的探针组。如果目标序列缺失、产生突变或是由于不同探针组的配对，则这组探针无法成功连接，也没有相应的扩增反应。如果这组探针可与目标序列完全黏合，则连接酶会将这组探针连接成为一个片段，并通过标记的通用引物对连接在一起的探针组进行扩增，最终经过毛细管电泳和激光诱导的荧光来检测扩增产物。

二、 蛋白质水平检测

转基因食品中导入的外源 DNA 片段会表达产生特异蛋白，因此可针对该特殊蛋白制备相应抗体，依据抗原与其抗体能特异性结合的免疫学特性，就能通过抗原抗体反应来判断样品中是否含有外源蛋白。

（一）酶联免疫吸附实验（ELISA）

酶联免疫吸附是一种酶联免疫技术。用于检测包被于固相板孔中的待测抗原（或抗体）。即用酶标记抗体，并将已知的抗原或抗体吸附在固相载体表面，使抗原抗体反应在固相载体表面进行，用洗涤法将液相中的游离成分洗除，最后通过酶作用于底物后显色来判断结果。其基本原理是酶分子与抗体或抗抗体分子共价结合，此种结合不会改变抗体的免疫学特性，也不影响酶的生物学活性。此种酶标记抗体可与吸附在固相载体上的抗原或抗体发生特异性结合。滴加底物溶液后，底物可在酶作用下使其所含的供氢体由无色的还原型变成有色的氧化型，出现颜色反应。因此，可通过底物的颜色反应来判定有无相应的免疫反应，颜色反应的深浅与标本中相应抗体或抗原的量呈正比。此种显色反应可通过 ELISA 检测仪进行定量测定，这样就将酶化学反应的敏感性和抗原抗体反应的特异性结合起来，使 ELISA 方法成为一种既特异又敏感的检测方法。

ELISA 分析法特异性高、操作简单、成本低、稳定性好，但如果食品中被测蛋白浓度较低时会出现假阴性。此外，食品加工过程也会使蛋白变性导致假阴性。该法只适用于原料性食品，难应用于加工品，因为外源基因表达的蛋白会因加工而失活、分解或消失，增加了检测的不确定性和较差的重复性，同时也提高了假阴性率。目前，FDA 已研究出用双夹心 ELISA 法检测食品中是否含有转基因玉米成分。

（二）蛋白质印迹法（Western Blotting）

蛋白质印迹法是一种分析和鉴定特定蛋白质的技术，将经过凝胶电泳分离的蛋白质转移到膜（如硝酸纤维素膜、尼龙膜等）上，再对转移膜上的蛋白质进行检测的技术。检测常用与特定蛋白结合的标记抗体或配体。由此可判断特定蛋白质的存在与否和分子质量大小等。该方法将电泳较高的分离能力、抗体的特异性和放射性自显影的灵敏性结合起来，对分析不溶性蛋白有较好的效果。

[小结]

　　随着全球经济一体化的发展，各国间贸易往来日益增加，科技信息交流频繁，食品安全已经跨越了国界。某一地区的食品安全问题很有可能波及全球。因而完善转基因食品的安全监管体系，加强我国转基因食品的立法和管理工作，提高食品安全检测技术水平迫在眉睫。转基因食品的多种检测方法各有其优缺点，在实际检测中，应该根据食品种类和加工类型的不同选择适当的检测方法。各国有关转基因成分标签法的建立和不断完善，对食品中转基因成分的检测方法提出了更高的要求，同时随着转基因食品种类的日益多样化和高产量化，转基因食品的检测技术将朝着高通量、高灵敏度、自动化和低成本化的方向发展。应该进一步寻找快速、简便和精确的实验方法，加强国际合作与交流，确定通用检测标准，让具有安全保障的转基因食品摆上国人餐桌。

思考题

　　1. 什么是转基因食品？它有什么特点？
　　2. 简述转基因食品的安全性问题，结合实际生活谈谈你对转基因食品的看法。
　　3. 检测转基因食品的方法有哪些？其优缺点各是什么？

参考文献

　　[1] 杨昌举. 转基因食品安全性评价与管理体系的基本框架. 食品科学，2005，26（12）：38-42.

　　[2] 覃帅. 转基因食品检测技术概述：大众商务，2009，5：260.

　　[3] 孙科. 浅谈转基因食品检测技术. 硅谷，2008，8：73，12.

　　[4] 吴清平，董晓辉，张菊梅，等. 转基因食品检测技术研究进展. 中国卫生检验杂志，2007，17（10）：1910-1911.

　　[5] 张奇志，邓欢英. 生物芯片技术及其在食品检测中的应用. 中国食品学报，2007，7：134-137.

　　[6] 殷丽君，孔瑾，李再贵. 转基因食品. 北京：化学工业出版社，2002.

　　[7] 王译，陈君石，闻芝梅. 转基因食品. 北京：人民卫生出版社，2003.

　　[8] 曾北危. 转基因生物安全. 北京：化学工业出版社，2004.

　　[9] 国家环境保护总局. 中国国家生物安全框架. 北京：环境科学出版社，2000.

　　[10] 郜莉娜，尤崇革. 转基因食品的检测方法. 中国测试，2009，35（6）：102-104.

　　[11] 吴雪梅. 关于转基因农作物食品安全性的探究. 南方农业，2018，12（5）：69-70.

　　[12] 中国农业大学—农业部国际发展中心，国际转基因生物食用安全检测及其标准化. 中国物资出版社，2010.

第十章

CHAPTER

食品安全检测中的
现代高新技术

10

随着食品科学技术的发展，食品的检测与分析工作已经提高到一个重要的地位，对现代食品安全检测技术也提出了越来越高的要求。人们不仅要求及时、精密、可靠地获得有关食品安全的定量数据，而且要求对食品安全性进行全面快速的分析和判断。因此，利用传统的理化方法已经难以满足目前的食品安全检测的需要。随着现代高新技术的发展，生物芯片和传感器检测技术、酶联免疫和 PCR 检测技术、光谱分析技术等已经在食品安全检测中显示出巨大的应用潜力。

第一节　生物芯片和传感器检测技术

一、　生物芯片检测技术

生物芯片（Biochip）是 20 世纪 90 年代初发展起来的一种微量分析技术。该技术采用光导原位合成或微量点样等方法，将核酸片段、多肽分子甚至组织切片、细胞等生物样品按一定的顺序固化于支持物（如玻片、硅片等载体）的表面，组成密集二维排列，然后与已标记的待测生物样品中的靶分子杂交，通过特定的仪器（如激光共聚焦扫描仪等）对杂交信号的强度进行快速、并行、高效的检测分析，从而判断样品中靶分子的数量。由于常用玻片或硅片作为固相支持物，且在制备过程中模拟计算机芯片的制备技术，所以将其称之为生物芯片技术。它综合了分子生物学、免疫学、微电子学、微机械学、化学、物理学、计算机技术等多项技术，具有高通量、微型化、自动化和信息化的特点，在食品检测中有着广阔的发展前景。

（一）生物芯片的分类

生物芯片种类较多，根据芯片上固定探针的不同，生物芯片分为基因芯片、蛋白质芯片、细胞芯片、组织芯片等；以其片基的不同分为无机片基芯片和有机合成物片基芯片；按其应用的不同可以分为表达谱芯片、诊断芯片、检测芯片。其中应用最多、应用范围最广的生物芯片是基因芯片。

1. 基因芯片

基因芯片（Gene Chip）通常指DNA芯片，利用核酸杂交原理来检测未知分子。首先将大量寡核苷酸分子固定于支持物上，然后与标记的样品进行杂交，通过检测杂交信号的强弱来判断样品中靶分子的数量。基因芯片技术问世以来，由于其具有微型化、集约化和标准化的特点，在分子生物学研究、食品检测、医学临床检验、生物制药和环境学等领域显示出了强大的生命力。

基因芯片的技术流程包括芯片的制作、样品的制备、芯片的杂交及杂交后信号的检测和分析。基因芯片制备方法主要包括两种。①点样法。将不同的核酸溶液逐点分配在固相支持物的不同部位，然后通过物理和化学的方法使之固定。②原位合成法。在玻璃等硬质表面直接合成寡核苷酸探针阵列，目前应用的方法主要有光去保护并行合成法、压电打印合成法等。样品的制备和处理是基因芯片技术的第二个重要环节。生物样品往往是非常复杂的生物分子混合物，除少数特殊样品外，一般不能直接与芯片反应。可将样品进行生物处理，提取其中的核酸并加以标记，以提高检测的灵敏度。基因芯片与靶基因的杂交过程和一般的分子杂交过程基本相同，杂交反应的条件需根据探针长度、GC碱基含量及芯片的类型来优化。用同位素标记靶基因，其后的信号检测即是放射自显影；也可以用荧光标记，应用荧光扫描及分析系统对相应探针阵列上的荧光强度进行比较，得到待测样品的相应信息，再进行结果分析。

2. 蛋白质芯片

蛋白质芯片（Protein Chip）是在基因芯片的基础上发展起来的，是大量的蛋白质分子（如酶、抗原、抗体、受体、配体、细胞因子等）或肽链有序固定在载体上形成的。蛋白质与载体表面结合，同时仍保留蛋白质的物理和化学性质，利用蛋白质或肽链特异性地与配体分子（如抗体或抗原）结合的原理进行检测。

由于蛋白质不能靠扩增的方法达到要求的灵敏度，蛋白质之间的特异作用是利用抗原与抗体反应，所以检测蛋白质沿用基因芯片的模式有一定的局限性。此外，蛋白质很难在固相载体表面合成，并且固体表面的蛋白质易于改变空间构型，失去生物活性，所以蛋白质芯片的制作比基因芯片复杂。构建蛋白质阵列需解决三个问题：①保证蛋白质正确定位；②保持蛋白的活性；③与现存的基因芯片研究工具相兼容。

3. 芯片缩微实验室

芯片缩微实验室（Microlab on a Chip）是将各种功能的芯片集约在同一载体（通常为硅片）上形成的多功能芯片。在芯片缩微实验室中，各芯片之间是在计算机的控制下通过微流路、微泵和微阀等实现有序联系的。它集样品制备、基因扩增、核酸标记及检测为一体，实现了生化分析全过程，是生物芯片发展的最高阶段。芯片缩微实验室能实现分析过程的微量化和集约化，从而节约时间、经费和人力，使工作效率大大提高。由于芯片缩微实验室利用微加工技术，浓缩了整个实验室所需的设备，因此，化验、检测以及显示等都会在一块芯片上完成，所需样品微量，成本相对低廉，而且使用非常方便。这类仪器的出现将给生命科学研究、疾病诊断和治疗、新药开发、司法鉴定、食品卫生监督等领域带来一场革命。

（二）生物芯片在食品检测中的应用

1. 在食品微生物检测中的应用

食品卫生检测中一个重要的方面是及时准确地检测出食品中的病原微生物，这些病原微生物的存在会严重危害人类的健康，而食品在生产、加工、运输、销售、消费的各个环节都极易被各种病菌污染。采用基因芯片技术可以实现致病菌的快速检测。

首先利用在细菌学分类上具有重要意义的 16SrRNA 基因作为检测的靶分子，并在其间设计检测探针，建立一套致病菌的基因芯片快速检测技术。不同细菌的 16SrRNA 基因具有序列一致的恒定区和序列互不相同的可变区，恒定区和可变区交错排列。这样，在恒定区设计 PCR 引物，在可变区设计检测探针，用一对 PCR 引物就可以将所有细菌的相应基因片段全部扩增出来。然后用每种细菌的特异性探针阵列与标记的靶片段进行杂交反应，杂交后用专用设备分析荧光信号，可以定性和半定量地检测出致病菌。用这种芯片可以检出副溶血弧菌、李斯特氏菌、耶尔森菌、变形杆菌及铜绿假单胞菌等，但是由于肠道致病菌（沙门氏菌、志贺氏菌和大肠杆菌等）探针所在的 16SrRNA 序列基本相同，所以只能作为一类细菌被检出。也可分别采用 invA 基因、virA 基因及 23SrRNA 基因等为模板，设计引物和探针，进行肠道致病菌的区分检测，将沙门氏菌、志贺氏菌和大肠杆菌等准确检出。

2. 在食品毒理学研究中的应用

传统的食品毒理学研究必须通过动物试验来进行模糊评判，它们在研究毒物的整体毒性效应和毒物代谢方面具有不可替代的作用。但是，由于需要消耗大量的动物，费时费力，而且所用的动物模型由于种属差异，得出的结果往往并不适宜外推至人。另外，动物试验中所给予的毒物剂量远远大于人的暴露水平，因此不能反映真实的暴露情况。生物芯片技术的应用将给毒理学领域带来一场革命。生物芯片可以同时对几千个基因的表达进行分析，为新型食品资源对人体影响的机理研究提供完整的技术资料，并通过对单个或多个混合有害成分进行分析，确定该化学物质在低剂量条件下的毒性，分析推断出该物质的最低限量。美国环境卫生科学研究所的科学家开发了一种毒理芯片（Toxchip），虽然它不能完全取代动物试验，但它可以提供有价值的信息而大大减少动物消耗、经费和时间。因基因表达对低剂量也很敏感，所以它用于生物学试验时，可在近似于人暴露的低剂量水平进行研究，这样就可以避免试验结果由动物外推至人时所产生的误差，更真实地反映暴露水平下人体对化学物的反应。另外，微阵列芯片可以在基因水平帮助探索急性和慢性中毒之间的联系，通过观察暴露时间和毒性所致的基因表达谱改变其之间的关系，可以由急性中毒监测慢性毒性效应，这意味着会缩短生物试验时间，并使试验剂量更接近于现实和节省相当可观的费用。

生物芯片技术已逐渐成为食品领域的研究热点，但该技术本身还有许多需要改进之处。首先，生物芯片的制作需要大量已测知的、准确的 DNA、cDNA 片段、抗原、抗体等信息。其次，目前生物芯片在技术上会呈现假阳性、假阴性。再次，样品制备和标记比较复杂，没有一个统一的质量控制标准。这些都在一定程度上限制了生物芯片技术在食品检测中的应用。生物芯片技术尽管存在一定的不足和局限，但该技术具有检测系统微型化、检测样品微量化的特点，同时兼具检测效率高的优点。随着研究的不断深入和技术的完善，生物芯片技术一定会在食品科学研究领域发挥越来越重要的作用。

二、　生物传感器检测技术

（一）生物传感器的结构及特点

生物传感器是一种以生物活性单元（如酶、抗体、核酸、细胞等）作为敏感基元，对被分析物具有高度选择性的现代化分析仪器。它通过各种物理、化学换能器捕捉目标物与敏感基元之间的反应，然后将反应的程度用离散或连续的电信号表达出来，从而得出被分析物的浓度。信号的强弱在一定条件下与被测定的分子之间存在一定的比例关系，根据信号的强弱可以进行待测物质的分析、测定。

第一个生物传感器——葡萄糖传感器，是在 1967 年制造出来的。将葡萄糖氧化酶包含在聚丙烯酰胺胶体中加以固化，再将此胶体膜固定在隔膜氧电极的尖端上，便制成了葡萄糖传感器。改用其它的酶或微生物等固化膜，便可制得检测其对应物的其它传感器。

生物传感器大致经历了三个发展阶段。第一代生物传感器是由固定了生物成分的非活性基质膜和电化学电极所组成；第二代生物传感器是将生物成分直接吸附或共价结合到转换器的表面，而无须非活性的基质膜，测定时不必向样品中加入其它试剂；第三代生物传感器是把生物成分直接固定在电器元件上，它们可以直接感知和放大界面物质的变化，从而把生物识别和信号的转换处理结合在一起。

生物传感器具有以下共同的结构：一种或数种相关生物活性材料及将其表达的信号转换为电信号的物理或化学换能器（传感器），二者组合在一起，用现代微电子和自动化仪表技术进行生物信号的再加工，构成各种可以使用的生物传感器分析装置、仪器和系统。

与传统方法相比，生物传感器具有如下优点。

（1）生物传感器是由选择性好的生物材料构成的分子识别元件，因此一般不需要样品的预处理，样品中的被测组分的分离和检测同时完成，且测定时一般不需加入其它试剂。

（2）可以实现连续在线监测。

（3）分析速度快，样品用量少，可以反复多次使用。

（4）传感器连同测定仪的成本远低于大型的分析仪器，便于推广普及。

（二）生物传感器在食品检测中的应用

1. 对食品微生物及毒素的检测

传统微生物检测方法一般都涉及对病原微生物的培养，形态及生理生化特性分析等程序，不仅成本高，且速度慢、效率低，故食品行业一直渴求快速、可靠、简便的检测系统，而生物传感器检测可满足这些要求。应用压电晶体传感器、光纤免疫传感器、酶标免疫传感器等可以测定食品中的病原微生物。此外，应用双通道的表面声波生物传感器可以同时检测两种不同的微生物。应用免疫传感器可以实现鼠伤寒沙门氏菌的快速检测。

食品中的毒素不仅种类很多，且毒性大，大多有致癌、致畸、致突变作用。因此，加强对食品中毒素的检测至关重要。应用表面等离子体共振免疫传感器和光纤免疫传感器检测玉米抽提物中天然污染的主要毒素组分伏马菌素 B 的浓度，检测下限分别达到 50ng/mL 和 10ng/mL。葡萄球菌肠毒素是引起人类食物中毒的主要原因，通过光纤传感器来测定火腿抽提物中该种毒素，检测灵敏度为 5ng/mL。同样，可用生物传感器检测的毒素还有蓖麻毒素、肉毒毒素等。

2. 对农药残留的检测

近年来，国内外学者就生物传感器在农药残留检测领域中的应用做了一些有益的探索。利用生物传感器的方法可以检测即食食品中杀虫剂残留物（如有机磷酸酯和氨基甲酸盐），与传统检测方法相对比，生物传感器测定法与传统方法的检测结果较吻合，且无须对检测样品进行提取或预浓缩等复杂的前处理，检测灵敏度高，操作简便快捷。此外，表面等离子共振检测技术也可应用于农药检测研究，表面等离子共振检测技术生物传感器体积小、成本低、响应快、灵敏度高、实时在线检测和抗干扰能力强，因而非常适合用于现场的农药残留检测。

采用电导型生物传感器对食品农药如甲基马拉松、乙基马拉松、敌百虫等进行了测定，检

出下限分别为 5×10^{-7} mol/L、1×10^{-8} mol/L、5×10^{-7} mol/L。采用免疫传感器测定牛乳中磺胺二甲嘧啶，检出限低于 1×10^{-9} mol/L，传感器表面经处理后可重复使用。此外，分别用乙酰胆碱酯酶（AChE）和丁酰胆碱酯酶（BChE）为敏感元件，利用农药对靶标酶的活性抑制作用研制的传感器，可用于蔬菜等样品中有机磷农药的测定。

但是，目前在实际应用中由于检测限、灵敏度、重复性等问题，生物传感器在农药残留检测的实际应用上还有许多局限，大都只作为一种对大量样品进行快速筛选的方法和手段。因此，生物传感器在这一领域应用的潜力还有待于进一步发掘。

3. 对食品添加剂的检测

亚硫酸盐通常用作食品工业的漂白剂和防腐剂。采用亚硫酸盐氧化酶为敏感材料，制成电流型二氧化硫酶电极，可用于果干、酒、醋、果汁等食品中亚硫酸盐的测定。苯甲酸盐是食品工业中常用的另一种防腐剂，可用于软饮料、酱油和醋等食品中，通常采用气相色谱法测定，因此需要专有设备。应用 NADPH 作为电子传递体，根据苯甲酸盐氧化过程中氧的消失而导致的电流信号变化，可以制成苯甲酸盐酶电极，测定结果与气相色谱法分析结果一致。在乳酸含量的测定中，应用乳酸氧化酶电流式生物传感器分析发酵液或酒中的乳酸含量，可用于葡萄酒发酵过程的控制和优化，以及葡萄酒品质控制。

4. 对食品中重金属的检测

由于铅、汞等重金属离子可以在生物体内不断的沉积和富集，它们的污染对食品的品质和人类的健康都造成了极大的威胁。检测重金属离子的生物传感器主要基于重金属离子可以造成氧化酶和脱氢酶失活的原理，选择合适的酶并将其固定于亲和性膜上，结合 Clark 氧电极，通过计算氧的消耗速率就可以推知重金属的污染程度。目前，已有研究者以谷胱甘肽作为水溶液中检测重金属离子的生物传感器的生物识别元件。生物识别元件被固定在合适的信号转换器表面，由于连接金属离子的影响而在固定化肽层中产生的变化（氢离子释放、质量及光学特征变化）可被转换器转换成电信号。因此，谷胱甘肽适合作为重金属生物传感器的生物识别元件。

生物传感器作为一门实用性很强的高新技术，在各个现代科学和技术领域里具有潜在的应用前景，因此备受人们的青睐。但迄今为止，除少数的生物传感器应用于实际测定外，大多还存在着急需解决的问题，如一些生物识别元件的长期稳定性、可靠性、一致性等方面有待提高。人们已经着力于新材料的开发和多功能集成型、智能型及仿生传感器的研究了。随着科技的发展，生物传感器在各个方面将会占据主导地位。

第二节　酶联免疫吸附技术和 PCR 检测技术

一、　酶联免疫吸附技术

酶联免疫技术是将抗原抗体反应的特异性与酶的高效催化作用有机结合的一种方法。它以与抗体或抗原连接的酶作为标记物，通过底物的颜色反应做抗原或抗体的定性和定量检测。目前应用最多的酶联免疫技术是酶联免疫吸附法（ELISA）。

（一）ELISA 法的基本原理

先将已知的抗体或抗原结合在某种固相载体上，并保持其免疫活性。测定时，将待检标本和酶标抗原或抗体按不同步骤与固相载体表面吸附的抗原或抗体发生反应，用洗涤的方法分离抗原抗体复合物和游离成分，然后根据底物颜色的有无及颜色的深浅判断阴性或阳性反应及反应强度，因此可以用于定性或定量分析。

（二）目前常用的 ELISA 方法

1. 间接 ELISA 法

将已知抗原吸附在聚苯乙烯微量反应板的凹孔内，加入待测抗体，保温后形成抗原抗体复合物，洗去未结合的杂蛋白。加入酶标第二抗体，保温后洗去未结合的酶标第二抗体，加入底物后生成有色产物，终止酶促反应，比色法测定吸光度值。

2. 双抗体夹心 ELISA 法

双抗体夹心法是检测抗原最常用的 ELISA 法，适用于检测分子中具有至少两个抗原决定簇的多价抗原。其基本工作原理是：利用连接于固相载体上的抗体和酶标抗体分别与样品中被检测抗原分子上两个抗原决定簇结合，形成固相抗体-抗原-酶标抗体免疫复合物。由于反应系统中固相抗体和酶标抗体的量相对于待测抗原是过量的，因此复合物的形成量与待测抗原的含量成正比。测定复合物中的酶作用于加入的底物后生成的有色物质量（吸光度值），即可确定待测抗原含量。

3. 竞争 ELISA 法

将含有特异抗体的免疫球蛋白吸附在两份相同的载体 A 和 B 上，然后在 A 中加入酶标抗原和待测抗原，B 中只加入酶标抗原，其浓度与 A 中加入的酶标抗原的浓度相同。保温洗涤后加入底物呈色。待测液中未知抗原量愈多，则酶标抗原被结合的量就愈少，有色产物就愈少，以此便可以测出未知抗原的量。

（三）ELISA 法的特点

（1）抗原与抗体的免疫反应是专一反应，而 ELISA 以免疫反应为基础，所检测的对象是抗原（或抗体），因此具有高度特异性。

（2）酶联免疫吸附法是利用抗原抗体的免疫学反应和酶的高效催化底物反应的特点，具有生物放大作用，所以反应灵敏，可检出浓度在纳克级水平。

（3）所使用的试剂都比较稳定，按照一定的试验程序进行测定，试验结果重复性好，有较高的准确性，而且操作简便，可同时快速测定多个样品。

（四）ELISA 法在食品检测中的应用

1. 检测食品微生物及毒素

沙门菌是一种典型的病原微生物。应用一种全自动 ELISA 沙门菌检测系统，将抗体包被到凹形金属片的内面，吸附被检样品中的沙门氏菌，只要把样品加到测定试剂孔，其余全部为自动分析，与传统分析法相比效率大大提高。此外，也可应用 ELISA 法检测金黄色葡萄球菌肠毒素等。

2. 检测食品中残留的农药

传统的农药残留检测方法如气相色谱法和高效液相色谱法能精确地检测残留的农药量，但需要昂贵的仪器设备、复杂的前处理、专业技术人员及较长的分析周期。近年来，农药的免疫检测技术作为快速筛选检测方法得到了快速发展。目前几乎所有农药类别都建立了酶联免疫分析方法，检测样本以农产品、食品、饲料和环境为主。欧洲、美国、日本、巴西等多个国家应用该技术对农产品中有毒物质残留进行生物技术监测研究。最近研制的通用型有机磷杀虫剂免疫检测试剂盒可以同时检测 8 种以上的有机磷农药。

3. 检测重金属污染

生物细胞在环境受重金属污染（Cu、Hg、Cd、Pb 等金属离子）的情况下，可被诱导合成出大量的金属硫蛋白，是一项对金属污染具有特异性的指标。金属硫蛋白是一类对重金属离子有很强亲和力、含丰富的半胱氨酸、不含芳香族氨基酸和组氨酸的低分子质量蛋白质。金属硫蛋白含有大量的巯基（—SH），能与重金属离子结合，对细胞内的金属离子有重要的解毒作用。用纯化的金属硫蛋白对兔进行免疫，获得的兔血清经纯化后标记辣根过氧化酶，应用酶联免疫吸附法可实现对食品中重金属污染的超微量检测。

二、 PCR 检测技术

聚合酶链式反应（Polymerase Chain Reaction，PCR）体外扩增 DNA 已成为应用最广泛的一种生物技术。1985 年 K. Mullis 在研究 DNA 聚合酶反应时发明了这项技术。最初采用 Klenow 酶来扩增 DNA，但每次加热变性 DNA 时都会使酶失活，需要重新添加 DNA 聚合酶，因此使用不方便。1988 年 Saiki 等用耐热的 TaqDNA 聚合酶取代 Klenow 酶之后，才使这项技术成熟，从而被各方面应用。

（一）PCR 技术基本原理

一个典型的 PCR 反应过程包括多个"变性（Denaturation）、退火（Annealing）、延伸（Elongation）"循环。其一般反应过程如下。

（1）变性将体系加热至 95℃ 左右并维持一定时间，使模板 DNA 互补双链解离成单链 DNA，以便它与引物结合，为下轮反应做准备。

（2）退火将体系温度降低至 50~60℃（一般以 55℃ 作为初选），让寡核苷酸引物与模板 DNA 单链上的互补序列杂交。同时，体系中的 DNA 聚合酶在此温度下也被部分激活，一旦引物与模板杂交，DNA 聚合酶就结合到杂交序列上使引物开始沿着模板 DNA 延伸。

（3）延伸将反应体系升温至 DNA 聚合酶的最佳扩增温度（大多数酶为 72℃），使引物延伸以最快速度完成。与模板 DNA 结合的引物在 DNA 聚合酶的作用下，以 dNTP 为反应原料，按碱基配对与半保留复制原理，合成一条新的与模板 DNA 链互补的 DNA 链。

（4）重复以上 3 步，根据所需产量，循环 25~40 次。

（5）将体系温度保持在 DNA 聚合酶的最佳扩增温度数分钟，使体系中未完成延伸的 DNA 链得以继续完成。

（6）将体系温度降低至 4℃，结束 PCR 过程。

（二）PCR 技术的特点

PCR 技术得以广泛应用，主要因其具有以下特点。

（1）高特异性 PCR 的特异性主要指扩增产物的专一性。扩增产物的专一性由引物与 DNA 模板中靶序列互补的专一性决定，即取决于引物与模板 DNA 互补的特异性。因此，PCR 引物的设计直接关系着 PCR 反应的成败，要尽可能地避开重复序列，尽可能选择模板 DNA 中的单拷贝区。

（2）高敏感性 PCR 技术具有高度的敏感性，然而，高度的敏感性也使 PCR 反应极易产生交叉污染，因为如果反应条件特异性不高，极微量的污染物就能够产生大量的非特异性片段。

（3）高产率　PCR 技术能在 2~3h 内将靶 DNA 序列扩增到上百万倍的水平。

（三）常用的 PCR 技术

1. 普通 PCR

这是目前应用最为广泛的技术，是其它 PCR 技术的基础。通过对要扩增的目标 DNA 序列设计特异引物（或简并引物），优化反应条件，达到对目标序列扩增的目的。普通 PCR 技术广泛应用于分子生物学研究的各个领域，如病原菌的检测、转基因生物的检测、疾病的检测、基因的克隆、基因工程载体的构建等。

2. 巢式 PCR

巢式 PCR 技术是一种消除假阴性、假阳性，提高灵敏度的方法。巢式 PCR 技术设计两对引物，其中一对引物结合的位点在另一对引物扩增的产物之中。首先扩增大片段，然后以第一次扩增的产物作为模板，进行第二次扩增，这样通过产物的琼脂糖凝胶电泳比较就可以知道检测结果。如果第一次扩增是非特异的，而且扩增的片段大小与设计的相似，在电泳中无法区别，这时通过第二次扩增，由于第二对引物与扩增产物中没有配对的序列，因此不能扩增出产物。这样就消除了假阳性的干扰。同时，由于第一次扩增起到模板数量放大的作用，可使检测的灵敏度增加 3~6 个数量级。

3. 多重 PCR

多重 PCR 技术是在同一 PCR 反应体系里加入两对或两对以上引物，同时扩增出多个核酸片段的 PCR 反应，反应原理、反应试剂和操作过程与一般 PCR 相同。在许多领域，包括基因缺失分析、突变和多态性分析、定量分析等，多重 PCR 技术已经凸显它的价值，成为识别病毒、细菌、真菌和寄生虫的有效方法。

4. 降落 PCR

降落 PCR（TD PCR）主要用于优化 PCR 的反应条件。为了寻找最佳退火温度，设计多循环反应的程序以使相连循环的退火温度越来越低，由于开始的退火温度选在高于估计的 T_m 值，随着循环的进行，退火温度逐渐降到了 T_m 值。并最终低于这个水平。这个策略有利于确保第一个引物—模板杂交事件发生在最互补的反应物之间，不会产生非特异的 PCR 产物。最后虽然退火温度降到 PCR 特异的杂交 T_m 值，但此时目的产物已经开始扩增，在剩下的循环中处于超过任何滞后（非特异）PCR 产物的地位，这样非特异产物不会占据主导地位。

5. 反转录 PCR

反转录 PCR（RT-PCR）是在反转录酶的作用下，将 mRNA 反转录成 cDNA，然后再采用 PCR 对 cDNA 进行扩增和分析，从而实现对 mRNA 分析的方法。该方法将反转录和 PCR 结合在一起，是一种快速、简便、灵敏地测定 mRNA 的方法，运用这种方法可以检测出单个细胞中少于 10 个拷贝的 mRNA。在 RT-PCR 中，以 RNA 为模板，结合反转录反应与 PCR，为 RNA 病毒检测提供了方便，也为获得与特定 RNA 互补的 cDNA 提供了一条极为有利和有效的途径。

6. 原位 PCR

原位 PCR（In Situ PCR）就是在组织细胞里进行的 PCR 反应，它结合了具有细胞定位能力的原位杂交和高度特异敏感的 PCR 技术的优点，既能分辨、鉴定带有靶序列的细胞，又能标出靶序列的位置，对在分子和细胞水平上研究疾病的发病机理等有重要的实用价值。原位

PCR 的基本操作步骤是：①将组织切片或细胞固定在玻片上；②蛋白酶 K 消化处理组织切片或细胞；③加适量的 PCR 反应液于处理后的材料处，盖上盖玻片，并以液体石蜡密封，然后直接放在扩增仪的金属板上，进行 PCR 循环扩增；④PCR 扩增结束后，用标记的寡核苷酸探针进行原位杂交；⑤显微镜观察结果。原位 PCR 是在载玻片上进行 PCR，所以有时也称为玻片 PCR。

7. 竞争性 PCR

竞争性 PCR（Competitive PCR）是在 PCR 扩增时同时加入靶核酸模板和竞争核酸模板，它们在反应体系中竞争反应底物，当靶 RNA 模板的浓度高时，其扩增产物多，相应地竞争RNA 模板的扩增产物就少，反之，靶 RNA 模板的产物少，竞争 RNA 模板的产物多。将不同浓度的竞争模板和特定量靶模板混合后，分别进行扩增，分析两种扩增产物的比值，以竞争 RNA模板浓度为横坐标，两种扩增产物的比值为纵坐标作图，得到竞争曲线。当两种产物的比值等于 1 时，靶模板和竞争模板的量相等。因此，从曲线上可以得到靶模板的含量，从而实现靶模板的定量检测。

8. 实时定量 PCR

实时定量 PCR（Real-Time PCR）是近年来发展起来的新技术，这种方法既保持了 PCR 技术灵敏、快速的特点，又克服了以往 PCR 技术中存在的假阳性污染和不能进行准确定量的缺点。实时定量 PCR 技术是从传统 PCR 技术发展而来，其基本原理相同，但定量技术原理不同。实时定量技术应用了荧光染料和探针来保证扩增的特异性，并且通过荧光信号的强弱而准确定量。该技术在基因突变的检测、基因表达的研究、微生物的检测、转基因食品的检测等领域均有重要的应用价值。

（四）PCR 技术在食品检测中的应用

食品中污染微生物的种类很多，即使同一种食品中的微生物种类也很多，因此很难用传统的检测方法分离出食品中的所有微生物，尤其是弱势菌。而应用 PCR 技术检测这些微生物可以避免这些问题。PCR 技术已成为调查食源性疾病暴发及鉴定相应病原菌的有力工具，可以提高检测灵敏度、缩短操作时间、提高检出率、有效检测食品中的致病微生物。随着人们对食品安全性要求的不断提高，PCR 技术将以其特异性强、灵敏度高和快速准确等优点在食品检测领域得到广泛的应用。

第三节 分子光谱和原子光谱技术

一、 分子光谱分析技术

分子光谱是分子从一种能态改变到另一种能态时的吸收或发射光谱（包括从紫外到远红外直至微波谱），与分子绕轴的转动、分子中原子在平衡位置的振动和分子内电子的跃迁相对应。分子光谱是提供分子内部信息的主要途径，是有机结构分析的重要方法。

（一）分子光谱分析法的种类

主要包括紫外-可见吸收光谱、红外吸收光谱、拉曼光谱、分子荧光与磷光光谱等。

1. 紫外-可见吸收光谱（UV-VIS）

利用溶液中分子对紫外光和可见光的吸收，引起分子电子能级从基态到激发态的跃迁，产生紫外-可见吸收光谱，根据最大吸收波长可分析化合物结构，根据最大吸收波长强度变化可进行定量分析。

2. 红外吸收光谱（IR）

利用物质的分子对红外辐射的吸收，并由其振动或转动运动引起偶极矩的变化，产生分子振动和转动能级从基态到激发态的跃迁，得到分子振动能级和转动能级变化产生的振动-转动光谱，也称为红外光谱。红外吸收光谱法是定性鉴定化合物及其结构的重要方法之一。

3. 拉曼光谱（RS）

拉曼光谱是建立在拉曼散射效应基础上，利用拉曼位移研究物质结构的方法。拉曼效应起源于分子振动和转动，因此拉曼光谱也反映了分子振动能级和转动能级的变化。红外光谱是直接观察样品分子对辐射能量的吸收情况，而拉曼光谱是分子对单色光的散射引起拉曼效应，因此它是间接观察分子振动能级的跃迁。

4. 分子荧光与磷光光谱（MFS/MPS）

某些物质被紫外光照射激发后，回到基态的过程中发射出比原激发波长更长的荧光，产生分子荧光光谱。任何荧光物质都有激发光谱和发射光谱两种特征的光谱，分子荧光光谱具有较高的灵敏度和选择性，可以用于研究荧光物质的结构，更适合生物大分子的研究，同时通过测量荧光强度还可以进行定量分析。与荧光相比，磷光辐射的波长比荧光长，寿命比荧光长。

（二）分子光谱在食品安全检测中的应用

1. 水果品质的检测

水果品质检测技术一直是农业工程领域的重要研究课题。将近红外光谱技术应用于水果内部品质的检测时，检测时间仅需数秒钟，而且可以同时检测多种成分，实现水果品质的快速分析，对水果生产、加工质量的控制等具有重要的作用。研究者利用可见近红外连续透射光谱技术对苹果内部褐变进行研究，选择715nm、750nm、815nm三个特征波长进行褐变苹果判别分析，样品的正确判别率可以达到95.7%。

2. 牛乳中三聚氰胺快速检测

2008年我国乳制品行业发生了"三聚氰胺掺假事件"。对于牛乳中三聚氰胺的检测，常规的检测方法有重量法、高效液相色谱法等。这些方法在应用上存在的问题是对操作人员要求比较高，而且检测周期长。近红外光谱是一种快速、无损、成本低的检测技术，可以通过近红外光谱对牛乳中是否含有三聚氰胺进行快速定性的鉴别，再通过HPLC等检测技术进行定量检测。

二、 原子光谱分析技术

（一）原子光谱分析法的种类

原子光谱分析法是分析化学中最常用的元素成分分析法，是由原子外层价电子在受到辐射作用后，在不同能级之间的跃迁吸收或发射光量子时产生的光谱，每条谱线代表了一种跃迁。主要包括以下几种。

1. 原子发射光谱（AES）

以火焰、电弧、电火花等作为激发光源，使气态原子的外层电子受到激发后从较高的能级跃迁到较低的能级或基态，以光的形式辐射出来，从而产生发射光谱。这样产生的光谱是线光谱，原子的线光谱是元素的特征，不同元素具有不同的特征光谱。原子发射光谱法是利用元素发射出的特征谱线进行定性、定量分析的方法。

2. 电感耦合等离子体发射光谱（ICP-AES）

等离子体是一种高密度电子的离子化气体，以气态形式存在的包含分子、离子、电子等粒子的整体电中性集合体。等离子体内温度和原子浓度的分布不均匀，中间的温度、激发态原子浓度高，边缘反之。电耦合等离子体发射光谱采用等离子体作为激发光源，主要由高频发生器和等离子炬管组成。如果磁场随时间改变，则与等离子体产生感应耦合，ICP 就是利用这一原理设计出高温炬管。

3. 微波等离子体发射光谱（MIP-AES）

微波等离子体发射光谱采用微波等离子体作为激发光源，MIP 光源激发能量很高，能激发 ICP 光源不易激发的元素。

4. 原子吸收光谱（AAS）

利用特殊光源发射出待测元素的共振线，并将溶液中离子转变成气态原子后，基于原子由基态跃迁至激发态时对辐射光吸收的定量分析方法。吸收光谱远比发射光谱简单，由谱线重叠引起光谱干扰的可能性很小。

5. 原子荧光光谱（AFS）

原子荧光光谱分析法是通过测定待测原子蒸气在辐射激发下，由基态跃迁到激发态，再由激发态跃迁回到基态，辐射出与吸收光波长相同或不同的荧光来进行分析的方法。

6. X 射线荧光光谱（XRF）

X 射线是介于紫外线和 γ 射线之间的一种电磁辐射。X 射线的能量与原子轨道能级差的数量级相当，待测元素经 X 射线照射后，发生 X 射线吸收，产生光电转换效应，即 X 射线光子被原子吸收，同时从内部壳层逐出一个电子。光子的部分能量用于克服电子的结合能，其余的能量则以动能的形式转移给电子，故初级 X 射线光子的能量稍大于分析元素原子内层电子的能量时，才能击出相应的电子。光子与原子作用后，在内壳层形成空穴，使原子处于不稳定的高激发态，随后较外层轨道上的电子跃迁填充空穴，原子恢复稳定的电子组态，发射出特征 X 射线荧光。另外，所发射的能量也可能被原子内部吸收后再次激发出较外层的另一个电子，这种现象称为 Auger 效应，所逐出的电子称 Auger 电子。

（二）原子光谱在食品安全检测中的应用

1. 检测食品中的微量元素

目前原子光谱常用于检测乳粉中的一些微量元素。钙、镁、铁、锌、铜等微量元素是人体必需营养元素，也是衡量乳粉品质的重要指标之一。乳粉样品的传统检测方法是消化法及灰化法。这两种方法消耗时间比较长。目前，常用的检测方法是微波消解火焰原子吸收光谱法和非完全消化火焰原子吸收光谱法，这两种方法均具有快速、准确、灵敏等特点。

2. 检测食品中的有害物质

目前，检测重金属采用比较多的方法是原子荧光光谱法，如对鲜牛乳痕量汞的检测；砷及砷化合物被国际癌症机构确认为致癌物，被列为食品卫生的重要检测元素，可以应用原子荧光光谱法检测饮用水和海水中的砷、砷化合物。此外，原子荧光光谱法还常用于测定农产品中的重金属污染。

第四节　色谱和质谱分析技术

一、色谱分析技术

1903 年，俄国科学家首创了一种从绿叶中分离多种不同颜色色素成分的方法，命名为色谱法（Chromatography），由于翻译和习惯的原因，又常称为层析法。之后，层析法不断发展，形式多种多样。20 世纪 50 年代开始，相继出现了气相色谱、液相色谱、高效液相色谱、薄层色谱、离子交换色谱、凝胶色谱、亲和色谱等。几乎每一种层析法都已发展成为一门独立的生化高新技术，在生化领域内得到了广泛的应用。

色谱技术作为一种物理化学分离分析的方法，是从混合物中分离组分的重要方法之一，能够分离物化性能差别很小的化合物。当混合物各组成部分的化学或物理性质十分接近，而其它分离技术很难或根本无法应用时，色谱技术愈加显示出其实际有效的优越性。色谱技术操作较简便，设备不复杂，样品用量可大可小，既可用于实验室的科学研究，又可用于工业化生产，它与光电仪器、电子计算机结合，可组成各种各样的高效率、高灵敏度的自动化分析分离装置。

（一）色谱技术的分类

1. 按两相所处的状态分类

以液体作为流动相，称为液相色谱（Liquid Chromatography）；用气体作为流动相，称为气相色谱（Gas Chromatography）。固定相也有两种状态，以固体吸附剂作为固定相和以附载在固体上的液体作为固定相，所以层析法按两相所处的状态可以分为液−固色谱（Liquid−Solid Chromatography）、液−液色谱（Liquid−Liquid Chromatography）、气−固色谱（Gas−Solid Chromatography）、气−液色谱（Gas−Liquid Chromatography）。

2. 按层析过程的机制分类

（1）吸附色谱法（Absorption Chromatography）　利用吸附剂表面对不同组分物理吸附性能的差别，而使之分离的色谱法称为吸附色谱法。

（2）分配色谱法（Partition Chromatography）　利用固定液对不同组分分配性能的差别而使之分离的色谱法称为分配色谱法。在分配色谱法中，溶质分子在两种不相混溶的液相即固定相和流动相之间按照它们的相对溶解度进行分配。固定相均匀地覆盖于惰性载体−多孔的或非多孔的固体细粒或多孔纸上。为避免两相的混合，两种分配液体在极性上必须显著不同。若固定液是极性的（如乙二醇），流动相是非极性的（如乙烷），那么极性组分将较强烈的被保留。另一方面，若固定相是非极性的（如癸烷），流动相是极性的（如水），则极性组分易分配于流动相，从而洗脱得较快。后一种方法称作反相液−液色谱法。

（3）离子交换色谱法（Ion Exchange Chromatography）　离子交换色谱基于所研究或所分离物质的阳或阴离子和相对应的离子交换剂间的静电结合，即根据物质酸碱性、极性等差异，通过离子间的吸附和脱吸附而将电解质溶液各组分分开。离子交换色谱包括离子交换剂平衡，样品物质加入和结合，改变条件以产生选择性吸附、取代、洗脱和离子交换剂再生等步骤。

（4）排阻色谱法（Eclusion Chromatography）　排阻色谱法也称凝胶层析（Gel Chromatography）、分子筛层析（Molecular Sieve Chromatograyphy）是按分子大小的差异进行分离的一种液相色谱方法。排阻色谱的固定相多为凝胶。凝胶是一种由有机分子制成的分子筛，其表面呈惰性，含有许多不同大小孔穴或立体网状结构。凝胶的孔穴大小与被分离组分大小相当，不同大小的组分分子可分别渗到凝胶孔内的不同深度。尺寸大的组分分子可以渗入到凝胶的大孔内，但进不了小孔，甚至完全被排斥，先流出色谱柱。尺寸小的组分分子，大孔小孔都可以渗进去，最后流出。因此，大的组分分子在色谱柱中停留时间较短，很快被洗出。小的组分分子在色谱柱中停留时间较长。经过一定时间后，各组分按分子大小得到分离。

3. 按固定相分类

（1）柱层析（Column Chromatography）　将固定相装于柱内，使样品沿一个方向移动而达到分离。

（2）纸层析（Paper Chromatography）　用滤纸做液体的载体，点样后，用流动相展开，以达到分离鉴定的目的。

（3）薄层层析（Thin Layer Chromatography）　将适当粒度的吸附剂铺成薄层，以纸层析类似的方法进行物质的分离和鉴定。

（二）色谱技术在食品检验中的应用

目前农药残留分析中的气相色谱法主要以毛细管柱气相色谱法为主。由于农药的种类很多，不同类型农药的结构差异很大，而每一种检测器仅能对一类或几类原子和官能团进行响应，因而不同类型的农药常常需要采用不同类型的检测器，又由于农药的残留量一般都很低，所以采用的检测器一般为高性能的选择性检测器，如分析有机氯类和拟除虫菊酯类农药采用电子捕获检测器，分析有机磷农药采用火焰光度检测器，分析氨基甲酸酯类农药采用氮磷检测器等。

高效液相色谱在农残测定中常用的色谱柱是反相的 C8 柱、C18 柱，常用的检测器有紫外检测器、二极管阵列检测器、荧光检测器以及极具应用潜力的蒸发光散射检测器。其中，荧光检测器当前应用较多，根据氨基甲酸甲酯类农药在碱性条件下易产生甲胺，甲胺与苯二醛反应能产生高灵敏度荧光的特点，可用柱后衍生法、荧光检测器测定氨基甲酸甲酯类农药残留量，检测灵敏度明显高于紫外检测器。

二、　质谱分析技术

质谱分析是一种测量离子荷质比（电荷–质量比）的分析方法，其基本原理是使试样中各组分在离子源中发生电离，生成不同荷质比的带正电荷的离子，经加速电场的作用，形成离子束，进入质量分析器。在质量分析器中，利用电场和磁场使其发生相反的速度色散，将它们分别聚焦而得到质谱图，从而确定其质量。

（一）质谱仪的组成

质谱仪包括进样系统、离子源、质量分析器、离子检测器、控制电脑及数据分析系统。离子源和质量分析器是质谱仪的核心，其它部分一般是根据离子源和分析器来相应地配备。

1. 进样系统

进样系统的作用是高效重复地将样品引入到离子源中。目前常用的进样系统有三种：间歇式进样系统、直接探针进样系统及色谱进样系统。

2. 离子源

离子源的作用是将进样系统引入的气态样品分子转化成离子，并使这些离子在离子光源系统的作用下会聚成具有一定几何形状和一定能量的离子束。由于离子化所需要的能量随分子不同差异很大，因此对于不同的分子应选择不同的电离方法。在质谱分析中常用的电离方法有电子轰击、离子轰击、原子轰击、真空放电、表面电离、化学电离和光致电离等。

3. 质量分析器

质量分析器的作用是将离子源中形成的离子按荷质比的大小分开，以便进行质谱检测。质量分析器可分为静态和动态两类。

4. 离子检测器

离子检测器的作用是将从质量分析器出来的微小离子流接收、放大，以便记录。最常用的离子检测器有法拉第杯、电子倍增器及照相底片等，其中以电子倍增器最为常用。

5. 真空系统

真空系统提供和维持质谱仪正常工作所必需的高真空状态。一般的质谱仪器采用机械泵预抽真空后，再用高效率扩散泵连续运行以保持真空。先进的质谱仪采用分子泵可获得更高的真空度。

6. 电学系统

电学系统在现代质谱仪器中占相当大的比重，它使仪器获得生命力。电学系统为质谱仪器的每一个部件提供电源和控制电路，它的性能直接影响质谱仪器的主要技术指标和质谱分析的效果。

所有质谱仪必须有以下几个技术指标：①质量范围——表示质谱仪所能分析的样品的原子或分子的质量由最小到最大的区间；②分辨率——表示质谱仪鉴别相邻质量离子束的能力，即区分相邻质谱峰的能力；③灵敏度——表示质谱仪中样品的消耗与接收到的信号之间的关系；④丰度灵敏度——描述强离子峰的拖尾对近弱离子峰的影响；⑤精密度——用以衡量测量结果之间的离散程度。

（二）质谱技术的分类

质谱仪种类非常多，工作原理和应用范围也有很大的不同。从应用角度，质谱仪可以分为下面几类。

1. 有机质谱仪

由于应用特点不同，有机质谱议又分为以下三种。

（1）气相色谱-质谱联用仪（GC/MS） 在这类仪器中，由于质谱仪工作原理不同，分为气相色谱-飞行时间质谱仪、气相色谱-离子阱质谱仪等。将两种仪器连接起来，利用气相色谱分离混合物，把分离开的样品组分再送入质谱仪中定性。这样既发挥了各自的优势，也弥补了各自的不足。至今，气相色谱-质谱联用已成为一种重要的分离分析手段。

（2）液相色谱-质谱联用仪（LC/MS） 如液相色谱-离子阱质谱仪、液相色谱-飞行时间质谱仪等。

（3）其它有机质谱仪 主要有基质辅助激光解吸飞行时间质谱仪（MALDI-TOF-MS）、傅里叶变换质谱仪（FT-MS）等。

2. 无机质谱仪

无机质谱仪与有机质谱仪工作原理不同的是物质离子化的方式，无机质谱仪是以电感耦合高频放电（ICP）或其它的方式使被测物质离子化。无机质谱仪主要用于无机元素微量分析和同位素分析等方面，分为火花源质谱仪、离子探针质谱仪、激光探针质谱仪、辉光放电质谱仪、电感耦合等离子体质谱仪等。

3. 同位素质谱仪

同位素质谱分析法的特点是测试速度快，结果精确，样品用量少（微克级），能精确测定元素的同位素比值。广泛用于核科学、地质年代测定、同位素稀释质谱分析、同位素示踪分析。

因为有些仪器带有不同附件，具有不同功能，而且有的质谱仪既可以和气相色谱相连，又可以和液相色谱相连，因此以上的分类并不十分严谨。在以上各类质谱仪中，数量最多、用途最广的是有机质谱仪。除上述分类外，还可以从质谱仪所用的质量分析器的不同，把质谱仪分为双聚焦质谱仪、四极杆质谱仪、飞行时间质谱仪、离子阱质谱仪、傅里叶变换质谱仪等。

（三）质谱技术在食品检测中的应用

近年来，随着对农药残留研究的不断深入，农药残留检测方法日趋完善，并向简单、快速、灵敏、低成本、易推广的方向发展。其中 GC/MS 分析方法因具有准确、灵敏、快速、同时测定食品中多种农药残留及代谢物的优点而被广泛采用。传统的分析方法常常采用气相色谱的各种选择性检测器，但它们只能对一类农药进行分析检测，而且仅仅依靠保留时间定性，不适合进行多残留分析。GC/MS 方法可以同时检测多种类型的农药，而且对检测对象可进行准确定性、定量。此外，GC/MS 方法也可应用于非法添加的盐酸克伦特罗的检测。盐酸克伦特罗俗称"瘦肉精"，是强效选择性 β-受体激动剂。人体过量地摄入这种药物会发生中毒，因此很多国家严禁使用含有此类药物的动物饲料。在肉样分析中可以应用固相萃取与气相色谱–质谱联用检测盐酸克伦特罗的残留量。

[小结]

随着科学技术的进步，食品安全检测高新技术的发展十分迅速，其它学科的先进技术不断应用到食品安全检测领域中来，大大提高了食品安全检测的灵敏度和准确性。近年来，食品行业的科研人员在应用化学比色技术、分子生物学技术、酶抑制技术、免疫分析、纳米技术以及生物传感器等技术的基础上，开发出了许多自动化程度和精度都很高的食品安全快速检测仪器，实现了农药残留、兽药残留、微生物、重金属、毒素、添加剂等检测的快速筛选。因此，食品安全检测高新技术是多学科先进技术融合的结晶，必将在食品安全检测方面发挥重要作用。

思考题

1. 生物芯片和生物传感器的种类有哪些？举例说明其在食品安全检测中的应用。
2. 酶联免疫吸附和 PCR 检测技术的原理是什么？其在食品安全检测中的应用有哪些？
3. 紫外可见光谱及红外光谱在食品安全检测方面有哪些应用？举例说明。
4. 举例说明原子光谱分析技术在食品检测中的应用。
5. 质谱技术在农药残留检测中有哪些应用？
6. 气相色谱分析技术在食品检测中有哪些应用？

参考文献

［1］曹军平．现代生物技术在农业中的应用及前景．安徽农业科学，2007，35（3）：671-674.

［2］杜巍．基因芯片技术在食品检测中的应用．生物技术通讯，2006，17（2）：296-298.

［3］张华，王静．生物芯片技术在食品检测中的应用．生物信息学，2004，2（3）：43-48.

［4］张焕新，徐春仲．生物传感器在食品分析中的应用．食品科技，2008，33（6）：200-203.

［5］刘春菊，刘春泉，李大婧．生物传感器及其在食品检测中的应用进展．江苏农业科学，2009，4：353-356.

［6］张斌．生物传感器在食品检测中的应用．中国食物与营养，2005（3）：29-31.

［7］蒋雪松，王剑平，应义赋，等．用于食品安全检测的生物传感器的研究进展．农业工程学报，2007，23（5）：272-277.

［8］宋江峰，张羽．酶联免疫技术及其在食品农药残留分析中的应用．粮食与油脂，2008（2）：40-42.

［9］何方洋，罗晓琴，李静．酶联免疫技术在食品安全与药物残留中的应用．现代农业科技，2009，15：353-354.

［10］邹芳勤．食品新技术对食品安全的影响．食品与药品，2006，8：65-67.

［11］张玉霞，黄鸣．食品检验中多重 PCR 技术的应用．中国卫生检验杂志，2008，18（5）：958-960.

［12］刘森，王艳林，刘朝奇，等．PCR 聚合酶链反应．北京：化学工业出版社，2009.

［13］李建武，萧能，余瑞元，等．生物化学实验原理和方法．北京：北京大学出版社，1994.

［14］钟耀广．食品安全学．北京：化学工业出版社，2011.

［15］王林祎，邱贤华．原子荧光光谱法测定饮用水中砷和硒．江西化工，2008，4：140-142.

［16］董一威，屠振华，朱大洲，等．利用近红外光谱快速检测牛奶中三聚氰胺的可行性研究．光谱学与光谱分析，2009，29（11）：2934-2938.

［17］袁石林，何勇，马云天，等．牛奶中三聚氰胺的可见/近红外光谱快速判别分析方法的研究．光谱学与光谱分析，2009，29（11）：2939-2942.

［18］杨建兴，徐桂花．色谱技术和光谱技术在食品分析检测中的应用．中国食物与营养，2007（11）：44-46.

［19］韩东海，刘新鑫，鲁超，等．苹果内部褐变的光学无损伤检测研究．农业机械学报，2006，37（6）：86-88.

［20］傅霞萍，应以斌，刘燕德，等．水果坚实度的近红外光谱检测分析试验研究．光谱学与光谱分析，2006，26（6）：1038-1041.

［21］吴素蕊，刘春芬，阚建金．质谱技术在食品中有毒有害物质分析中的应用．中国添加剂，2004，82（1）：115-118.

［22］宋江峰，韩晨．离子色谱法在食品添加剂检测中应用．粮食与油脂，2007（5）：42-44.

［23］林景雪，李宝志，高英莉．气相色谱在食品检测方面的应用及进展．化学分析计量，2008，17（6）：81-84.

［24］张龙翔．生化实验方法和技术．北京：高等教育出版社，1997.

［25］刘桂荣．色谱技术研究进展及应用．山西化工，2006，26（1）：22-26.

［26］李永波，潘英，陈艳．色谱技术在农药残留检测方面的应用进展．中国卫生检验杂志，2008，18（2）：382-384.

［27］陶露丝．质谱技术的研究进展．中国食品添加剂，2007：153-156.

［28］刘永明，曹彦忠，李金，等．液相色谱-串联质谱法快速测定蜂蜜中3种硝基咪唑类药物残留．色谱，2010（6）：596-600.

［29］赵凤凯．食品检测中的快速检测技术．现代食品，2017，4（7）：62-64.

第十一章

CHAPTER

食品安全性评价

食品安全性评价的依据是人类或社会能够接受的安全性。安全是相对的，绝对的安全是不存在的，在不同历史阶段和不同国家环境下，食品安全针对的目标可能差异较大，但食品安全是人们对所用食品的一个基本要求。

第一节　食品中危害成分的毒理学评价

食品安全性评价的科学基础是利用毒理学原理和手段，通过动物实验和对人的观察，阐明某一（化学）物质的毒性及其潜在危害，以便为人类使用这些化学物质的安全性做出评价，为制订预防措施特别是卫生标准提供理论依据。

一、准备工作

（一）受试物的要求

受试物是能代表人体进食的样品，必须是符合既定的生产工艺和配方的规格化产品。受试物纯度应与实际使用的相同，在需要检测高纯度受试物及其可能存在杂质的毒性或进行特殊试验时，可选用纯品或以纯品和杂质分别进行毒性检测。对受试物的用途、理化性质、纯度、所获样品的代表性以及与受试物类似的或有关物质的毒性等信息要进行充分了解和分析，以便合理设计毒理学试验、选择试验项目和试验剂量。

（二）估计人体可能的摄入量

经过调查、研究和分析，对人群摄入受试物的情况做出估计，包括一般人群摄入量、每人每日平均摄入量、某些人群最高摄入量等。掌握了人体对受试物的摄入情况，即可结合动物试验的结果对受试物的危害程度进行评价。

二、毒理学评价试验程序的选择

毒理学评价试验包括四个阶段：第一阶段为急性毒性试验；第二阶段包括遗传毒性试验，传统致畸试验和短期喂养试验；第三阶段为亚慢性毒性试验（90d 喂养试验、繁殖试验、代谢试验）；第四阶段是慢性毒性试验（包括致癌试验）。并非所有受试物均需做四个阶段的试验，不同受试物按照以下原则进行选择。

（1）凡属国内创新的化学物质，一般要求进行四个阶段的试验，特别是对其中化学结构提示有慢性毒性或致癌作用可能者，或者产量大、使用面积广、摄入机会多者，必须进行四个阶段试验。同时，在进行急性毒性、90d 喂养试验和慢性毒性（包括致癌）试验时，要求用两种动物。

（2）凡属与已知物质（指经过安全性评价并允许使用者）的化学结构基本相同的衍生物，则可根据第一、第二、第三阶段试验的结果，由有关专家进行评议，决定是否需要进行第四阶段试验。

（3）凡属已知的化学物质，如多数国家已允许使用于食品，并有安全性的证据，或世界卫生组织已公布日许量者，同时国内的生产单位又能证明国产产品的理化性质、纯度和杂质成分及含量均与国外产品一致，则可先进行第一、第二阶段试验。如试验结果与国外相同产品一致，一般不再继续进行试验，否则应进行第三阶段实验。

三、 毒理学试验及其结果判定

（一）急性毒性试验

急性毒性是指一次给予受试物或在 24h 内多次给予受试物，观察引起动物毒性反应的试验方法。进行急性毒性试验的目的是了解受试物的毒性强度和性质，为蓄积性和亚慢性试验的剂量选择提供依据。急性毒性试验一般分别用两种性别的小鼠或大鼠作为受试动物，进行 LD_{50} 的测定。LD_{50}（Median Lethal Dose），即半数致死量或称致死中量，指受试动物经口一次或在 24h 内多次染毒后，能使受试动物有半数（50%）死亡的剂量，单位为 mg/kg。LD_{50} 是衡量化学物质急性毒性大小的基本数据，其倒数表示在类似试验条件下不同化学物质毒性强弱。但 LD_{50} 不能反映受试物对人类长期和慢性的危害，特别是对急性毒性小的致癌物质无法进行评价。

（二）遗传毒性试验、 传统致畸试验和短期喂养试验

1. 试验目的及方法

遗传毒性试验的目的是对受试物的遗传毒性和潜在致癌作用进行筛选。遗传毒性试验需在细菌致突变试验、小鼠骨髓微核率测定或骨髓细胞染色体畸变分析、小鼠精子畸形分析和睾丸染色体畸变分析等多项备选试验中选择四项进行，试验的组合必须考虑原核细胞和真核细胞、生殖细胞与体细胞、体内和体外试验相结合的原则。

致畸试验：了解受试物对胎仔是否具有致畸作用。

短期喂养试验：对只需进行第一、第二阶段毒性试验的受试物进行短期喂养试验，目的是在急性毒性试验的基础上，通过 30d 短期喂养试验，进一步了解其毒性作用，初步估计最大无效剂量。

蓄积毒性试验：蓄积毒性试验的目的是了解受试物在体内的蓄积情况，如果一种外来化学物质多次进入机体，其前次进入剂量尚未完全消除，后一次剂量又已经进入，则这一化学物质在体内的总量将不断增加，此种现象称为蓄积性。当有毒化学物质每次在体内蓄积一定数量后，蓄积总量超过中毒阈剂量，即超过能使机体开始出现毒性反应的最低剂量时，机体就可呈现毒性作用。

蓄积试验通常采用蓄积系数法或 20d 试验法。蓄积系数法是将某种化学物质按一定时间间隔，分次给予动物，经过一定时间反复多次给予后，如果该物质全部在体内蓄积，则多次给予

的总剂量与一次给予同等剂量的毒性相当；反之，如果该化学物质在体内仅有一部分蓄积，则分次给予总量的毒性作用与一次给予同等剂量的毒性作用将有一定程度的差别，而且蓄积性越小，相差程度越大。因此，用蓄积系数 K 来表示一种化学物质蓄积性大小，K 等于一次给予所需的剂量 LD_{50} 与分次给予所需的总剂量 $LD_{50}(n)$ 之比，即 $K=LD_{50}/LD_{50}(n)$。

K 值越大，表示蓄积性越弱，K 值越小，表示蓄积性越强。一般 K 值估计蓄积性方法为：$K<1$ 高度蓄积，$K\geq1$ 明显蓄积，$K\geq3$ 中等蓄积，$K\geq5$ 轻度蓄积。

2. 结果判定

遗传毒性试验的四项试验中如其中三项试验为阳性，则表示该受试物很可能具有遗传毒性作用和致癌作用，一般应放弃该受试物应用于食品，无需进行其它项目的毒理学试验。如其中两项试验为阳性，而且短期喂养试验显示该受试物具有显著的毒性作用，一般应放弃该受试物用于食品；如短期喂养试验显示有可疑的毒性作用，则经初步评价后，根据受试物的重要性和可能摄入量等，综合权衡利弊再做出决定。如其中一项试验为阳性，则再选择其它两项遗传毒性试验；如再选的两项试验均为阳性，则无论短期喂养试验和传统致畸试验是否显示有毒性与致畸作用，均应放弃该受试物用于食品；如有一项为阳性，而在短期喂养试验和传统致畸试验中未见有明显毒性与致畸作用，则可进入第三阶段毒性试验。如四项试验均为阴性，则可进入第三阶段毒性试验。

（三）亚慢性毒性试验

亚慢性毒性包括 90d 喂养试验、繁殖试验和代谢试验。

1. 试验目的及方法

90d 喂养试验主要是观察受试物以不同剂量水平经较长期喂养后对动物的毒性作用性质和靶器官，并初步确定最大无效剂量。繁殖试验可了解受试物对动物繁殖及对仔代的致畸作用，为慢性毒性和致癌试验的剂量选择提供依据。代谢试验可了解受试物在体内的吸收、分布和排泄速度以及蓄积性，寻找可能的靶器官，为选择慢性毒性试验的合适动物种系提供依据，同时了解有无毒性代谢产物的形成。对于我国创制的化学物质或是与已知物质化学结构基本相同的衍生物，至少应进行以下几项试验：胃肠道吸收；测定血浓度，计算生物半减期和其它动力学指标；主要器官和组织中的分布；排泄（尿、粪、胆汁）。有条件时可进一步进行代谢产物的分离和鉴定。对于世界卫生组织等国际机构已认可或两个及两个以上经济发达国家已允许使用的以及代谢试验资料比较齐全的物质，暂不要求进行代谢试验。对于属于人体正常成分的物质可不进行代谢试验。

2. 结果评价

根据上述三项试验中所采用的最敏感指标所得的最大无效剂量进行评价，原则是：最大无效剂量小于或等于人的可能摄入量的 100 倍者表示毒性较强，应放弃该受试物用于食品。最大无效剂量大于 100 倍而小于 300 倍者，应进行慢性毒性试验。大于或等于 300 倍者则不必进行慢性毒性试验，可进行安全性评价。

（四）慢性毒性（包括致癌）试验

慢性毒性试验实际上是包括致癌试验的终生试验。试验目的是发现只有长期接触受试物后才出现的毒性作用，尤其是进行性或不可逆的毒性作用以及致癌作用；确定最大无作用剂量，为最终评价受试物能否应用于食品提供依据。试验项目可将两年慢性毒性试验和致癌试验结合在一个动物试验中进行。用两种性别的大鼠或小鼠，根据慢性毒性试验所得的最大无效剂量进行评价，原则是：如慢性毒性试验所得的最大无效剂量小于或等于人的可能摄入量的 50 倍者，表示毒性较强，应予放弃；大于 50 倍而小于 100 倍者，需由有关专家共同评议；大于或等于 100 倍者，则可考虑允许使用于食品，并制定每日允许量。如在任何一个剂量水平上发现有致癌作用，且有剂量反应关系，则需由有关专家共同评议做出评价。慢性毒性试验是到目前为止评价受试物是否存在进行性或不可逆的毒性作用以及致癌性的唯一适当的方法。

四、 进行食品安全性评价时需要考虑的因素

（一）人的可能摄入量

除一般人群的摄入量外，还应考虑特殊和敏感人群（如儿童、孕妇及高摄入量人群）。

（二）人体资料

由于存在着动物与人之间的种族差异，在将动物试验结果推广到人时，应尽可能收集人群接触受试物后反应的资料，如职业性接触和意外事故接触等。志愿受试者体内的代谢资料对于将动物试验结果推广到人具有重要意义。在确保安全的条件下，可以考虑按照有关规定进行必要的人体试食试验。

（三）动物毒性试验和体外试验资料

GB 15193.1—2014《食品安全国家标准　食品安全性毒理学评价程序》所列的各项动物毒性试验和体外试验系统虽然仍有待完善，却是目前所能得到的最重要的资料，也是进行评价的主要依据。当试验得到阳性结果，而且结果的判定涉及受试物能否应用于食品时，需要考虑结果的重复性和剂量–反应关系。

（四）由动物毒性试验结果推广到人

鉴于动物、人的种属和个体之间的生物特性差异，一般采用安全系数的方法，以确保对人的安全性。安全系数通常为 100 倍，但可根据受试物的理化性质、毒性大小、代谢特点、接触的人群范围、食品中的使用量及使用范围等因素，综合考虑增大或减小安全系数。

（五）代谢试验的资料

代谢研究是对化学物质进行毒理学评价的一个重要方面，因为不同化学物质、剂量大小，在代谢方面的差别往往对毒性作用影响很大。在毒性试验中，原则上应尽量使用与人具有相同代谢途径和模式的动物种系来进行试验。研究受试物在实验动物和人体内吸收、分布、排泄和生物转化方面的差别，对于将动物试验结果比较正确地推广到人群具有重要意义。

毒理学研究结果并不能简单的直接应用于人群，因为将实验动物小鼠的试验结果应用于 70kg 体重的人体是不合理的。从实验动物获得的数据推广到人群进行定量的危险评价时需要三个重要的假设：①实验动物和人群的反应要相对高；②实验暴露的反应与人的健康有关，并可外推到环境暴露（包括食品摄入）水平；③动物试验表明物质的所有反应，但个别物质对人可能有潜在的毒副作用。通常在进行定量风险评价时可能有很大程度的不确定性。

（六）综合评价

在进行最后评价时，必须在受试物可能对人体健康造成的危害以及可能的有益作用之间进行权衡。评价的依据不仅是科学试验资料，而且与当时的科学水平、技术条件，以及社会因素有关。因此，随着时间的推移，很可能结论也不同。随着情况的不断改变，科学技术的进步和研究工作的不断进展，对已通过评价的化学物质需进行重新评价，做出新的结论。食品安全性评价与食品风险分析对于已在食品中应用了相当长时间的物质，对接触人群进行流行病学调查具有重大

意义，但往往难以获得剂量-反应关系方面的可靠资料，对于新的受试物质，则只能依靠动物试验和其它试验研究资料。然而，即使有了完整和详尽的动物试验资料和一部分人类接触者的流行病学研究资料，由于人类的种族和个体差异，也很难做出能保证每个人都安全的评价。所谓绝对的安全实际上是不存在的。根据上述材料，进行最终评价时，应全面权衡和考虑实际可能，从而确保发挥受试物的最大效益，以及对人体健康和环境造成最小危害前提下做出结论。

将食品安全毒理学试验简要归纳如下所述。

1. 急性试验（一次暴露或剂量）

（1）测定半数致死量（LD_{50}）。

（2）急性生理学变化（血压，瞳孔扩大等）。

2. 亚急性试验（连续暴露或每日剂量）

（1）3个月持续时间。

（2）2个或2个以上的实验动物（一种非啮齿动物类）。

（3）3个剂量水平（至少）。

（4）按预期或类似途径处理（受试物）。

（5）健康评价　包括体重、全面身体检查、血液化学、血液学、尿分析和功能试验。

3. 慢性试验（连续暴露或每日剂量）

（1）2年持续时间（至少）。

（2）从预试验筛选两种敏感实验动物。

（3）2个剂量水平（至少）。

（4）类似接触（暴露）途径处理（受试物）。

（5）健康评价　包括体重、全面检查、血液化学、血液学、尿分析和功能试验。

（6）所有动物全面的尸检和组织病理学检查。

4. 特殊试验

（1）致癌性。

（2）致突变性。

（3）致畸胎性。

（4）繁殖试验。

（5）潜在毒性。

（6）皮肤和眼睛刺激试验。

（7）行为反应。

第二节　食品中农药和兽药的安全性评价

一、　食品中农药的安全性评价

食品中的农药主要是残留所致，农药残留是指农药使用后残存于生物体、农副产品和环境中的微量农药原体、有毒代谢物、降解物和杂质的总称。对农药本身的毒性评价应包括农药转化毒性、遗传毒性、致癌性、生殖毒性、神经毒性及风险评估等评价方式，常规操作方式是按照制定的国家标准分析食品中最高残留限量和每日允许摄入量（ADI）来分析对人的危害程度。

食品中农药的安全性评价主要依据 GB 2763—2021《食品安全国家标准 食品中农药最大残留限量》。中国目前已规定了食品中 2,4-滴丁酸等 564 种农药的 10092 项最大残留限量。初步奠定了中国农药残留标准体系框架。但由于中国农药残留标准工作起步较晚，而且基础薄弱，标准数量少、标准制定滞后、标准制定技术落后等问题比较突出。

目前农业生产上常用农药（原药）的毒性综合评价（急性口服、经皮毒性、慢性毒性等），分为高毒、中等毒、低毒三类。

（1）高毒农药（$LD_{50} < 50mg/kg$）有 3911、苏化 203、1605、甲基 1605、1059、杀螟威、久效磷、磷胺、甲胺磷、异丙磷、三硫磷、氧化乐果、磷化锌、磷化铝、氰化物、呋喃丹、氟乙酰胺、砒霜、杀虫脒、西力生、赛力散、溃疡净、氯化苦、五氯酚、二溴氯丙烷、401 等。

（2）中等毒农药（LD_{50} 在 50～500mg/kg 之间）有杀螟松、乐果、稻丰散、乙硫磷、亚胺硫磷、皮蝇磷、六六六、高丙体六六六、毒杀芬、氯丹、滴滴涕、西维因、害扑威、叶蝉散、速灭威、混灭威、抗蚜威、倍硫磷、敌敌畏、拟除虫菊酯类、克瘟散、稻瘟净、敌克松、402、福美砷、稻脚青、退菌特、代森胺、代森环、2,4-D、燕麦敌、毒草胺等。

（3）低毒农药（$LD_{50} > 500mg/kg$）有敌百虫、马拉硫磷（马拉松）、乙酰甲胺磷、辛硫磷、三氯杀螨醇、多菌灵、托布津、克菌丹、代森锌、福美双、菱锈灵、异草瘟净、乙磷铝、百菌清、除草醚、敌稗、阿特拉津、去草胺、拉索、杀草丹、2 甲 4 氯、绿麦隆、敌草隆、氟乐灵、苯达松、茅草枯、草甘膦等。

（一）农药遗传毒性评价

通过农药遗传毒性评价，可根据它的诱变性预测致癌性及对人体健康的不利影响。评价方法包括污染物致突变性检测试验（Ames 试验，Salmonella Typhimurium/Microsomeassay）、染色体畸变试验、微核试验、紧急易错性修复反应（SOS 反应）、^{32}P 标记法、加速器质谱技术、溴化乙锭荧光法、单细胞凝胶电泳试验、姊妹染色单体交换试验等。但目前农药遗传性评价多停留在实验室阶段，在实际中应用的较少。

农药遗传毒性产生机制。①代谢活化。某些农药代谢后毒性降低，有些农药经代谢后毒性比母体更强，如马拉硫磷。②形成 DNA 加合物和交联物。由于 DNA 形成加合物和交联物使其不能复制和转录，严重时可造成细胞死亡，如有机磷农药。③与活性氧化物有关如精喹禾灵在代谢中可形成活性氧化物而产生毒性。④通过 DNA 以外的途径。七氯是肿瘤促进剂，它能激活信号转导途径中关键激酶和抑制细胞凋亡。

（二）农药的致癌性评价

某些肿瘤如儿童的脑癌、白血病与父母在围生活职业性或生活性接触化学农药有一定的相关性。怀孕母亲食用农药，其子女患脑癌危险度明显增加。美国环保署于 2008 年公布了使用的农药危险性名单中 B 类（很可能的人类致癌物）27 个，C 类（可能的人类致癌物）65 个，对人类可能具有致癌性 34 个，证据提示存在致癌可能性 36 个。在评价农药和化学品潜在致癌性时侧重于"危害、剂量-反应评估、暴露评估、危险特征描述及作用反方式的应用"，同时也要考虑农药的致癌强度及人类接触的可能性。农药的致癌性评价目前还没有一致性的统一方法，因为农药种类多，肿瘤的种类也极其复杂，机制不同，对这方面评价还需要探讨。

（三） 农药的生殖毒性评价

哺乳动物的生殖过程包括生殖细胞（精细胞和卵细胞）的形成，卵细胞受精、着床、胚胎形成、器官发生、胎儿发育以及分娩与授乳过程。有些农药与身体接触后不仅能干扰上述过程的任何环节，还可通过神经系统、内分泌腺，特别是性腺功能的作用产生间接影响，导致生殖过程出现异常。

生殖毒性试验包括多代生殖试验、致畸试验。农药对生殖系统较其它系统更为敏感，而且其毒性作用不仅发生在接触化合物的机体本身，还可能影响仔代。为此，对农药做器官形成期致畸试验和繁殖试验已列入毒理学安全评价试验规范，也是申请农药登记的必备资料之一。

（四） 农药的神经毒性评价

多种农药具有神经毒性，可分为急性神经毒性、迟发神经毒性以及慢性神经毒性。

（1）急性神经毒性　有机磷和氨基甲酸酯类农药能迅速抑制胆碱酯酶而阻断胆碱传递，引起一系列神经症状，测定红细胞乙酰胆碱酯酶活力来评价神经突触的乙酰胆碱酯酶活力。

（2）迟发神经毒性　有些有机磷农药引起人和鸡的迟发神经毒性，即在急性中毒后7~20d出现肢体麻痹和运动失调。

在磷酸酯的外消旋混合物中，能够形成会老化的蛋白质-磷脂复合物的光学异构体，可引起迟发性神经病。

（五） 食品中农药残留类危害物风险评估

农药使用目的是为了保护农作物免受病虫害的侵袭，但农药使用后一般会在目标作物上、使用者身上、其他相关人、物以及环境中产生相应的农药残留。控制这种风险，就要从农药的使用量、所造成的残留范围以及它们的作用效果和致命性，以及该农药的其它来源方式和其它的相关农药的暴露方面作全面的风险评估。在日常管理上实行全国范围内的农药注册，识别和设定最大农药使用量，这样既能有效地防治植物病虫害，又能保证农药使用者的风险降到最低，还能使食品和环境中的有毒物质残留降低到人类可接受水平。

农药残留急性摄食风险评估直到最近才引起世界范围的广泛关注。目前，农药残留联席会议（Joint Meeting of Pesticide Residues，JMPR）在国际范围内研究农药急性摄食风险评估，并对推荐的农药最大残留限量（MRLs）、每日容许摄入量（ADI）和急性参考剂量（ARfD）提出了建议；食品中农药残留法典委员会（CCPR）负责制定食品中农药残留最大限量标准，并对农残检验方法提出建议；美国、英国、荷兰、澳大利亚和新西兰也开始进行国家农药急性摄食风险评估。

1. 危害识别

农药残留危害识别的目的是识别人体暴露在一种农药残留情况下对健康所造成的潜在负面影响，识别这种负面影响发生的可能性及与之相关联的确定性和不确定性。危害识别不是对暴露人群的风险进行定量的外推，而是对暴露人群发生不良作用的可能性做定量评价。

在实际工作中经常存在数据不充分的局面，这一步骤需要对来源于适当数据库、经同行专家评审的文献以及从未发表的相关研究中获得比较充足的相关科学信息，进行充分的评议。在操作时对不同研究的重视程度按如下顺序：流行病学研究、动物毒理学研究、体外试验以及最后的定量结构活性关系。

（1）流行病学数据　流行病学中的阳性数据在风险评估中是非常科学的证据，从人类临床医学研究得来的数据，在危害识别及其它步骤中应得到充分利用。但对于大多数农药化学物质来说，临床医学数据和流行病学数据是很难得到的。阴性流行病学数据很难在风险评估中做出相应的解释，因为大多数流行病学数据的统计结果不足以说明相对低剂量的农药化学物质对人体健康存在潜在的影响。为风险评估而进行的流行病学研究数据必须是用公认的标准程序进行的，而且必须考虑人群的以下因素：人敏感性的个体差异、遗传的易感性，与年龄和性别相关的易感性，以及其它受影响的因素，例如社会经济地位、营养状况和其它可能的复杂因素的影响。

（2）实验动物毒性风险评估　大部分毒理学数据来源于实验动物，动物试验必须遵循标准化试验程序。一般情况下，食品安全风险评估使用充足最小量的有效数据，包括规定的品系数量、两种性别、正确的选择剂量、暴露路径，以及充足的样品数量。长期的（慢性）动物毒性研究数据是非常重要的，包括肿瘤、生殖/发育作用、神经毒性作用、免疫毒性作用等。试验动物毒理学研究应该设计成可以识别 NOEL（无效反应剂量）、NOAEL（可观察的无副作用剂量水平）或临界剂量。

评估应该考虑化学物质特性（给药剂量）和代谢物毒性（作用剂量）。基于这种考虑，应该研究化学物质的生物利用率（原型化合物、代谢产物生物利用率）具体到组织通过特定的膜吸收（如肠等消化道），在体内循环，最终到作用靶位。

（3）短期试验与体外试验研究　短期试验既快速又经济，可用来探测化学物质是否具有潜在致癌性，对动物试验或流行病学调查的结果引用也是非常有价值的。可以用体外试验资料补充作用机制的资料，例如遗传毒性试验。这些试验必须遵循良好实验室规范或其它广泛接受的程序。然而，体外试验的数据不能作为预测对人体危险性的唯一资料来源。

（4）分子结构比较　结构活性关系的研究对于提高人类健康危害识别的可靠性也是有一定作用的。在化合物的级别很重要的物质（如多环芳香烃、多氯联苯和二噁英），同一级别的一种或多种物质有足够的毒理学数据，可以采用毒物当量预测人类暴露在同一级别其它化合物下的健康状况。

将危害物质的物化特性与已知的致癌性（或致病性）做比较，可以知道此危害物质的潜在致癌力（致病力），从许多试验资料显示致癌力确实与化学物质的结构和种类有关。这些研究主要是为了更进一步证实潜在的致癌（致病）因子，以及建立对致癌能力测验的优先顺序。

2. 危害描述

食品中的农药残留含量通常是很低的，多在百万分之一级或更低。要获得充足的灵敏度，实验动物毒理学评价必须在可能超标的高水平上，这要依靠化学物质的内在毒性，浓度在几千毫克每升。

（1）剂量-反应外推　为了比较人类暴露水平，试验动物数据需要外推到比它低得多的剂量。依据危害物和某种危害间的剂量反应关系曲线，求得无效反应剂量（NOEL）、有效反应最低剂量（LOEL），以及半数致死剂量（LD_{50}）或半数致死浓度（LC_{50}）等数据。这些外推步骤无论在定性还是定量上都存在不确定性。危害物的自然危害性可能会随着剂量改变而改变或完全消失。

（2）剂量缩放比例　动物和人体的毒理学平衡剂量一直存在争议，JECFA 和 JMPR 是以每公斤（kg）体重的质量数（mg）作为种间缩放比例。最近美国官方基于药物代谢动力学提出新的规范，以每 3/4kg 体重的毫克数作为缩放平衡比例。理想的缩放因素应该通过测定动物和人体组织的浓度以及靶器官的清除率来获得。

（3）遗传毒性与非遗传毒性致癌物　遗传毒性致癌物是能够引起靶细胞直接和间接基因改变的化学物质。遗传毒性致癌物的主要作用靶位是基因，非遗传致癌物作用在其它遗传位点，导致强化细胞增殖或在靶位上维持机能亢进或机能不良。遗传毒性致癌物与非遗传毒性致癌物之间存在种属间致癌效应的差别。相比非遗传毒性致癌物，遗传毒性致癌物没有阈值剂量。Ames 试验能够用来鉴别引起 DNA 突变的化学物质。

现在许多国家的食品安全管理机构，对遗传毒性致癌物和非遗传毒性致癌物都进行了区分，采用不同的方法进行评估。致癌物分类法是有助于建立评估摄入化学物致癌风险的方法。在证明某一物质属于非遗传毒性致癌物之前，往往需要提供致癌作用机制的科学资料。

（4）有阈值的物质　实验获得的 NOEL 或 NOAEL 值乘以合适的安全系数等于安全水平或每日容许摄入量 ADI。这种计算方式的理论依据是，人体和实验动物存在合理的可比较剂量的阈值。人可能要更敏感一些，遗传特性的差别更大一些，人类的饮食习惯更多样化。ADI 的差异就构成了一个重要的风险管理问题，这类问题值得有关国际组织的重视。

ADI 提供的信息是：如果该种化学物质的摄入量小于或等于 ADI 值时，不存在明显的风险。ADI 的另外一条制定途径就是摆脱对 NOEL/NOAEL 的依赖，采用一个较低的有作用剂量，这种方法称为基准剂量（Benchmark Dose）法，它更接近可观察到的剂量-反应范围内的数据，但它仍旧要采用安全系数。以基准剂量为依据的 ADI 值可能会更准确地预测低剂量时的风险，但可能与基于 NOEL/NOAEL 的 ADI 无明显差异。

（5）无阈值的物质　对遗传致癌物的管理办法有两种：①禁止商业化使用该种化学物品；②建立一个足够小的、被认为是可以忽略的、对健康影响甚微的或社会能够接受的风险水平。在应用后者的过程中要对致癌物进行定量风险评估。运用线性模型作风险描述时，一般以"合理的上限"或"最坏估计量"等来表达。对于农药残留采用一个固定的风险水平是比较切合实际的，如果预期的风险超过了可接受的风险水平，这种物质就可以被禁止使用。但对于确定会污染环境的禁止使用的农药，很容易超过规定的可接受水平。

3. 暴露评估

（1）膳食摄入量的估计

①预测总膳食摄入：在实际膳食摄入缺乏数据的情况下，很有必要对消费者面临的潜在风险，从估算总膳食摄入到分析每一餐的摄入进行评价。这种预测需要食品中残留水平和该种食品的消费量的数据，当然，要做出正确的评估还需要许多可以获得的定性和定量数据。不同的预测方法可以产生不同的数值，但不管使用何种方法，有效的估算膳食摄入农药残留量，需考虑以下数值：a. 充分了解农药的使用情况（不仅仅是注册的农药）；b. 食物商品消费占膳食摄入的比例；c. 最大残留量，平均或在收获期最可能预测的残留量；d. 农作物中农药残留的传播和分割，以及在烹饪和食品加工过程中农药残留的变化情况。

②饮食因素的使用：虽然饮食方式多种多样，WHO 采用计算机研究方式，主要针对全球文化、地区差别、年龄差别以及其它饮食情况的假想。更准确的饮食因素能够基于一定的数值间隔，0.1、0.2、0.5、1、2、5、10、20（作为 MRLs）食物商品占饮食比例小于 0.5% 的可以忽略，计入评估饮食农药残留的只考虑主要的食物商品。这样人类饮食的主要农作物商品将不超过 30 种。

③膳食摄入的计算：膳食调查的目的是为了了解调查期间被调查者通过膳食所摄取的热能和营养素的数量和质量，对照膳食营养供给量（RDA）评定其营养需要得到满足的程度。膳食

调查既是营养调查的一个组成部分，本身又是一个相对独立的内容。单独膳食调查结果就可以成为对所调查人群进行改善营养咨询指导的依据。膳食调查方法有：a. 称重法；b. 查账法；c. 回顾询问法；d. 化学分析法。依调查目的和工作条件而选择单一或混合方法。如我国家庭膳食调查常采用 a. 与 b. 混合法。国外所谓总膳食研究，实质是 a. 与 d. 的混合法。

通过以下公式计算慢性膳食摄入：

$$NEDI = \sum F_i \times R_i \times C_i \times P_i \tag{11-1}$$

式中　NEDI［The National Estimated（Chronic）Daily Intake］——国内膳食摄入评估（慢性）；

F_i——食品日消费量，可再分为进口食品和国内生产食品，kg/d；

R_i——来源于监控数据的食品中平均农药残留量，可再分为进口食品和国内生产食品，mg/kg；

C_i——农药在食品可食部分如香蕉、橙子的校正系数；

P_i——食品在加工、贮藏、运输以及烹饪过程中造成的农药含量变化（提高或降低）校正因子。

④数据的使用：在暴露评估中使用新鲜水果、蔬菜中的农药残留监控数据是很重要的，对所有的施用农药的农作物、各种气候条件和种植条件都做监控试验是不现实的，所谓的外推概念就是评估残留限值并估算出 MRLs。然而从有限的试验中得出的数据，即使是非常准确无误的专家外推，在没有足够的其它残留数据作参考的情况下，来估算潜在的实际暴露和预测用于估算 MRLs 的总膳食摄入是不可行的。而且用于分析的样品是从监控样品中随机抽取的，这些样品在检测前是未经洗涤及去皮处理，但是在没有其它数据可用的情况下这种数据也可以使用。有必要说明的是，其评估结果势必会造成过高的估计通过食品而摄入的农药残留量，导致过度暴露。在这种情况下，就要采用一个衰减因子来校正，以对暴露量做出正确的评估。

⑤所用样品的同质性：所用暴露样品的另一个重要因素就是用于测量化学物质的样品应该具有同质性。总的来说，被分析的样品数量应该随着期望水平的增加而增加。而且在一般情况下，农作物中的营养成分、毒性物质和其它如植物化学物质等成分，在一定地区的成熟收获季节都很难把握一个植物内各种成分变化的适中程度。由此推断在不同地区、不同成熟程度、不同植物间，区别就更大了。同时，贮藏时间和贮藏条件也会影响测量结果。所以无论在任何条件下，必须保证充足的样品数量，以满足统计结果的可靠性。

在暴露评估中选取入口前的食品作为样品，比选取刚收获的农作物作为样品更有实际意义。但是在很多情况下，可获得的农药残留的数据都来自于农作物或常见的食品中。因此通常没有考虑食品在加工过程中农药残留的变化，如去皮、漂洗等使得残留降低，以及摄入脂肪引起的残留富集过程。

⑥对特殊人群的考虑：不同职业人群接触农药的机会不同，但几乎所有人都能接触农药，只不过有的职业人群，如生产农药的车间工人、配制农药的工人、包装农药的工人和运输农药的工人，接触农药的浓度高，占总人口比例却不高。有的职业人群，如喷洒农药的农民、林业工人、园林工人和其他农药用户，接触农药较前者为低，人数较前者多。社会公众通过食物、饮用水和农药事故性暴露潜在性接触农药，农药浓度是低水平的，但接触人数最多，谁也不能避免，形成了暴露风险金字塔。

在金字塔的塔尖处，人数虽少，暴露风险较高。这些人面对的是急性中毒，常常有生命危险；但因人数较少，人们往往看不到或低估事故的风险性。通过加强管理（包括立法）、教育和劳保措施的改进，可以逐步降低风险。研究人员指出，处于月经期、怀孕期和哺乳期的妇女接触农药，易发生月经病、中毒性流产或胎儿畸形，婴儿吸乳后中毒；儿童的各个器官组织都尚未发育成熟，神经系统和免疫功能很不完善，其机体的解毒排毒功能差，最易受农药侵害，而且儿童处于生长发育期，生长迅速的细胞更易受致癌农药的影响，容易造成中毒。

（2）暴露路径　暴露途径可从"农场到餐桌"的全过程各个方面进行考虑。如农药生产过程中的暴露、农药使用过程中对农药施用者造成的暴露；农药通过动物富集后到人体的暴露；人类直接食用施药后农作物造成的暴露；人类通过土壤、空气、水等途径造成的暴露。

（3）农药残留量的估计　要估计农药残留量，必须从最初的农药使用、监控、稀释、分解，到各种暴露途径及暴露量进行全过程分析。

最后一次施药至作物收获时允许的间隔天数，即收获前禁止使用农药的日期，大于施药安全间隔期，收获农产品的农药残留量不会超过规定的最大残留限量，可以保证食用者的安全。通常按照实际使用方法施药后，隔不同天数采样测定，绘制农药在作物上残留的动态曲线，以作物上残留量降至最大残留限量的天数作为安全间隔期的参考。安全间隔期因农药性质、作物种类和环境条件而异。

科学、规范化的采样是获得有代表性样本的关键，样本代表性将直接影响检测结果的规律性。采样方法和采样量是影响试验结果误差的重要因素之一，样本缩分、样本包装和储运也会对试验结果造成影响。

①如何评判农药残留：农药残留的最高残留限量标准（MRLs）是通过对农药的毒性进行评估，得到最大无毒作用剂量（NOEL），再除以100得到的安全系数，进而得到每日容许摄入量（ADI），最后再按各类食品消费量的多少分配。在制定标准时，还要适当考虑在安全良好的农业生产规范下实际的残留状况。我国的农药残留限量标准也是按照上述原则制定的。使用任何农药均有可能造成残留，但有残留并不等于一定对健康构成危害。国际食品法典和一些发达国家也允许在蔬菜、水果中有甲胺磷等剧毒农药残留，并通过制定最高残留限量标准来预防其危害。

②监控和监督食品中的农药残留：农作物收获时的农药残留主要受两个因素的影响：a. 最初在农作物上的残留情况以及在农作物生长期间的传播和覆盖率情况；b. 通过作物生长的稀释作用、物理、化学和生物过程的作用，使施用后的农药残留量减少或消失。

使用量要严格遵照残留限量上限和收获作物上的理论最大残留量，这些数据可以从相关的每亩农作物平均收获量上预计出来。但是由于种种干扰，这一数字只是一种推测，并不代表真实的数值。

分离和测定所有的影响农药残留的重要因素是很困难的。以下是影响分离的一些因素：a. 农药施用量；b. 农作物的表面积和总量之比；c. 农作物表面的天然特性；d. 农药施用设备；e. 当地的主要气候条件。

③农药残留超过最大残留限量（MRLs）时的监控研究：许多国家对农作物和食品农药残留多年来的监控结果表明，在成百万的随机农业商品中有80%以上不含有所要测定的农药残留。也就是说，如果农药残留存在，也低于检测方法所能测到的低限。15%～18%的食品含有能够检测出的农药残留，但低于法定MRLs值，低于3%。通常是对于大多数食品而言，小于1%的食品含有超过限定标准的农药残留，这种限量当然只是农业标准而非健康标准。

在现实生活中，只消费一种来自于高农药残留范围的食品，是不会对消费者产生很大风险的，况且一个消费者大量消费一种高残留食品在统计学上几乎是不可能的。这在理论上被称作急性参考剂量，即使超过了这个剂量还存在一个安全缓冲区，所以这种摄入量也不可能超过最大无毒作用剂量或产生风险。

④食品中的多种农药残留问题：农作物上经常要施用不止一种农药才能达到满意保护程度，对食品也就需要检测不止一种农药的残留情况，这就可能增加许多预想不到的交叉作用。不仅农药，所有的对人类存在暴露的化学物质（包括食品）之间都存在交叉作用。这就导致一个无限的可能性，而且没有具体的理论来解释农药之间，即使在很低的含量水平下仍有很大的交叉作用。

（4）危害物质毒性作用的影响因素　危害物质的毒性作用强弱受多种因素的影响，主要包括危害物质作用对象自身的因素、环境因素和危害物质之间相互作用等因素。

①危害物质作用对象自身因素的影响。毒性效应的出现是外源化学物质与机体相互作用的结果，因此危害物质作用对象自身的许多因素都可影响化学物质的毒性。

a. 种属与品系。种属的代谢差异：不同种属、不同品系对毒性的易感性可以有质与量的差异。如苯可以引起兔白细胞减少，对狗则引起白细胞升高；β-萘胺能引起狗和人膀胱癌，但对大鼠、兔和豚鼠则不能；反应停对人和兔有致畸作用，对其它哺乳动物则基本不能。

生物转运的差异：由于种属间生物转运能力存在某些方面的差异，因此也可能成为种属易感性差异的原因。不同动物皮肤对有机磷的最大吸收速度 $[\mu g/(cm^2 \cdot min)]$ 依次是：兔与大鼠9.3、豚鼠6.0、猫与山羊4.4、猴4.2、狗2.7、猪0.3。铅从血浆排至胆汁的速度：兔为大鼠的1/2，而狗只有大鼠的1/50。

生物结合能力和容量差异：血浆蛋白的结合能力、尿量和尿液的pH也有种属差异，这些因素也可能成为种属易感性差异的原因。

其它：除此之外，解剖结构与形态、生理功能、食性等也可造成种属的易感性差异。

b. 遗传因素。遗传因素是指机体构成、功能和寿命等由遗传决定或影响的因素。遗传因素决定了参与机体构成和具有一定功能的核酸、蛋白质、酶、生化产物以及它们所调节的核酸转录、翻译、代谢、过敏、组织相容性等差异，在很大程度上影响了外源和内源性危害物质的活化、转化与降解、排泄的过程，以及体内危害产物的掩蔽、拮抗和损伤修复，因此在维持机体健康或引起病理生理变化上起重要作用。

c. 年龄与性别。年龄因素大体上可区分为三个阶段，从出生到性成熟之前、成年期和老年期。由于动物在性成熟前，尤其是婴幼期机体各系统与酶系均未发育完全，胃酸低，肠内微生物群也未固定，因此对外源化学物质的吸收、代谢转化、排出及毒性反应均有别于成年期。

成年动物生理特征的差别最明显的是性别因素。雌雄动物性激素的不同，激素水平的差别，将使机体生理活动出现差异。对于有机磷化合物，雌性一般比雄性动物敏感，例如对硫磷在雌性大鼠体内代谢转化速度比雄性快，或许这与毒性大于对硫磷的对硫磷氧化中间产物增加速度有关。但氯仿对小鼠的毒性却是雄性比雌性敏感。毒理学评价时一般应使用数目相等的两种性别动物，若化学物质性别毒性差异明显，则应分别用不同性别动物再进行试验。

d. 营养状况。合理平衡的营养对维护机体健康具有重要意义。对于机体正常进行外源化学物质的生物转化，合理平衡的营养亦十分重要。合理营养可以促进机体通过非特异性途径对内源性和外源性有害物质毒性作用的抵抗力，特别是对经过生物转化毒性降低的有害物质尤为显著。当食物中缺乏必需的脂肪酸、磷脂、蛋白质及一些维生素（如维生素A、维生素E、维生素 C、维生素 B_2）及必需的微量元素（如 Zn^{2+}、Fe^{2+}、Mg^{2+}、Se^{2+}、Ca^{2+}等）时，都可使机体对外源化学物质的代谢转化发生变动。低蛋白质食物使黄曲霉毒素的致癌活性降低，可能是因为黄曲霉毒素的代谢成环氧化中间产物（2,3-Epoxyaflation，B_1）减少之故。当用高脂、高蛋白饲料喂饲动物，营养也将失调，化学物质的毒性效应也会改变。如断乳 28d 大鼠，当饲料中酪蛋白由 26% 增至 81% 时，经口给予滴滴涕（DDT）时毒性增加了 2.7 倍。食物中缺乏亚油酸或胆碱可增加黄曲霉毒素 B_1 的致癌作用。

e. 机体昼夜节律变化。机体在白天活动中体内肾上腺应急功能较强，而夜间睡眠时，特别是午夜后，肾上腺素分泌处在较低水平，也会影响危害物质的吸收和代谢。

②环境影响因素。

a. 化学物质的接触途径：由于接触途径不同，机体对危害物质的吸收速度、吸收量和代谢过程亦不相同。实验动物接触外源化学物质的途径不同，化学物质吸收入血液的速度和吸收的量或生物利用率不同，这与机体的血液循环有关。

b. 给药容积和浓度：在进行毒性试验时，通常经口给药容积不超过体重的 2%~3%。容积过大，可对毒性产生影响，此时溶剂的毒性也应受到注意。在慢性试验时，常将受试物混入饲料中，如受试物毒性较低，则饲料中受试物所占百分比增高，会妨碍食欲影响营养的吸收，导致动物生长迟缓等，有时会将其误认为危害物所致。相同剂量的危害物，由于稀释度不同也可造成毒性的差异。一般认为浓溶液较稀溶液吸收快，毒副作用强。

c. 溶剂：固体与气体化学物质需事先将之溶解，液体化学物质往往需稀释，就需要选择溶剂及助溶剂。有的化学物质在溶剂环境中化学、物理性质与生物活性可发生改变，溶剂选择不当，有可能加速或延缓危害物质的吸收、排泄而影响其毒性。

d. 气温：危害物及其代谢物在受体上的浓度受吸收、转化、排泄等代谢过程的影响，这些过程又与环境温度有关。

e. 湿度：高湿环境下，某些危害物如 HCl、HF、NO 和 H_2S 的刺激作用增大，高湿条件可改变某些危害物质的形态，如 SO_2 与水反应可生成 SO_3 和 H_2SO_4，从而使毒性增加。

③危害物质联合作用。

a. 联合毒性的定义和种类：联合作用指两种或两种以上危害物质同时或前后相继作用于机体而产生的交互毒性作用。人们在生活和工作环境中经常同时或相继接触数种危害物质，数种危害物质在机体内产生的毒性作用与一种危害物质所产生的毒性作用并不相同。多种化学物质对机体产生的联合作用可分为以下几种类型。

相加作用：相加作用指多种化学物质的联合作用等于每一种化学物质单独作用的总和。化学结构比较接近、同系物、毒作用靶器官相同、作用机理类似的化学物质同时存在时，易发生相加作用。大部分刺激性气体的刺激作用多为相加作用。

协同作用与增强作用：协同作用指几种化学物质的联合作用大于各种化学物质的单独作用之和。化学物质发生协同作用和增强作用的机理很复杂，有的是各化学物质在机体内交互作用产生新的物质，使毒性增强。

拮抗作用：拮抗作用指几种化学物质的联合作用小于每种化学物质单独作用的总和。凡是能使另一种化学物质的生物学作用减弱的物质称为拮抗物（Antagonist）。在毒理学或药理学中，拮抗作用常指一种物质抑制另一种物质的毒性或生物学效应的作用，这种作用也称为抑制作用。

独立作用：独立作用指多种化学物质各自对机体产生不同的效应，其作用的方式、途径和部位也不相同，彼此之间互无影响。

b. 联合作用的机制：由于目前的认识水平和研究方法的限制，对于联合作用机制的了解尚不够充分，联合作用的一个重要机制是一种化学物质可改变另一种化学物质的生物转化，这往往是通过酶活性改变产生的。常见的微粒体和非微粒体酶系的诱导剂有苯巴比妥、3-甲基胆蒽、滴滴涕（DDT）和 B(α)P，这些诱导剂通过对化学物质的解毒作用或活化作用，减弱或增加其它化学物质的毒性作用。

受体作用：两种化学物质与机体的同一受体结合，其中一种化学物质可将与另一种化学物质生物学效应有关的受体加以阻断，以致不能呈现后者单独与机体接触时的生物学效应。

化学物质间的化学反应：物质可在体内与危害物质发生化学反应。例如硫代硫酸钠可与氰根发生化学反应，使氰根转变为无毒的硫氰根；又如一些金属螯合剂可与金属危害物（如铅、汞）发生螯合作用，成为螯合物而失去毒性作用。

功能叠加或拮抗：两种因素，一种可以激活（或抑制）某种功能酶，而另一种因素可以激活（或封闭）受体或底物。若同时使用，则可出现损害作用增强或减弱，如有机磷农药和神经性毒剂的联合应用等。

机体吸收、排泄等功能可能受到一些化学物质的作用而使另一危害物的吸收或排泄速度改变，进而影响其毒性。例如，氯仿等难溶于水的脂溶性物质在穿透皮肤后仍难吸收，如果与脂溶性及水溶性均强的乙醇混合就很容易吸收，其肝脏毒性明显增强。

c. 危害物质的联合作用的方式：人类在生活和劳动过程中实际上不是单独地接触某个外源化学物质，而是经常地同时接触各种各样的多种外源化学物质，其中包括食品污染（食品中残留的农药、食物加工过程中添加的色素、防腐剂等）、各种药物、烟与酒、水及大气污染物、家庭房间装修物、厨房燃料烟尘、劳动环境中的各种化学物等。这些外源化学物质在机体内可呈现十分复杂的交互作用，最终引起综合毒性作用。

4. 风险描述

风险描述是对人体暴露结果的负面影响的可能性估计。风险描述要考虑危害识别、危害描述和暴露评估的结果。对于有阈值的物质，人类的风险就是通过暴露量与 ADI（或其它规范数据）的比较。在这种情况下，当暴露量的比较结果小于 ADI 时，概念上的负面影响的可能性为零。对于无阈值的物质，人类的风险在于暴露量和潜在危害。

风险描述要将风险评估过程中每一步的不确定度都要考虑在内。风险描述的不确定度将反应前几个阶段评价中的不确定性。从动物研究外推到人的结果将产生两种不确定性：①实验动物和人的相关性产生的不确定性，如喂养丁羟基茴香醚（BHA）的大鼠发生前胃肿瘤和甜味素引发小鼠神经毒性作用可能并不适用于人；②人体对某种化学物质的特异敏感性未必能在实验动物中发现，人对谷氨酸盐的高敏感性就是一个例子。在实际工作中，这些不确定性可以通过专家判断和进行额外的试验（特别是人体试验）加以克服。这些试验可以在产品上市前或上市后进行。

农药残留的风险描述应该遵守以下两个重要原则：农药残留的结果不应高于良好农业操作规范的结果；日摄入食品总的农药残留量（如膳食摄入量）不应超过可以接受的摄入量。无显著风险水平指即使终生暴露在此条件下，该危害物质都不会对人体产生伤害。

（1）定性估计　根据危害识别、危害描述以及暴露评估的结果给予高、中、低的定性估计。

（2）定量估计

①有阈值的农药危害物质：对于农药残留的风险评估，如果是有阈值的化学物质，则对人群风险可以摄入量与 ADI（或其它测量值）比较作为风险描述。如果所评价的物质的摄入量比 ADI 值小，则对人体健康产生不良作用的可能性为零。MOS 为安全限值（Margin of Safety）的缩写，即：

MOS≤1 该危害物质对食品安全影响的风险是可以接受的。

MOS>1 该危害物质对食品安全影响的风险超过了可以接受的限度，应该采取适当的风险管理措施。

②无阈值的农药危害物质：如果所评价的化学物质没有阈值，对人群的风险评估是摄入量和危害程度综合的结果，即：食品安全风险＝摄入量×危害程度。

5. 农药残留分析的方法和程序

农药残留分析方法可分为两类：一类是单残留方法（SRM），它是定量测定样品中一种农药残留的方法，这类方法在农药登记注册的残留试验、制定最大农药残留限量或在其它特定目的的农药管理和研究中经常应用；另一类是多残留方法（MRM），它是在一次分析中能够同时测定样品中一种以上农药残留的方法，根据分析农药残留的种类不同，一般分为两种类型。一种多残留方法仅分析同一类的多种农药残留，例如一次分析多种有机磷农药残留，这种多残留方法也称为选择性多残留方法；另一种多残留方法一次分析多类多种农药残留，也称为多类多残留方法。多残留方法经常用于管理和研究机构对未知用药历史的样品进行农药残留的检测分析，以对农产品、食品或环境介质的质量进行监督、评价和判断。

农药残留分析的程序包括样品采集、样品预处理、样品制备以及分析测定等步骤。样品采集包括采样、样品的运输和保存，是进行准确的残留分析的前提。

二、 食品中兽药的安全性评价

随着经济的发展和人民生活水平的提高，消费者的膳食结构得到不断改善，对肉、蛋、乳等动物性食品的需求量也不断增加。为满足人类对动物性产品不断增长的需要，需要大幅度、快速地提高动物性食品的产量，从而促进了畜牧业朝着现代化、集约化、规模化的方向不断发展。在动物饲养过程中，兽药在降低动物发病率与死亡率，提高饲料利用率，促进动物生长和改善动物产品品质等方面起着非常重要的作用。但是，由于管理不当和受经济利益的驱使，兽药的滥用在动物性食品中造成了不同程度的兽药残留，对消费者健康产生危害。世界各国包括我国已经注意到了该问题的严重性，并采取各种有效措施控制兽药残留。

（一）食品中兽药残留的安全评价体系

食品中兽药残留的安全评价体系主要包括动物性食品中兽药最高残留限量和休药期两种指标，其中最高残留限量的制定基础是药物毒性观察。食品兽药残留法典委员会（CCRVDF）主要职责为制定食品中兽药残留最大限量标准，对兽药残留检验方法提出建议。原中华人民共和国农业部第 235 号公告《动物性食品中兽药最高残留限量》列举了相关产品的残留限量，包括：①动物性食品允许使用，但不需制定残留限量的兽药；②需要制定最高残留限量的兽药；③可用于动物性食品，但不得检出兽药残留的兽药；④农业部明文规定禁止用于所有动物的兽药四类；标准兽药休药期有 202 种，以及不需制订休药期的兽药，包括：丙酸睾酮注射液、注射用绒促激素、碘解磷定注射液等 91 种以及中药成分制剂、维生素类、微量元素类、兽用消毒剂、生物制品（质量标准有要求的除外）等。其中，动物用药停药期或休药期指畜禽最后一次用药到该畜禽许可屠宰或其产品（乳、蛋）许可上市的间隔时间。因为每个药品在体内代谢的时间长短不同，所以，很多药品的休药期也不一样。

兽药残留的原因主要有：①为了追求经济利益，不严格执行休药期有关规定，造成休药期过短；②滥用兽药或使用劣质兽药；③用药错误；④使用未经批准的药物进行治疗；⑤为逃避检查，屠宰前用药掩饰动物的临床症状。

1. 毒性安全实验

食品中兽药毒性安全评价主要采用以下三个实验：①急性毒性实验；②重复剂量实验：至少持续 1/10 生命周期的时间（亚慢性实验）；③慢性实验。

2. 最大残留限值

最大残留限值（MRLs）是指可食用组织中兽药活性残留物的最大残留量。MRLs 水平不是健康指标，而是一个实际操作值，以组织中残留量来评估食用安全性。

3. 结合残留物

动物经某种兽药处理后，残留物以母体或代谢物的形式存在于体液和组织器官，这些结合物包括：①合并到机体内原成分中的药物母体碎片，如脂肪酸、氨基酸和核酸；②反应性代谢物与细胞大分子反应生成的共价结合残留物。通常①类物质没有毒性，而②类物质具有潜在毒性。评估这类药物的安全性是很困难的，首先提取这类物质存在很大困难。国际上目前还没有评价结合残留物潜在毒性风险的标准方法。FDA 强调评估结合残留物是否具有致癌性，如果有致癌性就必须做毒理学试验，试验中需要解决的主要问题是评价这些结合残留物生物可利用性，如果可利用性较高，就需要应用适当的提取和分析方法进行评价。由于这些物质的分析比较复杂，一般采用就事论事的个案处理方式。

4. 注射部位残留

注射部位的残留可能会使动物性食品局部兽药残留浓度过高而造成潜在危害。在实际操作中局部残留过高不代表全部肉体残留水平，因此，其安全性评价是否有意义还存在争议。JECFA 建议在屠宰时将动物的注射部位切除可以避免这类问题的发生。但有时候要确认注射部位是很困难的。兽药产品欧洲委员会分会的兽药标准方法建议取两份样品进行安全评估，其中一份必须取自非注射部位，如膈肌。

5. 停止给药时间

停止给药时间是指动物被屠宰前或蛋和乳被安全消费前的停止给药时间。存在于蛋乳中的兽药一般不会因消耗而降低，所以只要超过最大残留量的产品就应被销毁。评价养殖鱼类的兽药残留是比较特殊的，与陆生动物不同，要考虑水温对药物代谢的影响。

（二）兽药残留的控制

兽药对食品安全性产生的影响，越来越受到人们的关注。尽管 WHO 呼吁减少用于农业的抗生素的种类和数量，但由于兽药产品可给畜牧业和医药工业可带来丰厚的经济效益，要把兽药管理纳入合理使用的轨道并非易事。兽药残留作为目前及未来影响食品安全性的主要因素，需要采取有效的措施进行控制，主要包括以下几个方面。

1. 加强饲养管理，改变饲养观念

学习和借鉴国内外先进的饲养技术，创造良好的饲养环境，增强动物抗体免疫力；实施综合卫生防疫措施，降低畜禽的发病率，减少兽药的使用；充分利用等效、低毒、低残留的制剂来防病治病，减少兽药残留；不使用禁用兽药，避免兽药滥用。

2. 完善兽药残留监控体系

建立和实施国家兽药残留监控计划，加强兽药、饲料等投入品的质量安全监督管理；加大监控力度，严把检验检疫关，防止兽药残留超标产品进入市场；对超标产品予以销毁，给超标者予以重罚，并查出超标根源，从根拔除；同时引导养殖户合理科学地使用兽药和遵守休药期规定。

3. 加大对动物性食品生产企业的监督管理

食品企业应严格按照 GMP、HACCP 等管理体系，建立良好动物性食品供应基地，把好质量关。有关部门应不定期地进行抽检，对不合格即兽药超标产品没收处理，对严重超标企业进行停产整顿。

目前饲料在生产过程中添加药物是极为普遍的，而目前只能检测到饲料中的少数几种兽药。所以应抓紧研究有效的兽药检测方法，真正实现从源头控制药物残留。

第三节　食品安全性评价实验

试验一　食品添加剂的食品安全性毒理学评价实验

（一）试验目的与原理

苯甲酸钠作为食品添加剂经口摄入后经人体代谢产生一定的毒性。LD_{50}（Midium Lethal Dose）是一次或 24h 内多次给予受试样品后，引起实验动物总体中半数死亡的毒物的统计学剂量，以单位体重接受受试样品的质量（mg/kg 或 g/kg）来表示。由此了解食品添加剂的毒性强度，初步估算该化合物对人类毒害的危险性。为进一步开展的蓄积性试验、亚慢性与慢性毒性作用试验及其它特殊毒性试验的实验设计的剂量选择和毒性判断指标提供相应的理论依据。

食品添加剂进入机体后，经过生物转化以代谢产物或化合物原型排出体外。但是，当食品添加剂反复多次给动物摄入，食品添加剂进入机体的速度（或总量）超过代谢转化的速度和排泄的速度（或总量）时，食品添加剂或其代谢产物就有可能在机体内逐渐增加并贮留，这种现象称为食品添加剂的蓄积作用。蓄积系数法是一种以生物效应为指标，用蓄积系数（K 值）评价蓄积作用的方法。蓄积系数法的原理是在一定期限内以低于致死剂量（小于 LD_{50}），每日给予实验动物，直至出现预计的毒性作用（或死亡）为止。计算达到预计效应的总累积剂量，求出此累积剂量与一次接触该化合物产生相同效应的剂量的比值，此比值即为蓄积系数（K 值）。

（二）试验材料

1. 实验动物

（1）实验动物种系　选取体重为 18~22g 的健康昆明小鼠。

（2）实验动物数量与性别　每个试验组与对照组至少要用动物 10 只，雌、雄各半。

（3）饲养条件　首先将每组动物按性别分笼，每笼保持动物的数量适中，不宜过多。每天给动物提供充足的饲料和饮水，并根据动物饲养规程控制湿度、温度和光照期。

2. 受试食品添加剂

苯甲酸钠。

（三）方法与步骤

1. 预试验

以 2700mg/kg 为毒性中值设定 5 个剂量组，组距间使用剂量为 $\log_4 0.6$ 倍差，即 972mg/kg、1620mg/kg、2700mg/kg、4500mg/kg、7500mg/kg 的剂量，禁食给水 12h 后，对各组实验动物采用经口灌胃法摄入苯甲酸钠，灌胃后继续禁食 3h，常规观察饲养 7d，记录动物死亡数和中毒症状，测得最大耐受浓度（LD_0）和绝对致死浓度（LD_{100}）。

2. 急性毒性试验

（1）另外选取 5 个剂量组（每组 10 只小鼠，雌雄各半），确定组间剂量比为 3.16，即 60mg/kg、190mg/kg、599mg/kg、1893mg/kg 和 5983mg/kg，将苯甲酸钠按选择的剂量浓度一次经口给小鼠灌服。

（2）连续观察 14d，记录中毒症状，死亡时间与死亡数量。

（3）计算出 LD_{50}，并根据经口急性毒性分级标准（表 11-1），判断苯甲酸钠的毒性等级。

表 11-1 化合物经口急性毒性分级标准

毒性分级	一次经口 LD_{50}/（mg/kg）	大体相当体重 70kg 人的致死量
1 级无毒	>15 000	>1050g
2 级实际无毒	5001~15 000	350~1050g
3 级低毒	501~5000	35~350g
4 级中等毒	51~500	一茶勺~35g
5 级剧毒	1~50	7 滴~一茶勺
6 级极毒	<1	稍尝，<7 滴

3. 蓄积评价试验

（1）选取 40 只健康小鼠分成两组（雌雄各半），一组为对照组，一组为灌胃组进行试验。

（2）灌胃组按照小鼠体重定时灌服苯甲酸钠溶液，按一定比例逐渐增加苯甲酸钠投喂量（表 11-2）。

表 11-2 苯甲酸钠投喂量

灌食天数/d	1~4	5~8	9~12	13~16	17~20	21~24	25~28
日灌食剂量/（mg/kg）	0.1	0.15	0.22	0.34	0.5	0.75	1.12
4d 累积剂量/（mg/kg）	0.4	0.6	0.9	1.36	2.00	3.00	4.68
累积总剂量/（mg/kg）	0.4	1.0	1.9	3.26	5.26	8.26	12.74

（3）当动物累积死亡 1/2 时结束试验；当动物无死亡或死亡数不足 1/2 时，在第 21d 可结束试验。

（四）试验结果分析

1. LD_{50} 的计算（采用改良寇氏方法）

根据每组动物数、组距和每组动物死亡数，推算出 LD_{50} 及其 95% 可信限。如式（11-2）~ 式（11-5）所示。

公差：

$$d = (\lg m - \lg k)/(i - 1) \tag{11-2}$$

式中　m——最大剂量；

　　　k——最小剂量；

　　　i——组数。

$$\lg LD_{50} = \lg m - (d/2)\sum(p_i + p_{i+1}) \tag{11-3}$$

式中　p_i——死亡率；

　　　p_{i+1}——相邻组死亡率。

标准差：

$$S_{\lg LD_{50}} = d\sqrt{\frac{\sum p_i(1 - p_i)}{n}} \tag{11-4}$$

式中　n——每组动物数。

$$95\%\text{可信区间} = \lg LD_{50} \pm 1.96 S_{\lg LD_{50}} \tag{11-5}$$

2. 蓄积系数 K 的计数

蓄积系数 K 的计数如式（11-6）所示。

$$K = LD_{50}(n) - LD_{50}(1) \tag{11-6}$$

式中　$LD_{50}(n)$——多次染毒使动物出现半数死亡的累积剂量；

　　　$LD_{50}(1)$——一次染毒使动物半数死亡的剂量。

试验期间，根据灌胃组和对照组的生理状况或者实验数据，最后通过计算蓄积系数 K 以反映此试剂的化学毒性。

试验二　保健食品的安全性评价

为防止保健食品中的外源化学物质对人体可能带来的有害影响，对各种已投入或即将投入生产和使用的保健食品进行评价实验研究，据此对其做出安全性评价并提供食用安全性评价的科学依据，成为一项极为重要的任务。

（一）试验目的

评价 X 减肥食品的安全性（目前尚未取得卫生部保健食品批号），为其应用提供毒理学安全依据。

（二）原理

根据对遗传物质作用终点的不同，并兼顾体内和体外试验以及体细胞和生殖细胞的配套原则，采用 Ames 试验、小鼠骨髓嗜多染红细胞微核试验及小鼠精子畸形试验对该功能食品进行了遗传毒理学分析。Ames 试验是对 DNA 碱基序列是否改变进行评估。其标准菌株 TA97、TA98 可检测移码突变，TA100、TA102 可检测碱基置换和移码突变。小鼠骨髓嗜多染红细胞微核试验主要是对染色体结构完整性改变进行评估，而小鼠精子畸形试验所反映的遗传学终点主要是对生殖细胞的遗传毒性进行评估。精子畸形率增高本身有生殖毒理学意义。同时结合经口急性毒性试验、大鼠 30d 喂养试验和大鼠传统致畸试验对待检保健食品进行食品安全性毒理学评价。

（三）试验材料

1. 样品

某减肥食品样品成品为胶囊，内容物呈绿色粉末，主要成分为绿茶肉碱、茶多酚、叶绿素、氨基酸、维生素等。推荐人体成品最大用量为每人每日 42mg/kg（10 粒，0.25g/粒）。

2. 实验动物

昆明小鼠和 SD 大鼠。动物饲养实验室温度 24℃±1℃，相对湿度 65%。

（1）大鼠经口急性毒性试验　选用体重 180~220g 的 SD 大鼠 20 只，雌、雄各半。

（2）骨髓嗜多染红细胞微核试验　选用体重 30~40g 的小鼠 50 只，随机分为 5 组，每组 10 只动物，雌、雄各半。

（3）精子畸形试验　选用体重 30~40g 的雄性小鼠 40 只，随机分为 5 组，每组 8 只动物，以保证在试验结束时能有 5 只动物存活。

（4）大鼠 30d 喂养试验　用体重 60~80g 的健康 SD 幼年大鼠 80 只，按体重组分为 4 组，每组 20 只动物，雌、雄各半。

（5）选用体重　180~220g SD 性成熟健康大鼠，为获得足够胎仔来评价其致畸作用，每个剂量水平的怀孕大鼠数量不少于 16 只。

3. 菌种

Ames 试验标准菌株菌株 TA97、TA98、TA100、TA102。试验前按 GB 15193.4—2015 的方法对各菌株性状进行鉴定。

（四）方法与步骤

1. 剂量组设计

该样品提供单位的 X 减肥食品推荐人体成品最大用量为每人每日 42mg/kg（10 粒，0.25g/粒）。根据人体千克体重用量扩大 100 倍作为动物实验最高剂量组，样品用蒸馏水配制成各试验组所需剂量备用。将 Ames 试验所需样品按浓度制成匀浆，灭菌备用。

2. 安全性毒理学评价项目

（1）大鼠经口急性毒性试验　根据 GB 15193.3—2014 进行大鼠经口急性毒性试验。每天观察记录各组动物中毒和死亡情况，根据 LD_{50} 值，判定经口急性毒性分级。

（2）遗传毒性试验　根据 GB 15193.1—2014，在试验剂量 1050~4200mg/kg 范围内，确定小鼠骨髓嗜多染红细胞微核发生率、精子畸形率与阴性对照组有无显著差异；根据 GB 15193.4—2014 进行 Ames 试验，确定各剂量组平均回变菌落数。

（3）大鼠 30d 喂养试验

①一般情况观察：每天观察动物的外观、行为、毒性表现和死亡情况。每周称体重、进食量，计算每周食物利用率、总食物利用率、总进食量及总增重。

②血液学检查：测定血红蛋白含量、红细胞及白细胞计数，白细胞分类（淋巴、单核、中性粒、嗜酸、嗜碱细胞），观测是否有明显差异。

③血液生化指标测定：试验第 30d，于股动脉取血，分离血清，检测丙氨酸转氨酶（ALT）、天冬氨酸转氨酶（AST）、尿素氮（BUN）、胆固醇（CHO）、三酰甘油（TG）、血糖（GLU）、总蛋白（TP）、白蛋白（ALB）、肌酐（CRE）指标，观测是否有明显差异。

④大体观察及病理组织检查：试验末期颈椎脱臼处死动物，观察各主要脏器及胸、腹腔大体病理改变。取出全部动物的肝脏、肾脏、脾脏、睾丸，称重并计算脏器系数。以 10% 甲醛溶

液固定肝脏、肾脏、脾脏、睾丸（或卵巢）、胃及十二指肠，石蜡包埋、切片、苏木素-伊红（HE）染色，在光学显微镜下进行组织学检查，观察是否异常。

（4）大鼠传统致畸试验　根据 GB 15193.14—2015 进行大鼠传统致畸试验，观察各剂量组孕鼠是否有中毒表现；各剂量组与对照组相比较，孕鼠体重、胎鼠体重、胎鼠骨骼与胎鼠内脏发育是否有显著性差异。

3. 统计学处理方法

对骨髓嗜多染红细胞微核试验和小鼠精子畸形试验数据进行卡方检验；大鼠 30d 喂养试验和大鼠传统致畸试验数据进行方差分析。

（五）结果分析

该减肥食品的大鼠经口急性毒性试验、遗传毒性试验、大鼠 30d 喂养试验、大鼠传统致畸试验结果是否为阴性，是否可以作为毒理学安全的保健食品。

试验三　农药残留检测

（一）试验目的

检测大豆、花生及其粮油类高油脂植物源性食品中是否存在多种农药残留。

（二）试验材料

1. 主要仪器设备

气相色谱-质谱联用仪（GC/MS）、液相色谱-串联质谱仪（LC-MS/MS）、Envi-18 柱、Envi-Card 活性炭柱、Sep-Pak Alumina N 柱、Sep-Pak NH_2 柱、加速溶剂萃取仪、氮吹仪、移液器（1mL）。

2. 材料与试剂

试验所用大豆为进口转基因大豆食品安全监控样品，花生为本土出境食品安全监控样品；大豆油和花生油均为进口食品安全监控样品。乙腈、丙酮、正己烷、氯化钠、56 种农药标准品为原中华人民共和国农业部有证标准物质（质量浓度均为 100mg/L）。

3. 色谱条件

气相色谱-质谱联用法：

①色谱法：HP-5MS（30m×0.25mm×0.25μm）弹性石英毛细管柱。

②柱温程序：

初始温度 70℃，保持 2min，以 30℃/min 升至 200℃，再以 8℃/min 升至 280℃（2min）；

进样口温度：280℃，进样量 1.0μL；

离子源：EI 源；

离子源温度：230℃；

辅助加热温度：280℃；

溶剂延迟：5min。

③条件建立：将 56 种农药标准溶液配置为 5μg/min 的溶剂标准溶液进行全扫描，确定每种农药的保留时间，并从每种农药的一级质谱图中选择丰度高、m/z 大的母离子碎片，在不同碰撞能量下对母离子进行碰撞解离，选择灵敏度高的两对离子为子离子，其中一对离子对作为定量离子对，另一对作为定性离子对。

（三）方法与步骤

1. 提取

植物油样品：称取 6.00g（精确到 0.01g）样品置于 50mL 离心管中，加入 20.0mL 提取溶剂，振荡 30min，放置于−18℃冷藏 1.5h，取出后 5000r/min 离心 5min。取 10.0mL 上层溶液至离心管中，45℃水浴氮气吹至近干，准确加入 2.0mL 丙酮+正己烷（50+50，体积比），溶解残渣后，待净化。

大豆、花生样品：称取 6.00g（精确到 0.01g）已制备样品置于 50mL 离心管中，加入 15mL 蒸馏水，充分浸泡 30min，加入 20.0mL 提取溶剂，振荡 30min，加入 3g NaCl 涡旋后，放置于−18℃冷藏 1.5h，取出后 5000r/min 离心 5min。取 10.0mL 上层溶液至离心管中，45℃水浴氮气吹至近干，准确加入 2.0mL 丙酮+正己烷（50+50，体积比）溶解残渣后，待净化。

2. 净化

QuEChERS 方法净化：将 10.0mL 上层提取溶液转移至盛有 0.5g PSA 和 0.5g C18 粉末的 50mL 离心管中，涡旋 1min 后 5000r/min 离心 5min，取 6mL 上清液于 45℃水浴氮气吹至近干，准确加入 1.0mL 丙酮+正己烷（30+70，体积比）定容后，过 0.22μm 滤膜上机测定。

普通单固相萃取柱净化：5.0mL 丙酮+正己烷（50+50，体积比）活化单 C18/PSA 固相萃取柱，当溶剂液面到达柱吸附层表面时，立即转入上述待净化溶液，用 10mL 氮吹管接收洗脱液，用 2.0mL 丙酮+正己烷（1+1，体积比）洗涤样液试管并转移至固相萃取柱中，重复操作一次。最后用 2.0mL 丙酮+正己烷（1+1，体积比）洗脱固相萃取柱，收集上述所有流出液置于氮吹管中，于 45℃水浴氮气吹至近干，准确加入 1.0mL 丙酮+正己烷（30+70，体积比）定容后，过 0.22μm 滤膜上机测定。

串固相萃取柱净化：5.0mL 丙酮+正己烷（50+50，体积比）活化串接 C18/PSA 固相萃取柱，其它步骤同普通单固相萃取柱净化方法。

3. 检测

根据添加空白样品的 3 倍信噪比确定方法的检出限（LOD，$S/N=3$），10 倍信噪比（LOQ，$S/N=10$）确定方法的定量限。用丙酮+正己烷（3+7，体积比），配制 0.02，0.05，0.10，0.20，0.50，1.00mg/L 的 56 种系列农药化合物标准溶液和基质匹配标准溶液分别做标准工作曲线，对大豆油添加样品进行校正计算。

（四）试验结果

检测结果包括大豆、花生、大豆油、花生油中 56 种农药化合物在不同基质中的检出限，以及其中是否含有农药残留成分。

[小结]

食品中一些危害成分的检测要以毒理学评价为基础，得出一些科学数据，从而为国家颁布相关标准提供依据，使食品中农药和兽药残留的安全性评价体系逐步得到完善。掌握食品安全性评价试验的基础步骤和实验技能为新物质评估以及农药残留检测提供有力支撑。

🔍 **思考题**

1. 食品中危害成分的毒理学评价包括哪些试验？这些试验有什么意义？
2. 食品中农药残留类危害物的基本内容有哪些？

参考文献

［1］柳增善. 兽医公共卫生学. 北京：中国轻工业出版社，2010.

［2］姚卫蓉，钱和. 食品安全指南. 北京：中国轻工业出版社，2005.

［3］陈炳卿，刘志诚，王茂起. 现代食品卫生学. 北京：人民卫生出版社，2001.

［4］吴永宁. 现代食品安全科学. 北京：化学工业出版社，2003.

［5］宋怿. 食品风险分析理论与实践. 北京：中国标准出版社，2005.

［6］韩占江，王伟华. 食品安全性评价的关键因素. 广东农业科学，2008（2）：104-106.

［7］Nigel Perkins，Mark Stevenson. 动物及动物产品风险分析培训手册. 王承芳，译. 北京：中国农业出版社，2004.

［8］张建新，陈宗道. 食品标准与法规. 北京：中国轻工业出版社，2008.

［9］车会莲，马良. 食品安全性评价综合实验. 北京：中国林业出版社，2014.

［10］高尧华，滕爽，宋卫得，刘冰. 大豆、花生及粮油中 56 种农药残留量的检测方法. 大豆科学，2018，37（2）：284-294.